计算机应用基础

杨焕宇 ◎ 主编

上海教育音像出版社

编者的话

本书旨在为读者提供一个全面而深入地理解计算机基础知识、互联网技术、操作系统，以及各类重要应用软件的平台，同时引领你们踏入人工智能的广阔领域。

在第一章"计算机基础知识"中，介绍计算机的基本构造、工作原理以及相关术语。接下来的第二章"互联网应用"，将探讨互联网的威力及其在日常生活和学习中的广泛应用。第三章"Windows 操作系统"将引导你们熟悉最广泛使用的操作系统，掌握其操作技巧和系统管理。第四章"文档处理"、第五章"电子表格处理"和第六章"演示文稿制作"将详细讲解 Word、Excel 和 PowerPoint 等办公软件的使用方法和实战技巧，这些都是现代学习和工作中必不可少的技能。在第七章"绘图软件"中，你们将学习如何利用图形工具进行创意表达和视觉设计。第八章"综合应用——以毕业论文撰写为例"将整合前面章节的知识，通过实际案例教授如何运用这些技能来完成毕业论文的撰写任务。第九章"人工智能基础"和第十章"人工智能应用"将带你们走进 AI 的世界，理解其基本原理和实际应用。第十一章"机器人"将进一步拓宽你们的视野，探索机器人的历史、类型和未来发展趋势。第十二章"大语言模型"将揭示最新的自然语言处理技术，包括如何利用大语言模型完成文本生成、理解和翻译等任务。

信息化与智能化已成为推动社会发展的两大核心动力，不仅深刻改变了我们的生活方式、学习方式和工作方式，也塑造了全新的社会形态和经济格局。在这个时代背景下，掌握计算机基础知识和应用技能，理解并能运用人工智能技术，已经成为每一个现代公民的基本素养，更是职业发展的重要基石。近年来，生成式人工智能（Generative Artificial Intelligence, GAI）的发展取得了显著的突破和进展，对各个领域产生了深远的影响。这些生成式人工智能模型不仅在学术研究中取得了重大突破，也在实际应用中发挥了越来越重要的作用。它们正在改变我们的内容创作方式，从新闻写作、艺术设计到编程开发，都能看到生成式人工智能的身影。此外，它们还在客户服务、教育、医疗健康、娱乐等诸多行业中展现出巨大的潜力和价值。

全书由杨焕宇主编，第一章和第三章由李澍淞编写，第二章由彭建涵编写，第四章由张彦编写，第五章由郑任儿编写，第六章由陈蕾蕾编写，第七章由杨焕宇编写，第八章和第十一章由曾洲编写，第九章由陆赟星编写，第十章由王磊编写，第十二章由黄河笑编写，全书由黄河笑审校。

通过这本书，希望能够帮助读者紧跟科技的步伐，提升自身的创新能力和竞争力。无论你们未来选择何种职业道路，这些知识和技能都将为你们的成功奠定坚实的基础。愿你们在探索知识的旅程中不断前行，勇攀科技的高峰，成为推动社会发展、创造美好未来的主力军。

由于信息技术发展迅速，编者水平有限，难免存在疏漏与不妥之处，竭诚欢迎广大读者批评指正。

编者

2023 年 12 月

目 录

第 1 章 计算机基础知识

- 1.1 计算机发展史 ······ 3
- 1.2 计算机的硬件组成 ······ 6
  - 1.2.1 中央处理器（CPU） ······ 6
  - 1.2.2 内存 ······ 8
  - 1.2.3 主板 ······ 9
  - 1.2.4 硬盘 ······ 11
  - 1.2.5 显卡 ······ 13
  - 1.2.6 电源 ······ 15
  - 1.2.7 散热系统 ······ 16
  - 1.2.8 机箱 ······ 18

第 2 章 互联网应用

- 2.1 网络基础知识 ······ 21
  - 2.1.1 计算机网络的定义 ······ 21
  - 2.1.2 常用网络协议和术语 ······ 21
  - 2.1.3 IP 地址 ······ 24
  - 2.1.4 网络拓扑连接 ······ 26
- 2.2 家庭组网技术 ······ 27
  - 2.2.1 一般组网步骤 ······ 28
  - 2.2.2 影响网速体验的因素 ······ 28
  - 2.2.3 家用存储和 NAS ······ 30
  - 2.2.4 智能家居 ······ 32
- 2.3 互联网应用 ······ 34
  - 2.3.1 浏览器 ······ 34
  - 2.3.2 下载工具 ······ 35
  - 2.3.3 各类互联网应用软件 ······ 36
- 2.4 网络安全 ······ 36
  - 2.4.1 杀毒软件 ······ 37
  - 2.4.2 防火墙 ······ 38

第 3 章 Windows 操作系统

- 3.1 Windows 操作系统的版本演变 ·········· 41
- 3.2 Windows 10 操作系统的特点 ············ 41
  - 3.2.1 开始菜单的改进 ·········· 41
  - 3.2.2 虚拟桌面的功能 ·········· 42
  - 3.2.3 Cortana 语音助手 ·········· 43
  - 3.2.4 Microsoft Edge 浏览器 ·········· 43
  - 3.2.5 通用应用开发平台 ·········· 44
  - 3.2.6 Windows 10 与 Xbox 的整合 ·········· 45
  - 3.2.7 安全性的改进 ·········· 45
  - 3.2.8 更新服务功能 ·········· 46
- 3.3 Windows 10 操作系统的安装过程 ·········· 47
  - 3.3.1 制作安装媒介 ·········· 48
  - 3.3.2 进行系统安装 ·········· 53
  - 3.3.3 Windows 系统配置过程 ·········· 59
- 3.4 Microsoft Office ·········· 67
  - 3.4.1 Word 组件 ·········· 67
  - 3.4.2 Excel 组件 ·········· 67
  - 3.4.3 PowerPoint 组件 ·········· 68
  - 3.4.4 Outlook 组件 ·········· 68
- 3.5 Office 2016 的安装过程 ·········· 69

第 4 章 文字信息处理

- 4.1 文字信息处理软件介绍 ·········· 77
  - 4.1.1 Microsoft Office Word ·········· 77
  - 4.1.2 WPS 文字处理软件 ·········· 77
  - 4.1.3 Adobe Acrobat Pro ·········· 77
  - 4.1.4 LaTeX ·········· 78
  - 4.1.5 腾讯共享文档 ·········· 78
- 4.2 文字信息处理基础知识 ·········· 79
  - 4.2.1 文字信息处理基础 ·········· 79
  - 4.2.2 表格制作与处理 ·········· 83
  - 4.2.3 图片与图形编辑 ·········· 87
  - 4.2.4 页面设置与打印设置 ·········· 90

4.3 长文档编辑 …… 93
　4.3.1 章节划分 …… 93
　4.3.2 目录生成 …… 93
　4.3.3 插入页码 …… 95
　4.3.4 交叉引用 …… 95

第 5 章 电子表格系统

5.1 Excel 概述 …… 99
　5.1.1 Excel 的功能和运行环境 …… 99
　5.1.2 Excel 的启动和退出 …… 100
　5.1.3 Excel 的基本概念 …… 101
　5.1.4 Excel 的工作界面 …… 102

5.2 工作表的建立 …… 103

5.3 工作表的编辑 …… 104
　5.3.1 制作学生信息表 …… 104
　5.3.2 输入数据 …… 105
　5.3.3 编辑数据 …… 109
　5.3.4 设置单元格格式 …… 110
　5.3.5 工作表的基本操作 …… 117

5.4 公式与函数 …… 120
　5.4.1 制作工资明细表 …… 120
　5.4.2 公式 …… 121
　5.4.3 单元格引用 …… 123
　5.4.4 常用函数 …… 124

5.5 数据处理 …… 127
　5.5.1 数据的排序 …… 127
　5.5.2 数据的筛选 …… 130
　5.5.3 分类汇总 …… 132

5.6 图表的使用 …… 135
　5.6.1 图表类型 …… 135
　5.6.2 创建和设置迷你图 …… 135
　5.6.3 创建标准图表 …… 138

第 6 章 演示文稿制作

6.1 常用演示文稿软件 ……………………………………… 145
6.2 PowerPoint 基础知识 …………………………………… 146
   6.2.1 演示文稿的结构及设计要素 ………………………… 146
   6.2.2 演示文稿的基本操作 ……………………………… 147
   6.2.3 幻灯片的基本操作 ………………………………… 151
   6.2.4 文本框 …………………………………………… 153
   6.2.5 图片 ……………………………………………… 157
   6.2.6 绘制图形 ………………………………………… 161
   6.2.7 表格 ……………………………………………… 161
6.3 PPT 进阶操作 …………………………………………… 169
   6.3.1 使用 SmartArt …………………………………… 169
   6.3.2 动画效果 ………………………………………… 170
   6.3.3 动作按钮和超链接 ………………………………… 172
   6.3.4 音频 ……………………………………………… 174
   6.3.5 视频 ……………………………………………… 176
   6.3.6 应用设计工具栏 …………………………………… 177
   6.3.7 模板 ……………………………………………… 177
   6.3.8 母版 ……………………………………………… 179
   6.3.9 演示与输出 ……………………………………… 181

第 7 章 绘图软件

7.1 Visio 软件简介 …………………………………………… 187
   7.1.1 认识 Visio 软件 …………………………………… 187
   7.1.2 Visio 软件版本 …………………………………… 187
   7.1.3 Visio 的主要应用场景 …………………………… 188
7.2 认识 Visio 的界面 ……………………………………… 191
   7.2.1 主界面 …………………………………………… 191
   7.2.2 菜单工具栏 ……………………………………… 192
   7.2.3 形状窗格 ………………………………………… 195
   7.2.4 绘图区域 ………………………………………… 196
7.3 Visio 的基本操作 ……………………………………… 196
   7.3.1 创建绘图文档 …………………………………… 196
   7.3.2 形状功能的应用 …………………………………… 198
   7.3.3 文本的添加和编辑 ………………………………… 201
   7.3.4 连接形状 ………………………………………… 202
   7.3.5 将图表添加到 Word 文档 ………………………… 204

7.4 Visio 绘图案例实战 ... 204
7.4.1 绘制跨职能流程图 ... 204
7.4.2 制作企业网络拓扑图 ... 209

第 8 章 综合应用——以毕业论文撰写为例

8.1 初识毕业论文 ... 217
8.2 使用 Word 排版毕业论文 ... 218
8.2.1 设置页面 ... 218
8.2.2 封面设计 ... 219
8.2.3 设置分节符和分页符 ... 221
8.2.4 设置页眉和页脚 ... 222
8.2.5 设置声明页 ... 226
8.2.6 设置中英文摘要 ... 227
8.2.7 创建和应用文档样式 ... 227
8.3 练习材料 ... 232
8.3.1 附件 1：毕业论文初稿 ... 232
8.3.2 附件 2：毕业论文终稿 ... 237

第 9 章 人工智能基础

9.1 人工智能基础概念介绍 ... 243
9.1.1 人工智能简介 ... 243
9.1.2 人工智能发展历程溯源 ... 245
9.1.3 人工智能的研究方法 ... 249
9.1.4 人工智能在不同方面的发展 ... 250
9.2 机器学习及其分类 ... 253
9.2.1. 监督学习 ... 254
9.2.2 无监督学习 ... 255
9.2.3 强化学习 ... 256
9.3 深度学习原理与应用 ... 257
9.3.1 神经元与感知机 ... 257
9.3.2 人工神经网络及基本模型 ... 259
9.3.3 几种常见的典型深度神经网络结构 ... 260
9.3.4 模型总结与思考 ... 263
9.3.5 人工智能发展趋势 ... 263
9.3.6 中国人工智能发展规划 ... 264

第 10 章 人工智能应用

10.1 计算机视觉 ··· 269
10.1.1 图像识别 ··· 269
10.1.2 人脸识别 ··· 272

10.2 自然语言处理 ··· 274
10.2.1 语音识别 ··· 276
10.2.2 机器翻译 ··· 278

10.3 大数据技术 ··· 279
10.3.1 数据采集 ··· 280
10.3.2 数据分析 ··· 281
10.3.3 数据可视化 ··· 281
10.3.4 未来大数据技术面临的挑战 ··· 282

10.4 人工智能的伦理问题 ··· 283

第 11 章 智能机器人技术

11.1 智能机器人发展历程 ··· 287
11.1.1 萌芽成长期（1940 年~1990 年）··· 287
11.1.2 快速成长期（1990 年~2015 年）··· 287
11.1.3 智能探索期（2015 年~至今）··· 288

11.2 智能机器人的组成与结构 ··· 289
11.2.1 从系统集成的角度理解机器人的组成 ··· 289
11.2.2 从硬件集成的角度理解机器人的组成 ··· 290

11.3 智能机器人运动控制基础 ··· 292
11.3.1 智能机器人常用坐标系 ··· 292
11.3.2 智能机器人常用路径规划算法 ··· 294

11.4 智能机器人环境感知技术 ··· 296
11.4.1 常用环境感知传感器 ··· 296
11.4.2 环境障碍物检测与识别技术 ··· 298
11.4.3 环境地图构建与定位 SLAM 技术 ··· 301

第 12 章 大语言模型

12.1 大语言模型 ··· 305
12.1.1 大语言模型 ··· 305
12.1.2 大语言模型的发展历史 ··· 306
12.1.3 大语言模型的应用领域 ··· 307

12.1.4 大语言模型的开发过程 …………………………………… 307
12.1.5 大语言模型的生成过程 …………………………………… 308
12.1.6 与大语言模型相关的新职业和未来发展 ………………… 309

12.2 提示工程入门 ……………………………………………………… 310
12.2.1 提示 ………………………………………………………… 310
12.2.2 提示工程 …………………………………………………… 312
12.2.3 提示词常见技巧 …………………………………………… 312
12.2.4 应用案例：工作汇报 ……………………………………… 321
12.2.5 应用案例：会议纪要 ……………………………………… 324

12.3 提示工程进阶 ……………………………………………………… 327
12.3.1 分治法 ……………………………………………………… 327
12.3.2 链式思维 …………………………………………………… 332
12.3.3 应用案例：生成PPT ……………………………………… 334
12.3.4 应用案例：生成思维导图 ………………………………… 337

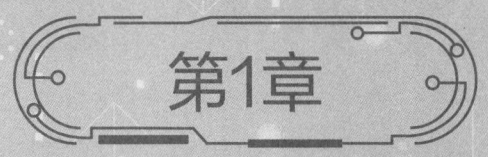

计算机基础知识

本章知识点

1. 数字电子计算机ENIAC相关知识；
2. 微处理器intel 4004相关知识；
3. IBM System 360相关知识；
4. IBM PC相关知识；
5. Osborne 1相关知识；
6. Compaq Portable相关知识；
7. 中央处理器相关知识和原理；
8. 内存相关知识和原理；
9. 主板相关知识和原理；
10. 硬盘相关知识和原理；
11. 显卡相关知识和原理；
12. 电源相关知识和原理；
13. 散热系统相关知识和原理；
14. 机箱相关知识和原理。

学习目标

1. 熟悉并掌握计算机的发展史；
2. 了解计算机内部的各类硬件组件，能够根据实际的需求选择合适的配件。

学习重难点

1. 移动端CPU和桌面端CPU之间的差别；
2. 内存双通道技术；
3. 主板上的常见插槽规格和适配的硬件组件；
4. 垂直式机械硬盘与叠瓦式机械硬盘；
5. 机械硬盘与固态硬盘的优劣；
6. SLC、MLC、TLC和QLC颗粒硬盘之间的差别；
7. 模拟SLC技术；
8. 显卡GPU架构的发展过程；
9. 80PLUS规格；
10. 水冷和风冷散热系统；
11. 热管技术；
12. 导热硅脂与液金导热。

学习建议

1. 阅读相关教程或观看视频，了解每个硬件的具体用途和操作方式；
2. 结合书上的内容，通过电商平台，选择不同的硬件设备，尝试制作适合自己需求的装机单；
3. 参与互动讨论和交流，与其他学习者一起分享经验和技巧。

1.1 计算机发展史

计算机是一种能够执行指令、处理数据并提供输出结果的信息处理设备。它能高速处理大量的数据和运算,实现各种任务和功能。一台计算机系统通常由硬件和软件组成,其中硬件包括各种物理设备,例如中央处理器、内存、硬盘驱动器、输入设备和输出设备。而软件一般包含操作系统和应用程序等。

早期的计算机出现在二战期间,例如 ENIAC 和 Harvard Mark I。它们使用电子管来执行数学运算和军事计算。其中 ENIAC(Electronic Numerical Integrator and Computer)是世界上第一台通用电子计算机,由美国宾夕法尼亚大学的约翰·普赖斯·艾克特(John Presper Eckert)和约翰·莫奇利(John Mauchly)领导的团队开发。ENIAC 最初主要用于计算弹道表格,支持炮弹轨迹和弹道的计算,能够提高炮火精度。这在第二次世界大战中具有重要军事意义。后期 ENIAC 还用于科学研究领域,特别是原子弹研究和氢弹设计等复杂计算任务。因为它是一台通用计算机,能够用于各种数值计算任务,这种通用性使其成为未来计算机发展的基础。

图 1-1 ENIAC(Electronic Numerical Integrator and Computer)

1950 年到 1960 年期间,电子管的使用逐渐被晶体管所取代。1968 年,罗伯特·诺伊斯和戈登·摩尔共同创立了英特尔公司。该公司在后来成为了世界上最知名的芯片制造商之一。英特尔公司的成立也标志着集成电路的发展进入了一个新的阶段。集成电路的发展也催生了微处理器技术的诞生。微处理器是一种将中央处理器(CPU)功能集成在一颗芯片上的技术。它的出现使得计算机得以更加紧凑和高效地运行。1971 年,英特尔发布了史上第一颗商用微处理器——Intel 4004。这颗微处理器在当时被广泛应用于计算机、电子设备等领域,自此开启了微处理器时代,并为后来个人计算机的普及打下了基础。

图 1-2　Intel 4004 微处理器

1964 年 IBM 推出了 IBM System/360，被誉为计算机史上的里程碑之一。它是首个采用模块化设计的计算机系统，可以根据用户需求定制不同的配置。IBM System/360 使用的操作系统 OS/360，能够支持多任务处理、多用户访问、内存保护等功能，极大地增强了计算机的使用效率和安全性。此外，它还采用了磁盘存储、打印输出、光标控制等先进的技术，进一步提高计算机的性能和功能。IBM System/360 引入的通用指令集架构，即 S/360 指令集，使不同型号的计算机都可以按照相同的指令运行程序。这一技术创新为后来计算机系统的兼容性和升级提供了重要的基础。

图 1-3　IBM System/360

1970 年之后，随着微处理器技术的发展，个人计算机开始崭露头角。1976 年，史蒂夫·乔布斯和史蒂夫·沃兹尼亚克推出了苹果公司的第一台计算机——Apple I。随后，在 1981 年，IBM 推出了第一台个人计算机 IBM PC（International Business Machines Personal Computer），为个人计算机带来了开放式硬件和软件的标准化，使得不同厂商可以生产兼容的计算机组件和软件，从而推动个人计算机的普及。1984年，苹果公司推出了 Macintosh，引入了图形用户界面（GUI）。它的推出改变了计算机用户的体验，使得操作更加直观和友好。与此同时，微软公司推出了 MS-DOS 操作系统，为 IBM PC 等计算机提供操作和管理功能。随后，在 1985 年，微软推出了 Windows 操作系统，图形化界面的操作系统更加易用和直观。慢慢地，Windows 操作系统成为了个人电脑的主流系统，并在后来的发展中不断迭代和改进。

图 1-4 IBM PC

在便携式电脑的发展历程中，1981 年发布的 Osborne 1 是一款被广泛认可的早期便携式电脑。它采用了 5 英寸的黑白屏幕、双面软盘驱动器和薄膜键盘。重量约为 11.3 千克，尽管它比较笨重，但它是一台可以能够搭乘飞机的便携式电脑。到了 1983 年，Compaq Portable 发布，它是第一款采用了 IBM PC 兼容架构的便携式电脑。使用了 9 英寸的绿色屏幕，全尺寸键盘和双面软盘驱动器，并且具备 IBM PC 的全部功能。重量为 12.7 千克，相比 Osborne 1 更重。但是它开创了兼容便携式电脑的先河，成为后续笔记本电脑发展的重要契机。

图 1-5 Osborne 1

图 1-6 Compaq Portable

1990 年后，随着互联网的普及，个人计算机迎来了 Web 浏览器时代。这是计算机历史上的重要里程碑。通过 Web 浏览器，人们可以轻松访问和浏览互联网上丰富的信息资源，实现无限的信息获取和交流。这对于个人计算机的发展起到了巨大推动作用。在这个时期，笔记本电脑以及便携式计算机的发展改变了传统计算机的使用方式。计算机变得更加轻便、便携，甚至可以随身携带并随时使用。这使得计算机融入了人们的日常生活中，不再局限于特定的工作场所或专业领域。

随着个人计算机的普及，计算机从最初的爱好者市场扩展到了家庭、教育和办公领域。人们可以在家中进行在线购物、社交媒体、娱乐和学习活动。学生和教师可以利用计算机进行教学、研究和资源共享。办公室的工作人员可以通过计算机处理文档、沟通协作并提高工作效率。计算机的发展不仅改变了人们的生活方式，也深刻地改变了工作方式。它的普及使得信息处理更加高效、准确，大大提升了工作效率和产出。人们可以通过电子邮件、视频会议和实时协作工具进行远程工作和团队合作，打破了地域限制，提供了更多灵活的工作模式。个人计算机的发展开启了信息时代的大门，成为连接人与世界的重要工具，让人们可以更加便捷地获取知识、交流信息、开展业务和娱乐。

1.2 计算机的硬件组成

计算机硬件指的是计算机系统中的物理组件，是计算机的实体部分，包括各种物理设备和电子元件。这些硬件设备通过组合和互联来构建计算机系统的物理结构，让计算机能够执行各种任务。一台消费级个人计算机是由多个硬件组成的。一般来说，它包含了中央处理器（CPU）、内存（RAM）、主板、硬盘、显卡、电源、机箱、散热器，以及显示器、键盘和鼠标等外设。从直观的角度来看，可以将一台个人计算机分解为几个部分：主机是指包含在机箱内部的所有硬件组件，它是计算机的核心；显示器则提供图像输出功能；键盘和鼠标则提供输入功能。

1.2.1 中央处理器（CPU）

CPU，即中央处理器（Central Processing Unit），是计算机系统中最重要的硬件之一，也是计算机的大脑。它负责执行指令集中的指令，并控制计算机的各个硬件部分完成相应的工作。通常情况下，CPU 包括算术逻辑单元（ALU）、控制单元（CU）和寄存器等组件。算数逻辑单元 ALU 负责算术和逻辑运算，具有高度并行处理能力和快速计算速度；控制单元 CU 负责控制和协调 CPU 的各个部件，解析指令，产生控制信号；寄存器用于临时存储指令、数据和结果，具有快速访问速度。这些组件共同协作，实现计算机的数据处理和控制功能。

图 1-7　CPU（Central Processing Unit）

常见的 CPU 衡量指标包括时钟速度、核心数、缓存大小以及架构类型。

CPU 的时钟速度是指其在单位时间内处理数据的能力，通常以 GHz 为单位进行衡量。对于个人计算机所搭载的 CPU 而言，时钟速度可以分为基础频率和最大频率。基础频率是指 CPU 内部时钟的频率，也称为基准时钟频率或标称时钟频率，这是在 CPU 硬件设计时确定的。然而，Intel CPU 中的睿频（Turbo Boost）技术允许 CPU 在超出主频限制的频率上运行，特别是在处理较轻负载任务时，睿频技术会自动提高 CPU 时钟频率，以提高计算机性能。类似地，AMD Turbo Core 技术也可以在检测到负载较轻的情况时自动提高核心频率，从而提升处理器性能，而且不增加功耗和散热要求。这种技术有助于在不增加功耗和散热要求的情况下提升处理器性能。

CPU 的多核技术是指将多个处理核心整合到一个物理处理器芯片上，以实现同时执行多个任务的并行处理。每个处理核心都拥有自己的指令流水线、寄存器组和高速缓存等，能够独立执行指令和处理数据。Intel CPU 引入了一种称为大小核异构技术的方法，它在同一芯片上集成了两种不同类型的处理核心，即性能核心和效能核心。性能核心具有更高的时钟频率、更大的缓存容量和更强的单线程性能，适用于处理单个大型任务，例如需要较高计算能力的游戏和视频编辑等应用。而效能核心通常具有较低的时钟频率和功耗，专门设计用于处理轻负载和后台任务，如邮件同步和社交媒体更新。CPU 可以根据当前的工作负载情况动态地在性能核心和效能核心之间进行切换，以达到最佳的性能和能效平衡。这样的设计可以提供更强大的计算能力，并在保持能效的同时满足各种不同类型任务的需求。

CPU 的高速缓存是位于 CPU 内部的存储器，用于临时存储 CPU 频繁使用的数据和指令，以提高访问速度。通常来说 CPU 的高速缓存分为多个层级，例如 L1、L2 和 L3 三级缓存。其中 L1 缓存离 CPU 最近，速度最快，容量最小；L2 缓存次之，容量稍大；L3 缓存离 CPU 最远，容量最大。当 CPU 需要读取数据时，首先会检查缓存中是否存在该数据。如果存在（命中），CPU 可以直接从缓存中获取数据，避免了访问主存带来的延迟；如果不存在（未命中），则需要从主存中读取数据，并将其存入缓存供以后使用。高速缓存技术在现代计算机体系结构中起着重要的作用，它可以极大地提高 CPU 的访问速度和整体性能。

CPU 的架构指的是中央处理器（CPU）的设计结构和指令集体系结构。它包括了 CPU 内部的组织结构、指令集、寄存器、数据通路和控制逻辑等方面的设计。常见的桌面端 CPU 架构一般是 x86 架构或者 ARM 架构。其中，x86 架构是使用最广泛的个人计算机 CPU 架构，无论是 Intel 还是 AMD 都是主要的 x86 架构芯片制造商。而 ARM 架构最初主要应用于移动设备领域，例如智能手机和平板电脑。近年来，ARM 架构也逐渐应用在个人计算机领域，例如 Apple 公司推出的基于 ARM 架构的处理器 M1。绝大多数桌面计算机用户使用的是 x86 架构的处理器，因为该架构具有广泛的软件和操作系统支持，并且在性能和兼容性方面表现出色。但随着 ARM 架构的不断发展和应用扩展，未来桌面端 CPU 架构的格局可能会发生变化。

根据用途的不同，通常可以将个人计算机 CPU 分成两种类型：桌面端和移动端。桌面端 CPU 主要用于台式计算机，它们拥有更高的性能和功耗，以满足复杂的计算需求，例如玩游戏、编辑视频和同时进行多个任务等。这些 CPU 通常拥有更多的核心和更大的缓存容量，以支持这些高性能应用。移动端 CPU 则主要用于笔记本电脑和其他便携设备，例如平板电脑和智能手机。为了延长电池寿命并减少热量产生，移动端 CPU 通常采用小尺寸设计、低功耗架构和更优化的电源管理技术。尽管移动端 CPU 在性能方面可能略低于桌面端 CPU，但它们仍然能够满足日常应用需求，例如浏览网页、观看视频和轻度办公等。

在购买 CPU 的时候还有一些注意事项，首先，要确保所选的 CPU 和主板相兼容。不同的 CPU 使用不同的插槽类型和芯片组，因此需要查看主板规格以确定兼容性。其次，要根据自己的使用需求选择合适的 CPU 性能水平。如果进行高性能任务，如视频编辑、游戏或数据处理，可能需要高性能的多核心处理器。而对于日常办公和网络浏览，中低性能的处理器就足够了。CPU 的核心数量决定了 CPU 的多任务处理能力。CPU 的主频影响 CPU 的处理速度，但同时也会影响功耗和散热。高性能 CPU 会产生较多热量，因此需要足够的散热系统来保持稳定运行。最后就是根据自己的预算选择合适的 CPU。

1.2.2 内存

计算机的内存（Memory）是用于存储数据和指令的硬件设备。它是计算机系统中的重要组成部分，用于临时存储运行中的程序和数据，以供 CPU 进行读取和写入操作。内存条可以被看作是一个数据存储的容器，包含当前正在执行的程序、操作系统及其相关数据，以及其他需要被 CPU 访问的数据。与硬盘等持久性存储介质不同，内存是临时性的，断电后其中的数据会被清空。但相比硬盘等外部存储设备，内存具有更低的访问延迟和更高的数据传输速率，能够让 CPU 能更快地获取和处理数据。

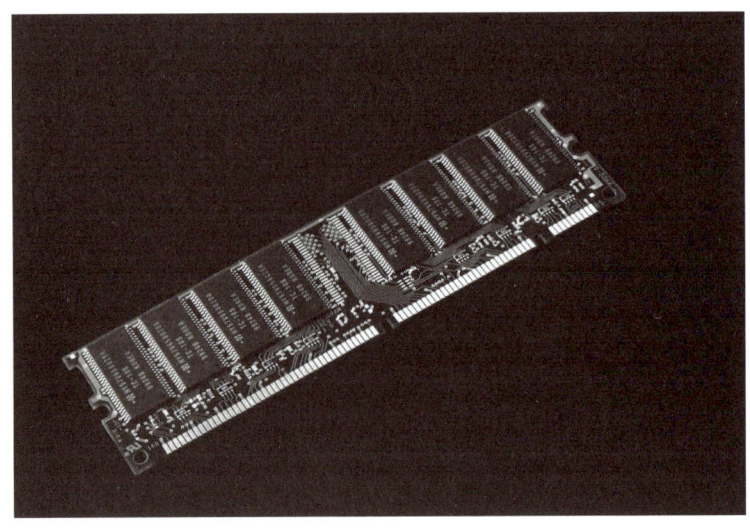

图 1-8　内存（Memory）

计算机的内存条又称为同步动态随机存取存储器（SDRAM），按照DDR（Double Data Rate）的代数进行区分，例如DDR3代、DDR4代、DDR5代等。不同类型的内存条在DIMM规格、主频、电压、Die密度、时序上都存在差别，不能混用。以DDR3代内存条为例，通常主频在800MHz到2133MHz之间，工作电压为1.5V，Die密度为4Gbit，使用240针DIMM（Dual In-Line Memory Module）插槽。DDR4代内存条，通常主频在2133MHz到3200MHz之间，工作电压为1.2V，Die密度为16Gbit，使用288针DIMM插槽。DDR5代内存条，主频在4800MHz以上，工作电压为1.1V，Die密度为64Gbit，使用288针DIMM插槽。同代内存条，桌面端和移动端的规格也有差别。笔记本电脑的内存条通常采用SODIMM（Small Outline Dual In-line Memory Module）规格，长度约为67.6mm。而台式计算机的内存条使用的是DIMM规格，长度约为133.35mm，两者在尺寸上有较大差异。

提高内存运行效率的方法还有一个很重要的技术，就是双通道。双通道技术在计算机系统中使用两个内存通道来提高数据传输速度和带宽。在单通道内存配置中，计算机只使用一个内存通道连接内存模块和处理器。这意味着在每个时钟周期内，只能进行一次内存访问。而双通道技术允许计算机将数据分成两个流，通过两个内存通道同时传输，从而大幅提高数据传输带宽，使处理器能够更快地获取所需数据。这对于多线程应用程序和大规模数据处理非常有益。但是想要实现双通道效果，首先，需要计算机主板具备双通道内存插槽。通常是两个或4个插槽，可以同时安装多个内存条并允许它们以双通道模式运行。其次，为了保证系统的稳定性，在每个通道中的内存条应当具有相同的类型和规格，包括容量、频率等。最后，为了启用双通道功能，还需要将内存条成对地安装到不同的内存插槽内。

在购买内存时还有一些注意事项，首先，要确定所选的内存条与主板兼容。包括主板插槽支持的最大内存容量、支持的内存频率以及内存型号，确保选择的内存条与主板支持的类型和频率匹配。其次，对于支持多通道内存配置的主板来说，最好选择相同容量和频率的内存条进行配置，以获得更好的性能。最后就是根据自己的预算和使用场景，选择合适的内存容量与主频规格。

1.2.3 主板

计算机主板是计算机系统中最重要的组成部分之一，它连接并控制计算机系统中的所有硬件设备，包括中央处理器、内存、硬盘驱动器、键盘、鼠标、显示器、音频设备、网络设备等。主板上的各种接口和插槽能够与这些硬件设备通信和协作，实现计算机系统的各种功能。主板还负责控制系统的基本操作，例如启动、检查硬件配置、加载操作系统、管理电源、监控温度和风扇转速等。主板还包含一个基本输入输出系统（BIOS），它是计算机的第一道启动程序，负责初始化各个硬件设备和设置计算机系统的基本参数。

图 1-9　主板

通常情况下，根据主板的尺寸可以将其分为 EATX、ATX、MATX、ITX 四类。其中 EATX 是 ATX 的扩展版本，尺寸较大，通常为 305mm×330mm。EATX 主板能够提供更多的扩展插槽和内存插槽，主要用于高性能工作站和服务器。ATX（Advanced Technology eXtended）是最常见的主板尺寸规格，尺寸为 305mm×244mm。ATX 主板通常具有多个扩展插槽和内存插槽，经常用于桌面台式计算机。Micro ATX 是相对较小的主板尺寸，为 244mm×244mm。这类主板具有较少的扩展插槽和内存插槽，主要适用于小型台式计算机和 HTPC（家庭影院个人电脑）。ITX 是常见标准化主板尺寸里最小的，为 170mm×170mm。这类主板通常只有一个 PCIE 扩展插槽和 2 个内存插槽，适用于迷你台式计算机。

计算机的主板通常包含内部接口和背板接口。其中背板接口一般包括 USB 接口（USB-A、Type-C）、视频接口（VGA、DVI、HDMI、DP）、音频接口、有线网络接口等。这些接口主要用来连接外部设备，例如键盘、鼠标、显示器、音箱和路由器等。

主板内部保留的插槽一般是 CPU 插槽、内存插槽、PCIE 扩展槽、硬盘驱动器插槽和电源接口。其中 CPU 插槽用于安装中央处理器 CPU。插槽类型和规格需要与 CPU 的型号相匹配，不同品牌和接口标准的 CPU 是不能混用的。也就是说，适配 AMD CPU 的主板是无法安装 Intel 的 CPU，反之亦然。主板上的内存插槽是用于安装内存条的。内存插槽的类型和规格同样需要与内存条的型号相匹配。所以在组装电脑的时候，要留意主板内存插槽的型号与内存条一致。PCIe 插槽是主板上最重要的总线扩展槽，主要用于连接高速 PCI Express 扩展卡，如显卡、固态硬盘等。通常情况下，计算机主板都会保留一个 PCIe x16 的插槽用于安装显卡。这个插槽的最大的传输速率可以达到 16 个通道，每个通道可以传输 8GB/s 的数据。由于显卡的功耗较高，通常还需要额外供电。而 PCIe x4 规格的插槽主要用来安装高速固态硬盘。

除了常规的 PCIe 插槽可以安装固态硬盘外，主板上用于安装硬盘驱动器的接口还包括 M.2 插槽和 SATA 接口。M.2 插槽是用于安装 M.2 固态硬盘（SSD）或 Wi-Fi 模块的接口。它能够支持 SATA 协议或者 PCIe 协议。使用 SATA 协议的 M.2 插槽能够提供 SATA3.0 标准的数据传输速率 6Gbps，转换成字节单位，约为 600MB/s。当 M.2 接口使用 PCIe（Peripheral Component Interconnect Express）协议时，其传输速率将根据连接的 PCIe 通道数量和版本而有所变化。以 PCIe 3.0 x4 为例，最大传输速率为 4GB/s，如果是 PCIe 4.0 x4 标准，最大传输速率为 8GB/s。对于 SATA 接口来说，主要用于连接 SATA 硬盘。通常情况下，计算机主板上的 SATA 插槽数量较多。当前主流的 SATA3.0 标准，最大数据传输速率为 6Gbps，转换成字节单位，约为 600MB/s。

购买计算机主板时同样有一些注意事项。首先，要确认计算机主板和 CPU 之间的兼容性。其次，要留意计算机主板的尺寸和机箱尺寸之间的兼容性。然后，就是选择合适的主板芯片组，它决定了主板的功能和性能。这三者确定下来之后，基本上主板的类型就能敲定，剩下的就是根据主板的插槽数量和类型以及背板的接口情况，结合预算选择合适的品牌与型号。

1.2.4 硬盘

计算机硬盘是用于永久性存储计算机数据的设备。它能够保存操作系统、应用程序、文档、多媒体文件等各种类型的数据。硬盘的存储容量比较大，并且属于非易失性存储设备，也就是说在断电的情况下数据也能被长时间保存。个人计算机搭载的硬盘主要分为两类，一类是传统的机械硬盘，一类是新兴的固态硬盘。

机械硬盘（Mechanical Hard Disk Drive，HDD）是一种使用机械结构进行数据存储和读写的存储设备。它的内部包含一个或多个金属盘片，通过主轴旋转以及磁头的移动来实现数据的读写。通常情况下，机械硬盘的存储容量大并且价格便宜，能够满足大量数据的存储需求。但是由于寻道时间的存在，机械硬盘的读写速度相对较低。

图 1-10　机械硬盘

按照磁记录技术的不同，常见的机械硬盘可以分为垂直式（Perpendicular Magnetic Recording，PMR）机械硬盘与叠瓦式（Shingled Magnetic Recording，SMR）机械硬盘。其中垂直式机械硬盘采用垂直磁颗粒的存储方式，在磁盘表面形成一个垂直排列的磁性颗粒层。通过改变这些磁性颗粒的极性，来表示二进制数据的 0 和 1。传统平行磁记录技术在增加存储密度时会面临磁场干扰的问题。而垂直排列的磁颗粒能够更好地抵抗磁场的干扰，相邻磁道之间的相互影响减少，不但降低了读取和写入数据时的错误率，还能在同样的物理空间内存储更多的数据，从而提高存储密度。叠瓦式机械硬盘采用了一种新的磁记录方式，将相邻磁道之间的磁颗粒略微重叠形成叠瓦结构。这种结构可以进一步提高硬盘的存储密度，但是在数据写入过程中会带来一些新的问题。简单来说，由于叠瓦式结构的限制，在数据写入时会覆盖原有磁道数据的一部分，形成了一种"覆写"现象。因此，在对已经存在的数据进行修改时，需要将被覆写的数据块重新写入，这就导致了 SMR 硬盘相比传统机械硬盘在数据写入操作时需要执行多次读写操作。虽然叠瓦式机械硬盘的存储密度相比垂直式机械硬盘有一定的提升，但是数据写入速度的降低使得这类机械硬盘并不受市场的宠爱。尽管机械硬盘在容量、成本和长期可靠性方面具有优势，但它们的读写速度相对较慢，特别是随机读写性能较差。随着固态硬盘（SSD）技术的发展，追求较快的数据传输和启动速度的应用场景中，机械硬盘逐步被市场淘汰。

固态硬盘（Solid State Drive，SSD）是一种使用闪存存储芯片来存储数据的存储设备。与传统的机械硬盘相比，固态硬盘具有更快的数据读写速度以及较低的访问延迟，能够有效提升计算机系统在启动、加载应用程序和文件传输时的效率。由于固态硬盘没有机械运动部件，它对震动和冲击的抵抗能力更强，同时没有噪音和振动，工作时非常安静。

图 1-11　固态硬盘

通常情况下，固态硬盘使用 SATA（Serial Advanced Technology Attachment）或者 NVMe（Non-Volatile Memory Express）协议接口进行连接。使用 SATA 协议的固态硬盘数据传输速度一般符合 SATA3.0 的标准，也就是 600MB/s 左右。使用 NVMe 协议接口的固态硬盘，能利用 PCI Express（PCIe）总线来实现数据传输，相比于传统的 SATA 接口，NVMe 具有更高的带宽和更低的延迟，可以实现更快的数据传输速度。与前文在主板接口部分所介绍的内容一致，PCIe3.0 标准的固态硬盘最高能够达到 4000MB/s 左右的传输速率，而 PCIe4.0 标准的固态硬盘最高能够达到 8000MB/s 左右的传输速率。

从固态硬盘的缓存和颗粒技术上来讲，常见的固态硬盘还可以分为无缓盘和有缓盘，以及使用 SLC 颗粒、MLC 颗粒、TCL 颗粒和 QLC 颗粒的产品。固态硬盘（SSD）中的有缓存和无缓存型号主要区别在于是否内置了缓存（也称为缓冲区或缓冲存储器）。缓存用于临时存储读取和写入的数据，以提高数据访问速度和系统响应时间。有缓存的固态硬盘能够提供更高的随机读写性能以及系统的响应速度。但是成本上会稍高，而且缓存发热量偏大。无缓存的固态硬盘成本相对较低，性能稍微逊色于有缓盘。但对于大文件的传输速度不会带来太大影响，并且可以有效降低硬盘的发热量。

根据固态硬盘所使用的闪存颗粒型号的不同，又可以将固态硬盘分为 SLC、MLC、TLC 和 QLC 盘。SLC（Single-Level Cell）颗粒中每个存储单元存储 1 位数据，这类固态硬盘具有较高的性能、可靠性和寿命，读写速度快，耐久性好，但是价格也更昂贵。MLC（Multi-Level Cell）和 TLC（Triple-Level Cell）是当前主流的闪存颗粒类型，在每个存储单元中分别存储 2 位和 3 位数据。相对于 SLC 来说，MLC 和 TLC 拥有更高的存储密度以及较低的成本。但是在性能、寿命和可靠性会受到一定的影响。通常情况下，MLC 多用于企业级的产品，而 TLC 多用于消费级的产品。由于 MLC 和 TLC 技术极大地降低了固态硬盘单位存储容量的成本，固态硬盘在消费市场上的竞争力得到了极大的提升，开始逐步挤占机械硬盘的市场份额。QLC 技术则在 TLC 技术上更进一步，在每个存储单元中保存 4 位数据。这一技术虽然进一步降低了固态硬盘单位存储容量的价格，但数据的可靠性以及硬盘的性能和寿命受到更大的影响。该技术已经比较成熟，但仍然不推荐消费者使用廉价的 QLC 固态硬盘保存关键性系统和重要数据文件。

为了能够在低成本的前提下提升固态硬盘的实际使用性能，模拟 SLC 缓存技术应运而生。该技术将普通的 MLC 或 TLC 闪存芯片，在控制器的帮助下通过特殊的算法和管理方式模拟为 SLC 的性能表现，并作为缓存来使用。这样可以在保持性价比的前提下，提高硬盘的读写速度并延长固态硬盘的寿命。模拟 SLC 缓存技术主要分为固定 SLC 缓存和动态 SLC 缓存。固定 SCL 缓存算法会在固态硬盘中预留一部分闪存容量，以固定的方式作为 SLC 缓存。这种方式的优点是实现简单，性能稳定可靠，但是会消耗一定的闪存容量，可能会影响存储容量的大小。动态 SLC 缓存算法是一种智能化的算法，在固态硬盘控制器中实现。当写入数据时，控制器会根据当前的负载和闪存状态，自动将一部分 MLC 或 TLC 闪存分配为 SLC 缓存，并将写入数据先缓存到 SLC 区域中。这样可以提高写入速度和可靠性，同时也可以在需求变化时自动调整缓存大小，不会占用额外的闪存容量。无论是固定 SLC 缓存还是动态 SLC 缓存，都可以提高固态硬盘的性能和可靠性。它可以提供更快的随机写入速度，减少闪存单元的擦写次数，降低闪存芯片的磨损，从而延长固态硬盘的使用寿命。

在购买计算机硬盘的时候，首先，系统安装盘建议采用固态硬盘。这样能够有效地提高系统的启动速度和程序的加载速度。其次，作为数据存储的仓库盘来说，可以根据具体预算选择 TLC 颗粒的固态硬盘或者 PMR（垂直式）机械硬盘作为仓库使用。最后，对于冷备份用的数据盘，建议使用 PMR（垂直式）机械硬盘备份使用。

1.2.5 显卡

显卡（Graphics Card），也称为显示适配器或图形处理器（GPU），是计算机中负责处理图形和图像数据的重要设备。衡量一个显卡的性能，常见指标包括 GPU 架构与流处理单元数量，核心频率，显存的容量、位宽和频率，接口类型，功耗以及散热系统。当前主流的显卡品牌为英伟达和 AMD，但近些年 intel 也开始逐步开拓独立显卡市场。

以英伟达显卡为例，1999 年英伟达发布的第一代 GPU 架构 GeForce 256 标志着 GPU 时代的开始。2006 年，英伟达发布首个通用 GPU 计算架构 Tesla。它采用全新的 CUDA 架构，支持使用 C 语言进行 GPU 编程，可以用于通用数据并行计算，标志着 GPU 开始从专用图形处理器转变为通用数据并行处理器。2009 年，英伟达发布 Fermi 架构。这是第一款采用 40nm 制程的 GPU。Fermi 架构引入 L1/L2 快速缓存、错误修复功能和 GPU Direct 技术等。到了 2012 年，英伟达发布 Kepler 架构，采用 28nm 制程，是首个支持超级计算和双精度计算的 GPU 架构。Kepler 架构的出现使 GPU 开始成为高性能计算的关注点。2014 年，英伟达发布 Maxwell 架构，同样采用的是 28nm 制程。Maxwell 架构在功耗效率、计算密度上获得重大提升，单个流处理器拥有 128 个 CUDA 核心。该架构标志着 GPU 的节能计算时代的到来。2016 年，英伟达发布 Pascal 架构，采用 16nm 制程，进一步增强 GPU 的能效比和计算密度。2017 年，英伟达发布 Volta 架构，采用 12nm 制程。该架构新增了张量核心，可以大大加速人工智能和深度学习的训练与推理。Volta 的出现标志着 AI 成为 GPU 发展的新方向。2018 年，英伟达发布 Turing 架构，同样采用 12nm 制程。Turing 架构新增了光线追踪加速器（RT Core），可硬件加速光线追踪运算，代表了图形技术的新突破。同时，Turing 架构在人工智能方面性能也进一步增强。2020 年，英伟达发布 Ampere 架构，采用 8nm 制程。该架构在人工智能、光线追踪和图形渲染等方面性能大幅跃升，功耗却只有 400W，能效比显著提高。

图 1-12　显卡

流处理单元（Streaming Processors），也称为 CUDA 核心或 Shader 核心，是显卡中最基本的计算单元。它类似于 CPU 中的核心，负责执行并行计算任务。流处理单元通常由多个 ALU（Arithmetic Logic Unit）、寄存器文件、指令调度器和高速缓存等组件组成，以 SIMD（Single Instruction，Multiple Data）的方式工作。流处理单元的计算能力通常用 ALU 的数量和主频来衡量。ALU 的数量决定了流处理单元能够同时执行的并行操作数目，而主频则决定了计算速度。这是评估显卡计算能力的重要指标之一。

显卡内存简称显存，它的位宽、主频和容量都会对显卡性能造成直接影响。显存的位宽（Memory Bus Width）指的是显存与 GPU 之间的数据通路宽度，通常以位（bit）为单位表示。位宽越宽，显存与 GPU 之间的数据传输速度越快。它可以直接影响显存的数据吞吐量和性能表现。显存的主频（Memory Clock）指的是显存芯片的工作频率，通常以 MHz 或 GHz 为单位表示。主频决定了显存的工作速度，即在单位时间内能够进行多少次数据读写操作。较高的主频意味着更快的数据处理能力。显存的容量（Memory Capacity）指的是显存能够存储的数据量，通常以 GB（Gigabyte）为单位表示。显存的容量决定了显卡能够同时处理的数据规模，例如更高分辨率的纹理、更复杂的场景等。较大的显存容量能够支持更大规模的图形数据，从而提供更好的性能和体验。

根据显示核心的所在的位置，还可以简单地将一台计算机内部的显示芯片分为集成显示核心和独立显卡。集成显示核心是直接集成在处理器内部，与 CPU 共享内存资源。它主要用于一般办公、互联网浏览、媒体播放等日常应用，对于一些轻度图形处理需求已经足够。随着 CPU 技术的不断发展，现在的集成显示核心也能够流畅运行一些轻量级的 3D 游戏。独立显卡则是一款外置设备，通过主板上的 PCIe 插槽进行安装，拥有自己的独立显存和散热系统。一般来说，独立显卡相对于集成显示核心具有更强大的图形处理能力，拥有独立的图形处理器（GPU），内置显存以及更多的显存带宽，使其能够处理更复杂、更高质量的图形任务，如高性能游戏、3D 渲染和视频编辑等。但是独立显卡会产生更高的功耗和散热，因为需要独立的供电以及散热解决方案。

在购买计算机显卡时，首先，要明确自己的使用需求。如果是进行图形设计、视频编辑或者玩大型游戏，可能需要较高性能的显卡；而如果只是进行日常办公、网页浏览等轻度使用，则性能要求就相对较低。其次，要确认显卡的接口和尺寸分别与主板和机箱空间匹配，确保选择的显卡在机箱内可以合适安装。然后，要留意显卡的功耗，这个会影响到计算机电源的型号选择。高性能的独立显卡大多需要外接电源进行供电。

1.2.6 电源

计算机的电源负责将日常的交流电转换为直流电提供给计算机系统的各个组件设备。一款计算机电源的主要衡量参数是功率、接口以及噪音。通常情况下，计算机电源为计算机主板提供 3.3V、5V 和 12V 的标准电压。这些电流输出会分别供应给主板、内存、显卡等系统组件。

图 1-13　电源

常见的个人计算机电源尺寸主要是 ATX 和 SFX，前者适配大多数台式计算机，尺寸为 150mm×86mm×140mm。而 SFX 电源是一种较小尺寸的电源，主要用于 IXT 规格的小型机箱，其尺寸为 125mm×63.5mm×100mm。还有一些用于一体机或者服务器的电源，本书就不做详细的介绍了。

除了电源的尺寸之外，还可以根据电源接口的不同将计算机电源分为非模组电源、半模组电源和全模组电源。模组化设计是将电源线缆分解为可拆卸的模块，用户可以根据实际需求连接所需的线缆，减少机箱内的混乱和提高空气流动性。非模组电源，即传统电源，所有的电缆直接从计算机电源引出，无法进行可拆卸的调整。半模组电源具有固定的主要电源线缆，例如主板供电线 24PIN 或者 CPU 供电线 8PIN。这些线缆是无法拆卸的，它们直接连接到电源内部。除了主要电源线缆外，半模组电源还提供了一些可以拆卸的电源线缆模块，例如 SATA 电源线、PCIe 电源线等。用户可以根据需要选择并连接所需的附加线缆。而全模组电源的所有线缆都是可拆卸的，包括主要电源线缆和附加电源线缆，能够提供最大限度的 DIY 自由度，主要搭配客制化电源线缆使用，用来提升机箱内部的布线效率以及美观性。

计算机电源常见的规格认证中，80PLUS 认证是被大多数品牌厂商认可的。这个认证是美国能源署出台的对于台式机和服务器电源的认证，指的是电源在负载 20%、50%、100% 的情况下，电源效率能够达到 80% 以上。但这个认证会进一步分为六个等级，不同等级对应的效率有所不同，理论上等级越高，电源的效率越高，从低到高依次是白牌、铜牌、银牌、金牌、铂金牌、钛金牌。

表 1-1　80PLUS 认证分级表

80PLUS 认证	电源 20% 负载	电源 50% 负载	电源 100% 负载
白牌 效率	80%	80%	80%
铜牌 效率	82%	85%	82%
银牌 效率	85%	88%	85%
金牌 效率	87%	90%	87%
铂金牌 效率	90%	92%	89%
钛金牌 效率	94%	96%	92%

在购买计算机电源时，首先要确定的就是机箱对于电源尺寸的兼容性，ATX 规格适配绝大多数常规尺寸的台式计算机。但是对于 IXT 这类小主机来说，就需要考虑 SFX 规格。其次就是电源的功率，这是最核心的指标。通过对主机内部的 CPU、硬盘、显卡、散热系统的功耗进行预估，保证所购买的电源功率能够超过这些组件的峰值功耗之和，确保电源不会因为功率不足而导致计算机运行不稳定甚至损坏硬件。最后就是根据实际的预算，选择不同级别的 80PLUS 认证和模组化设计的产品。

1.2.7 散热系统

计算机的散热系统是为了保障计算机硬件在合适的温度范围内运行而设计的。内部散热系统通常包含以下几个组成部分：CPU 散热器、显卡散热器、机箱风扇、散热风道、导热材料、散热片等。

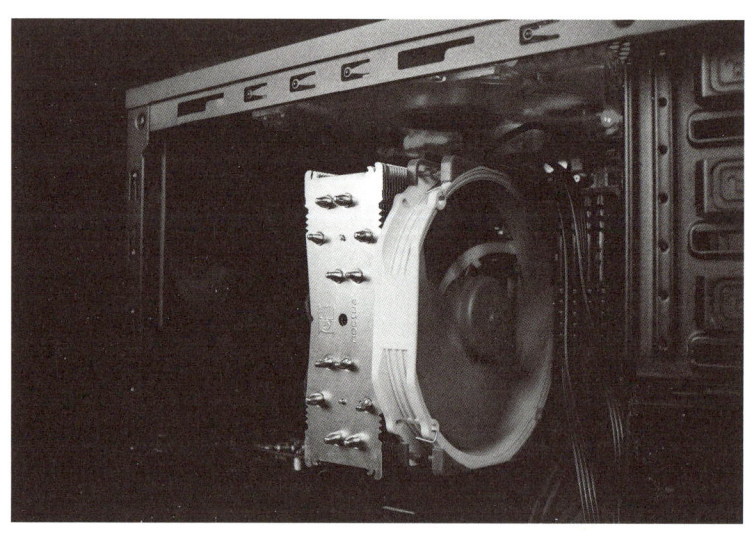

图 1-14　散热系统

CPU 散热器主要利用散热片和散热风扇将 CPU 产生的热量迅速散发出去，以保持 CPU 在适宜的工作温度范围内。散热器通常使用铜或铝制成的散热片，这些散热片与 CPU 的金属散热盖直接接触，通过导热材料（如硅脂）将 CPU 产生的热量传导到散热片上。然后，散热风扇通过吹拂散热片表面，带走热量，并将热气排出计算机机箱，从而使 CPU 保持在安全的温度范围内。

CPU 散热器用到的技术通常包括：热管、水冷与风冷、导热硅脂与液金导热材料。热管的工作原理基于液体的蒸发和冷凝过程。当热管吸热端接触到热源时,其中的工质被加热并蒸发成为气态,然后在管内扩散到放热端。当气态工质到达放热端时,因温度较低而重新凝结成为液态,释放出吸收的热量。然后,液态工质沿着管壳回流到吸热端,重复上述过程,从而实现了热量的传导和散发。在散热器中,热管通常被安装在散热片上,用于增加热量的传导面积和提高热量的传递效率。通过热管技术,散热器可以更快速地将热量从CPU等热源传递到散热片上,并利用风扇来散发热量。相比于普通的金属导热管,热管具有更高的传热效率、更大的传热面积和更低的温度梯度。

风冷系统使用风扇和散热器来散发热量。散热器通常由金属散热片和铜管组成,散热风扇在散热片上方提供空气流动。风冷系统安装相对简单,维护容易,且价格较为经济实惠。但对于功耗较高的CPU来说,普通的风冷系统可能无法达到足够的散热效率。这时就需要采用水冷系统进行冷却。水冷散热器是通过水的流动来传递和散发热量的散热系统。其中,水冷头吸收CPU等热源所产生的热量,然后通过水管将热量传递到散热器中,最后通过风扇将热量散发出去。水冷头是散热器的核心,直接接触CPU等热源,通过导热材料将热量传递到水管中。水冷头一般采用金属制成,有时会和水泵整合在一起。水泵负责将冷却液从水冷头中抽取出来,并将其推进水管中,使其流动。水泵通常安装在散热器上方或水箱内。水管负责连接水冷头、散热器和水箱之间的冷却液流动。水管通常由柔性的橡胶或聚氨酯材料制成,以便于弯曲和安装。散热器是水冷系统的另一个重要组成部分,它通常由金属散热片、铜管和风扇组成。当冷却液流经散热器时,热量被传递到散热片上,并通过风扇的吹拂来散发出去。水冷散热器一般安装在机箱的顶部,使用120mm的机箱风扇进行散热。根据尺寸的不同,通常又分为240冷排和360冷排等。最后一个组件就是水箱,通常用于储存冷却液和调节水冷系统的压力,通常安装在计算机机箱内部,通过水管连接到其他组件。

无论是风冷还是水冷,散热器和CPU的接触部分都需要使用导热材料进行连接。这里最常用的导热材料就是导热硅脂。这是一种高黏度的软膏或胶状物质,主要由硅油、微细氧化铝粉和添加剂等组成。导热硅脂具有较好的导热性能(2-12W/mK),并且有良好的润湿性和黏附性,可以均匀地涂敷在CPU表面和散热器底部,填补微小间隙,以提高热量的传递效率。同时,导热硅脂耐高温,不会因温度变化而失去导热性能,可以保持长期的稳定性。并且,价格便宜是导热硅脂最大的特点。而液金导热材料是一类以金属为主要成分,具有低黏度和高导热性能的液体。它能够提供比导热硅脂更高的导热系数,通常可以达到40-80W/mK。相比传统的导热硅脂,液金导热材料具有更高的化学稳定性和耐高温性能,可以长期保持导热性能不变。但是使用液金导热材料对于安装工艺有很高的要求。因为液态金属的流动性比较强,需要使用隔离物,将液金导热材料与周围的其他电子元件隔离开,避免液态金属的扩散和腐蚀。否则很容易造成主板短路或损坏。

机箱的风道设计是计算机散热系统中最后一块拼图,良好的机箱应该有清晰且合理的空气流动路径。通常情况下,空气应当从机箱前部或底部的进气口进入,经过散热器组件加热后从机箱背部或顶部的出风口排出。在风道设计的过程中,需要考虑到CPU散热器、显卡散热器、电源、硬盘等散热部件的位置,以便安排风扇和散热器的布局,确保空气能够充分覆盖这些部件,并迅速带走热量。同时根据机箱的尺寸和散热需求,选择合适大小和数量的风扇,以合理的方向进行安装。在确保足够的空气流量和静压的情况下,避免因为风扇噪音而影响整体的使用体验。

在购买CPU散热器的时候,要留意与机箱的兼容性,避免风冷散热器高度过高,无法安装或者水冷散热器的冷排过大,没有办法安装的情况。同时要注意散热系统的噪音大小,选择低噪音风扇或者带有转速控制的风扇,以获得更好的静音效果。最后就是根据实际的散热性能选择不同规格的散热器,然后挑选安装难度较低的型号进行购买。

1.2.8 机箱

计算机的机箱为计算机的各种硬件组件提供了一个安全的保护外壳，能够确保组件安全固定，减少物理损坏的风险。好的机箱，能够通过风道设计和散热器安装位置的合理规划，帮助优化计算机内部的空气流动和散热效果。同时能够提供更加合理的扩展空间和丰富的外设接口，以满足不同的性能需求。除此之外，机箱作为计算机外部的可见部分，它的外观设计和个性化特点能够反映用户的品味和风格。通过选择不同款式的机箱，用户可以打造出独特的主机外观，来满足个人审美需求。

图 1-15 机箱

选择机箱时首先要考虑的就是机箱尺寸。机箱的大小会对主板、电源、散热器、显卡的选择带来直接影响。其中影响最大的就是主板尺寸。通常情况下，可以使用机箱能安装的最大尺寸的主板类型对机箱的大小进行分类。例如 E-ATX 机箱、ATX 机箱、M-ATX 机箱和 ITX 机箱。也可以通俗一些将机箱分为全塔式、半塔式和迷你机箱三类。其中全塔式机箱能够安装下 E-ATX 系列的主板，拥有更大的扩展空间。而半塔式机箱通常兼容 ATX 主板和 M-ATX 主板。迷你机箱基本上只能安装 ITX 尺寸的主板。

除了机箱尺寸之外，机箱内部的散热结构是另外一个需要关注的重点。在选择机箱时需要检查机箱是否有足够的风扇槽位和散热孔，以及是否提供了适当的风道设计，以便冷却空气能够有效流动并将热量排出机箱。尤其是，如果准备安装水冷散热系统，还要关注机箱是否为冷排提供了足够的安装空间。和散热效率同时需要关注的还有机箱的噪音水平。如果机箱内部的散热风扇处于高速运转状态，要关注机箱外壳的抗共振效果，同时要留意机箱整体的隔音效果，尽可能降低风扇噪音对日常使用带来的影响。

最后就是机箱的颜值，很多装机爱好者会使用 RGB 灯条装饰机箱内部的计算机组件，例如 CPU 散热风扇、内存散热马甲、主板的呼吸灯以及显卡的 RGB 灯效。为了能够更好地呈现计算机内部的 RGB 灯光效果，许多机箱设计成了侧透的风格，使用亚克力材质或者玻璃面板作为机箱的侧面板，让计算机内部的组件能够更加直接地展示出来，并由此延伸出来了对于计算机组件的外观色彩一致性需求。

第2章

互联网应用

本章知识点

1. 计算机网络的基本概念;
2. 常用网络协议和术语;
3. 当前家庭组网的技术和发展趋势;
4. 互联网应用的基本软件;
5. 网络安全相关知识。

学习目标

1. 了解网络基础知识,增强信息技术水平;
2. 理解家庭组网知识,选择适合自己家庭的网络设备;
3. 熟练使用互联网基本软件;
4. 了解网络安全意识,加强网络安全防护。

学习重难点

1. 对于初学者来说,熟悉和理解网络基础知识是重要的;
2. 学会查看IP地址、掌握互联网基本软件使用的方法;
3. 理解家庭组网技术,在出现网速慢或者网络故障时,能分析和解决问题;
4. 理解网络安全的重要性。

学习建议

1. 阅读相关教程或观看视频,了解每个知识点;
2. 书本与实际相结合,理解各种网络知识在工作生活中的应用;
3. 根据自己家庭网络的情况,尝试调整相关影响因素,从而将所学工具运用到实际情境中;
4. 参与互动讨论和交流,与其他学习者一起分享经验和技巧;
5. 不断积累经验,通过探索和实践发现各类互联网软件的更多功能和应用场景。

2.1 网络基础知识

计算机网络的应用非常广泛，包括互联网（Internet）、局域网（LAN）、广域网（WAN）、数据中心网络、无线网络等。它在商业、教育、科研、娱乐等各个领域都发挥着重要的作用，成为现代社会不可或缺的基础设施之一。计算机网络的主要功能如下：

- 浏览信息和发布信息的平台
- 通信和交流的平台
- 休闲和娱乐的平台
- 资源共享的平台
- 电子商务的平台
- 远程协作的平台
- 网上办公的平台

2.1.1 计算机网络的定义

计算机网络是指通过通信链路和网络设备，将分散的计算机系统相互连接起来，以实现数据和资源的共享、信息传递和协同工作的一种系统。它是由多个计算机和网络设备组成的互联网络，可以在不同地理位置的计算机之间传输数据和通信。

计算机网络的主要目的是实现计算机之间的通信和资源共享。通过计算机网络，用户可以远程访问其他计算机上的文件、打印机、数据库等资源，并可以进行数据传输、电子邮件、即时通讯等形式的通信。

计算机网络通常由硬件设备（如路由器、交换机、网卡等）和软件协议（如 TCP/IP 协议、HTTP 协议等）组成。各种网络拓扑结构、通信协议和安全机制都是计算机网络中的重要概念和技术。

2.1.2 常用网络协议和术语

1. 常用网络协议

说到网络协议，我们举个生活中的例子来理解。比如不同国家民族进行交流时，双方需要采用彼此能够理解的语言、遵循相应的规则进行沟通。同理，在计算机网络设备之间进行通信沟通时，双方遵循的规则就是网络协议。

有许多常用的协议用于实现数据通信和网络服务。以下是一些常见的计算机网络协议：

- TCP/IP 协议：TCP/IP（Transmission Control Protocol/Internet Protocol）是互联网上最常用的协议套件。它包含了一系列的协议，包括 IP、TCP、UDP、ICMP 等，用于实现数据的分组、传输、路由和错误检测等功能。

举例：大家手机和电脑上一般都需要使用 TCP/IP，比如标识 IP 地址。
- DNS 协议：DNS（Domain Name System）是用于将域名转换为 IP 地址的协议。它提供了域名解析服务，将用户输入的域名映射到对应的 IP 地址。

  举例：每天我们打开的网站和链接都有一个域名网址，包括扫码的二维码后面其实就是一个网址（包含域名），都需要通过 DNS 服务器进行解析，把域名翻译成实际的 IP 地址。
- DHCP 协议：DHCP（Dynamic Host Configuration Protocol）是用于自动分配 IP 地址和其他网络配置信息的协议。它允许计算机在加入网络时自动获取 IP 地址、子网掩码、网关等信息。

  举例：每次手机联网，无论是通过 Wi-Fi 还是数据流量，一般都是从 DHCP 服务器自动获取一个有效的 IP 地址，这个 DHCP 服务器可以是无线路由器，也可以是在移动通信的基站上。
- HTTP 协议：HTTP（Hypertext Transfer Protocol）是用于在 Web 浏览器和 Web 服务器之间传输超文本的协议。它定义了客户端如何请求 Web 页面和服务器如何响应请求的规范。

  举例：以前浏览网站时，网络地址开头多数是"http://"。
- HTTPS（Hypertext Transfer Protocol Secure）是一种安全的 HTTP 协议，用于在 Web 浏览器和 Web 服务器之间进行安全的数据传输。它通过使用 SSL（Secure Socket Layer）或 TLS（Transport Layer Security）协议对数据进行加密和身份验证，确保传输的数据在网络上的安全性和完整性。HTTPS 的优点如下：

  数据加密：HTTPS 使用 SSL/TLS 协议对数据进行加密，防止第三方窃听或篡改数据。

  身份验证：HTTPS 使用数字证书来验证服务器的身份，确保用户连接到正确的服务器，防止中间人攻击。

  支持安全的电子商务：HTTPS 的安全性使得用户可以安全地进行在线支付、网上银行等敏感操作。

  举例：现在浏览网站时，网络地址开头多数是"https://"，比如访问 baidu、taobao 都是如此，增加了安全性。
- FTP 协议：FTP（File Transfer Protocol）是用于在计算机之间传输文件的协议。它使用户能够通过网络连接到远程计算机，并上传或下载文件。
- SMTP 协议：SMTP（Simple Mail Transfer Protocol）是用于在电子邮件系统之间传递邮件的协议。它定义了邮件的传输规则和服务器之间的通信方式。
- POP3 协议：POP3（Post Office Protocol version 3）是用于接收电子邮件的协议。它允许用户从邮件服务器上下载邮件到本地计算机。

2. 4G、5G 和 6G

4G 是第四代移动通信技术，5G 是第五代移动通信技术，6G 是未来可能出现的第六代移动通信技术。

考虑到 5G 部署并没有完全渗透，甚至 4G 在偏远地区的渗透率也很低，有人可能会问，为什么有必要在 6G 方面做出努力。其主要重点是通过在人、机器和环境节点之间搭建桥梁，支持第四次工业革命。

6G 网络将是一个地面无线与卫星通信集成的全连接世界。通过将卫星通信整合到 6G 移动通信，实现全球无缝覆盖，6G 通信技术不再是简单的网络容量和传输速率的突破，它更是为了缩小数字鸿沟，实现万物互联这个"终极目标"。

面对未来信息量呈几何级爆炸增长的环境，6G 将通过多学科、跨领域核心技术的融合，构建出一个智慧内生、安全内生、空天地一体的网络，全面支撑人机物智联、数字孪生、全息通信、通感互联、智慧交互等能力，实现"智享生活""智赋生产"和"智焕社会"，带来人们生活、娱乐的全新体验以及社会生产、服务、治理方式的深刻改变。

3. Wi-Fi、Wi-Fi 6 和 Wi-Fi 7

Wi-Fi（Wireless Fidelity）并不是一种网络协议，它是一种无线网络技术标准。Wi-Fi 是一种基于 IEEE 802.11 系列无线通信标准的技术，定义了无线网络的物理层和数据链路层的规范。这些标准描述了无线设备如何进行无线通信、数据传输和接入点之间的协作。

Wi-Fi 用于建立无线局域网（Wireless Local Area Network，简称 WLAN），使设备能够通过无线信号进行互联和数据传输。在 WLAN 中，Wi-Fi 技术允许计算机、智能手机、平板电脑和其他设备通过无线方式连接到互联网或局域网。Wi-Fi 使用无线信号传输数据，通常工作在 2.4 GHz 或 5 GHz 频段，并提供了一定的覆盖范围，使设备可以在一定距离内进行无线通信。

Wi-Fi 6 是指第六代无线局域网（Wireless Local Area Network，WLAN）技术标准，也被称为 802.11ax。它是 Wi-Fi 技术的最新版本，于 2019 年发布。Wi-Fi 6 引入了许多新功能和改进，旨在提供更高的速度、更大的容量、更低的延迟和更好的性能。以下是 Wi-Fi 6 的主要特点：

- 高速传输：Wi-Fi 6 的理论最高速度达到 9.6 Gbps，比前一代（Wi-Fi 5 或 802.11ac）快数倍。这使得它能够支持更多设备同时连接并提供更快的下载和上传速度。
- 多用户多输入多输出（MU-MIMO）：Wi-Fi 6 支持更多的天线和数据流，并具备更先进的 MU-MIMO 技术。它可以同时向多个设备发送数据，提高网络的效率和吞吐量。
- OFDMA 技术：Wi-Fi 6 采用了正交频分多址（Orthogonal Frequency Division Multiple Access，OFDMA）技术，将无线信道划分为多个小的子信道，使得不同设备可以同时进行通信，提高了网络的容量和效率。
- 低延迟：Wi-Fi 6 通过使用目标唤醒时间（Target Wake Time，TWT）等技术来降低设备的功耗和延迟。这对于实时应用程序和互动式游戏非常重要，可以提供更好的用户体验。

需要注意的是，要充分发挥 Wi-Fi 6 的优势，设备必须支持 Wi-Fi 6，并且无线路由器或接入点也需要升级到支持 Wi-Fi 6 的版本。此外，由于 Wi-Fi 6 是向后兼容的，因此它也可以与旧版 Wi-Fi 设备进行通信，但可能无法实现 Wi-Fi 6 的所有新功能和性能提升。

Wi-Fi 7 是第七代 Wi-Fi 无线网络，速度可高达 30Gbps，是 Wi-Fi 6 最高 9.6Gbps 速率的三倍之多。相比于 Wi-Fi 6，Wi-Fi 7 将引入 CMU-MIMO 技术，最多可支持 16 条数据流，8 车道变 16 车道，其次 Wi-Fi 7 除传统的 2.4GHz 和 5GHz 两个频段，还将新增支持 6GHz 频段，并且三个频段能同时工作。

华为作为全球顶尖的通信巨头，连续多年在 Wi-Fi 领域进行资源投入与技术创新。在 Wi-Fi 7 时代，华为贡献了 482 个 Wi-Fi 7 标准专利，占所有贡献数的 22.9%，稳居世界第一。目前，华为官网已推出支持 Wi-Fi 7 的无线路由器 BE3 Pro，速率高达 3600 Mbps5，在使用支持 Wi-Fi 7 的终端设备进行连接时，能够发挥千兆以上光纤网络的真正实力，轻松下载海量文件，畅玩大型游戏，观看高清电影。

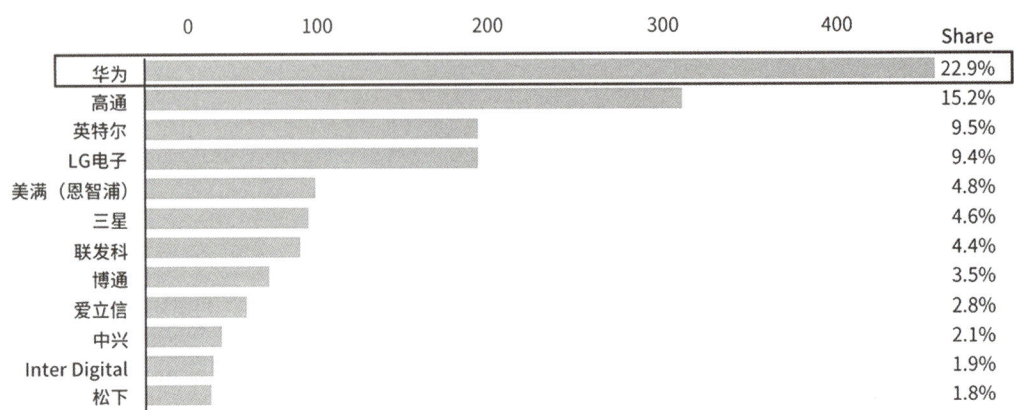

图 2-1 华为在 Wi-Fi 7 标准专利中的贡献度

2.1.3 IP 地址

1. IPv4 和 IPv6

IP 地址（Internet Protocol Address）如同手机号码一样，一般具有唯一性，它是用于在互联网上唯一标识一个设备的地址。在网络通信中，IP 地址用于标识数据包的源地址和目的地址，保证数据能够准确地传输到目的地。

IP 地址是由 32 位二进制数或 128 位二进制数组成的数字地址。常用的 IPv4 地址由 32 位二进制数组成，理论上能表示 2 的 32 次方个 IP 地址，而 IPv6 地址则由 128 位二进制数组成，理论上能表示 2 的 128 次方个 IP 地址，表示的地址范围大大扩展了。

为了方便人们使用和记忆，IP 地址通常以点分十进制的形式表示。IPv4 地址的格式是由四个 8 位的二进制数，即 0~255 之间的十进制数，用点号分隔组成的，例如 192.168.1.1。IPv6 地址的格式是由 8 组 16 位的十六进制数，用冒号分隔组成的，例如 2003:0db8:86a3:0000:0000:8a2d:0370:7334。

IP 地址通常由网络管理员或互联网服务提供商（ISP）分配和管理。为了避免 IP 地址冲突，IP 地址分配通常是有计划的、层次化的，并且有专门的机构负责管理和分配全球 IP 地址资源。目前全球公网的 IPv4 地址资源已经划分完毕，未来为了网络的扩展会启用 IPv6 地址。实际上，目前已有一些网站页面上可以看到都已经支持 IPv6。

下面我们来动手实践一下，找找自己手机和电脑上的 IP 地址。

我们可以在手机的状态信息里查看到当前手机获得的 IP 地址等信息，比如小米手机可以在"设置""我的设备""全部参数""状态信息"里查找到。

在电脑上，则可以在"开始菜单""网络和 Internet""状态""查看网络属性"里查看到 IP 地址等相关信息。

图 2-2　在电脑上查看网络属性

图 2-3　在电脑上查看 IP 地址信息

2. 公网 IP 和私网 IP

公网 IP（Public IP）和私网 IP（Private IP）是用于在互联网和局域网中标识和定位计算机或其他网络设备的地址。一般单位和家庭里的网络都是局域网，所以用的都是私网 IP，而互联网上使用是公网 IP。

公网 IP 是全球唯一且可被互联网访问的 IP 地址，用于标识一个特定的计算机或网络设备在互联网上的位置。它由互联网服务提供商（ISP）分配，并用于路由互联网上的数据流量。通过公网 IP，用户可以从任何地方访问到具有公网 IP 的设备。

私网 IP 是在局域网中使用的 IP 地址，用于标识和连接局域网内的设备。一些常见的私网 IP 地址范围包括：

10.0.0.0 到 10.255.255.255

172.16.0.0 到 172.31.255.255

192.168.0.0 到 192.168.255.255

私网 IP 只在局域网内部有效，不能直接从互联网访问。当局域网中的设备需要与互联网通信时，它们的私网 IP 地址将被网络地址转换（Network Address Translation，NAT）技术映射到公网 IP 地址，以实现与互联网的通信。比如上海开放大学校园内至少有上千台电脑，这些电脑都使用局域网内部 IP，当这些电脑需要访问互联网时，会通过出口路由器上的 NAT 服务，获取一个公网 IP，从而能够正常访问互联网。

通过公网 IP 和私网 IP 的组合，可以实现全球范围内的互联网通信和局域网内部的设备连接。不同的局域网可以有相同的私网 IP，所以虽然现在世界上公网 IP 已经被全球划分完了，但是因为有大量的局域网存在，目前 IPv4 暂时还是足够满足实际生活和工作的需要。

2.1.4 网络拓扑连接

传统计算机网络书上通常会介绍的计算机网络拓扑结构有以下几种：

- 星型拓扑（Star Topology）：中心节点连接多个外围节点，所有外围节点通过中心节点进行通信。
- 总线型拓扑（Bus Topology）：所有节点都连接在一条中央传输线上，节点之间共享传输媒介。
- 环型拓扑（Ring Topology）：节点通过形成一个环状连接，每个节点只与相邻节点直接连接。
- 树型拓扑（Tree Topology）：多个星型拓扑通过中心节点连接形成树状结构。
- 网状拓扑（Mesh Topology）：所有节点都直接连接到其他节点，形成全互联的网状结构。
- 混合拓扑（Hybrid Topology）：结合了多种其他拓扑结构的组合，以满足特定网络需求。

每种拓扑结构都有其优缺点和适用场景，选择适合的拓扑结构取决于网络规模、可靠性要求、成本等因素。现实生活中，我们主要是以树型、网状和混合拓扑为主。

我们来看三张现实中的网络图，分别是典型企业局域网图、小区用户访问互联网服务器图和国家间互联网连接图。

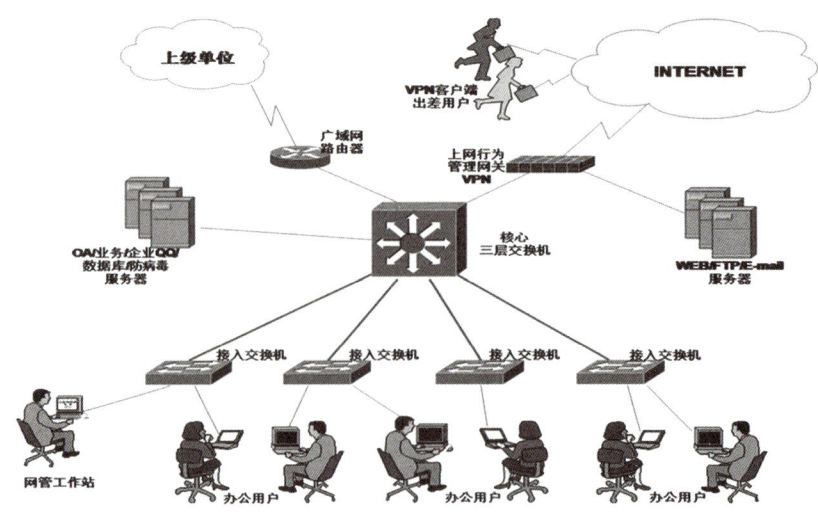

图 2-4　典型企业局域网拓扑图

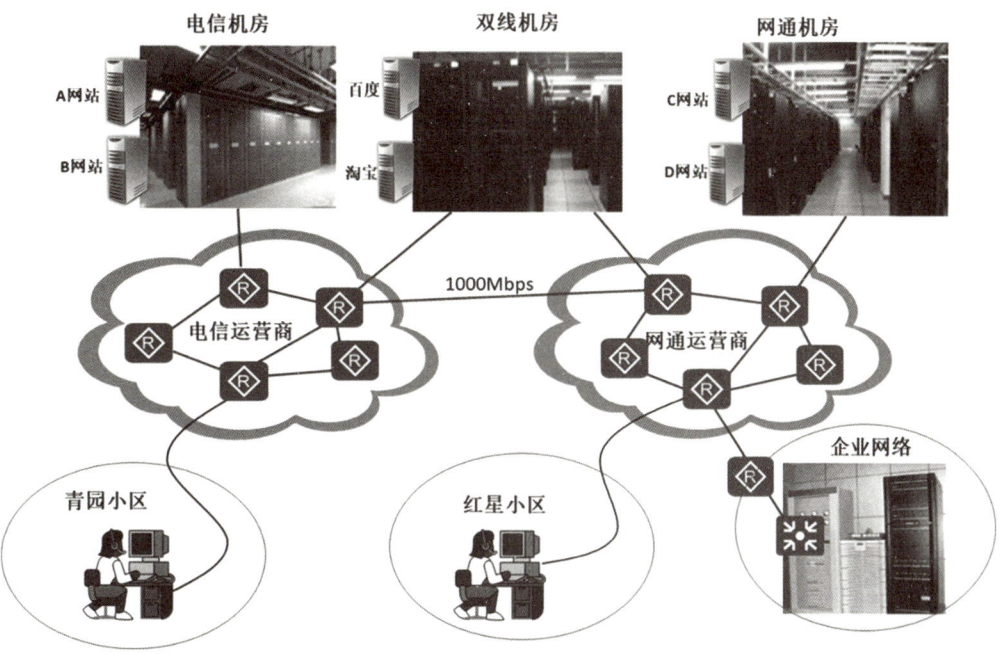

图 2-5 从小区访问外网服务器

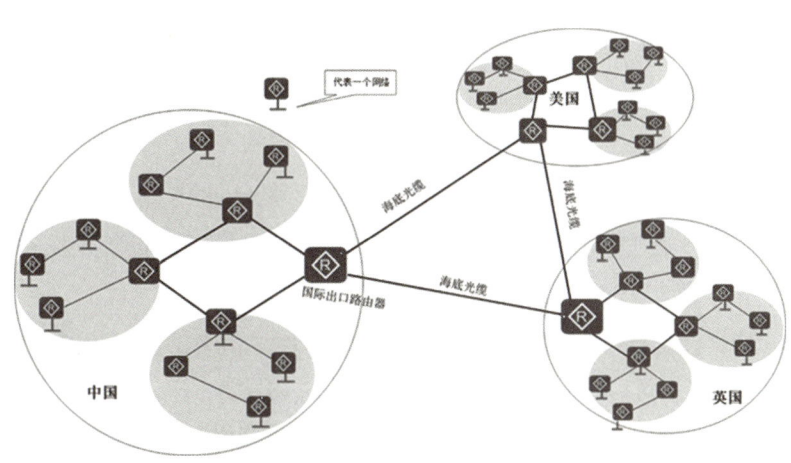

图 2-6 国家间互联网连接图

2.2 家庭组网技术

家庭组网技术是一种将家庭中的各种设备通过无线或有线网络连接在一起的技术,旨在实现智能化控制和管理。目前,家庭组网技术主要分为有线和无线两种类型。有线家庭组网技术主要采用以太网、光纤等有线传输方式,具有传输速度快、稳定性高等特点,适合对网络速度和稳定性要求较高的家庭环境。无线家庭组网技术则主要采用 Wi-Fi、蓝牙等无线传输方式,具有部署灵活、成本较低等优点,适合对网络速度要求不高、设备数量较少的家庭环境。

有线线缆主要包括：百兆（五类线）、千兆（六类线）和万兆（七类线）网线，以及光纤、电力线、同轴电缆等。

无线技术主要包括：Wi-Fi 网络、Mesh 网络、Zigbee、蓝牙以及华为最新推出的星闪（NearLink）技术等。

通过学习本章知识，我们在遇到网络故障时，就可以根据网络组建的各个环节去分析故障可能的原因，比如全家的网络都不能使用时，检查是不是无线路由器断电或者出故障了。当家里的情况都正常时，再考虑是否是运营商的问题，可以通过邻居或者小区群了解周边住户网络是否正常，从而判断是否接入家庭的外网出现故障。

2.2.1 一般组网步骤

家庭组网步骤通常包括以下几个环节：

（1）准备设备：申请宽带安装、准备所需的设备，包括光猫（由宽带运营商提供）、无线路由器、电脑和手机等。

（2）连接光猫：将光猫通过光纤或者网线连接到网络服务提供商（ISP）提供的宽带接入点。确保光猫的电源连接正常，并且信号指示灯显示正常连接。

（3）连接无线路由器：将无线路由器通过网线与光猫相连。确保无线路由器的电源连接正常，并且信号指示灯显示正常连接。

（4）配置无线路由器：打开电脑中的浏览器，输入无线路由器的默认管理网址（一般为192.168.1.1 或 192.168.0.1），按照使用说明书上的指引进行登录和配置。设置无线网络名称（SSID）和密码，配置无线加密方式（如 WPA2-PSK），以确保无线网络安全。

（5）连接台式电脑：使用网线将路由器的一个 LAN 口与台式电脑的网卡相连。在电脑操作系统中，根据需要配置网络连接，可以选择自动获取 IP 地址或手动设置。

（6）连接笔记本电脑和手机：打开笔记本电脑和手机的无线网络设置界面，在可用无线网络列表中找到刚才设置的无线网络名称（SSID），输入密码进行连接。确保连接成功后，即可通过无线网络访问互联网。

（7）测试连接：在各个设备上打开浏览器，尝试访问一个网站，确保所有设备都能够正常联网。

以上是家庭组网的一般步骤，现在一些新的无线路由器的初始连接和配置会更加简单，不需要有线连接，而直接通过无线连接进行后续配置。具体操作可能会因设备品牌和型号等而有所不同。建议在设置过程中参考各个设备的使用说明书，或者寻求专业人士的帮助。

2.2.2 影响网速体验的因素

每个上网的人都希望能自由享受极速上网的快乐，但是要真正享受极速上网，除了向运营商申请不同付费套餐的包年宽带之外（目前家庭带宽套餐最高一般为 2000Mbps），还需要了解和考虑以下因素：

（1）运营商网速因素：网络运营商提供的宽带速度会影响无线网络速度。在相同条件下，运营商提供的网速越高，家庭无线网络速度越快。但是还要注意实际情况下，电信、移动、联通和长城宽带等运营商因为自建的有线网络不同，虽然同样是 2000M 带宽套餐，但用户的体验不一定相同。

（2）网线类型：使用不同类型的网线（如百兆、千兆和万兆线等）会影响有线和无线网络的传输速度，较快的网线能提供更高的网络速度。比如申请了2000M带宽，而家里有线网络只使用普通百兆网线（五类线），那么网线就是网络慢的原因之一，需要升级。

（3）无线路由器性能：无线路由器的性能直接影响无线网络的速度。高性能路由器具备更好的信号处理能力和覆盖范围，从而提高无线网速。比如申请了2000M带宽，而家里无线路由器还是前几年的路由器，支持不了千兆带宽访问，那么无线路由器就是网络慢的原因之一，需要升级。

（4）网卡性能：电脑或移动设备的网卡性能也会影响无线网络速度，安装高性能的无线网卡或使用支持5GHz频段的设备可以提高无线网速。

（5）终端设备性能：连接无线网络的设备性能也会对网速产生影响，高性能的设备能更好地接收和处理无线信号，从而提高网速。比如老手机或电脑系统比较卡顿，那么由于终端设备本身运行慢的原因，再快的网速，也体现不出来。

（6）无线信道干扰：周围环境中其他无线设备（如手机、电视、微波炉等）产生的电磁干扰可能导致无线网络速度下降，避免使用与无线路由器信道相同的设备可以减少干扰。

（7）信号覆盖范围：无线路由器的信号覆盖范围有限，房间布局、家具遮挡等因素可能导致信号弱化，进而影响无线网速。合理摆放路由器和扩大信号覆盖范围可以提高网速。家庭面积较大时，可以选购不同的无线路由器，比如华为和小米官网都有相应的推荐，下面可以看到华为凌霄子母路由Q6（1母+X子套装）全屋Wi-Fi 6可把电线变网线不用重新布网线。该子母路由器使用的电力线通信技术是国际电信联盟（ITU-T）最新定义的G.hn标准，加持了华为自研的电力线智能抗噪技术，带宽更大、抗干扰能力更强、延迟更低，相比以前采用Homeplug联盟标准的传统电力猫速度最高可提升10倍以上，用户上网体验有质的提升。

（8）网络安全策略：安装防火墙和安全软件等网络安全措施可以保护家庭网络，但同时也可能影响无线网络速度。调整安全策略，如开启QoS功能，可以提高网速。

（9）设备散热：高温环境会影响无线路由器和终端设备的性能，进而降低无线网络速度。保持设备工作环境凉爽可以提高网速。比如家里的无线路由器是放在柜子里的，夏天散热就会差些，网速体验也会比冬天差些。

（10）网络拥堵：与其他网络设备共享无线网络时，网络拥堵可能导致网速下降。减少同时上网的设备或升级无线路由器以提高性能可以缓解拥堵。

综合以上因素，优化家庭无线网络环境提高网速，需要综合考虑无线路由器、终端设备、网络环境等多方面因素。合理调整设备配置，解决无线信道干扰等问题，可以提升家庭无线网络速度。

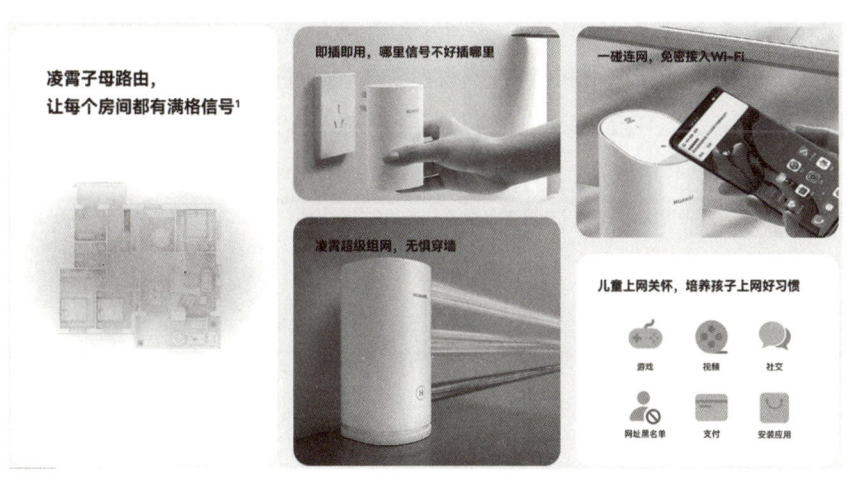

图 2-7　华为凌霄子母路由 Q6 功能

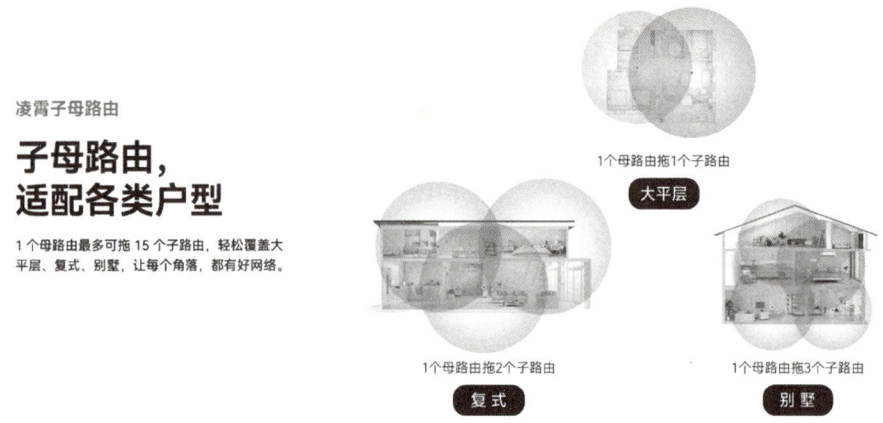

图 2-8　华为凌霄子母路由 Q6 适配各户型

2.2.3 家用存储和 NAS

家庭使用的存储方案，可以选择移动硬盘、互联网云盘和家庭私有云盘。每种存储方式都有自己的特点和优势，具体选择可以根据家庭的需求和实际情况进行权衡。

移动硬盘：移动硬盘是一种便捷的存储方式，可以用来备份和存储家庭中的重要数据，如照片、视频、文件等。它的优势是价格相对较低、可携带性强，适合临时存储和数据传输。常见的移动硬盘品牌有西部数据、希捷等。但是需要连接数据线传输，访问时不如使用无线连接的云盘便捷。

互联网云盘：互联网云盘是指基于云端服务器提供的存储服务，用户可以通过网络将数据上传至云端进行存储，并且可以在需要时随时访问。常用的云盘有百度云盘、阿里云盘、夸克网盘等，提供少量免费空间和限速之外，更多的空间和更高传输速度需要支付不同的费用。

云盘的优点在于通过网络、无需购买硬件和自行配置、可扩展性强，而且可以实现多设备间的数据同步和共享，比较适合家庭中多设备之间的数据管理和共享。

缺点在于虽然理论上云盘提供方需要保障用户文件的安全，但实际上安全性存在不确定因素，用户隐私性较高的文件不建议存储在云盘上。比如，前几年某些品牌的云盘由于服务商策略改变，导致一些用户存储在云盘的文件无法访问。

家庭私有云盘：家庭私有云盘是指通过在家庭内部搭建专属的云存储系统，实现家庭内部数据的存储和共享。这种方式可以提供更加私密和自主的存储空间，同时也能够满足家庭中多设备的数据访问需求。一般在家庭内部访问家庭私有云 NAS，会比访问互联网云盘的网速更快，存储效率更高。不过，搭建家庭私有云盘需要一定的技术和成本投入，对于普通家庭用户来说可能需要一些专业指导。

综合考虑，家庭可以根据实际需求选择以上存储方式中的一种或多种进行组合应用，以实现数据的安全备份、便捷访问和合理管理。

家庭私有云盘也叫家用 NAS（网络附加存储），是指一种专门用于家庭使用的网络存储设备。它通常是一个独立的硬件设备，可以连接到家庭网络中，提供方便的文件共享和存储解决方案。家用 NAS 设备具有以下特点和功能：

（1）文件存储和共享：家用 NAS 提供了大容量的存储空间，可以将各种类型的文件（如照片、视频、音乐、文档等）集中存储在一个地方，并通过局域网或互联网与家庭中的多台设备共享。

（2）远程访问：通过云服务或专门的应用程序，家用 NAS 可以实现远程访问功能。这意味着用户可以在任何地方通过互联网访问和管理存储在 NAS 中的文件，方便与他人共享和获取数据。

（3）数据备份：家用 NAS 可以作为一个安全可靠的数据备份解决方案。可以设置自动备份规则，将电脑、手机等设备中的数据定期备份到 NAS 中，以防止数据丢失。

（4）多媒体服务器：很多家用 NAS 还具备多媒体服务器的功能。可以将视频、音乐等多媒体文件存储在 NAS 中，并通过支持 DLNA 或其他协议的设备（如智能电视、音响等）进行播放和共享。

（5）数据安全和权限管理：家用 NAS 通常提供数据加密、用户权限管理等安全功能，以保护个人数据不被未经授权的访问。

总的来说，家用 NAS 是一个便捷而安全的文件存储和共享解决方案，为家庭用户提供了集中化的数据管理和访问控制。它不仅可以满足日常的文件存储需求，还可以提供远程访问、数据备份和多媒体服务等额外功能。

常用的 NAS 品牌有绿联（UGREEN）、极空间（Qnap）、联想（Lenovo）、威联通（Synology）和群晖（ASUSTOR）等，它们在家庭和小型办公环境中都有着很好的口碑和市场份额。

除此之外，华为家庭存储 NAS 作为家庭私有云，照片、视频、文档等各种文件都能存放于此，给手机、平板、PC 扩展空间。基于 HarmonyOS，多设备间文件轻松同步，随存随取，并提供金融级隐私保护。

图 2-9　华为家庭存储

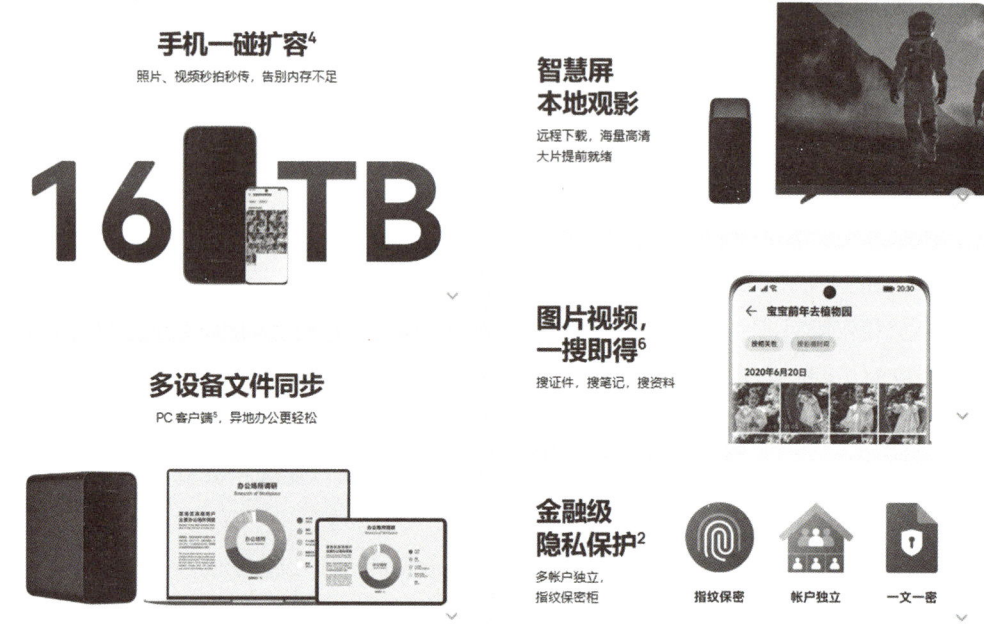

图 2-10 华为家庭存储多项功能

2.2.4 智能家居

中国智能家居的发展得益于多个因素的推动，数字家庭建设是符合深化住房供给侧结构性改革及家庭生活数字化趋势的重要举措，同时也是响应国家数字经济战略、实现经济转型升级和数字经济目标的关键途径。在政策引领、技术持续演进、与消费者需求的升级变化等诸多因素的共同作用下，智能家居近几年发展迅猛。

我国的智能家居市场不仅包括米家和华为 Hilink 生态系统，还包括苹果的 HomeKit，以及家电制造商如美的、海尔、海信等，这使得我们的手机里充斥着各种"智能家居"应用，然而实际上，我们的大部分时间都用不到它们。根据 IDC 发布的《2022 年中国智能家居市场十大预测》报告，市场正逐渐向全屋智能解决方案倾斜，并将快速发展。智能家居的选择，从价格、品牌、生态系统、质量等多方面考虑，主要的集成品牌有华为、小米等。

小米智能家居是由小米手机、小米电视和小米路由器三大核心产品组成，通过小米生态链企业的智能硬件产品，构建出一套完整的闭环体验。小米全屋智能的主要优势在于其高性价比和统一的设计风格。小米的全屋智能解决方案由小爱同学、米家 APP 和智能单品组成。小米的智能单品性价比较高，而全屋智能解决方案则是通过价格亲民的智能单品生态来实现，因此被誉为大众"买得起的第一个智能家居"。

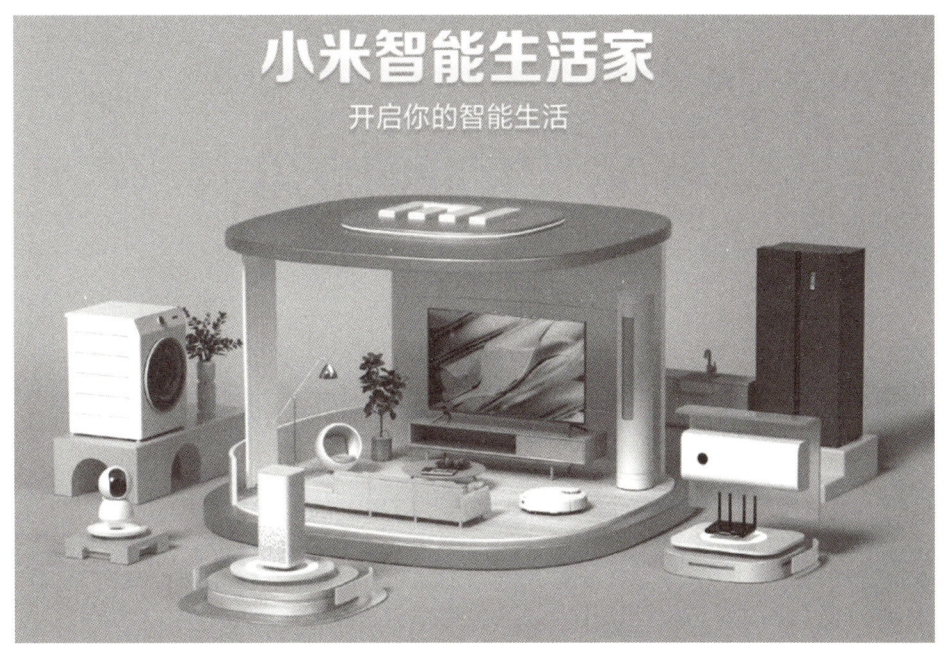

图 2-11　小米智能家居

华为全屋智能的主要优势在于其技术和生态系统。华为全屋智能围绕鸿蒙智联生态和开放连接协议构建硬件生态系统，推出 1+2+N 全屋智能解决方案，将单一场景转变为全屋场景。华为全屋智能解决方案的价格较高，使得许多普通消费者望而却步。据报道，华为 2022 年推出的尊享版套餐价格为 10 万元/套（3 室 2 厅，约 100 平方米）。从华为全屋智能的价格以及其过去主要面向市场提供前装解决方案的情况来看，华为的目标客户是 B 端企业。据悉，华为已与国内顶级地产企业达成战略合作，并将与酒店、学校以及中高端用户进行合作。

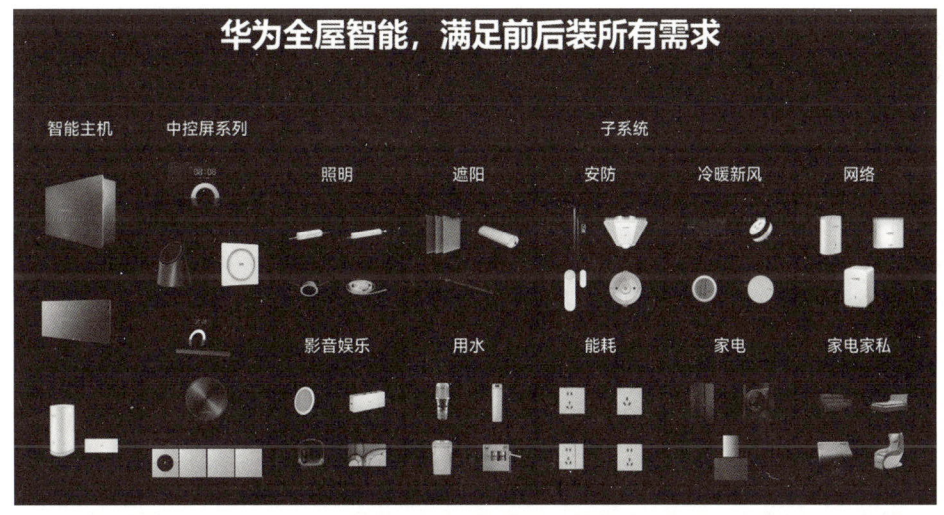

图 2-12　华为全屋智能

总体来看，华为全屋智能解决方案能够实现全屋智能硬件和声光水电等系统的智慧互联与协同，为用户提供沉浸式、个性化、可扩展的全场景智慧体验。相比之下，小米全屋智能主要依赖于智能单品。全屋智能的规模化普及需要价格亲民，所以小米全屋智能也具备发展潜力。

2.3 互联网应用

2.3.1 浏览器

互联网时代，浏览器为必不可少的上网工具之一。市场上的浏览器种类繁多，每种浏览器都有其独特的特点和功能，比如谷歌 Chrome、火狐 Firefox、微软 Edge、360 安全浏览器、QQ 浏览器、猎豹浏览器等。

1. 谷歌 Chrome

Chrome 是一款由谷歌公司所开发的网页浏览器。该浏览器基于其他开源软件（如 WebKit）编写，旨在提升稳定性、速度性和安全性，并且创造出简单而有效率的用户界面。Chrome 浏览器被世界各地广泛使用，它的优缺点如下。

优点：

- 快速稳定：Chrome 浏览器采用独特多进程架构，独立运行每个网页，避免网页崩溃导致整个浏览器崩溃。
- 功能丰富：内置多种实用工具，如内置翻译、PDF 浏览器、密码管理器和广告拦截器等，满足用户多样化需求。
- 高度兼容：与各种操作系统和设备兼容，便于用户在不同设备上无缝切换。

缺点：

- 资源占用较多：由于采用多进程架构，相比其他浏览器，Chrome 占用更多内存和 CPU 资源。
- 个人隐私问题：作为谷歌公司产品，用户数据可能被收集和使用，对注重隐私的用户不太友好。
- 扩展程序依赖：部分扩展程序可能导致浏览器变慢或不稳定。

图 2-13　使用 Chrome 浏览器访问百度搜索网站

2. 火狐 Firefox

Firefox 是一款开源浏览器，它的特点是稳定、安全、自由。Firefox 浏览器采用一种独特的多进程架构，可以让用户更加安全地浏览网页。此外，Firefox 还支持自定义扩展和主题，可以让用户个性化地定制自己的浏览器。

图 2-14　Firefox 浏览器图标

优点：
- 高安全性：Firefox 浏览器具备多层安全防护机制，包括反钓鱼、反间谍软件以及强大的隐私保护功能，有效捍卫用户的个人信息和网络安全。
- 高度自由定制：Firefox 支持各种自定义扩展和主题，用户可根据个人需求挑选合适的扩展和主题，实现浏览器个性化定制，提升使用体验。
- 开源且免费：Firefox 是一款开源浏览器，用户可免费下载和使用，无需支付任何费用。同时，开源特性鼓励用户参与开源社区的贡献与改进，共同推动浏览器不断发展。

缺点：
- 速度相对较慢：由于 Firefox 采用多进程架构，相较于其他浏览器，网页加载速度可能稍显逊色。但在实际使用中，这种速度差异对大部分用户的影响有限。
- 功能相对较少：与 Chrome 浏览器相比，Firefox 的部分功能可能较少。对于高级用户来说，可能不够满足其需求。然而，对于普通用户而言，Firefox 已具备足够的功能应对日常浏览需求。

2.3.2 下载工具

说到下载软件，除了各类浏览器自带的下载工具之外，国内常用的下载工具主要包括以下几种：
- 迅雷（Xunlei）：迅雷是中国最知名的下载工具之一，支持 HTTP、FTP、磁力链等多种下载方式，并且具有高速下载和多线程下载的特点。迅雷还提供了丰富的资源搜索和下载管理功能。
- 快车（QQ 旋风）：快车是腾讯推出的下载工具，具有类似于迅雷的功能，支持多种协议和下载方式，也能够加速下载速度，同时提供资源搜索和下载管理功能。
- 360 软件管家是 360 安全卫士中的一个软件管理的工具。360 软件管家中包括软件大全、软件下载、软件升级、软件卸载、软件体验、游戏中心、应用宝库等功能。

另外，各类云盘有自己独立的上传下载软件，比如百度云盘、阿里云盘、夸克云盘等，不同的云盘有免费空间和收费空间，以及不同的下载速度，可根据需要选择适合自己的下载工具。

字节 Byte 与比特 bit 的区别。家用宽带的速度通常以 Mbps（兆位每秒）为单位，表示每秒传输的数据量（bit）。Mbps 是一种计量网络速度的单位，其中"Mb"代表兆位 bit(Megabits)，"ps"代表每秒。例如，一个 1000Mbps 的家用宽带表示每秒可以传输 1000 兆位的 bit 数据。而下载软件里显示的速度则通常以 B/S（字节每秒）为单位，表示每秒下载的字节数。字节是计算机存储和传输数据的基本单位，通常用于表示文件大小或数据传输速度。1Byte=8bits，因此 1B/S 等于 8bps。如果申请的家用宽带是 1000Mbps 的，那么在下载软件时的理论最大下载速度是 125MB/S（有时候由于电脑系统数据存储积压导致某些瞬间出现更高的下载速度，属于下载软件误报）。

2.3.3 各类互联网应用软件

微信： 微信是一款即时通讯软件，用户可以通过它发送文本、语音、图片、视频等信息，并实现语音通话、视频通话等功能。此外，微信还提供了朋友圈、公众号、小程序等特色功能，成为人们日常社交、资讯获取和生活服务的重要工具。

支付宝： 支付宝是一款移动支付应用，用户可以通过它进行线上和线下的支付交易，包括扫码支付、转账、缴费、购物等功能。支付宝还提供了理财、信用借贷、保险等金融服务，方便用户进行个人财务管理。

美团： 美团是一款生活服务平台，主要提供在线外卖订餐、电影票购买、酒店预订、团购优惠等服务。用户可以通过美团 APP 浏览周边商家的信息和优惠活动，方便选择并完成相关消费。

除了上述应用，互联网应用还包括但不限于以下几类：

- 社交媒体应用：如微博、抖音、QQ 等，用于分享动态、发布信息和与他人交流。
- 电子商务应用：如淘宝、京东、拼多多等，提供在线购物、商品浏览和交易服务。
- 出行服务应用：如滴滴出行、Uber、高德地图等，提供打车、导航、租车等出行相关服务。
- 在线教育应用：如猿辅导、学而思、网易云课堂等，提供线上学习和教育资源。
- 即时通讯应用：如 QQ、WhatsApp、Telegram 等，用于实时沟通和交流。
- 视频和音乐娱乐应用：如腾讯视频、优酷、网易云音乐等，提供在线视频、音乐播放和娱乐内容。

这些互联网应用通过互联网技术的支持，为用户提供了丰富多样的功能和便利的服务，极大地改变了人们的生活和工作方式。

2.4 网络安全

网络安全是当今信息社会中非常重要的一环，因为我们的日常生活和经济活动越来越依赖计算机和互联网。以下是网络安全的重要性：

- 保护个人隐私和财产安全：随着越来越多的个人信息存储在互联网上，网络安全问题直接关系到人们的隐私和财产安全。如果这些隐私和财产信息被黑客获取或泄露,将导致巨大的经济和个人损失。
- 经济稳定和发展:企业、政府和个人都依赖于互联网和计算机网络进行商业活动。网络安全问题的爆发可能导致公司和政府机构的财务损失、严重的经济影响以及公众信任度的下降。
- 国家安全:现代国家的安全不仅仅是军事安全和政治安全,还包括网络安全。网络攻击可以对国家基础设施(如核电站、水库、电网等)造成威胁,从而使国家安全受到威胁。
- 社会稳定:网络安全的稳定也与社会稳定有关。网络攻击可以导致公共服务停止、恶意信息的传播等问题,从而可能破坏社会和谐稳定。

因此,网络安全的重要性不容忽视。需要政府、企业和个人共同努力,加强网络安全教育,提高网络安全意识,建立完善的网络安全体系和技术防范措施,以保障互联网的安全和可靠性,确保数字化时代的可持续发展。

对个人而言,我们需要具备网络安全的意识,不要随意扫描陌生人或来路不明的二维码和网页链接。同时,要安装杀毒软件和反诈骗软件,提高安全防护水平。

2.4.1 杀毒软件

杀毒软件和防火墙都是常见的计算机安全工具,用于保护计算机系统免受恶意软件和网络攻击的侵害。虽然它们属于不同的安全层面,但在维护计算机安全方面起着互补的作用。

杀毒软件旨在检测、阻止和删除计算机系统中的病毒、恶意软件、木马、间谍软件等恶意程序。其主要功能包括实时监测文件和程序、扫描系统以查找已知的恶意代码、进行病毒数据库更新等。杀毒软件通过识别和隔离潜在威胁来保护计算机免受恶意软件攻击,并提供了病毒扫描和实时保护功能。

图 2-15 为使用国产 360 安全卫士进行木马查杀和系统安全防护。当然,出于 360 公司需要盈利维持公司运营的角度,该软件也推送各类广告。当然还有其他杀毒软件可以使用,比如火绒安全软件等。

图 2-15 360 安全卫士杀毒扫描

2.4.2 防火墙

防火墙是一种网络安全系统，用于监控和控制网络数据流动。它可以过滤网络数据包，根据预先设定的规则决定是否允许或阻止数据包的传输。防火墙通常用于阻止未经授权的外部访问，保护计算机网络免受攻击和入侵，防止恶意攻击者通过网络漏洞入侵系统，确保网络连接的安全性。

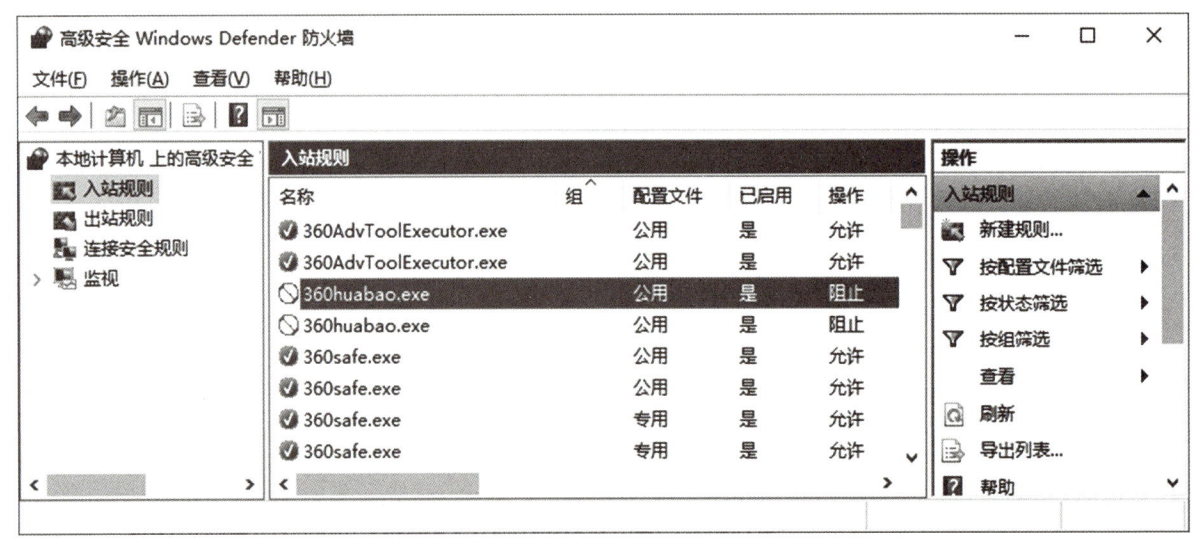

图 2-16　使用 Windows 自带防火墙拦截 360 广告海报推送

为了最大程度地提高计算机系统的安全性，建议同时使用杀毒软件和防火墙，并保持其更新以获取最新的安全防护功能。

第3章

Windows操作系统

本章知识点

1. Windows操作系统的版本演变；
2. Windows 10操作系统的主要改进；
3. 如何安装Windows操作系统；
4. 如何安装Office软件。

学习目标

1. 掌握Windows操作系统的安装流程；
2. 掌握Office软件的安装流程。

学习重难点

1. Windows安装U盘的制作过程；
2. Windows系统的安装过程；
3. Windows系统的配置过程；
4. Office软件的安装过程。

学习建议

1. 阅读相关教程或观看视频，了解每个软件的具体用途和操作方式；

2. 结合书上的实践操作，通过虚拟机工具熟悉Windows系统的安装流程以及Office的安装过程；

3. 参与互动讨论和交流，与其他学习者一起分享经验和技巧。

3.1 Windows 操作系统的版本演变

Windows 操作系统是由微软公司开发的一系列图形用户界面操作系统。从 1985 年开始的 Windows 1.0，到如今的 Windows 11，经历了 10 次较大的版本升级。其中比较有代表性的版本包括 1995 年发布的 Windows 95，它是第一个真正大众化的 Windows 版本，引入了开始菜单、任务栏等经典的用户界面设计元素。2001 年发布的 Windows XP，是 Windows 操作系统家族中影响力最大的版本之一，具有更稳定的内核和更人性化的用户界面设计，该版本的寿命周期也相对较长。2009 年发布的 Windows 7，相对上一代版本 Vista 进行了改进，系统更加稳定、高效，同样持续了较长的产品生命周期。2015 年发布的 Windows 10，属于目前主流的 Windows 版本，引入了全新的开始菜单设计、虚拟桌面等功能，并且提供持续更新的服务模式。而当前最新的 Windows 11 版本，还处于逐步完善与更新阶段。

3.2 Windows 10 操作系统的特点

Windows 10 作为个人电脑上常见的系统软件，在继承传统系统版本的一些功能设计后，进一步改进，对开始菜单、虚拟桌面、Cortana 语音助手、Edge 浏览器、通用应用平台、Xbox 功能整合、安全性功能和更新服务做出了升级与优化。

3.2.1 开始菜单的改进

Windows 10 在设计上注重了传统开始菜单的复兴，不仅保留了传统开始菜单的功能，还增加了现代化元素和动态磁贴。动态磁贴可以显示实时信息，如天气、日历提醒、新邮件等，让用户在第一时间获取重要信息。这种个性化定制的功能使得开始菜单不再是简单的应用程序列表，而是一个个性化、互动性强的信息中心。

另外，在传统开始菜单的基础上，Windows 10 还加入了智能搜索功能，用户可以直接在开始菜单中进行搜索，并快速找到所需的应用程序、文件或设置。这一功能的加入使得用户可以以更加直观、高效的方式管理和查找自己的内容，大大提升了操作系统的整体易用性和用户体验。

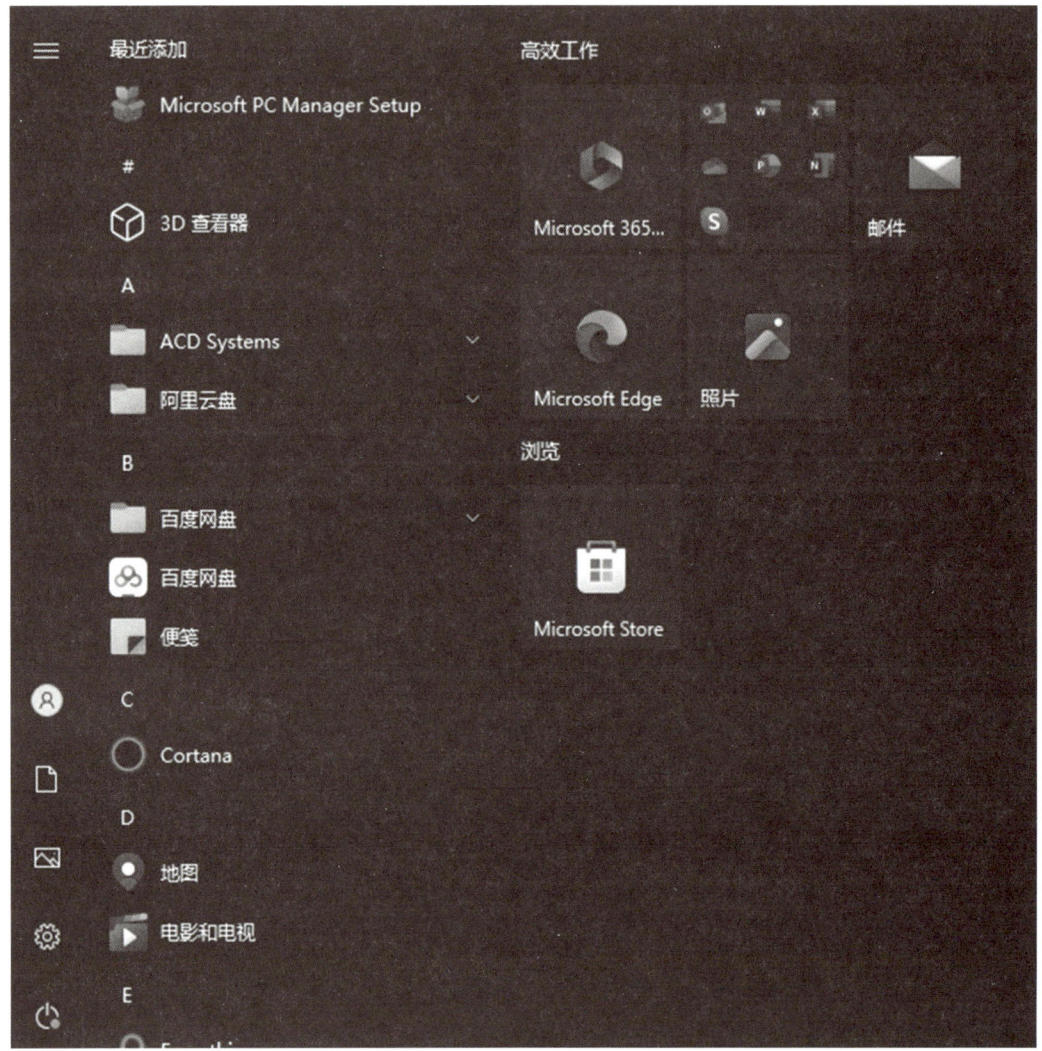

图 3-1　Windows 10 开始菜单界面

3.2.2 虚拟桌面的功能

Windows 10 引入了虚拟桌面功能，这一功能允许用户创建多个独立的桌面环境，并在这些桌面之间自由切换，极大地提高了多任务处理的效率。

虚拟桌面是一种强大的组织工作空间方式，用户可以根据需要创建多个独立的桌面，每个桌面包含不同的应用程序、文件和任务。比如，用户可以在一个虚拟桌面上专注于办公文档处理，而在另一个虚拟桌面上进行娱乐或社交网络浏览。这种灵活性和组织性使得用户可以更加高效地管理和处理不同类型的任务，从而提高工作效率。

通过虚拟桌面，用户能够在不同的工作环境之间快速切换，无需关闭或最小化当前正在进行的任务。这意味着用户能够保持每个项目的工作环境清晰和有序，提高了整体的工作效率和生产力。此外，虚拟桌面还能够帮助用户在有限的屏幕空间内更好地组织和管理任务。即使只有一台显示器，也可以通过虚拟桌面创造出多屏工作的体验，将不同的任务分配到不同的虚拟桌面上，避免任务窗口的混乱堆叠，提升工作效率和舒适度。

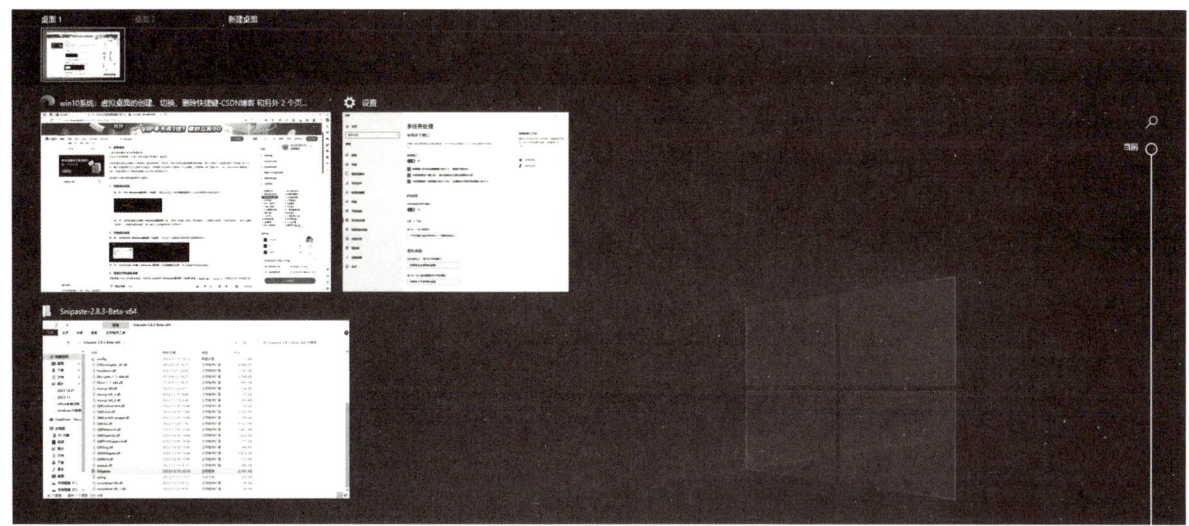

图 3-2　Windows 10 虚拟桌面功能

3.2.3 Cortana 语音助手

Windows 10 集成了 Cortana 语音助手，这一功能为用户提供了一种全新的与计算机交互的方式，通过语音命令来执行搜索、设置提醒、发送电子邮件等操作，可以提升用户的操作便利性和体验感。

Cortana 语音助手作为 Windows 10 的一项重要功能，不仅可以执行基本的任务，还能够根据用户的指示学习和个性化地提供帮助。用户可以通过简单的语音命令告诉 Cortana 他们想要做什么，比如"提醒我下午 3 点开会""搜索附近的中式快餐餐厅""给王总发送一封电子邮件"。Cortana 会理解用户的意图，并采取相应的行动，使得用户可以更加便捷地完成各种任务，无需手动操作键盘和鼠标。

此外，Cortana 还具有智能学习的能力，可以根据用户的偏好和习惯提供个性化的建议与帮助。例如，如果用户经常在特定时间搜索某种类型的信息，Cortana 可以在适当的时候主动提供相关建议；如果用户经常使用某个应用程序或者访问某个网站，Cortana 也可以根据用户的活动习惯进行个性化的推荐。这种个性化的服务使得用户的操作更加智能化和高效化，提高了用户的工作效率和生活品质。

3.2.4 Microsoft Edge 浏览器

Windows 10 搭载了全新的网页浏览器 Microsoft Edge，这一浏览器为用户带来更快的浏览速度、更好的兼容性和更丰富的功能。

Microsoft Edge 浏览器采用了全新的浏览引擎，在网页加载和执行 JavaScript 等方面表现出色，大大提升了网页浏览的流畅性和响应速度。用户可以更快地打开网页、切换标签页以及在线媒体播放，从而节省时间，提高效率。

此外，Microsoft Edge 还拥有强大的兼容性，能够更好地支持现代网页技术和标准，确保用户在访问各类网站时能够获得良好的浏览体验。它内置了强大的安全性功能，包括智能追踪防护、弹出窗口拦截等，保障用户在网络浏览过程中的隐私和安全。除了基本的浏览功能外，Microsoft Edge 还提供了一些附加功能，例如注释和阅读模式。用户可以在网页上进行文字或图像的标注和批注，方便个性化的备注和分享；阅读模式使用户可以在清晰、无干扰的界面下专心阅读文章，提升了阅读体验的舒适性和高效性。

图 3-3　Microsoft Edge 浏览器

3.2.5 通用应用开发平台

Windows 10 引入了通用应用开发平台，这一功能为开发者提供了统一的代码库，使他们能够创建适用于多种设备的应用程序，包括个人电脑、平板电脑、智能手机和 Xbox 等。

平台的引入为开发者带来了便利性和灵活性，同时也给用户带来了更加统一的跨设备应用体验。通过应用平台，开发者使用一套统一的代码库和开发工具来构建应用程序，无需为不同类型的设备单独编写和维护多个版本的应用。他们可以更加高效地开发或更新应用程序，节省大量的时间和精力，同时也降低开发成本。

与此同时，用户可以在不同类型的 Windows 10 设备上获得一致的应用体验，无论是在个人电脑、平板电脑还是智能手机上都能够享受到相似的应用功能和界面设计，提高跨设备使用的便利性和流畅性。

此外，开发者可以通过统一的渠道发布和推广其应用程序，吸引更多设备上的用户，并根据用户的反馈和需求进行定制化的优化。而用户也能够更加便捷地在不同设备上获取到自己喜爱的应用，同时享受到更加一致和个性化的应用体验。

3.2.6 Windows 10 与 Xbox 的整合

Windows 10 系统还与 Xbox 游戏机进行了深度整合，用户可以在 Windows 10 平台上运行各类 Xbox 游戏，并与 Xbox 玩家进行跨平台游戏和交流。这一改进扩展了游戏的社交和互动性，为玩家们打开了全新的游戏世界。

用户可以通过 Windows 10 设备直接访问 Xbox Live 游戏社交网络，与全球各地的 Xbox 玩家进行即时交流、组队游戏或者比赛对战。他们不再受限于特定的游戏平台，而是能够与更广泛的玩家群体进行互动，享受到更加多样和精彩的游戏体验。

此外，用户在 Windows 10 体验 Xbox 游戏机上的游戏内容无需额外的设备和费用，能够最大限度地降低游戏玩家跨平台娱乐时的成本。

图 3-4　Windows 10 的 Xbox 应用程序

3.2.7 安全性的改进

Windows 10 在系统安全性方面进行了全面加强，引入了一系列的生物特征认证技术和全新的安全保护功能，为用户提供了更加全面和可靠的安全防护。

首先，Windows 10 引入了 Windows Hello 面部识别、指纹识别和 PIN 码等生物特征认证技术，这些身份验证方式使用户能够以更加便捷和安全的方式解锁设备和登录系统。通过面部识别和指纹识别等技术，用户无需输入复杂的密码，仅需简单的生物特征验证便可实现快速登录和身份认证，大大提升了系统的安全性和用户的使用便利性。

其次，Windows 10 中的 Windows Defender 安全中心整合了病毒防火墙、家长控制和性能优化等多项安全功能，为用户提供了全方位的安全保护。Windows Defender 安全中心不仅能够全面扫描和清除系统中的恶意软件和威胁，还能够监控系统的安全状态并提供定期的安全报告，帮助用户及时发现和应对潜在的安全风险，保障用户的个人信息和数据安全。

图 3-5　Windows 10 安全中心

3.2.8 更新服务功能

Windows 10 继承了 Windows 系统传统的更新服务模式，这意味着用户仍然能够定期获得系统功能更新和安全补丁，获得更好的安全保护。

通过持续更新，Windows 10 能够及时响应用户的需求和反馈，不断优化改进系统功能，为用户带来更加流畅和智能的操作体验。每当推出新功能的更新时，系统便会提醒用户可以升级，例如智能 Cortana 语音助手、更加直观的操作界面、更加高效的多任务管理器等。同时，更新服务也为用户提供了更好的安全保护。Windows 10 会定期发布安全补丁，修复系统中发现的漏洞和安全隐患，以加强系统的安全防护能力，确保用户的个人信息和数据得到有效的保护。这种定期的安全更新机制，使用户不必担心遭遇安全威胁和风险，为数字生活带来保障。

图 3-6　Windows 10 系统更新功能

3.3　Windows 10 操作系统的安装过程

对于计算机爱好者或从事相关工作的用户来说，安装 Windows 操作系统是一项基础的计算机技能。系统的安装和配置可以帮助用户更好地管理电脑，提高工作效率。首先，在日常使用中，电脑环境可能会被病毒、恶意软件等攻击，导致电脑出现各种问题。用户可以通过重新安装操作系统来清除电脑中的恶意软件，以恢复电脑正常的工作状态。如果了解 Windows 操作系统的安装和配置方式就可以更好地维护电脑。其次，在使用电脑过程中，可能需要安装各种软件来满足不同的需求，如 Office 软件、图形编辑软件、视频播放器等。如果掌握 Windows 操作系统的安装和配置技能，就可以更容易地进行软件的安装和配置。

为一台全新的个人电脑安装 Windows 10 操作系统时，需要预先准备一台能够连接互联网的电脑以及一个容量不小于 8G 的 U 盘。首先，使用微软官方工具制作系统安装 U 盘，然后再利用 U 盘启动需要安装系统的个人电脑，最后开始系统安装流程。

3.3.1 制作安装媒介

登录微软官方网址：https://www.microsoft.com/zh-cn/software-download/windows10

在"是否希望在您的电脑上安装 Windows 10？"的栏目下方，点击"立即下载工具"按钮。下载官方工具软件 MediaCreationTool22H2.exe。

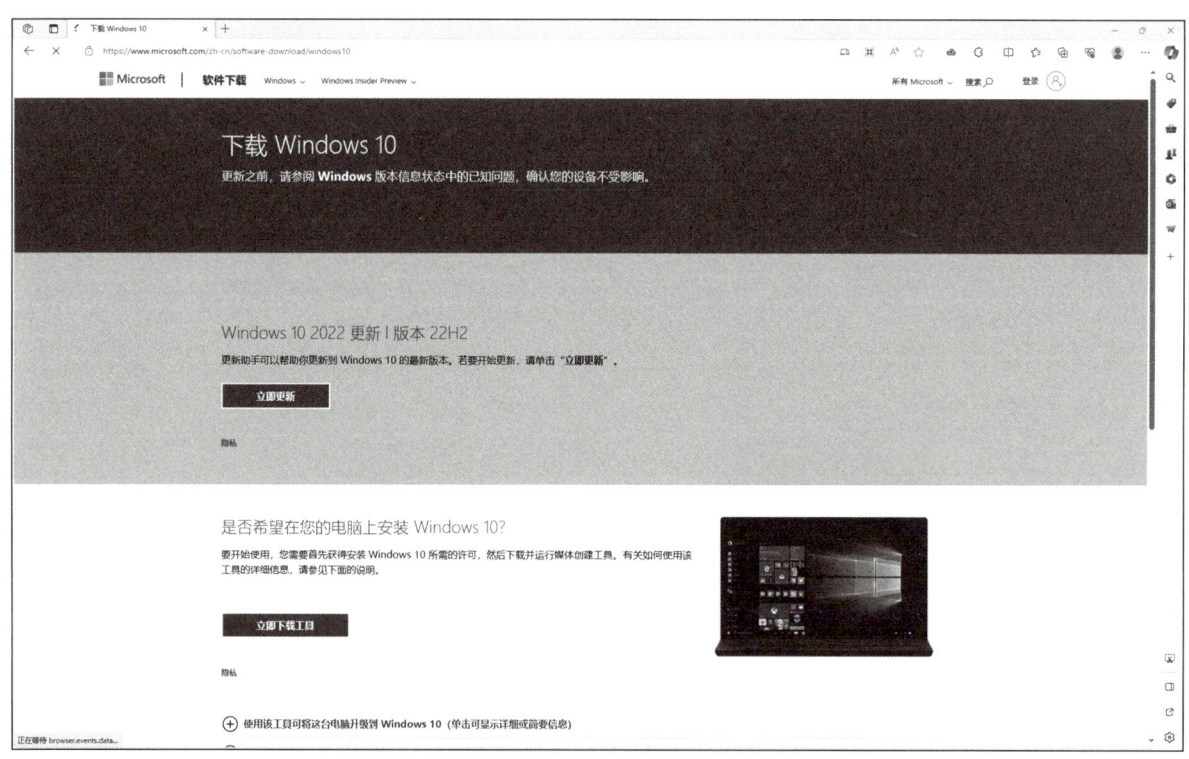

图 3-7　Windows 安装软件官方下载网页

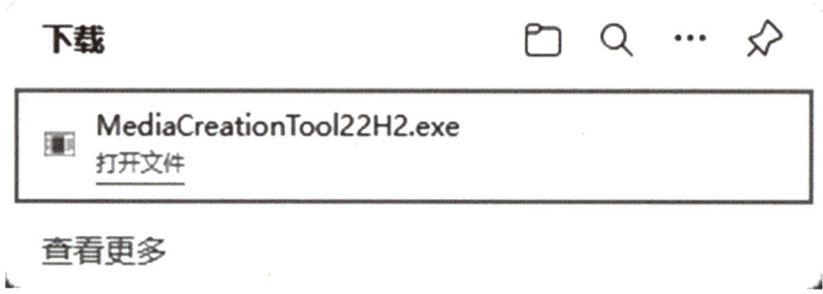

图 3-8　Windows 官方安装工具

完成软件下载后,将空白的 U 盘插到电脑的 USB 接口上,双击执行该安装程序,进入准备状态。

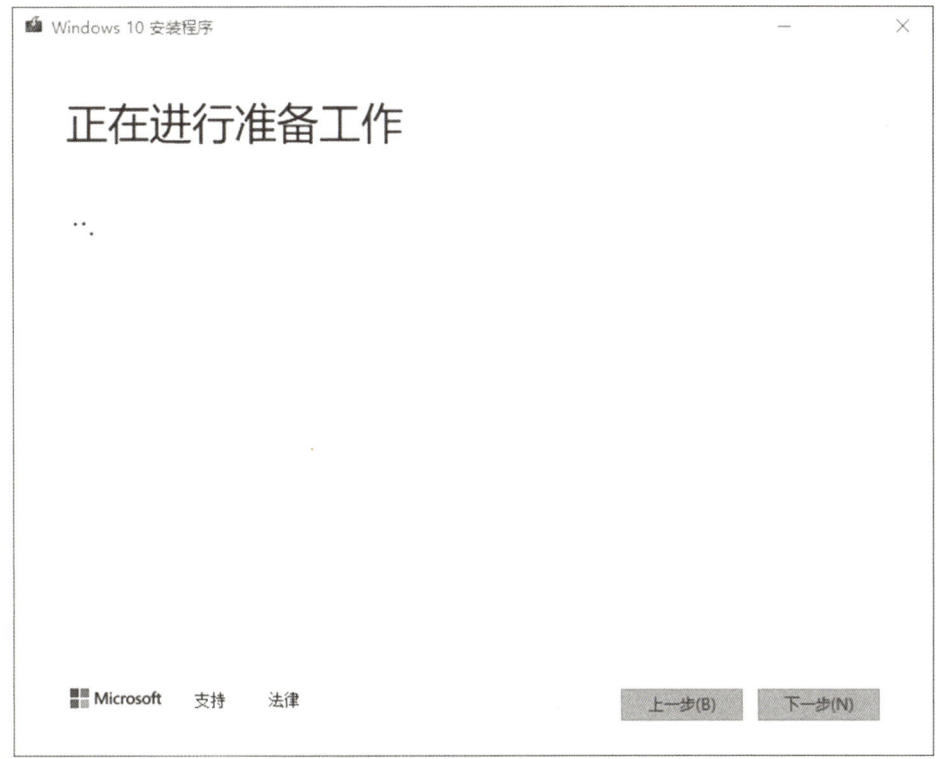

图 3-9　安装程序准备工作

之后会弹出"适用的声明和许可条款"页面,仔细阅读微软软件许可条款后,点击"接受"按钮进入到下一页面。

图 3-10　微软软件许可条款声明

如果只是升级当前电脑的操作系统,选择"立即升级这台电脑"即可。通常情况下,如果要制作一个系统安装 U 盘,则选择"为另一台电脑创建安装介质",点击下一步。

图 3-11　本地升级或制作安装工具选择界面

选择系统的语言(推荐中文简体)、体系结构(推荐 64 位)和版本(推荐 Windows 10)。

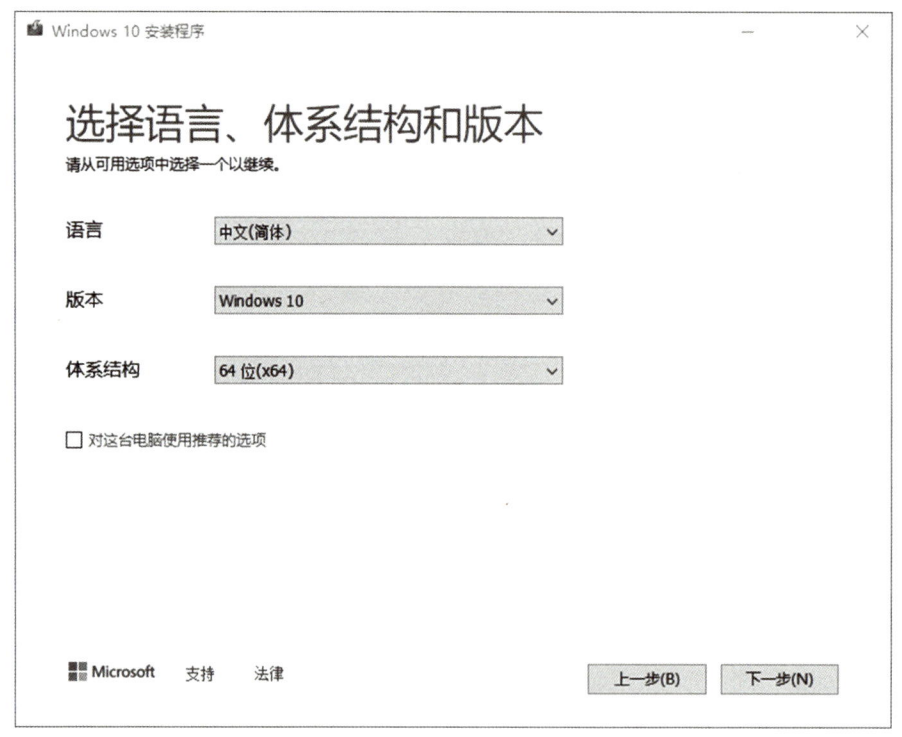

图 3-12　安装版本选择界面

在新弹出的窗口中选择 U 盘作为使用的介质。注意,U 盘的容量不要低于 8G,如果使用 USB3.0 的 U 盘,安装速度会比 USB2.0 的快一些。

图 3-13　安装工具制作类型选择界面

在驱动器列表中选择需要安装的 U 盘，点击下一步。注意，如果 U 盘上有数据，需要事先做好备份。因为在制作系统安装 U 盘的过程中，程序会自动擦除 U 盘内的所有数据文件。

图 3-14　U 盘安装驱动器选择界面

之后安装软件进入系统文件下载过程，此时要保持电脑的网络连接，不要断网。等待系统下载完成，创建好 Windows 10 安装介质。

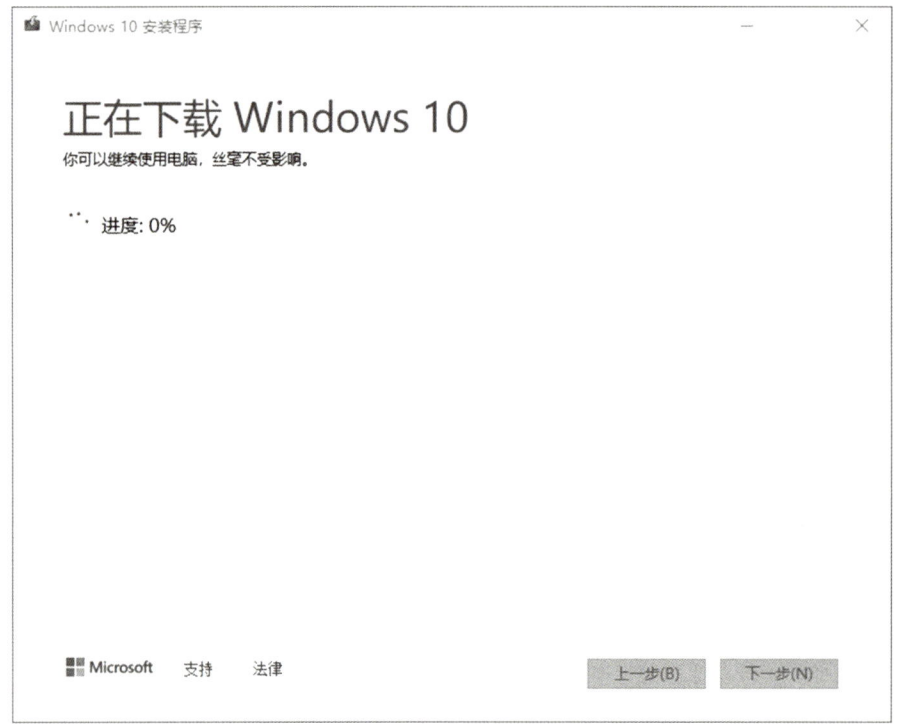

图 3-15　安装程序下载界面

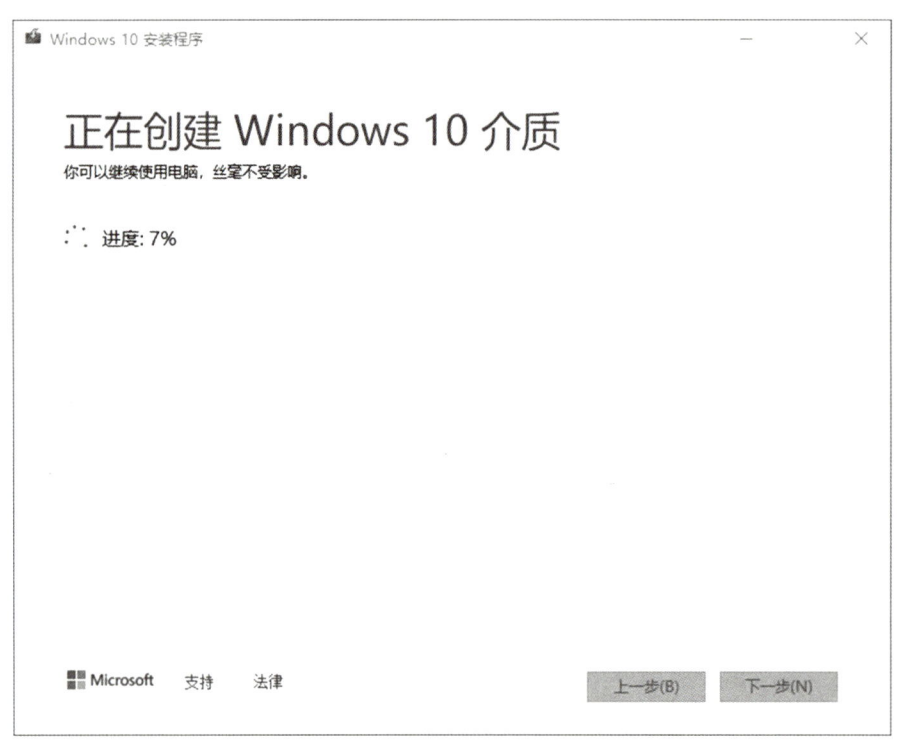

图 3-16　安装 U 盘制作界面

系统安装介质制作完成后，会显示"U 盘已准备就绪"，点击完成后就可以拔下 U 盘。第一阶段系统安装 U 盘的制作到这里就完成了。

图 3-17 安装 U 盘制作完成

3.3.2 进行系统安装

将制作好的系统安装 U 盘插入准备安装系统的电脑 USB 接口，启动电脑电源。设备会自动进入 Windows 安装程序。显示界面如下：

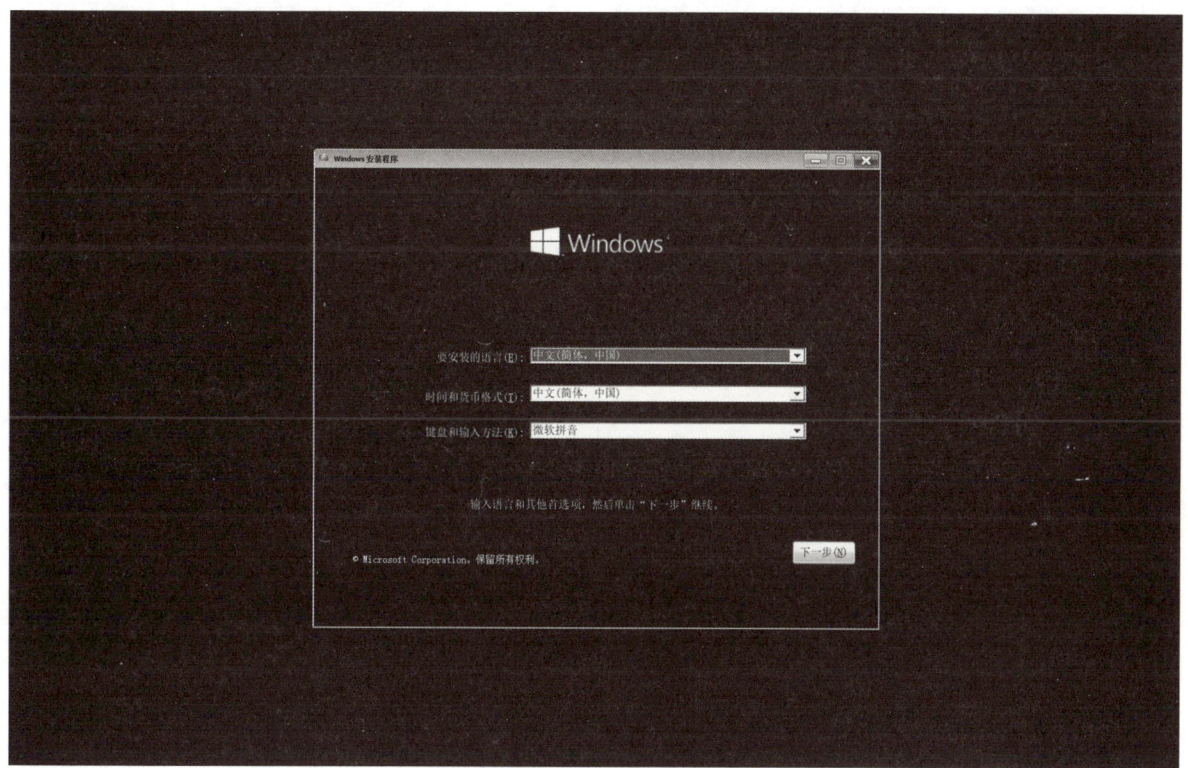

图 3-18 Windows 系统语言选择界面

首先选择系统安装的语言、时间、输入法。以中国为例，通常选择中文（简体，中国）、微软拼音。然后点击"下一步"按钮。

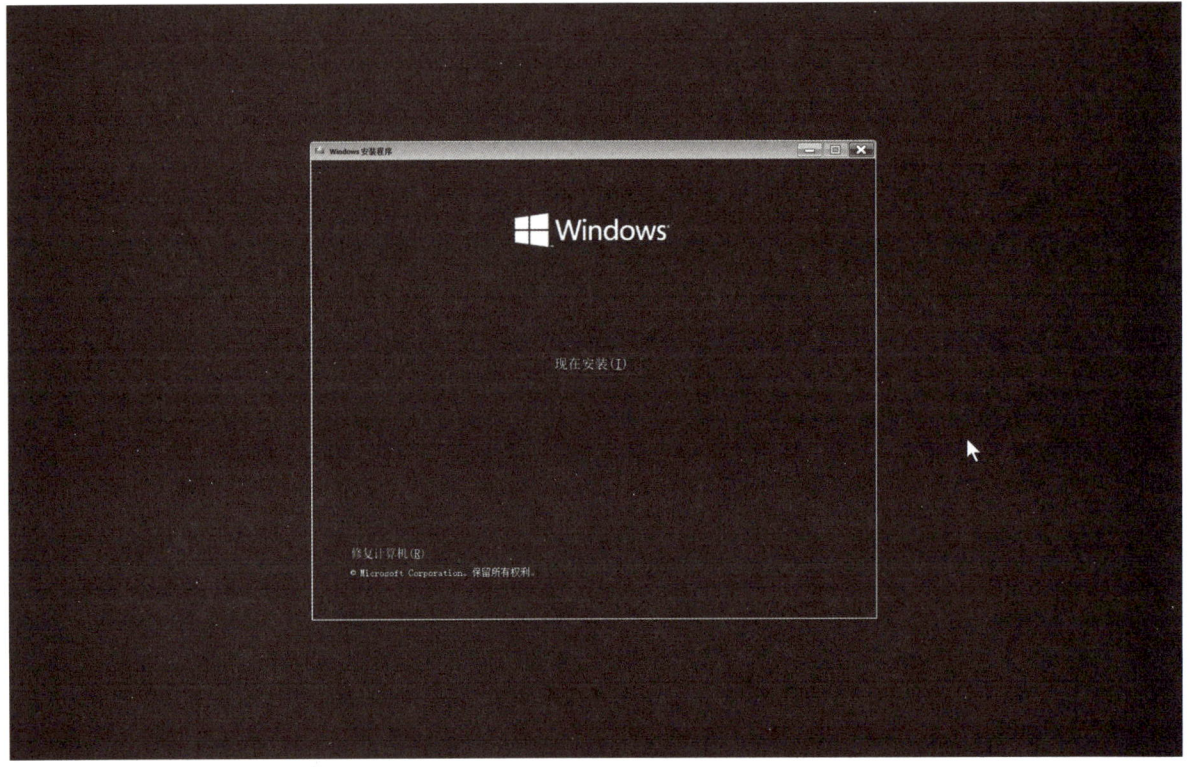

图 3-19　系统安装界面

在出现的安装程序界面上点击"现在安装"的按钮，开始 Windows 10 系统的安装。

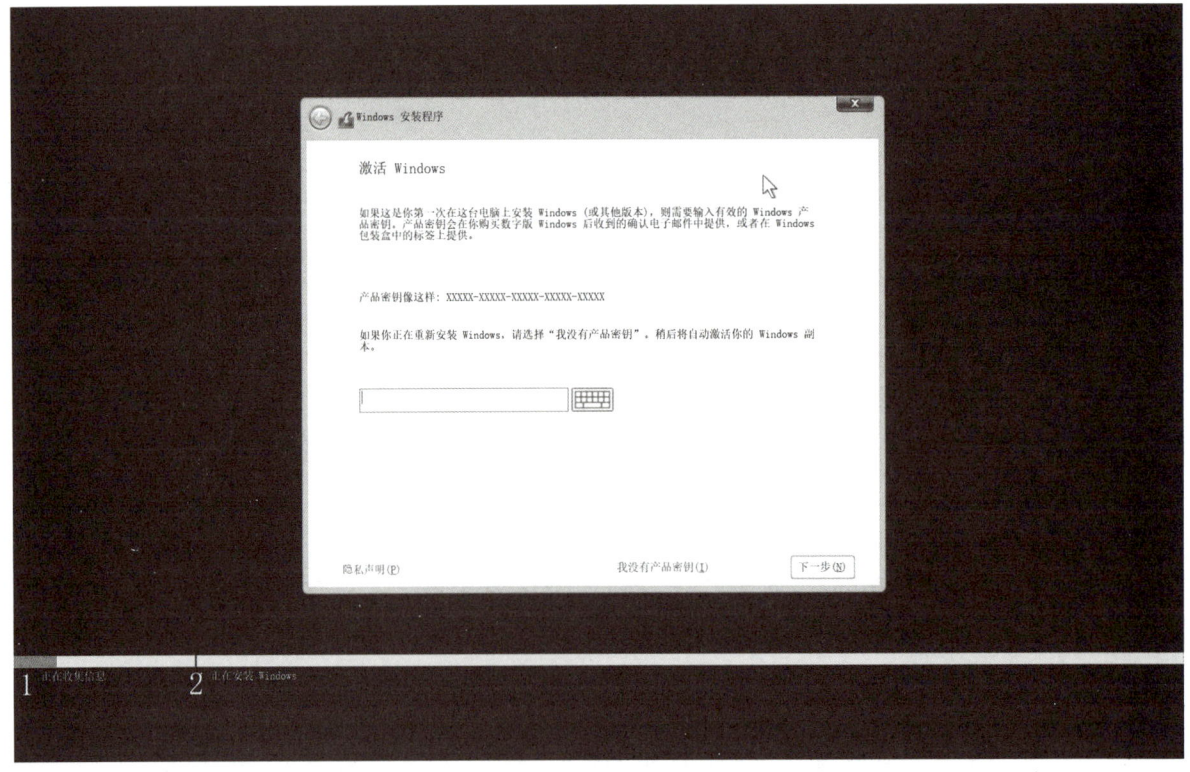

图 3-20　系统序列号输入界面

首先,安装程序会进入到产品密钥的输入界面。如果手中已经有产品密钥,则可以在文本框内直接输入产品密钥,然后点击"下一步"。如果暂时不想输入,可以选择"我没有产品密钥"的选项,直接进入下一个安装界面。

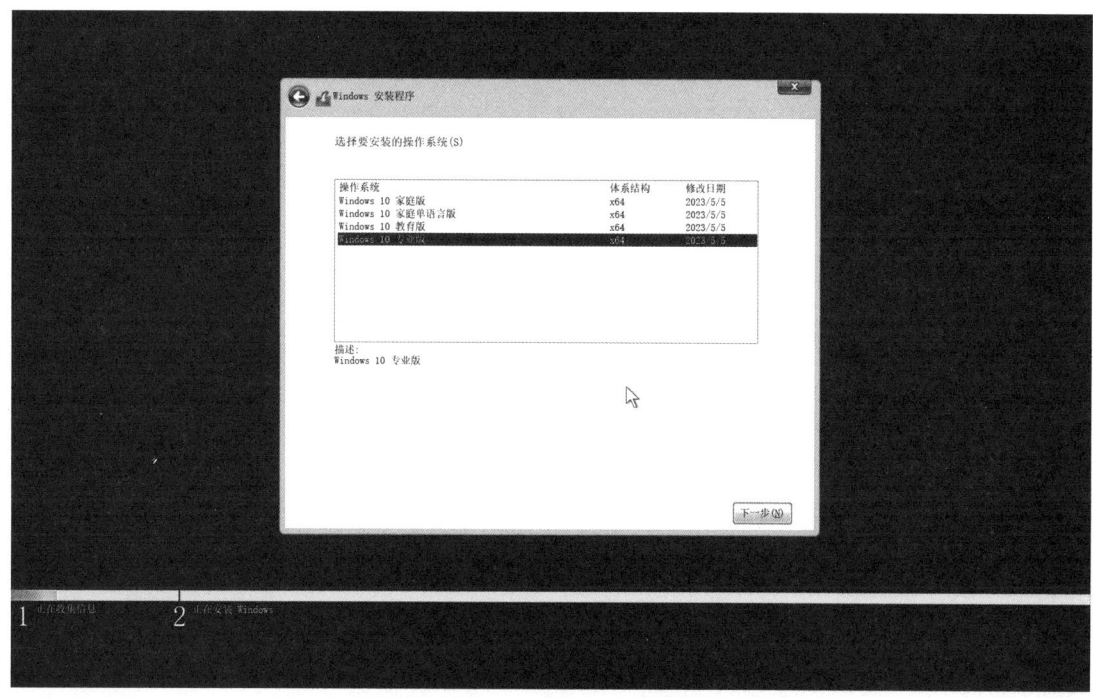

图 3-21　系统版本选择界面

在弹出的新界面中,可以选择安装的操作系统的版本。以 Windows 10 的安装为例,可以选择家庭版、家庭单语言版、教育版和专业版。不同的版本所具备的功能有一定的差别,同时激活该系统的产品密钥价格也有所不同。用户可以根据自己的需求进行选择。选择好特定的版本后,点击"下一步"按钮。

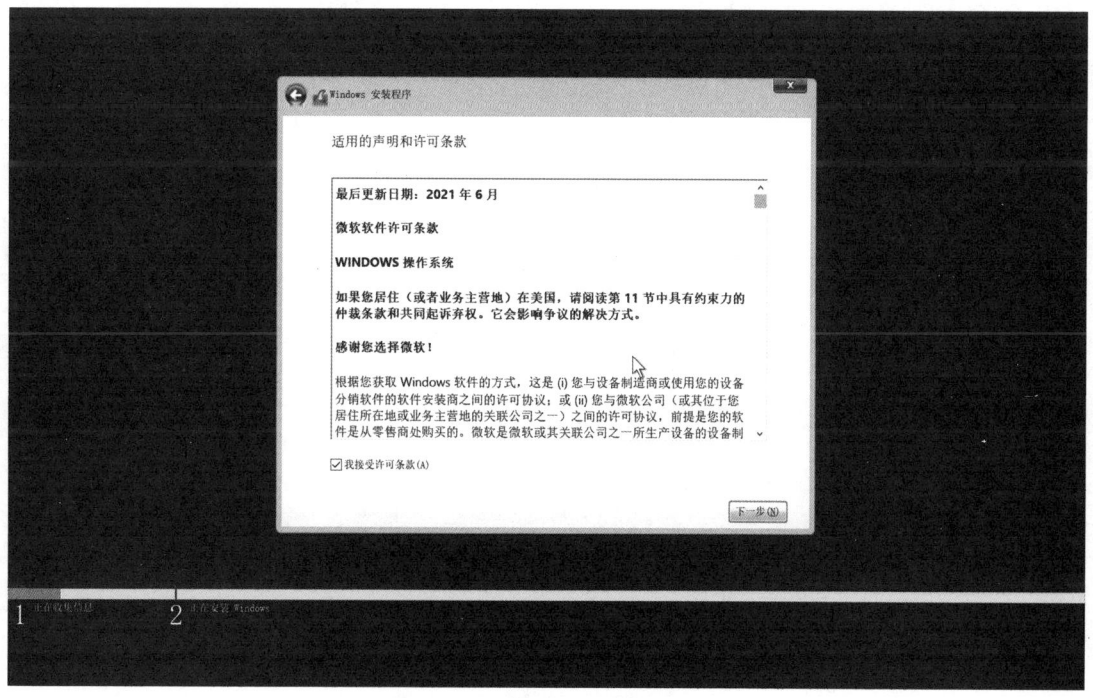

图 3-22　微软软件许可条款声明

浏览适用声明和许可条款页面后，勾选"我接受许可条款"的选项，点击"下一步"，此时会弹出安装类型选择页面。该页面包括"升级"和"自定义"两种选项。"升级"选项会保留系统原有的 Windows 文件、应用程序等，但要求原系统必须是 Windows 才可以。通常情况下，不推荐，因为会占用系统分区的磁盘空间。正常情况下，选择"自定义"选项，即：仅安装 Windows。点选后，安装程序自动进入下一页面。

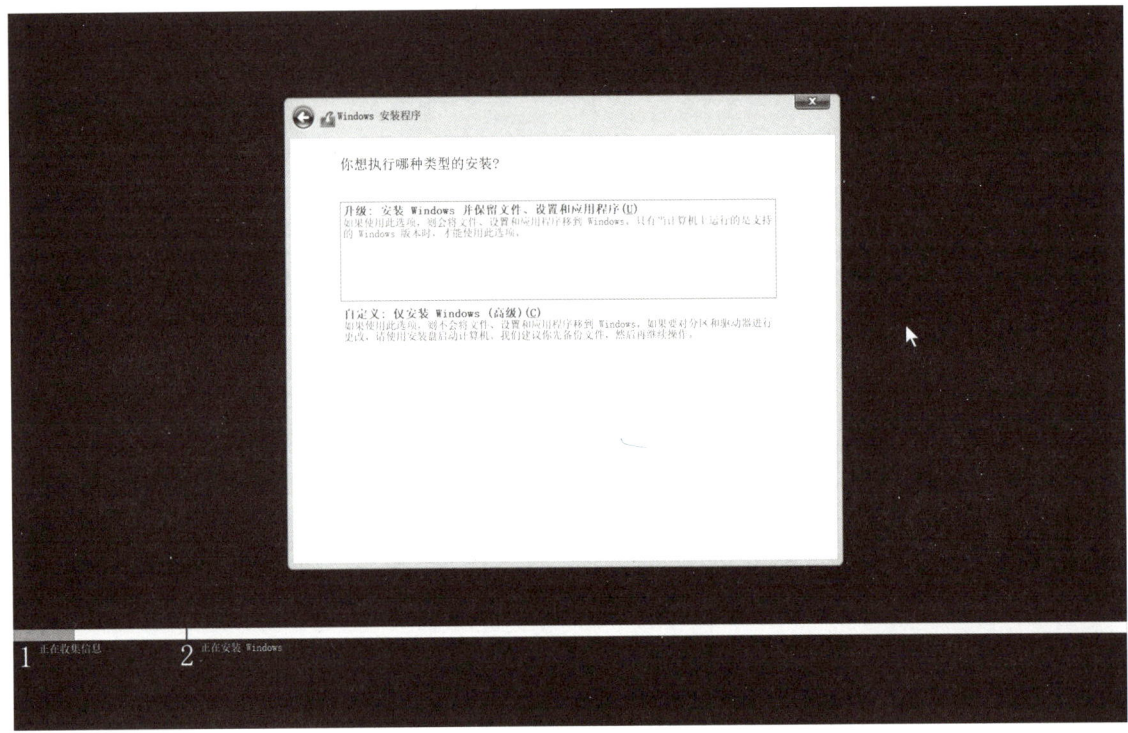

图 3-23　系统升级/安装选择界面

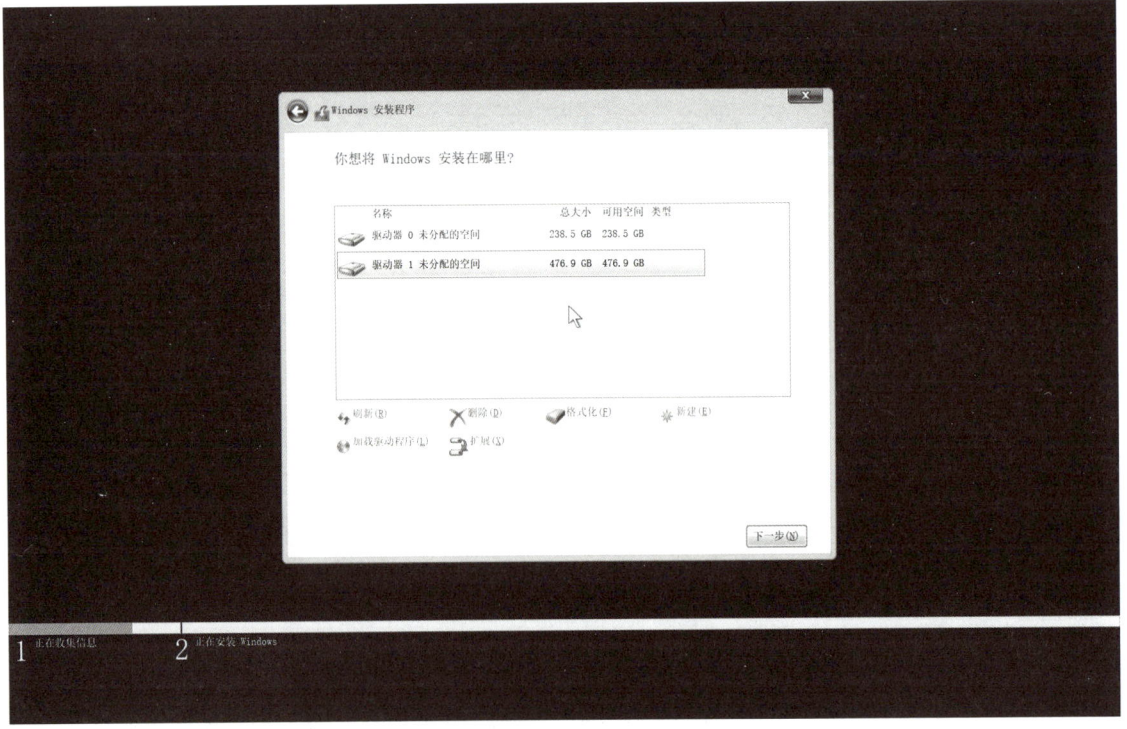

图 3-24　系统安装驱动器选择界面

在这个步骤中,需要用户根据实际情况选择操作系统安装的位置。页面会显示电脑内部已经识别出的磁盘驱动器名称。可以使用"刷新"按钮来更新磁盘信息,也可以通过"加载驱动程序"功能给未能识别的磁盘驱动器安装驱动程序。选择好需要安装的磁盘驱动器之后,点击"新建"按钮,此时会弹出驱动器分配空间容量设置。根据实际的需要,为系统盘分区分配相应的空间,然后点击"应用"按钮。

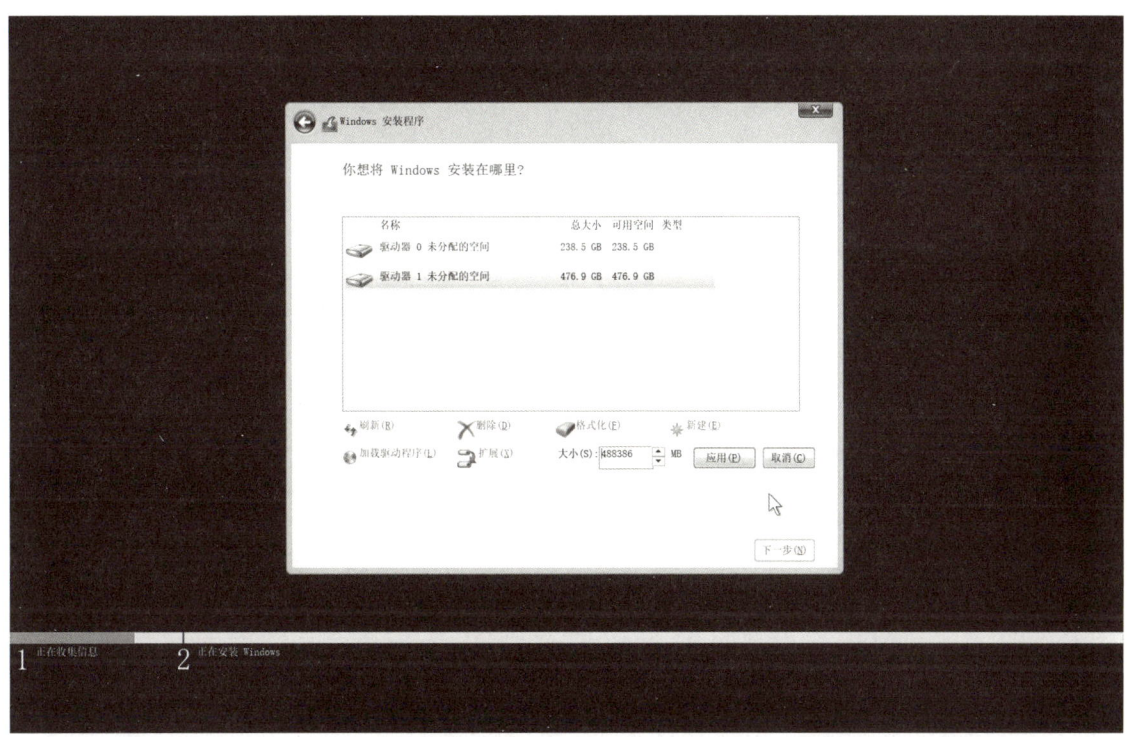

图 3-25　系统安装驱动器初始化界面

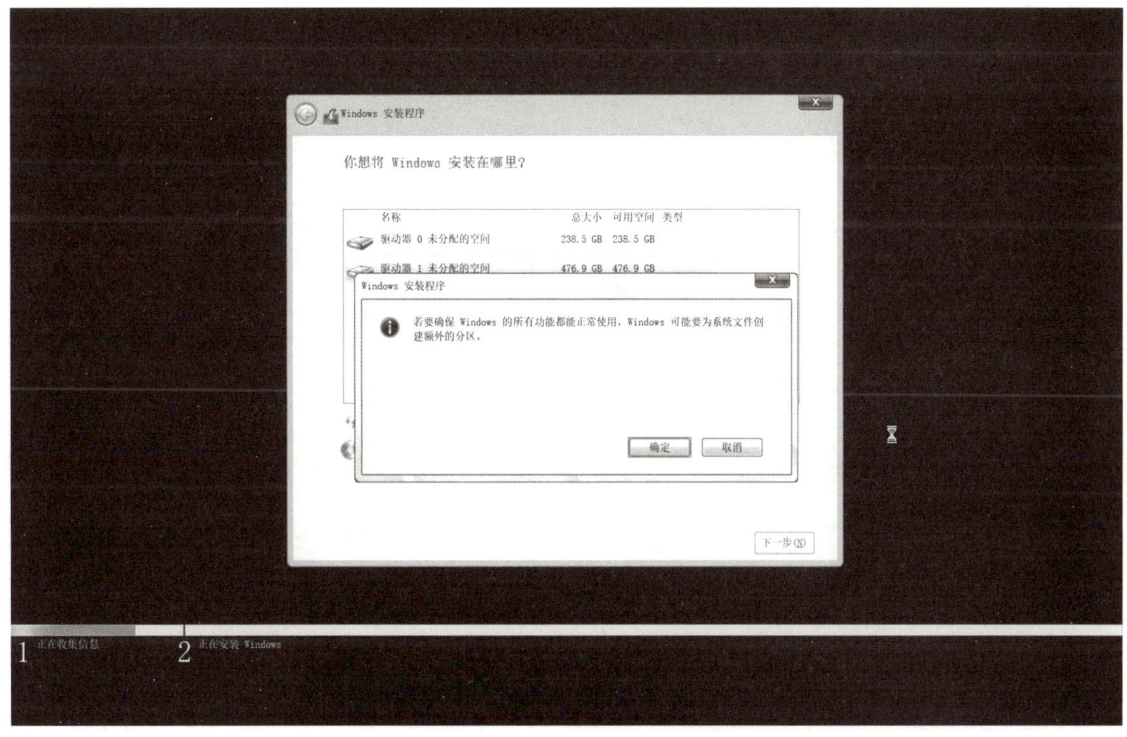

图 3-26　驱动器初始化警告

此时，安装程序将会为系统盘自动生成"系统分区""MSR（保留）"和"主分区"三个分区。其中"系统分区"也称为"系统保留分区"。这个分区是安装程序自动创建的，包含引导加载程序、Windows 回复环境、Boot Configuration Data 等启动相关文件。通常分区大小为 100MB 左右，该分区不包含用户数据，通常会被隐藏。"MSR"分区是 Windows 操作系统中的"主引导记录分区"。它是一种特殊的分区，通常用于 Windows 系统磁盘的引导和初始化。MSR 分区同样不包含任何用户数据，通常也是隐藏的。"主分区"则是用户之前分配的空间，用来安装操作系统文件的磁盘分区。

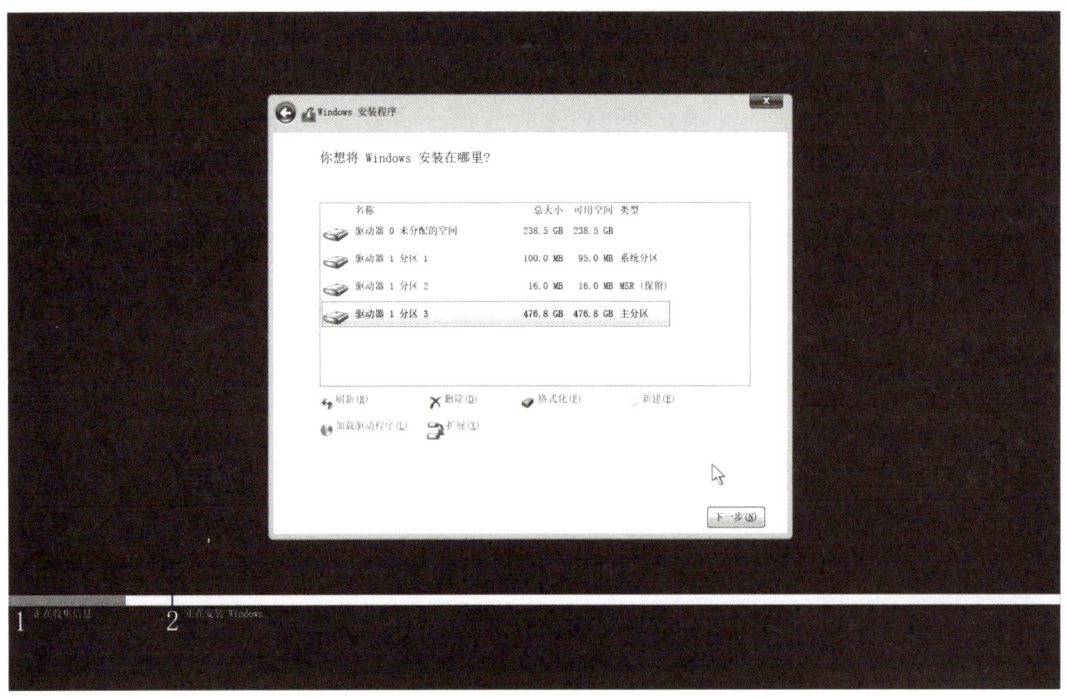

图 3-27　驱动器分区完成界面

点选"主分区"，然后点击"下一步"按钮，安装程序开始复制系统文件，并显示相应的安装进度。

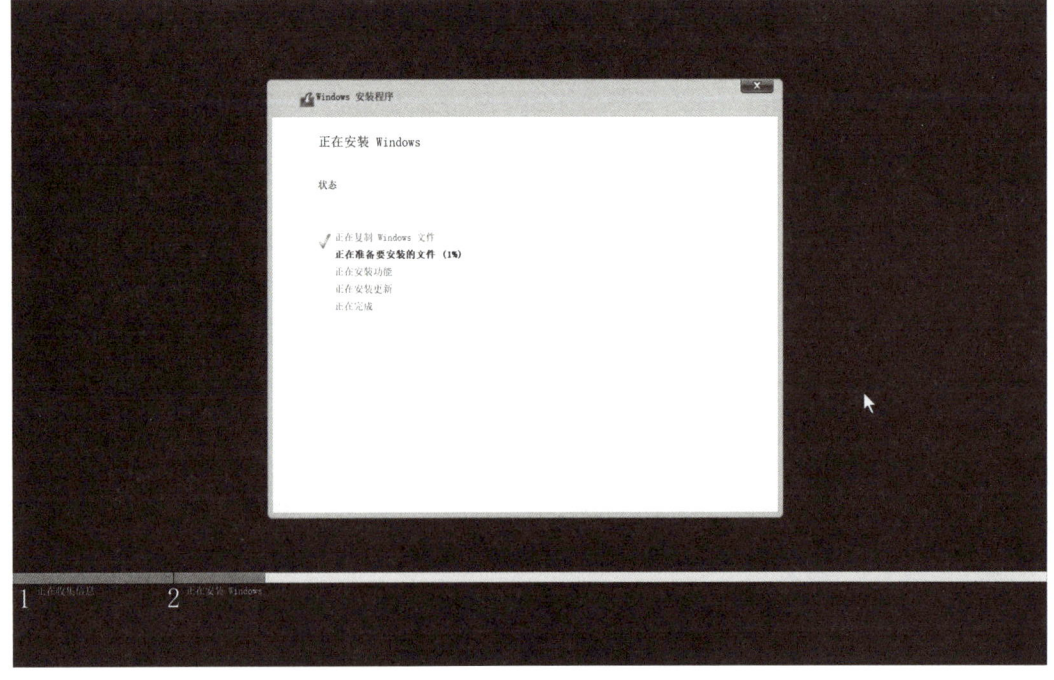

图 3-28　系统文件安装过程

系统安装完成后，会弹出重启页面，此时要注意，尽快将系统安装 U 盘从电脑的 USB 接口上拔下。否则电脑重启后，会自动进入最开始的 Windows 安装界面，重复之前的安装流程。

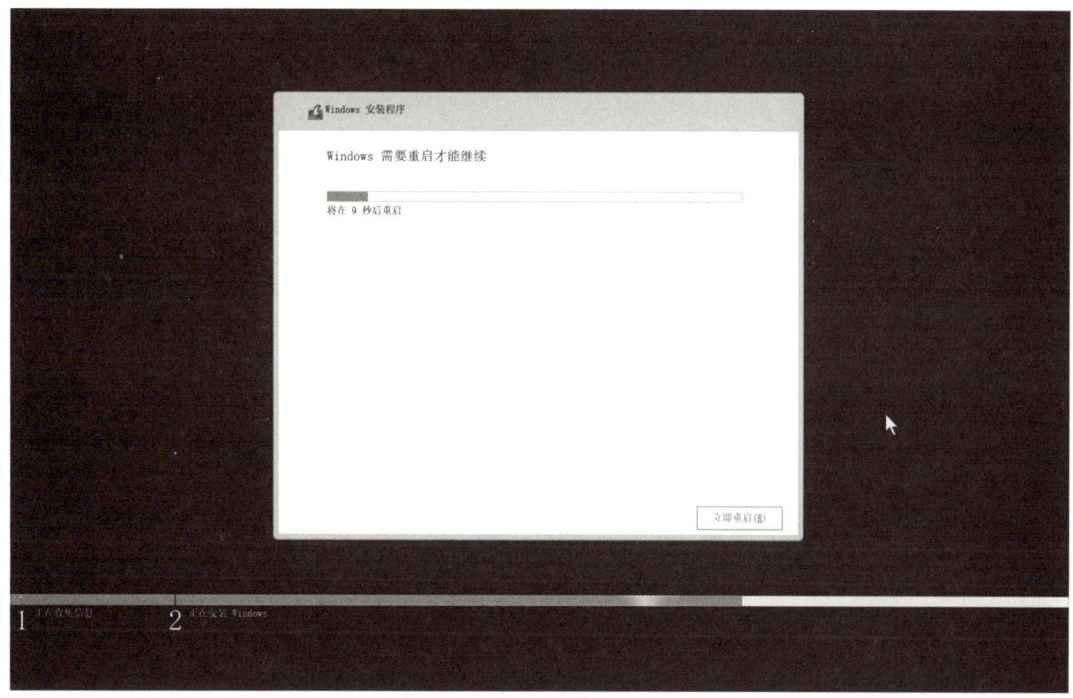

图 3-29　系统文件安装完成后提醒重启电脑

3.3.3 Windows 系统配置过程

图 3-30　进入 Windows 系统配置过程

重启系统后，计算机进入正式的 Windows 系统配置过程，该过程让用户能够根据自己的实际需求，对系统初始环境进行配置，以适应使用环境。

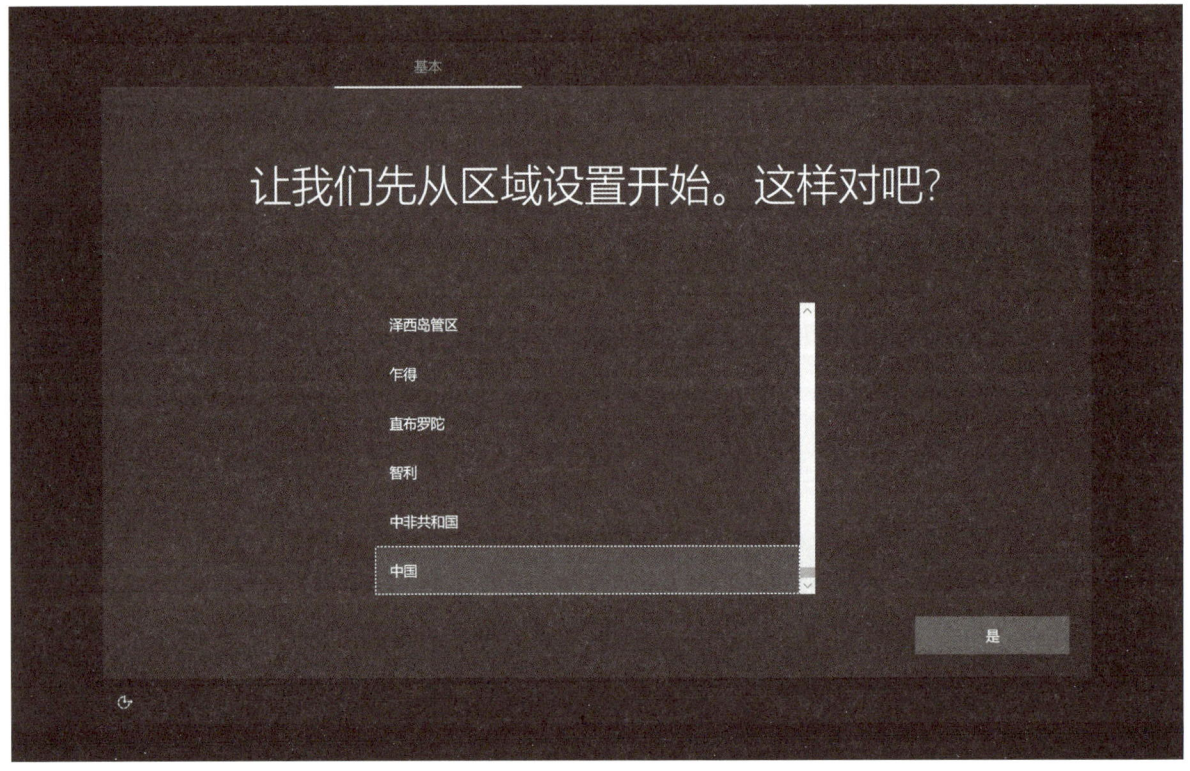

图 3-31　选择计算机所在国家区域

首先选择计算机所在区域，以国内为例，一般来说选择"中国"，然后点击"是"。

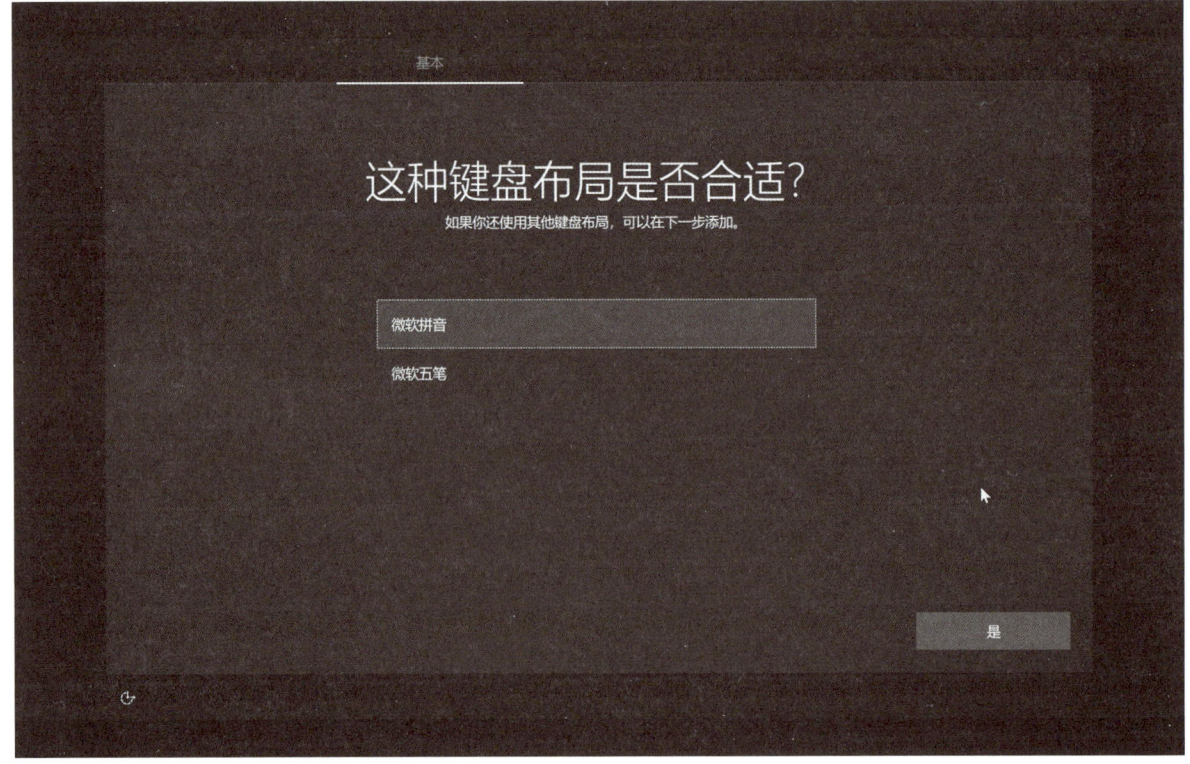

图 3-32　选择 Windows 系统默认输入法

图 3-33　可添加第二种输入法

之后是选择输入法的键盘布局,可以选择"微软拼音"或"微软五笔"。相对来说,拼音输入法的应用场景更为广泛。在"是否想要添加第二种键盘布局"的选择页面中,可以点选"跳过",也可以使用"添加布局"的功能,增加不同语种的键盘布局。

图 3-34　进入系统网络配置过程

然后是设置网络连接，安装程序会列出已经识别出来的网卡（有线、无线）。如果缺少驱动，可能会无法识别出任何网络适配器。这一步可以点选网络适配器，进而连接互联网，也可以选择"我没有 Internet 连接"，避开联网的选择。注意，一旦连接互联网，就必须创建微软账户，才能进行下一步的系统配置。所以，根据创建账号和密码的需求，选择不同的选项。本书选择"我没有 Internet"连接，进入下一步网络配置页面。

图 3-35　系统再次提示接入互联网

在新弹出的页面中，系统配置程序会提醒用户，连接 Internet 后可以提供的更加丰富的功能。这里可以选择"立即连接"，然后创建微软账户来登录 Windows 系统。也可以选择"继续执行有限设置"，跳过微软账户的注册流程。

图 3-36　创建本地账户

图 3-37　设置本地账户登录密码

如果使用不联网设置，跳过微软账户的注册登录过程，那么系统的配置程序会让用户直接创建电脑的本地账户和密码。在输入账户名之后，用户继续输入密码，并且重复输入一次密码进行确认。在两次密码输入都一致的情况下，配置程序会要求用户输入三个安全问题，方便以后忘记密码时用于安全验证，找回密码。

图 3-38　确认两次登录密码一致

计算机应用基础

图 3-39 创建本地账户安全问题

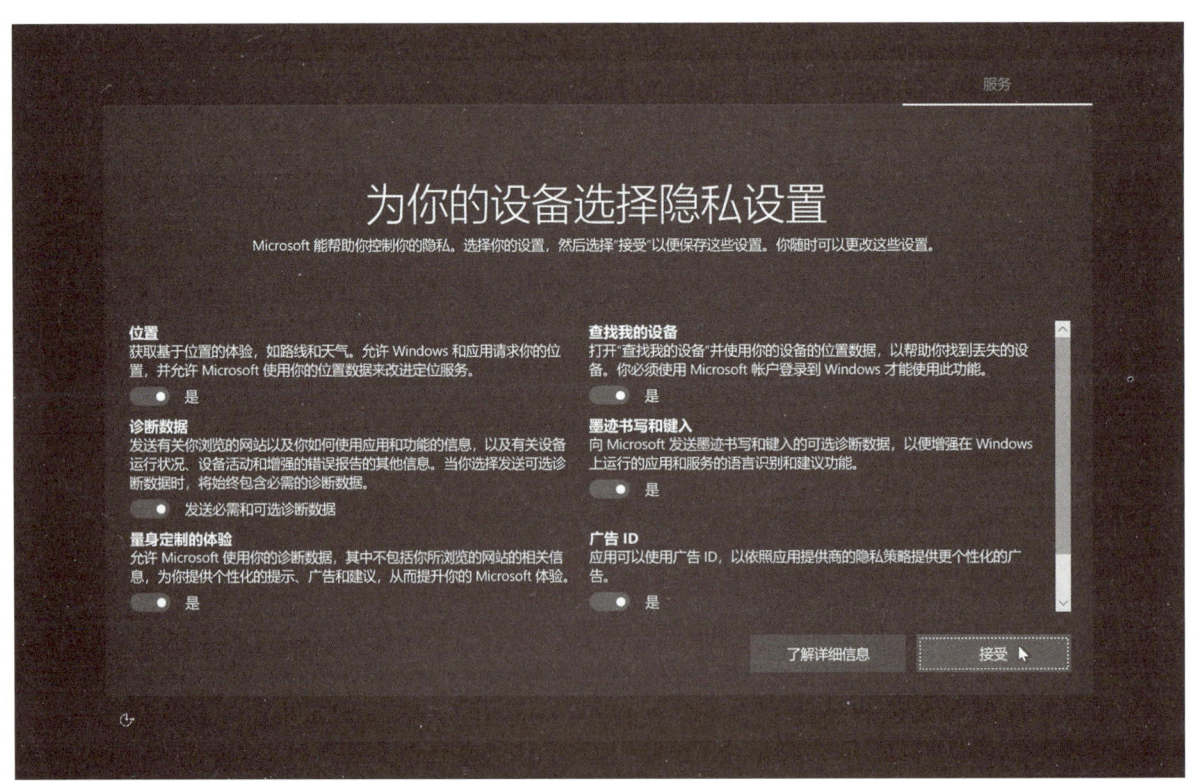

图 3-40 进行系统隐私设置

最后是隐私设置与 Cortana 语音助手的设置，如果介意个人隐私泄露，可以将这部分选项全部选否。同样，也可以根据自己的实际需求，选择接受 Cortana 语音助手或选择"以后再说"来跳过 Cortana 的配置过程。

图 3-41 进行语音助手 Cortana 设置

图 3-42 完成 Windows 系统的设置

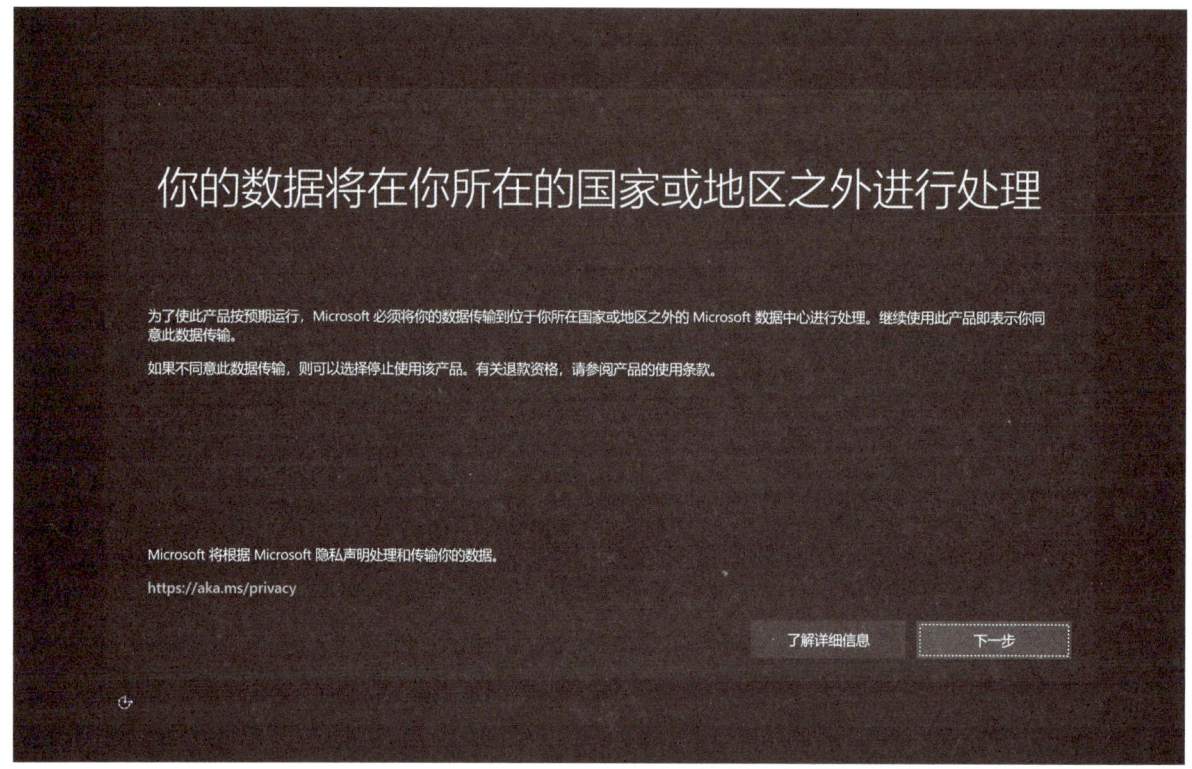

图 3-43　阅读系统的数据隐私声明

等待系统配置程序最终完成，这时会显示一个数据隐私声明。在阅读后点击"下一步"按钮，就可以正式进入到 Windows 10 的系统桌面，开始使用 Windows 10 系统。

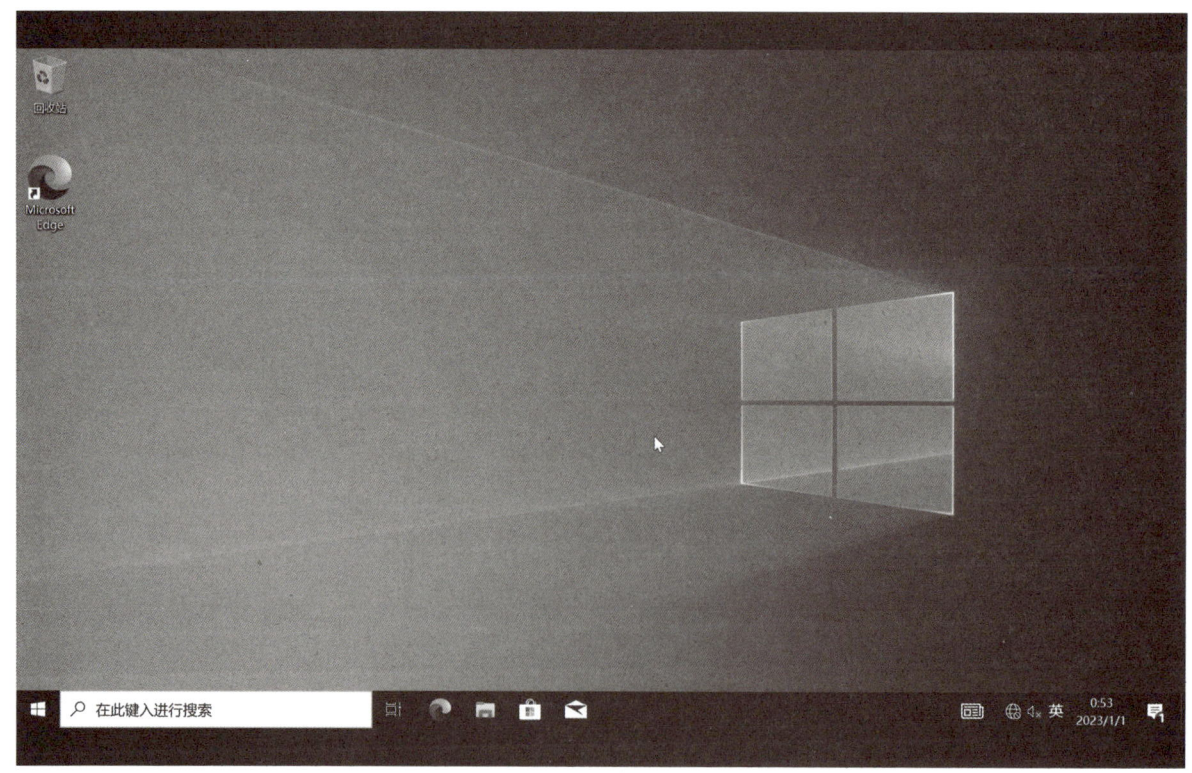

图 3-44　正式进入 Windows 系统桌面

3.4 Microsoft Office

当今信息化社会，办公软件已经成为办公和学习的必备工具。其中，Microsoft Office 作为办公软件中的佼佼者，拥有丰富的功能和广泛的用户群体，深受全球用户的喜爱和使用。Office 软件的发展可以追溯到 20 世纪 80 年代初期。最初的版本包括了 Word、Excel 和 PowerPoint 等基本组件，随着时间的推移，Office 软件逐步引入了更多的组件和功能模块，如 Outlook、Access、Publisher、OneNote 等，最终形成了一个庞大而完整的办公软件套件。由于 Office 软件和 Windows 系统均为 Microsoft 公司出品，所以两者之间的兼容性非常高，绝大多数安装 Windows 系统的计算机，通常也会安装 Office 软件辅助办公。

Office 软件包含一系列的组件，其中最常见的是 Word、Excel、PowerPoint 和 Outlook。

3.4.1 Word 组件

Word 组件是文字处理软件的代表。作为 Office 套件的核心组件之一，Word 旨在为用户提供丰富而灵活的排版功能和文档编辑工具。无论是日常办公文档、学术论文、简历还是宣传资料，Word 都能满足用户对于文档编辑和排版的各种需求。首先，Word 提供了多样化的排版功能，包括字体、字号、颜色、段落格式、行距等，使用户可以根据具体需求进行灵活调整。此外，Word 还提供了丰富的样式库和模板，用户可以基于现有样式快速创建专业而美观的文档，节省排版时间，提高生产效率。其次，Word 还具备强大的编辑能力，包括拼写检查、语法检查、同义词替换、格式刷等功能，帮助用户轻松进行文档校对和修饰。同时，Word 还支持插入图片、图表、表格、链接等丰富的多媒体元素，丰富文档内容，提升可读性和吸引力。除此之外，Word 具备版本控制和协作功能，用户可以方便地进行文档版本管理、评论和修订，多人协作编辑文档，提高团队工作效率。总之，Word 作为文字处理软件的代表，因其灵活性和功能性成为用户不可或缺的文档处理利器。

3.4.2 Excel 组件

Excel 是一款强大的电子表格软件，具备丰富的数据分析和处理功能，因此在各个领域都得到广泛应用。首先，Excel 提供了强大的数据计算和处理功能。用户可以使用 Excel 的各种数学、统计和逻辑函数进行复杂的数据计算，如求和、平均、最大/最小值、标准差等。此外，Excel 还支持数据排序、筛选和查找等操作，帮助用户快速整理和处理大量数据。其次，Excel 提供了多维数据分析的能力，使用户能够通过透视表、数据透视图和数据透视图分析工具等功能，轻松地从复杂的数据中提取有用的信息。这些功能可以帮助用户发现数据之间的关联、趋势和模式，为决策提供可靠的依据。在财务领域，Excel 广泛应用于预算编制、财务报表分析、投资评估等方面。用户可以利用 Excel 的公式和函数，进行财务数据的计算和分析，生成准确的财务报告和分析结果。在统计学领域，Excel 提供了丰富的统计函数和分析工具，用户可以进行数据采样、统计推断、回归分析等操作，帮助用户从数据中提取有用的统计信息，进行科学研究和数据分析。除此之外，Excel 还具备图表绘制功能，用户可以根据数据快速生成各种类型的图表，如折线图、柱状图、饼图等，直观地展示数据的变化趋势和关系。总而言之，Excel 作为一款强大的电子表格软件，广泛应用于财务、统计、科研等领域。

3.4.3 PowerPoint 组件

　　PowerPoint 是一款专业的演示文稿制作软件，它提供了丰富的幻灯片设计和制作功能，广泛应用于演讲、报告、培训等场合。首先，PowerPoint 具有直观的用户界面和易于使用的编辑工具。用户可以通过简单的拖拽和插入操作，在幻灯片上添加文本、图片、图表、表格等多媒体元素，以及使用预定义的主题和模板快速创建专业而美观的幻灯片。无论用户是初次使用还是有经验的演讲者，都能快速上手并制作出令人印象深刻的演示文稿。其次，PowerPoint 提供了丰富的动画和过渡效果，使幻灯片更具吸引力和互动性。用户可以为每个元素或幻灯片添加过渡效果，实现平滑的切换和转场效果，使演示文稿更生动、流畅。此外，PowerPoint 还支持自定义动画，用户可以根据需要设置元素的出现、消失、移动和变化方式，以增加视觉冲击力和引起观众的注意。另外，PowerPoint 还提供了演示文稿的演示模式，用户可以通过全屏幕模式展示幻灯片、自动播放幻灯片以及设置幻灯片间的切换时间，让演讲者能够专注于内容呈现，实现高效的演讲和展示。在教育和培训领域，PowerPoint 被广泛应用于课堂教学、培训讲座等场合。教师和培训师可以利用 PowerPoint 制作教学课件，通过丰富的图文内容和动画效果，生动地呈现知识点，提升学生和听众的学习兴趣和理解能力。总之，PowerPoint 作为一款专业的演示文稿制作软件，具备丰富的幻灯片设计和制作功能，广泛应用于演讲、报告、培训等场合。它为用户提供了一个直观、易用的平台，帮助他们创作出引人注目的演示文稿，有效地传递信息和展示想法。

3.4.4 Outlook 组件

　　Outlook 是一款强大的邮件客户端软件，它不仅提供丰富的邮件管理功能，还集成了日历、任务管理、联系人等功能，为用户提供了完整的邮件管理和办公协作环境。首先，Outlook 具有强大的邮件管理功能。用户可以通过 Outlook 发送、接收和管理电子邮件，支持多个邮箱的集中管理，包括个人邮箱、企业邮箱以及其他常见邮箱服务商。Outlook 提供了可靠的邮件传输协议和安全机制，保障邮件的可靠性和安全性。用户可以使用 Outlook 进行邮件的撰写、回复、转发、删除等操作，并支持对邮件进行分类、归档和搜索，帮助用户高效地管理大量的邮件。其次，Outlook 集成了日历和会议管理功能。用户可以在 Outlook 中创建和共享日历，安排个人或团队的日程，并邀请他人参加会议或预约。Outlook 提供了灵活的日程管理工具，如日历视图、提醒功能和时间安排冲突检测，帮助用户合理安排时间、避免时间冲突，并能够方便地与他人协调会议时间和地点。另外，Outlook 还具备任务管理的功能。用户可以在 Outlook 中创建和跟踪任务，设置优先级、截止日期以及相关人员，帮助用户有效地管理个人和团队的工作任务。Outlook 可以提醒用户即将到期的任务，以及任务的完成情况，帮助用户及时掌握任务进展，保证工作高效和准时完成。此外，Outlook 还集成了联系人管理功能，用户可以在 Outlook 中存储和管理联系人信息，包括姓名、电话号码、电子邮件地址等。Outlook 可以根据用户的需求,自动更新联系人信息,并支持快速查找和筛选联系人,方便用户进行沟通和协作。总之,Outlook 作为一款强大的邮件客户端软件,集成了日历、任务管理、联系人等功能,为用户提供了完整的邮件管理和办公协作环境。

此外,Office 还包含了一些增值组件和工具,如 Publisher、Skype for Business、Project、Visio 等,用户可以根据自己的需求选择安装或不安装这些组件。这里需要注意的是,Office 2019 只支持 Windows 10 及更高版本的操作系统。

3.5 Office 2016 的安装过程

对于 Office 的安装,推荐使用一款第三方的软件进行辅助,名为"Office Tool Plus"。这款软件是一个功能强大的 Office 套件辅助工具,能够帮助用户更加方便高效地安装、激活和管理 Office 软件。

首先,在 Windows 环境下运行"Office Tool Plus"软件,进入软件的使用界面。在"主页"标签栏中,会有一些快捷功能的导航图标。

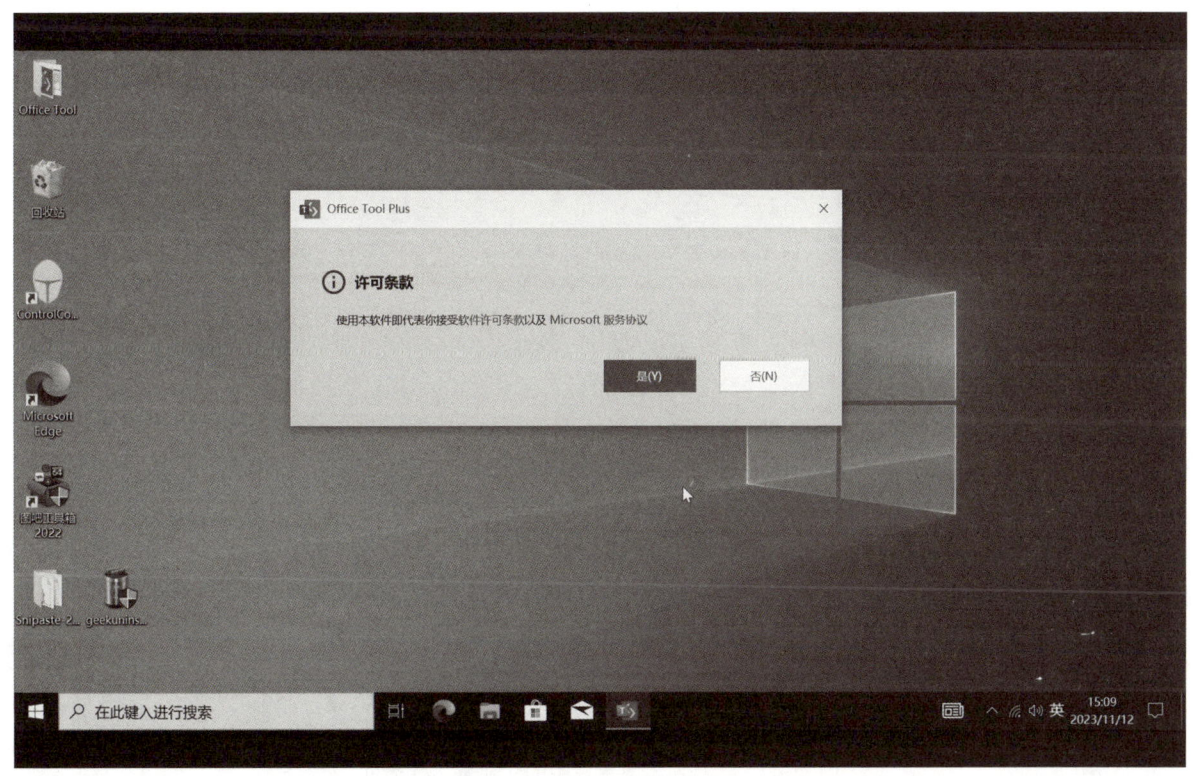

图 3-45　下载安装"Office Tool Plus"软件

图 3-46　安装完成后运行软件

在左侧的标签栏中，选择"部署"，进入"部署 Office"的页面。通常情况下，部署模式选择"安装"，体系结构选择"64 位"，更新通道选择"当前通道"，安装模块为"Office 部署工具"。其中体系结构分为 32 位和 64 位，与操作系统的规格有关。

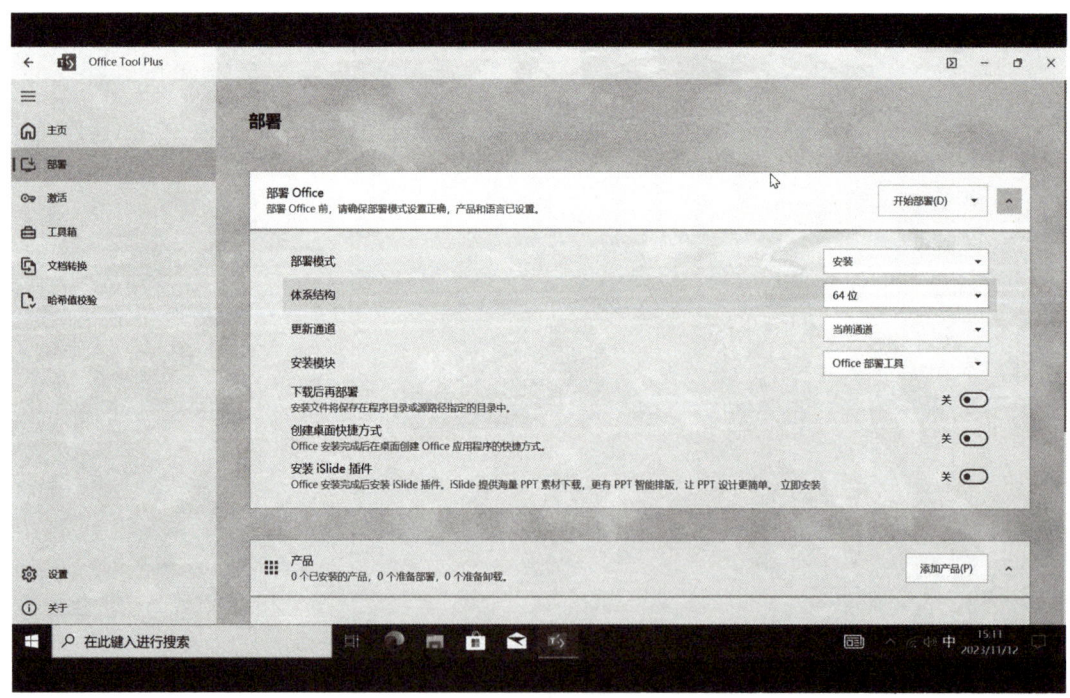

图 3-47　选择左侧菜单栏中的"部署"标签页

在产品列表选项里，可以根据自己的需求选择 Office 2016/2019/2021 或 Microsoft 365。也可以根据预算或功能需求，选择企业版、家庭版或教育版。其中 365 是基于订阅模式的 Office 套件，用户需要每年或每月支付一定费用以获取使用权，并能享受自动升级到最新版本的权益。家庭版是面向个人和家庭用户的许可证类型，允许多个家庭成员在多个设备上安装并同时使用，最多支持 6 个家庭成员。Office 企业版则是专为商业和组织用户设计的许可证类型，适用于企业内部员工在工作场所使用，用户数量没有具体限制，企业可以根据需要购买相应的许可证数量。

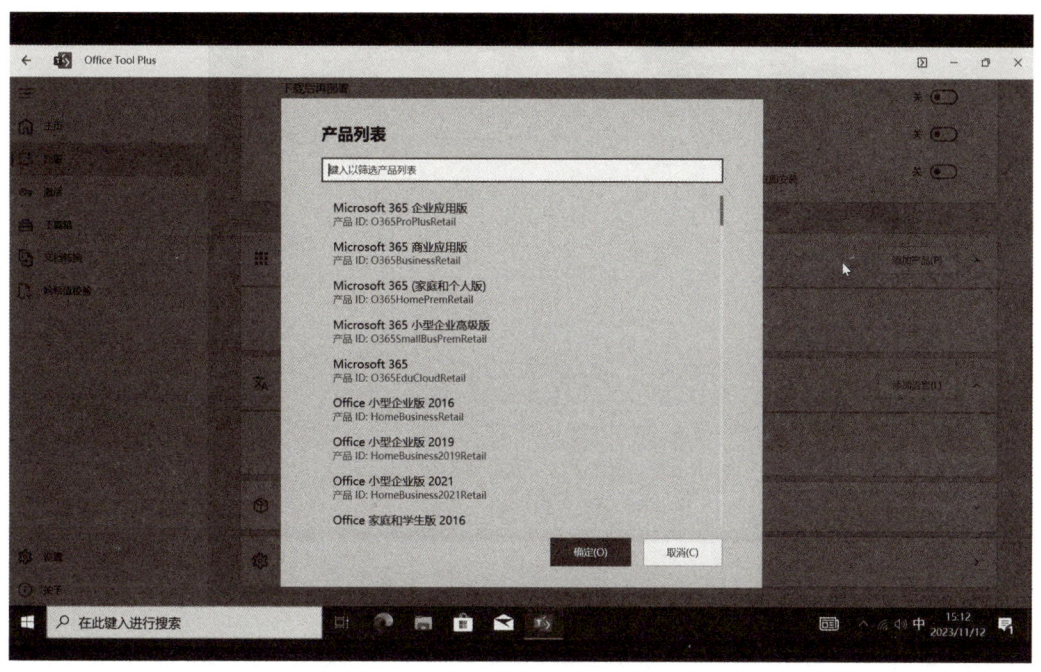

图 3-48　选择准备安装的 Office 版本

在选定了 Office 版本之后，可以在产品栏下面选择需要安装的 Office 组件，包括 Access、Excel、OneDrive、OneNote、Outlook、PowerPoint、Publisher、Word 等组件，但是对于个别组件，例如 Visio，需要单独进行部署，并不包含在常规 Office 组件中。

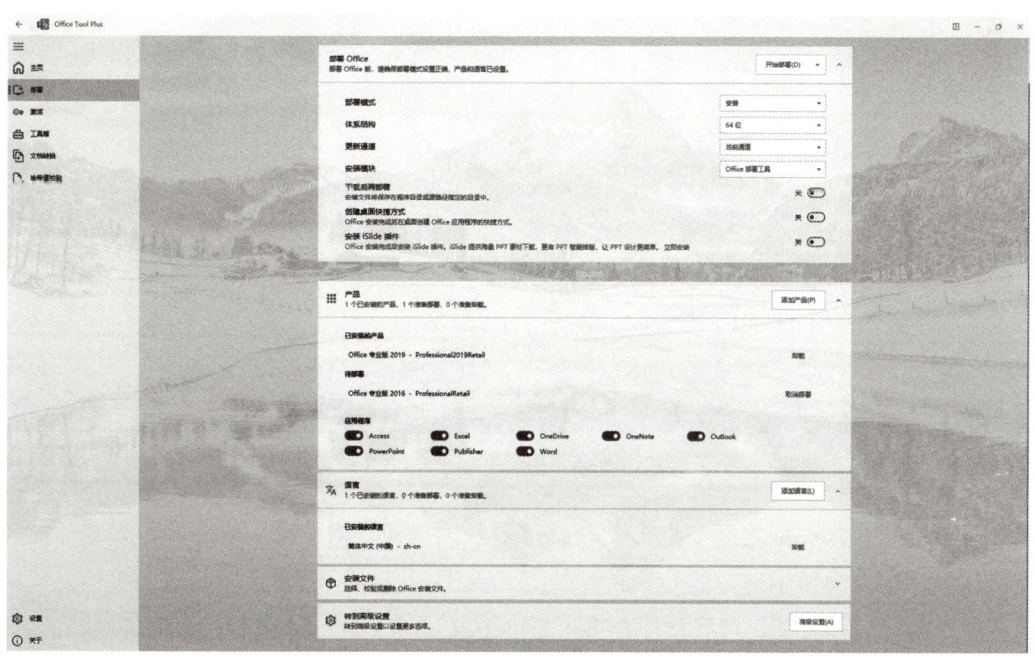

图 3-49　选择准备安装的 Office 组件

完成组件的选择后，需要进一步添加语言。这一步骤确定你所安装的 Office 的语言版本，可以选择多种语言版本。

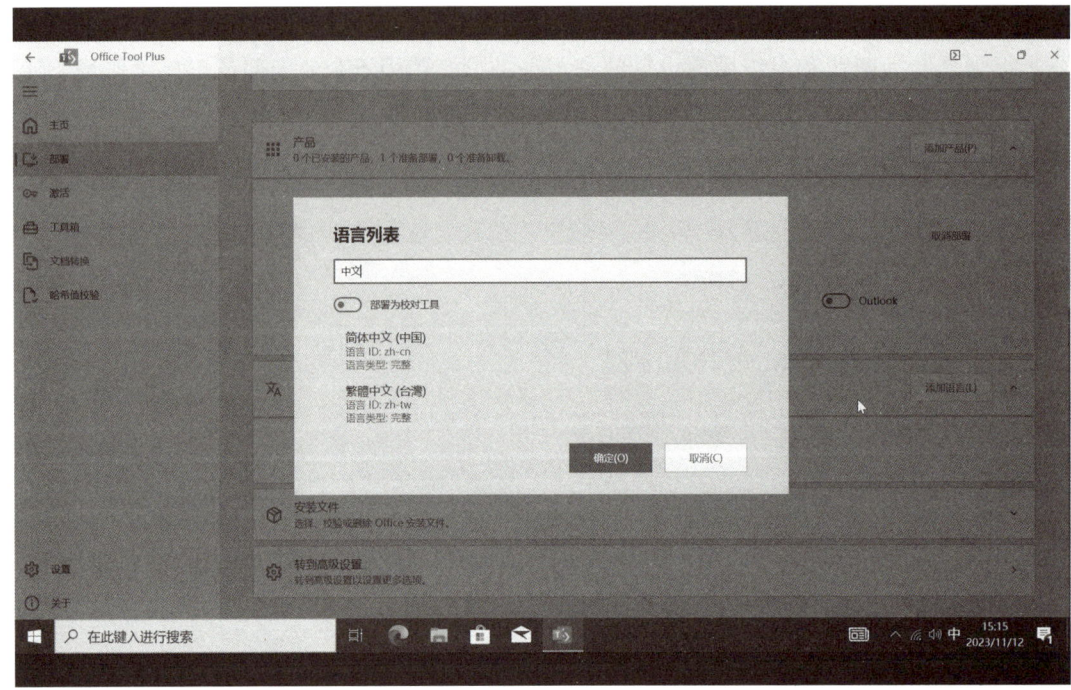

图 3-50 选择 Office 软件的语言版本

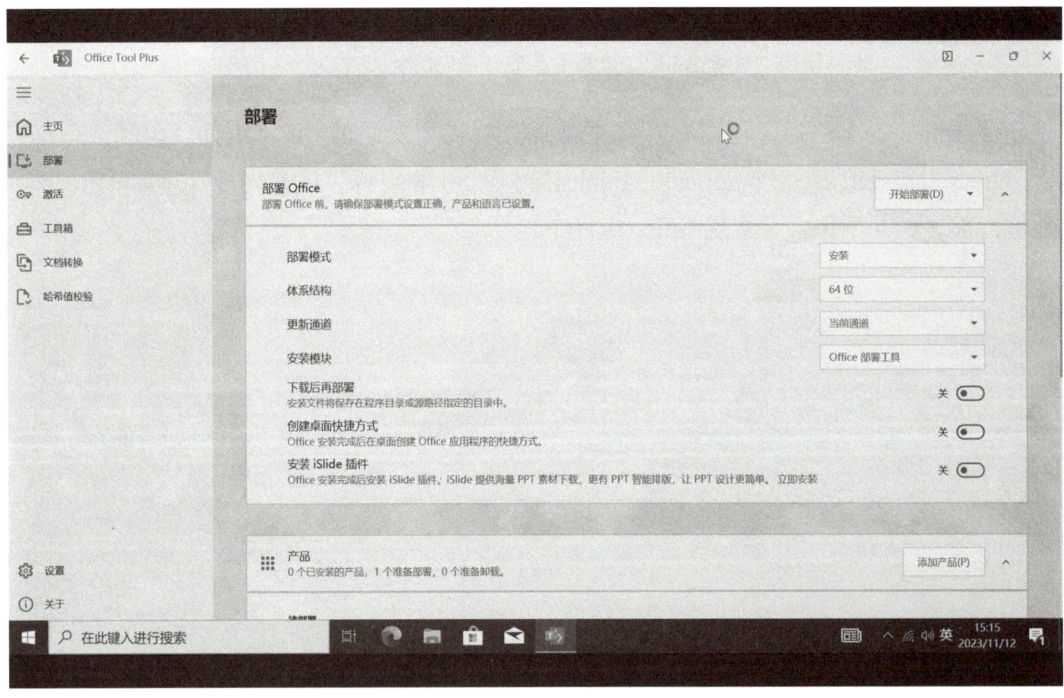

图 3-51 完成设置后点击"开始部署"进入安装过程

当安装设置选项全部完成之后,点击"开始部署"的按钮,对 Office 软件进行安装。此时会弹出一个安装确认对话框,会显示选择的 Office 版本、产品 ID、组件、语言、体系结构等信息。确认无误后,点击"是"按钮进行安装。然后软件会进入联网下载过程,这个过程需注意保持电脑的网络连接。

第 3 章 Windows 操作系统

图 3-52　Office Tool Plus 软件弹出安装提醒窗口

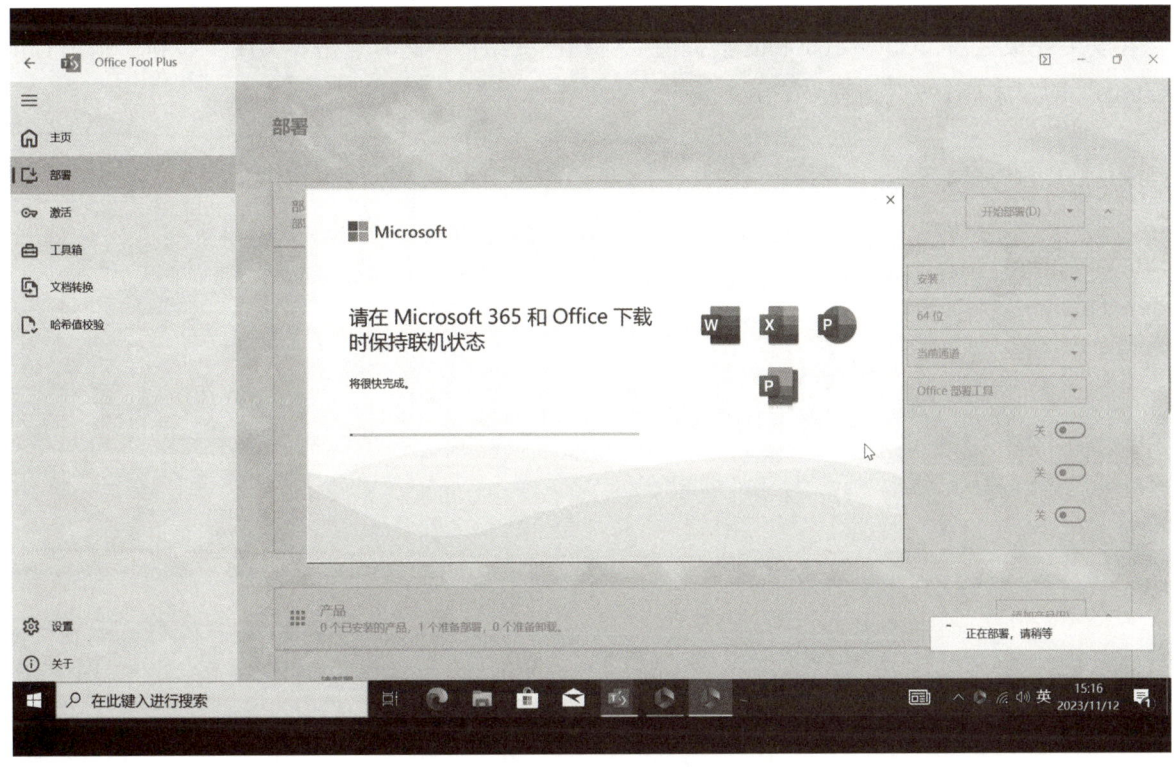

图 3-53　正式进入 Office 安装过程

图 3-54　Office 软件安装完成

在安装完成之后，Office Tool Plus 会提醒"一切已就绪！"此时点击"关闭"按钮，退出 Office Tool Plus，即完成整个安装流程。

第4章 文字信息处理

本章知识点

1. 文字信息处理软件介绍;
2. 文字信息处理基础知识;
3. 长文档编辑。

学习目标

1. 了解常用的文字处理软件;
2. 掌握文字处理基本方法;
3. 掌握长文档编辑方法。

学习重难点

1. 文字处理基本方法;
2. 长文档编辑方法。

学习建议

实践练习基本方法及长文档编辑方法,进而熟练掌握。

4.1 文字信息处理软件介绍

文字信息处理是一种计算机应用技术,主要包括文本编辑与格式化,即使用文字处理软件对数字文本进行编辑、排版和格式化,使其符合用户需求。文字信息处理技术实现了文字的数字化、电子化和智能化,为人们在工作、学习和生活中处理和利用文本提供了便捷高效的手段。

常见的文字信息处理软件有以下几种。

4.1.1 Microsoft Office Word

Microsoft Office Word(简称 Word)是一款由微软公司开发的文字处理软件,它是 Microsoft Office 套件的一部分。Word 可以在 Windows 和 Mac 操作系统上运行,用户可以使用 Word 创建、编辑和格式化各种类型的文档,如报告、简历、合同、信件等。Word 提供了丰富的字体、字号、颜色、加粗、倾斜、下划线等格式选项,以及段落对齐、缩进、行距等排版功能,以满足用户对文本样式和排列的需求。同时,Word 内置了多种表格和图表类型,用户可以轻松地在文档中插入表格、柱形图、折线图、饼图等,以展示数据和分析结果。Word 还支持插入图片、剪贴画、图标、SmartArt 图形等,用户可以灵活地使用这些元素丰富文档内容和视觉效果。Word 支持插入脚注、尾注和批注,用户可以在文档中为特定内容添加解释和说明。Word 支持对文档进行加密、数字签名和权限设置,以确保文档的安全性。同时,用户可以将文档与他人共享或协作处理,新版本的 Office 还提供了在线协作、云端存储等功能。

4.1.2 WPS 文字处理软件

WPS 文字处理软件是金山软件公司开发的一款文字处理程序,是 WPS Office 套装中的一个重要组成部分。其主要用于创建、编辑和查看各种类型的文档,如报告、论文、书籍等。它可以打开和编辑多种文件格式,包括 doc、docx、txt 等,方便用户可以在不同的设备之间共享和交换文档。WPS 文字处理软件提供了丰富的排版和样式工具,包括字体、颜色、大小、对齐方式、行距、段落设置等,用户可以根据需要定制自己的文档样式。它还有许多高级编辑功能,如拼写和语法检查、查找和替换、插入表格和图片、添加注释和脚注等。此外,软件有大量的预设模板,包括简历、报告、信件、论文等,用户可以直接使用这些模板,节省了设计和排版的时间。软件还支持云存储,用户可以将文档保存在云端,实现在不同设备之间同步文档,新版本的 WPS 支持多人在线协作编辑,适合团队合作。

4.1.3 Adobe Acrobat Pro

Adobe Acrobat Pro 是一款由 Adobe 公司开发的 PDF 文档处理软件。Adobe Acrobat Pro 可以创建、编辑和格式化 PDF 文档,支持文本、图像、链接、表格等内容,同时具有丰富的格式选项和排版功能，支持将多种文件格式转换为 PDF，如 Word、Excel、PowerPoint 等，还可以将多个 PDF 文档合并为一个文档；允许用户在 PDF 文档中添加注释、批注和标记，以便进行审阅和协作，支持对 PDF 文档进行加密、数字签名和权限设置，以确保文档的安全性和隐私保护，支持将 PDF 文档与他人共享，并实时查看和跟踪对方的修改和反馈等。

4.1.4 LaTeX

LaTeX 是一种基于 TeX 的排版系统，它可以用于排版各种类型的文档，包括书籍、论文、演示文稿等。使用 LaTeX 可以确保文档的排版风格一致，使文档更专业、更易于阅读，LaTeX 支持高质量的排版输出，包括 PDF、HTML、Word 等格式，支持各种数学公式的输入和排版，使文档更准确、更易于理解。LaTeX 可以自动化生成文档，使排版工作更高效、更便捷，还可以在各种操作系统上运行，包括 Windows、Mac 和 Linux 等。

安装 LaTeX 软件即可使用 LaTeX，安装完成后，可以使用文本编辑器（如 TeXstudio、TeXworks 或 Sublime Text）编写 LaTeX 文档，编写文档时，需要遵循一定的语法规则，如使用特定的标记和语法结构，编写完成后，使用 LaTeX 命令将文档编译为 PDF 或其他格式。

LaTeX 最初是为数学和科学领域设计的，但它也可以用于其他领域，如计算机科学、工程、金融、统计学等。

4.1.5 腾讯共享文档

腾讯共享文档是由中国腾讯公司推出的一款基于云计算的在线办公应用，是一款功能强大、易用性好的在线办公应用，特别适合需要远程协作的团队使用。它允许用户在线创建、编辑、共享和协作处理各类文档，支持多人同时在线编辑同一份文档，所有参与者的修改都会实时显示，适于团队合作。它还会自动保存所有的修改记录，可以随时回退到任何一个历史版本。

腾讯共享文档支持 Web 版、桌面版以及移动版（iOS、Android），用户可以在任何设备上访问和编辑他们的文档。软件还提供了大量的预设模板，包括简历、报告、计划书等，用户可以直接使用这些模板，节省了设计和排版的时间。其与腾讯微云、企业微信等其他腾讯服务无缝集成，使得用户可以更方便地管理和分享他们的工作，并提供了多重安全保护，包括权限设置、数据加密、防病毒扫描等，确保用户的数据安全。

4.2 文字信息处理基础知识

4.2.1 文字信息处理基础

1. 文字录入与编辑

使用 Word 进行文字录入和编辑的一般步骤如下。

（1）打开 Word

在 Windows 操作系统中，使用相应的应用程序打开 Word。

图 4-1　Word 2016 图标

（2）创建新文档

点击"文件"选项卡中的"新建"和"文档"，创建一个新的 Word 文档。

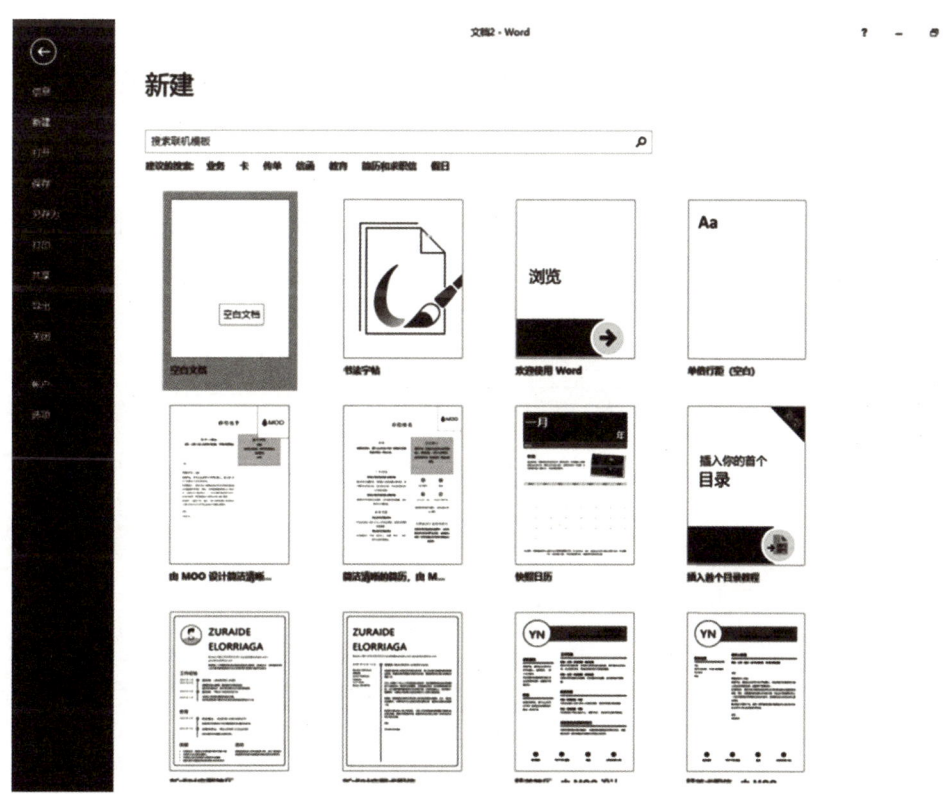

图 4-2　新建文档

（3）输入文字

在 Word 文档中，可以使用键盘输入文字。在文本框中输入文字，或者使用鼠标选择文本框并开始输入。

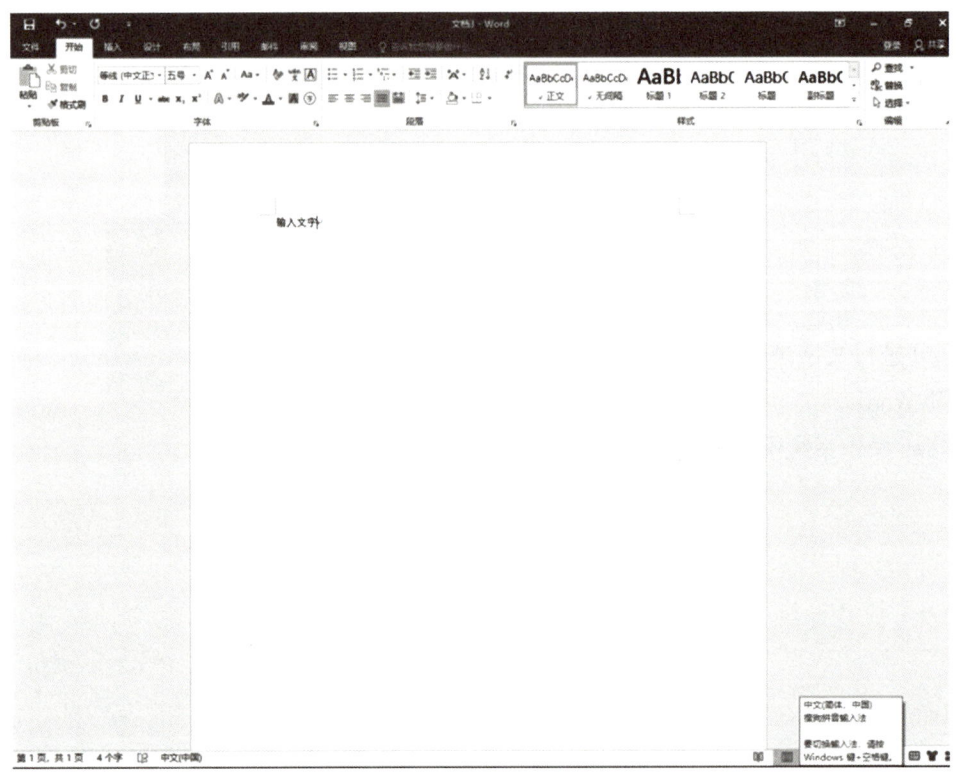

图 4-3　输入文字

（4）编辑文字及设置格式

在 Word 文档中，可以使用鼠标或键盘进行文本编辑及格式设置。使用鼠标拖动文本以选择文本，然后进行文本的删除、复制和粘贴等操作，在选中文本后，可以进行剪切（Ctrl+X）、复制（Ctrl+C）和粘贴（Ctrl+V）。

在"主页"选项卡的"字体"区域，可以改变文本的字体和大小，同样在"字体"区域，可以将文本设置为粗体、斜体、下划线，或改变文本的颜色和高亮显示。通过"查找"（Ctrl+F）功能，可以快速定位到文档中的特定文本。通过"替换"（Ctrl+H）功能，可以一次性替换文档中的所有相同文本。

文字格式设置可以让文档更加丰富和美观，常见的文字格式设置内容有：

○ 字体：决定了文字的样式，如宋体、黑体、楷体等。

○ 字号：决定了文字的大小，可以使用阿拉伯数字或磅值来设置。

○ 粗细：决定了文字的粗细，可以设置为粗体或细体。

○ 斜体：决定了文字是否为斜体。

○ 下划线：决定了文字下方是否有一条横线。

○ 颜色：决定了文字的颜色。

单击顶部菜单栏的"开始"选项，可以看到一系列格式按钮，如"字体""字号""粗体""斜体"等。点击这些按钮，可以快速设置文本的格式。

▶第 4 章　文字信息处理

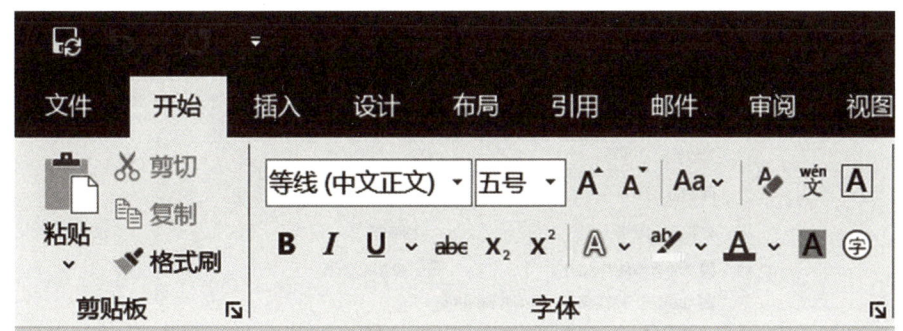

图 4-4　字体选项卡

若要进行更详细的设置，右键点击选中的文本，选择"字体"，弹出"字体"对话框。在这个对话框中，可以进行以下设置：

○ 字体：在"字体"下拉列表中选择所需的字体。
○ 字号：在"字号"下拉列表中选择合适的字号，如四号，小四等。
○ 字形：在"字形"下拉列表中选择合适的字形，如倾斜，加粗等。
○ 下划线线型：为文本添加下划线，可以选择单下划线、双下划线或无下划线。
○ 颜色：点击"字体颜色"按钮，在弹出的颜色选择框中选择所需的颜色。
○ 特殊效果：在"效果"中，选择所需的效果，如阴影、发光等。
○ 在"字体"对话框中，还可以设置字符间距，点击"高级"按钮，在"字符间距"进行设置。
○ 若要应用格式设置到多个文本，可以使用"格式刷"工具。选中一个已设置好格式的文本，点击"开始"菜单中的"格式刷"按钮，然后点击要应用格式的文本。
○ 完成格式设置后，点击"确定"按钮关闭对话框。

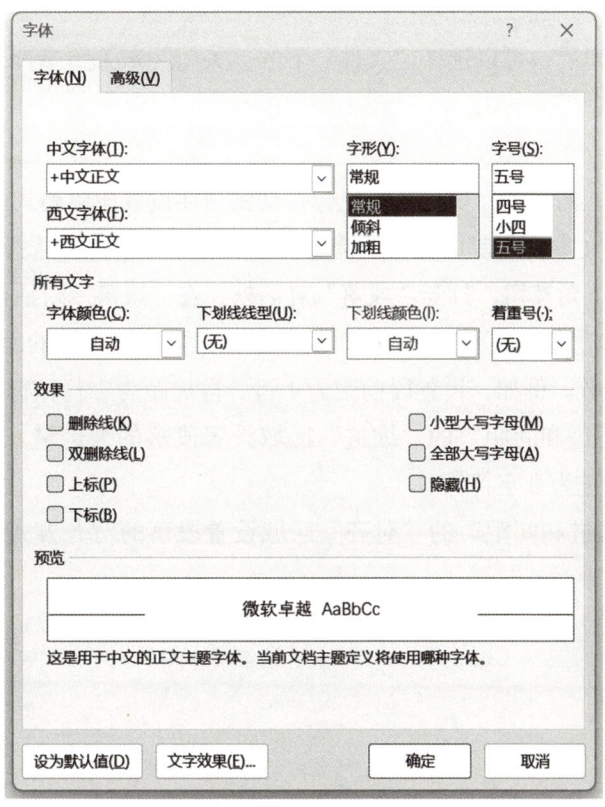

图 4-5　字体设置

81

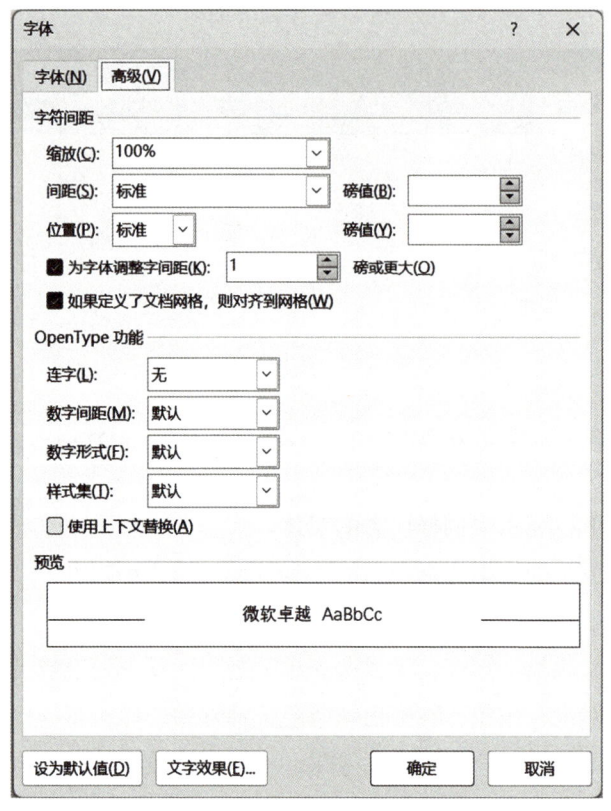

图 4-6 字体高级选项

（5）保存文档

在完成文字录入和编辑后，可以选择"文件"下的"保存"来保存 Word 文档。

（6）关闭文档

在完成文字录入和编辑后，可以选择"文件"下的"关闭"来关闭 Word 文档。

2. 段落格式与排版

选中需要设置段落格式的文本，如将鼠标光标移动到需要设置段落格式的文本上，按住鼠标左键，拖动鼠标选择需要设置的文本，或使用键盘快捷键，如 Ctrl+A（全选）选择所有文本。在"开始"选项卡中，点击"段落"右下角按钮，打开"段落"对话框，在"段落"对话框中设置各项参数。

- 段落间距：在"缩进和间距"的"间距"区域设置段落与下一行的距离，可以设置段前距、段后距、行间距等参数。例如，设置段前距为 1 行，段后距为 1 行，行间距为 1.5 倍行距等。
- 段落缩进：在"缩进和间距"的"缩进"区域设置段落的缩进量。如左侧 2 字符，右侧 2 字符，或设置首行缩进为 2 字符等。
- 段落对齐：在"缩进和间距"的"对齐"区域设置段落的对齐方式。例如，可以使用"左对齐""右对齐""居中对齐"等。
- 制表位：在"制表位"区域设置制表符的位置。制表符可以将文本对齐到指定的位置。

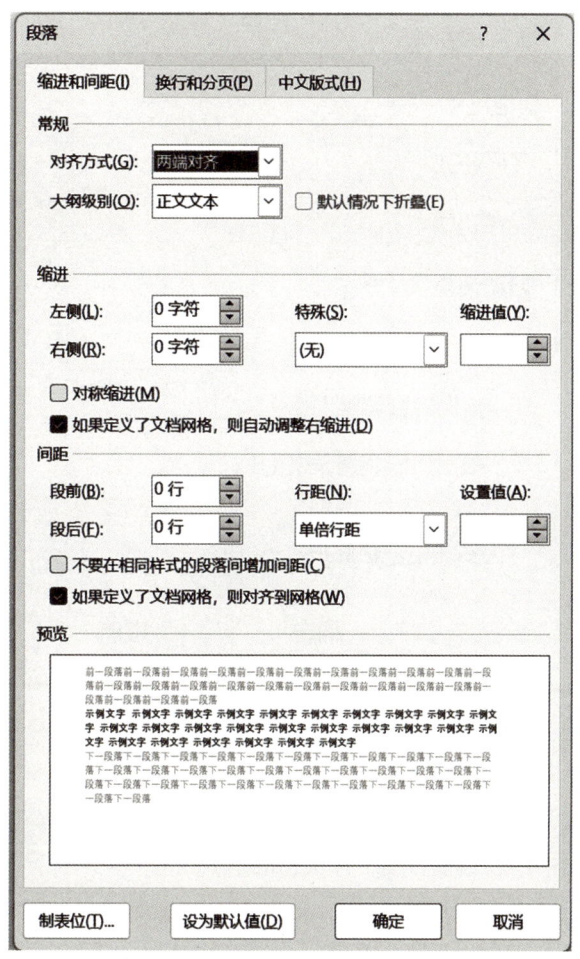

图 4-7　段落

○ 换行和分页：在"换行和分页"区域设置是否在指定位置换行或分页。例如，分页中可以选择"孤行控制""与下段同页""段前分页"等。

○ 设置完成后，点击"确定"按钮：应用所选段落的设置。

同时，可以使用"格式刷"工具应用相同的段落格式到多个段落。选中一个已设置好格式的文本，点击"开始"菜单中的"格式刷"按钮，然后点击要应用格式的文本。

4.2.2 表格制作与处理

1. 创建与编辑表格

打开需要插入表格的文档。

（1）插入表格

① 在 Word 文档的顶部菜单中，找到"插入"选项，点击"插入"选项卡。

② 在"插入"选项卡的左侧区域，找到"表格"区域。

③ 点击"表格"区域中的"插入表格"按钮，插入表格。

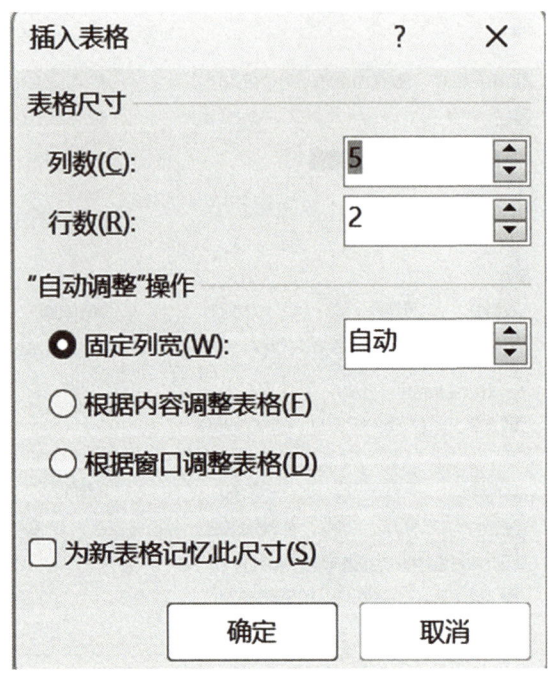

图 4-8　插入表格

（2）设置表格属性

① 点击"插入表格"按钮，打开"插入表格"对话框。

② 在"插入表格"对话框中，设置所需的行数和列数。

③ 在"插入表格"对话框中，选择"边框"和"底纹"等样式。

（3）调整表格大小

插入表格后，使用鼠标拖动表格的边框调整其大小。

（4）输入数据

在表格中输入数据。

（5）保存文档

完成表格制作后，点击"文件"菜单中的"保存"按钮。

2. 表格格式设置与美化

在 Word 文档的顶部菜单中，找到"表格工具"选项卡。

（1）设置边框样式

① 在"表格工具"选项卡的"表设计"区域，点击"边框"区域右下角按钮，打开"边框和底纹"对话框。

② 选择边框样式：在该对话框中，选择所需的边框样式，如"颜色""宽度"等。

③ 设置边框颜色：在"颜色"下拉列表中，选择边框的颜色。

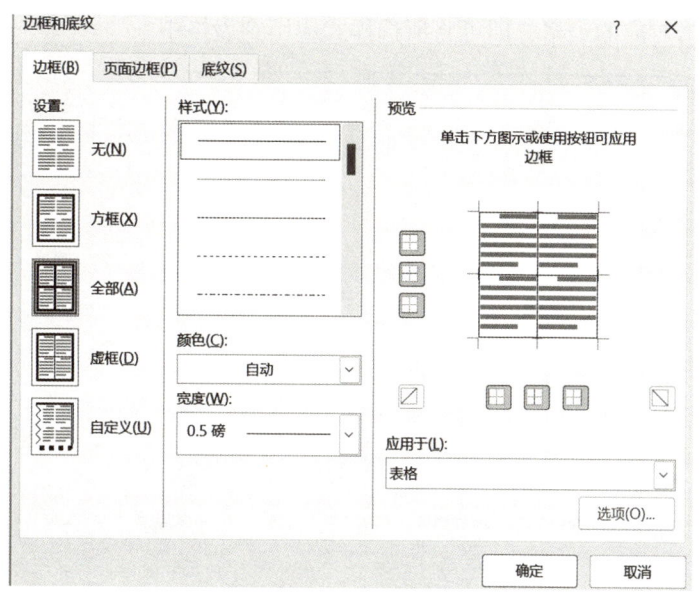

图 4-9　表格边框

（2）设置底纹样式

① 打开"底纹"对话框：在"表设计"区域，点击"边框"区域右下角按钮，打开"边框和底纹"对话框，点击"底纹"选项卡。

② 选择底纹样式：在该对话框中，选择所需的底纹样式，如"填充""图案"等。

③ 设置底纹颜色：在"颜色"下拉列表中，选择底纹的颜色。

④ 设置底纹样式：在"样式"下拉列表中，选择底纹的样式，如纯色，5% 等。

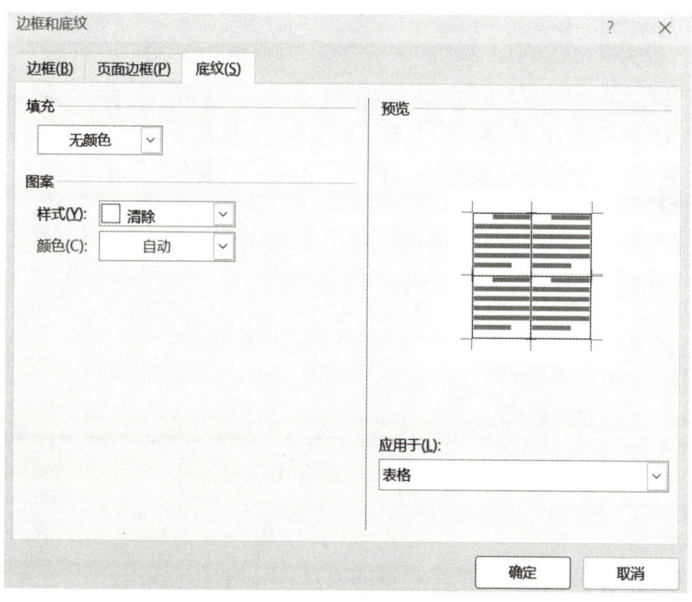

图 4-10　设置底纹

（3）设置表格样式

① 打开表格样式：打开"表格工具"中的"表设计"选项卡，在"表格样式"区域，可选择不同的表格样式。

② 选择表格样式：点击"表格样式"下拉菜单，在对话框中，选择所需的表格样式，如"普通表格""网格表"等。

③ 应用样式：点击对应的表格，即可将所选样式应用到表格中。

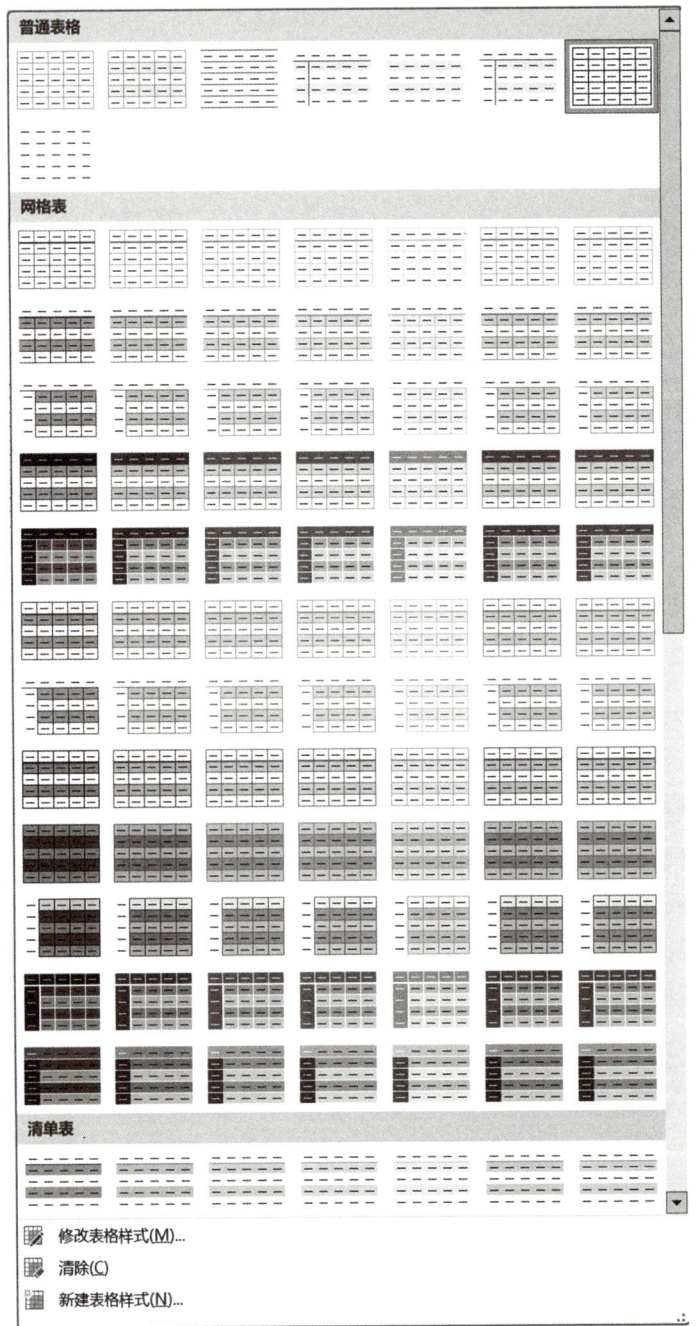

图 4-11　表格样式

（4）设置单元格格式

① 选中单元格：在 Word 文档中，选中需要设置格式的表格单元格。

② 打开"字体"对话框：在"开始"区域，点击"字体"按钮，打开"字体"对话框。

③ 设置字体：在该对话框中，设置单元格的字体、字号、颜色等。

3. 设置表格大小

（1）设置表格大小

打开"表格工具"中的"布局"选项卡，在"单元格大小"区域，设置行宽、列宽等信息。

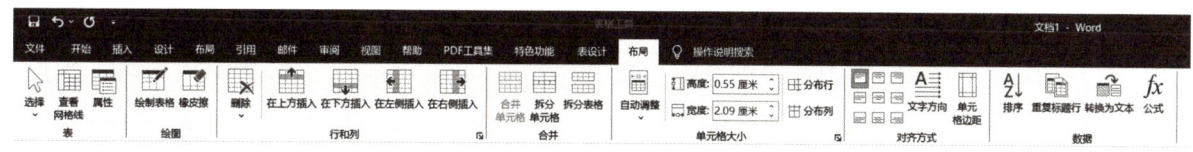

图 4-12　表格布局

（2）调整表格大小

使用鼠标拖动表格的边框调整其大小。

4.2.3 图片与图形编辑

1. 图片插入与调整

（1）图片插入

① 点击"插入"选项卡。

② 在"插入"选项卡中，点击"图片"按钮。

③ 弹出"插入图片"对话框，找到想要插入的图片文件所在的文件夹。

④ 选中所需的图片文件，点击"插入"按钮。

⑤ 此时，图片将自动插入到文档中。

（2）图片调整

① 插入图片：首先，按照前文所述步骤在 Word 文档中插入图片。

② 选中图片：点击要调整的图片，使其成为选中状态。此时，图片四周会出现 8 个小点，表示可以对图片进行调整。

图 4-13　选中图片

③ 调整图片大小：按住鼠标左键，拖动图片的角点或边缘，直至达到所需大小。也可以在图片工具栏上的"图片格式"选项卡中的"大小"中，设置图片的宽度和高度。

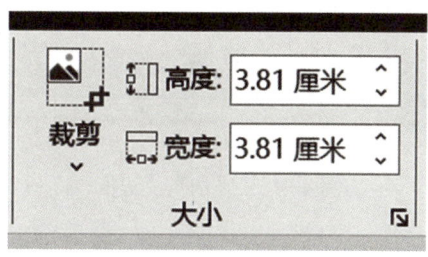

图 4-14　调整图片大小

④ 调整图片位置：拖动选中的图片至所需位置。

⑤ 旋转图片：点击图片工具栏上的"图片格式"选项卡，在"排列"中，点击"旋转"下拉菜单，选择所需的旋转角度。

⑥ 裁剪图片：点击图片工具栏上的"图片格式"选项卡，在"大小"中，点击"裁剪"按钮，然后拖动裁剪边框到所需范围。

⑦ 调整图片亮度、对比度、饱和度等：点击图片工具栏上的"图片格式"选项卡，在"调整"，点击"校正"下拉菜单，选择"亮度/对比度/饱和度"等调整选项。

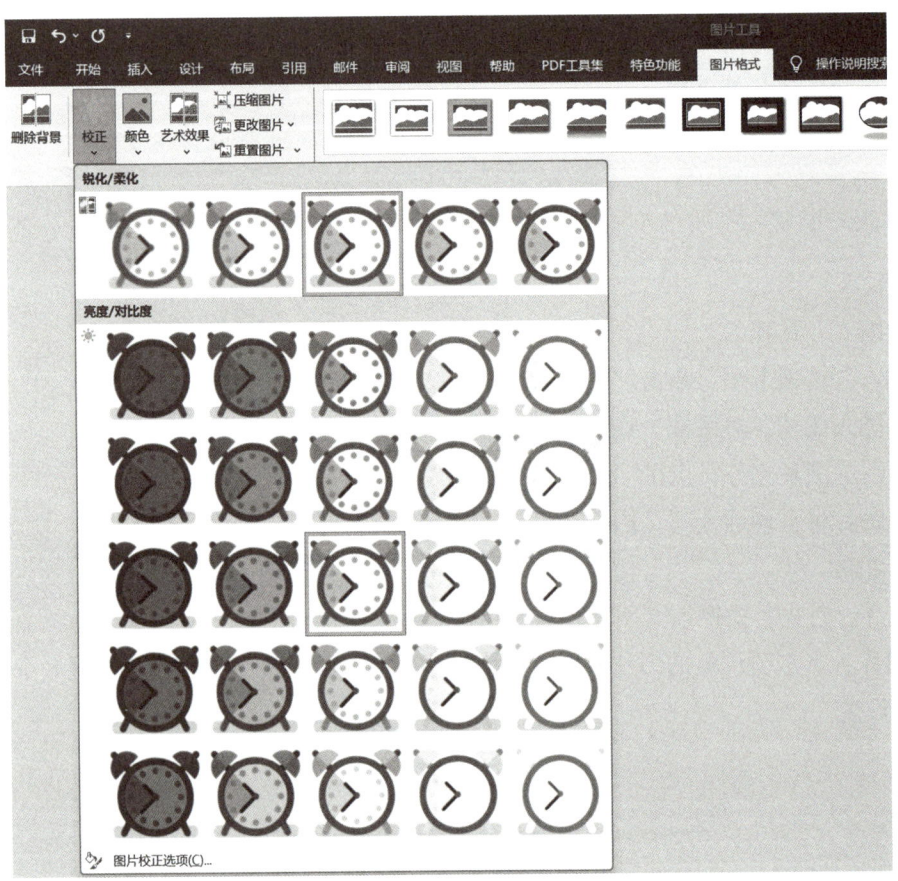

图 4-15　图片校正

⑧ 添加边框：点击图片工具栏上的"图片格式"选项卡，在"图片样式"中，点击"图片边框"下拉菜单，选择"边框"各选项。

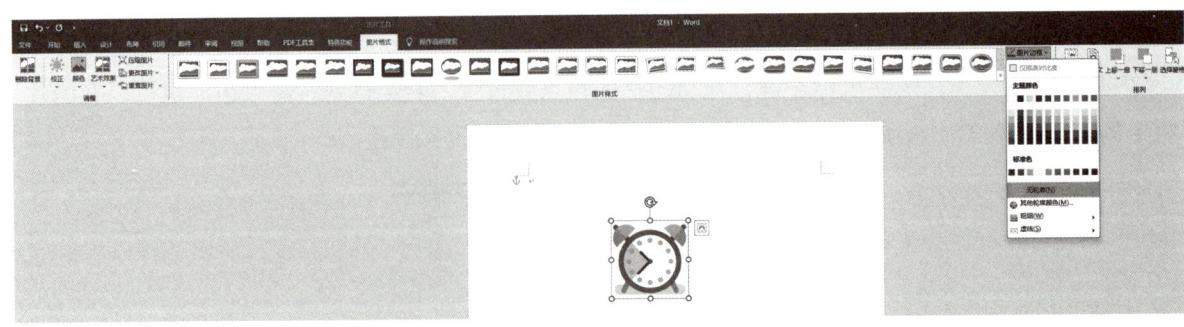

图 4-16　添加图片边框

完成上述调整后，可以继续添加和调整其他元素，以创建出理想的文档效果。

2. 图片文字环绕与图片组合

（1）图片文字环绕设置

① 选中要设置环绕方式的图片。

② 在"图片工具"选项卡中，点击"图片格式"中的"排列"，点击"环绕文字"。

③ 在弹出的子菜单中，有多种环绕方式，如"四周型""嵌入型""衬于文字下方"等，依据情况选择合适的环绕方式。

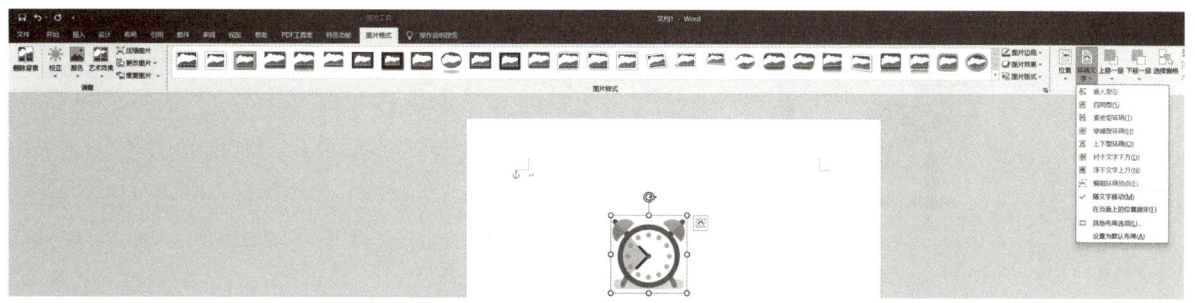

图 4-17　设置图片文字环绕

设置完成后，图片将根据所选环绕方式与文本进行排列。

（2）图片组合设置

① 在文档中插入需要组合的图片。

② 点击想要选取的图片，图片会被选中，即出现边框，此时图片的周围会出现 8 个小点。

③ 按住 Ctrl 键，使用鼠标点击另外一张或几张图片，可以同时选择多个图片。

④ 当两个或更多的图片被选中时，"图片工具"选项卡会出现在屏幕上方。

⑤ 点击"图片工具"的"图片格式"选项卡，在"排列"中选择"组合"，创建一个组合图形。

⑥ 取消图片组合：选中组合图片，右键点击，选择"组合"和"取消组合"按钮。

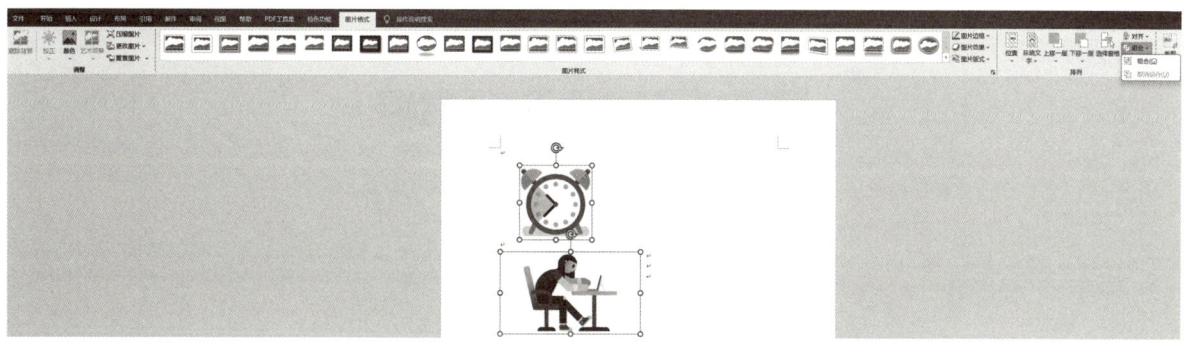

图 4-18　图片组合

图 4-19 图片取消组合

4.2.4 页面设置与打印设置

1. 页面设置

在"布局"选项卡中,点击"页面设置"可以看到四个选项卡:"文字方向""页边距""纸张方向"和"纸张大小"。

○ 文字方向:可以设置文字的方向。

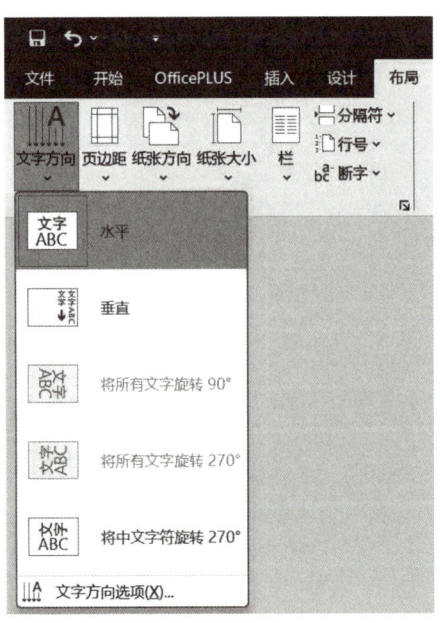

图 4-20 文字方向

○ 页边距：可以调整左右上下的页边距。

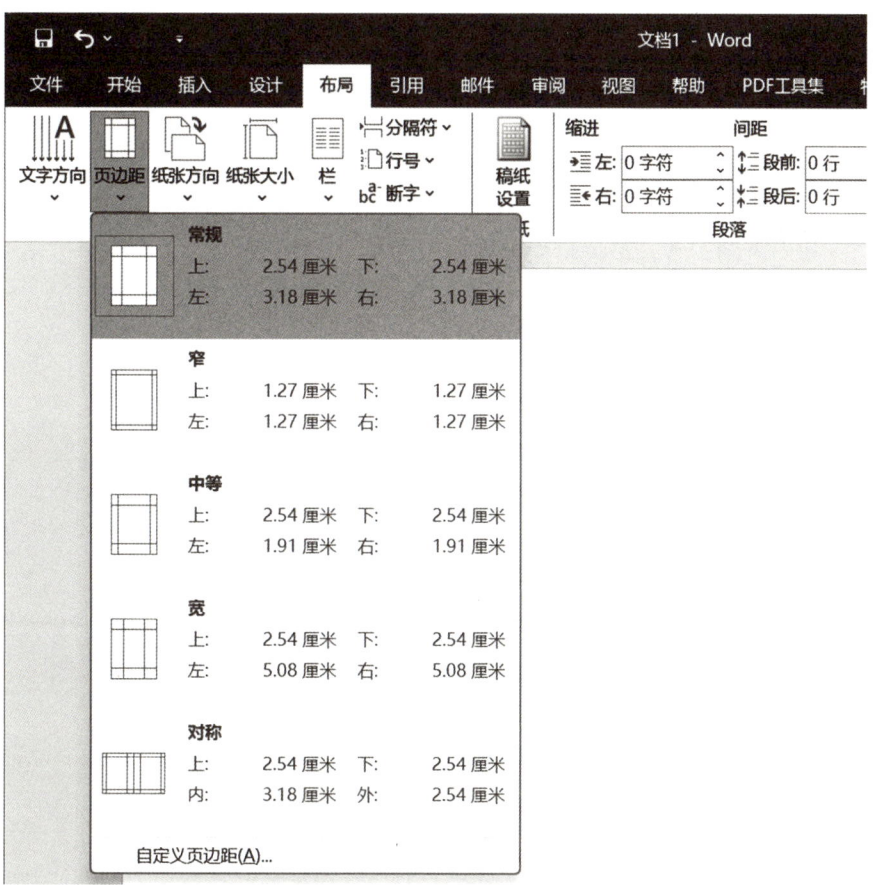

图 4-21　页边距

○ 纸张大小：可以在弹出的菜单里设置纸张的大小。
○ 纸张方向：可以设置纸张的方向，横向或纵向。

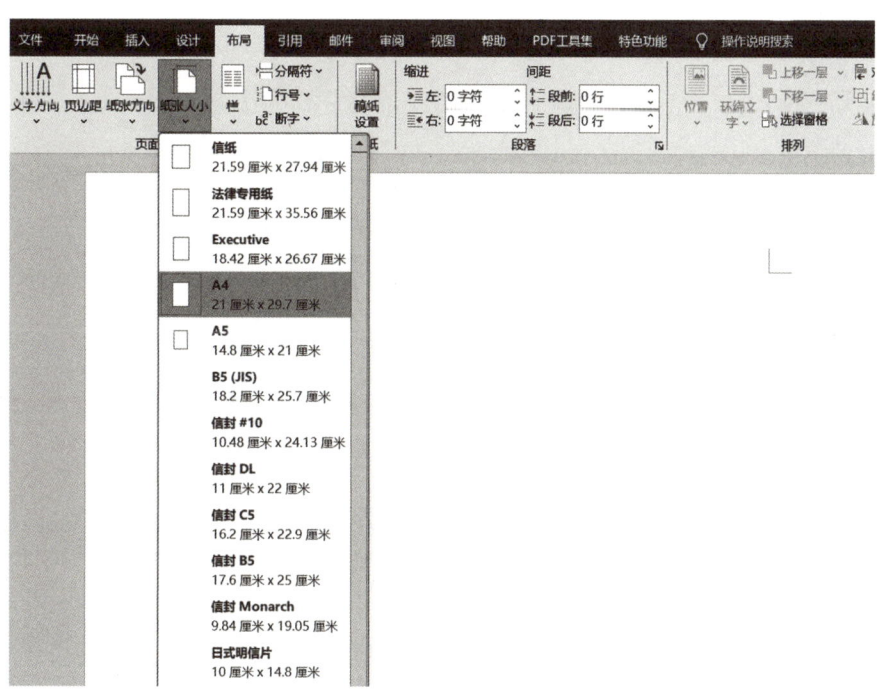

图 4-22　纸张大小

2. 打印设置

点击"文件"选项卡，然后选择"打印"。在打印设置界面上，可查看打印预览，确认文档是否符合预期的打印效果，还可以进行以下设置：

○ 打印机：列出了已连接到计算机的可用打印机，可选择需要使用的打印机。
○ 页面范围：选择要打印的页面范围，可以打印所有页、打印当前页或自定义页面范围。
○ 单面打印/双面打印：选择单面打印或双面打印。
○ 份数：设置打印文档的份数。
○ 页面方向：选择纵向（默认）或横向。
○ 纸张大小：选择打印纸张大小，如 A4 等。

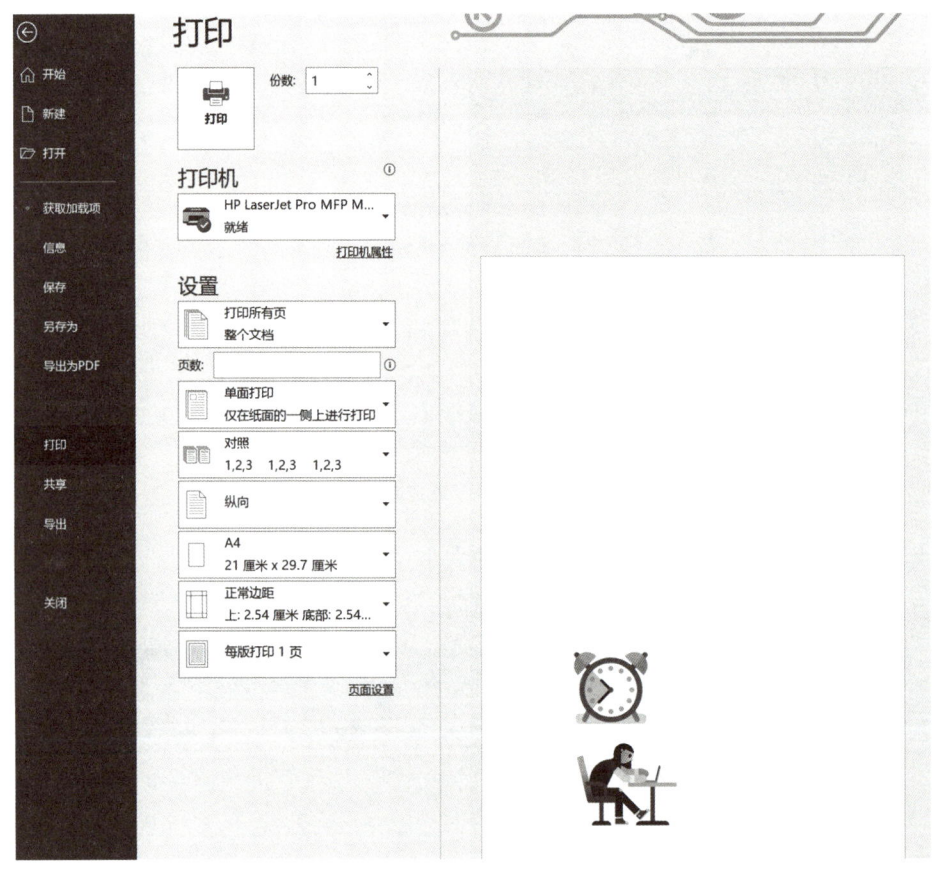

图 4-23　打印设置

4.3 长文档编辑

不同的文档，如学术论文、报告、手册等，都有其特定的格式要求，一个经过精心编辑的文档可以看起来更专业。长文档编辑的主要内容有章节管理、目录生成、插入页码等，以论文编辑为例，本节主要讲解章节划分、目录生成、插入页码及交叉引用的方法。

4.3.1 章节划分

（1）选择样式：在 Word 的主菜单栏中，找到"样式"工具。Word2016 有许多预设的样式，如标题、副标题、正文文本、引用等，只需单击选择的样式，就可以立即应用到文档上。

如果需要创建自定义样式，可以点击样式窗格右下角的"新建样式"按钮。在新建样式窗口中，可以设置样式名称、样式类型（段落、字符、表格或列表）、样式基准（正文、标题 1 等）、格式（字体、大小、颜色、对齐方式等）以及其他选项，给样式取一个新名字，点击完成即可。通常来说，"标题 1"对应着章节标题，"标题 2"对应着小节标题，以此类推。

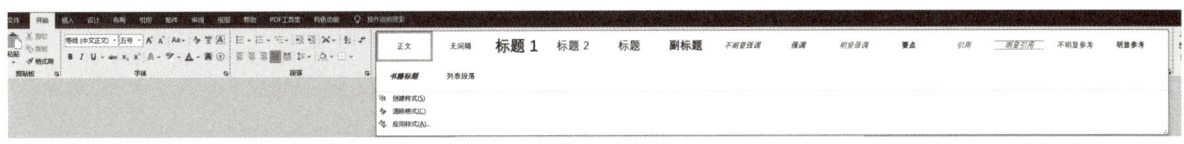

图 4-24　样式设置

（2）应用样式：鼠标放置在章节文字上，选择一个样式，点击就可以将样式应用到这段文字上。
（3）生成章节：全篇应用样式后，即生成了多级列表，也就是按照样式标准生成了章节。

4.3.2 目录生成

（1）生成多级列表：按照章节划分的方法生成多级列表。
（2）插入目录：在需要插入目录的地方，点击菜单栏的"引用"，选择"目录"，然后选择对应的目录样式，即可将的章节自动添加到目录中，生成目录。可以在"自定义目录"中设置目录的级别，如显示到 3 级目录等。

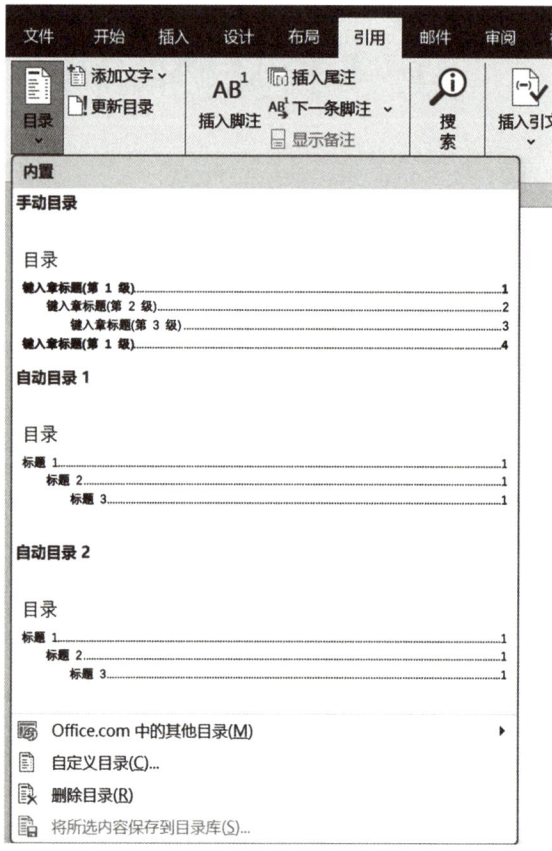

图 4-25 目录生成

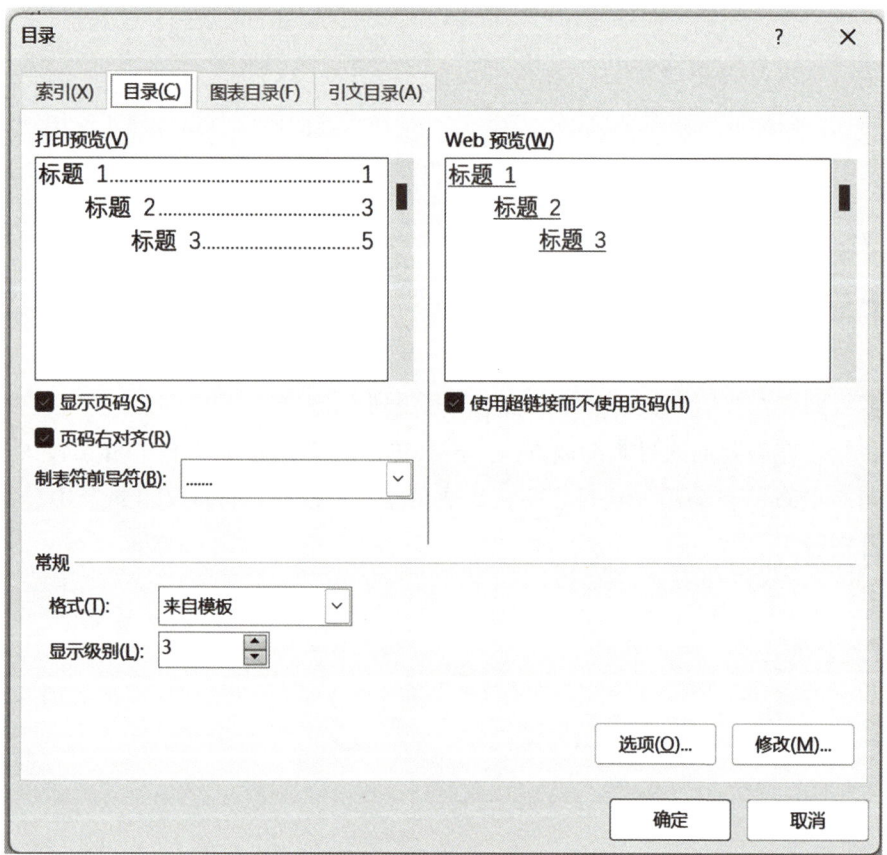

图 4-26 目录设置

4.3.3 插入页码

(1)选择页码格式:点击工具条顶部的"插入",在"页眉和页脚"中选择"页码",选择页码样式及页码显示的位置,比如页面底端、页面顶端、当前位置、页边距等。

(2)点击选择的样式后,页码就会自动插入到文档中。

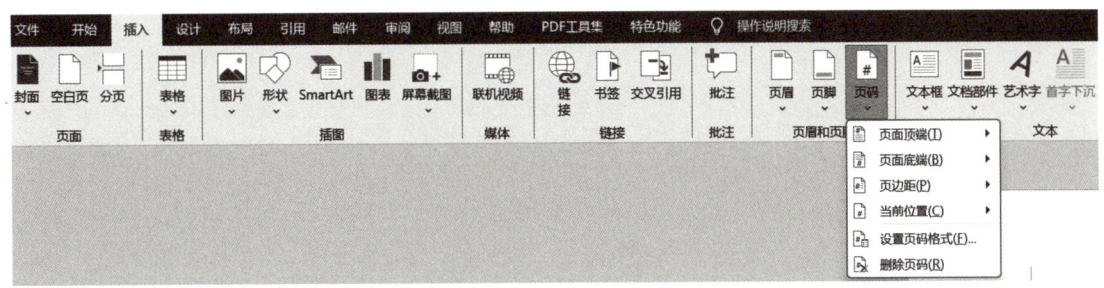

图 4-27 插入页码

4.3.4 交叉引用

(1)选择想要插入交叉引用的位置,点击工具条顶部的"引用",选择"交叉引用"。

(2)在弹出的"交叉引用"对话框中,首先在"引用类型"下拉列表中选择需要引用的对象类型,如"标题"。

(3)在"引用内容"下拉列表中选择你要使用什么样式的引用,比如"页码"。

(4)在下面的列表中选择需要引用的具体对象,比如某个特定的标题,点击"插入"。

(5)插入完成后,点击"关闭",此时在文档的相应位置会插入一个交叉引用链接,点击该链接会跳转到该对象的具体位置。

(6)交叉引用的内容在原始内容发生变化时会自动更新。如原标题改变或者其在文档中的位置变化(进而导致页码变化)时,其交叉引用也会随之改变。

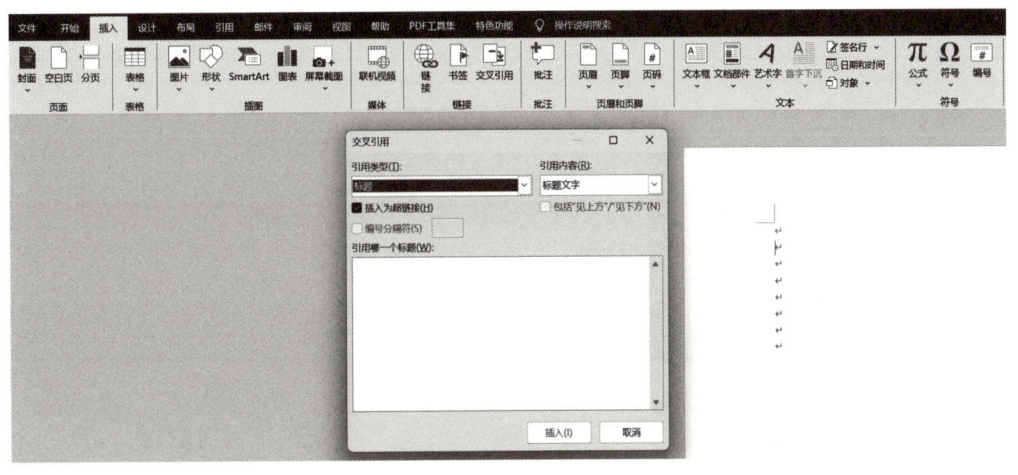

图 4-28 交叉引用

第5章

电子表格系统

本章知识点

1. Excel基础知识；
2. 数据输入和格式化；
3. 公式和函数；
4. 数据排序和筛选；
5. 数据分析和图表。

学习目标

1. 了解Excel的功能和运行环境；
2. 理解Excel的基本概念；
3. 掌握工作表的建立和编辑；
4. 掌握单元格、行或列的操作技巧；
5. 掌握公式和函数的使用方法；
6. 掌握常用的数据处理的技巧；
7. 掌握图表的创建和设置方法。

学习重难点

1. 公式和函数；
2. 数据分析和图表。

学习建议

结合书中案例，通过实操熟练掌握Excel的数据处理技巧。

5.1 Excel 概述

5.1.1 Excel 的功能和运行环境

1. Excel 的功能

Excel 是 Microsoft Office 套件中的一部分，它是一款功能强大的电子表格软件。以下是一些 Excel 的主要功能：

- 电子表格功能：Excel 提供了广泛的电子表格功能，包括数据输入、格式化、公式计算、图表和数据分析等。
- 公式和函数：Excel 提供了丰富的内置函数，用户可以使用这些函数进行数学运算、逻辑运算、文本处理、日期计算等，同时也支持自定义公式。
- 数据分析工具：Excel 内置了许多数据分析工具，如排序、筛选、汇总、数据透视表、条件格式化等，帮助用户更好地理解和分析数据。
- 图表功能：用户可以使用 Excel 创建各种类型的图表，如柱形图、折线图、饼图等，以直观地展示数据的趋势和关系。
- 数据连接：Excel 支持与外部数据源的连接，如数据库、Web 数据、XML 数据等，方便用户将外部数据导入到 Excel 中进行分析和处理。
- 合并与拆分单元格：用户可以通过 Excel 轻松地合并或拆分单元格，以便更好地组织和展示数据。
- 数据验证：Excel 允许用户设置数据输入的限制条件，确保数据的准确性和完整性。
- 宏和 VBA 编程：Excel 支持宏录制和 VBA 编程，用户可以通过编写宏或 VBA 代码来自动化和定制 Excel 的功能。

以上仅是 Excel 的部分功能，该软件还包含了许多其他实用功能，能够满足用户在数据处理、分析和展示方面的各种需求。

2. Excel 的运行环境

Excel 的运行环境主要包括以下几个方面：

- 操作系统：Excel 可以在多种操作系统上运行，包括 Windows 和 macOS。对于 Windows 系统，它可以运行在 Windows 7、Windows 8、Windows 8.1 和 Windows 10 等版本上；对于 macOS 系统，它可以运行在较新的 macOS 版本上。
- 硬件要求：Excel 对硬件配置的要求相对较低，但在处理大型数据集或复杂计算时，更高的硬件配置会带来更好的性能。一般建议至少需要 2GB 的内存（推荐 4GB 或更高）、1 GHz 或更快的处理器以及 3GB 的可用硬盘空间。
- 显示器分辨率：Excel 需要一定的显示器分辨率来确保良好的显示效果。推荐的最小分辨率为

1024×768。
- 额外的软件要求：在某些情况下，使用 Excel 可能需要额外的软件支持，比如数据库驱动程序、XML 解析器等，这取决于用户的具体需求和使用场景。
- 网络连接：虽然 Excel 本身不需要网络连接就可以运行，但如果用户需要使用与网络相关的功能，比如从 Web 数据源获取数据，那么需要稳定的网络连接。

总的来说，Excel 可以在相对较低的硬件配置下运行，并且兼容多种操作系统，这使得它成为一个广泛应用的电子表格软件。

5.1.2 Excel 的启动和退出

1. Excel 的启动

可以通过以下几种常见的方法启动 Excel：

- 从开始菜单或应用程序列表启动：在 Windows 操作系统中，点击"开始"按钮，然后找到 Excel 的快捷方式，通常在"Microsoft Office"文件夹中。单击 Excel 的图标即可启动该程序。
- 从任务栏启动：如果已经将 Excel 的快捷方式固定到任务栏上，只需单击任务栏上的 Excel 图标即可启动程序。
- 通过搜索功能启动：在 Windows 操作系统中，可以使用系统的搜索功能，在搜索框中输入"Excel"，然后从搜索结果中选择"Excel"并启动。
- 从桌面快捷方式启动：如果在桌面上创建了 Excel 的快捷方式，只需双击该快捷方式即可启动 Excel。
- 通过运行命令启动：按下 Win + R 组合键打开运行对话框，输入"Excel"并按 Enter 键，即可启动 Excel。

以上是一些常见的启动 Excel 的方法，具体的方法可能会因个人习惯和操作系统版本而有所不同。可以根据自己的喜好和操作习惯选择最适合的启动方式。

2. Excel 的退出

可以使用以下方法退出 Excel：

- 关闭所有工作簿并退出：如果打开了多个工作簿，首先需要确保所有工作簿都已保存。然后，依次关闭每个工作簿。最后，当所有工作簿都关闭后，点击 Excel 窗口右上角的关闭按钮，这将关闭 Excel 程序并退出。
- 使用"文件"菜单退出：点击左上角的"文件"菜单，选择"退出"选项来关闭 Excel 程序。
- 使用快捷键退出：使用 Alt + F4 组合键，这会立即关闭当前活动窗口，如果 Excel 程序中只有一个工作簿处于打开状态，这将导致 Excel 程序退出。

无论选择哪种方法，都应该确保在退出 Excel 之前保存所有的工作，以免丢失任何未保存的更改。

5.1.3 Excel 的基本概念

1. 单元格

单元格是电子表格程序中最基本的组成单元，它是由行和列交叉形成的矩形区域，用于存储单一数据项或执行计算。在 Excel 电子表格软件中，单元格通常用来存储文本、数字、日期、公式以及其他类型的数据。每个单元格都有一个唯一的地址，地址的表示方法有多种，其中一种就是由列字母和行号组成，例如 A1、B2 等。

以下是单元格的重要特性和功能：

- 数据存储：用户可以在单元格中输入各种类型的数据，包括文本、数字、日期、时间等，用于记录和管理信息。
- 公式和函数：单元格还可以包含公式和函数，用于进行数学运算、逻辑判断以及其他类型的计算，使用户能够自动化处理数据。
- 格式设置：用户可以对单元格进行格式设置，包括字体样式、颜色、边框、对齐方式等，以便更好地展示数据。
- 数据引用：通过引用其他单元格的地址，用户可以在一个单元格中显示另一个单元格的内容，建立数据间的关联。
- 图表制作：单元格中的数据可以用于创建图表，展示数据的趋势和关系，使得数据更加直观易懂。

总的来说，单元格是电子表格中最基本的数据存储和计算单元，它为用户提供了一个灵活的方式来组织、处理和展示数据。

2. 工作表

工作表是电子表格软件中的一种基本组织形式，它由行和列交叉形成的单元格网格组成，用于存储数据、进行计算和展示信息。在 Excel 中，工作表是用户用来组织和处理数据的主要工作区域。

每个工作表都有一个名称，可以在同一个工作簿中创建多个工作表并对它们进行管理。用户可以通过单击左下角不同的工作表标签来切换工作表，方便查看和编辑不同的数据集。

工作表还有格式设置、筛选、排序、数据透视表、图表制作等功能，用户可以轻松地创建、编辑和管理数据，并对数据进行分析和展示。

3. 工作簿

在 Excel 中，工作簿是一个非常重要的概念，它代表了 Excel 文件的整体。数据以工作表的形式存储在工作簿中，默认情况下，新建的工作簿包含 3 张空白的工作表。一个工作簿最多可以包含的工作表数量受可用内存的限制。

Excel 工作簿通常以 ".xlsx" 格式保存，这是一种基于 XML 的开放文件格式，用于存储电子表格的数据、样式、公式等内容。

Excel 允许用户在同一工作簿中同时查看不同的工作表，也可以通过分栏和分页视图来方便地管理大型工作表。工作簿中还可以包含宏，用户可以通过 VBA 编程为工作簿添加自定义的功能和自动化操作。

Excel 允许用户对工作簿进行共享和保护，以便多人协作使用，可以设置密码和权限以保护工作簿中的内容。并且可以输出为不同的格式，如 PDF、CSV 等，以便于传播和使用。

总的来说，Excel 的工作簿是用户进行数据处理、分析和展示的核心，它提供了丰富的功能和工具，使得用户能够高效地处理和管理数据。

5.1.4 Excel 的工作界面

当启动 Excel 后，就会在屏幕上出现 Excel 的工作界面，如图 5-1 所示。

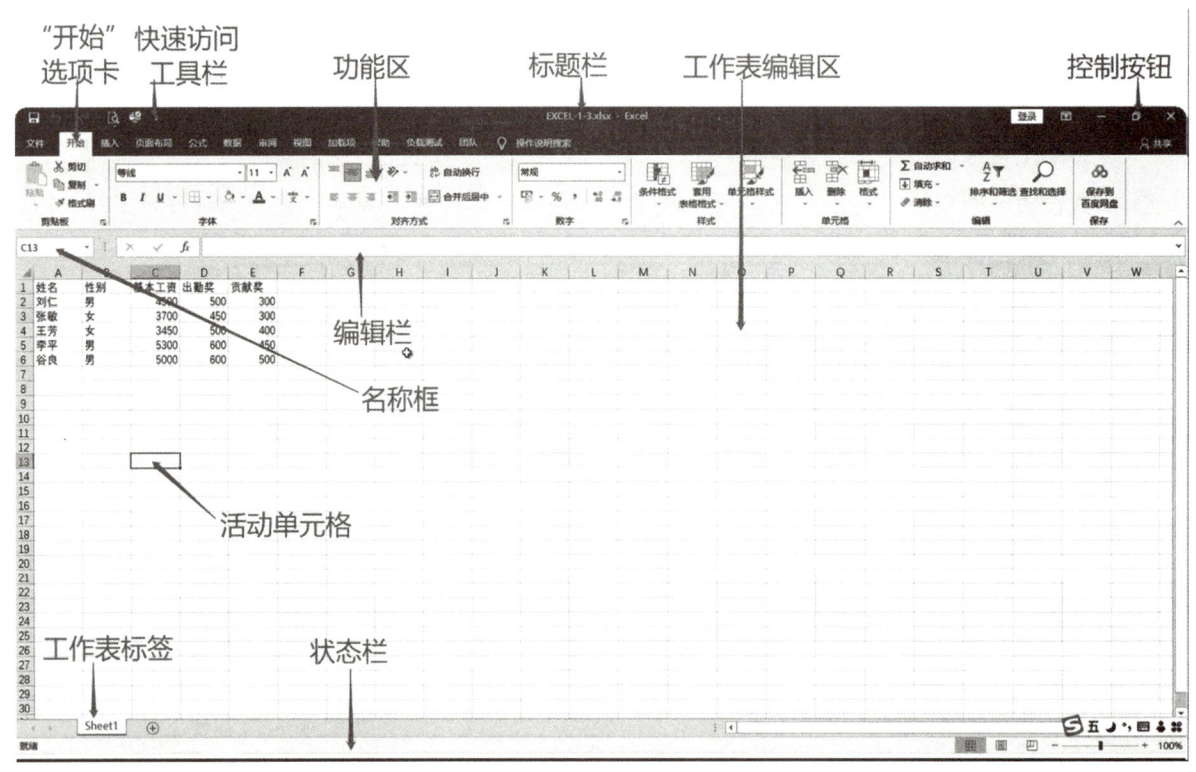

图 5-1　Excel 工作界面

工作界面主要由以下几部分组成：

- 标题栏：位于窗口顶部，显示当前编辑表格的文件名称。启动 Excel 时，新建的工作簿，默认的文件名为"工作簿 1"。
- 快速访问工具栏：位于标题栏左侧，包含一组独立于当前显示的功能区上选项卡的命令，如"保存""撤消""恢复"等。
- 控制按钮：位于标题栏右侧，包含显示选项按钮和窗口控制按钮，如显示选项卡、最小化、最大化、还原和关闭按钮等。
- 功能区：由各种选项卡和包含在选项卡中的各种命令按钮组成，可以轻松地查找以前隐藏在复杂菜单和工具栏中的命令和功能。
- 选项卡：在 Excel 中，选项卡是一种重要的界面元素，位于功能区的顶部，它由一系列选项卡按钮组成，每个按钮代表一个特定的功能组。例如，"开始"选项卡中包含剪贴板、字体、对齐方式、数字、样式、单元格和编辑等分组功能区。其他选项卡，如"插入""页面布局""公式""数据""审阅"和"视图"，也提供了丰富的功能，以便用户进行各种操作。

- 名称框：显示当前活动对象的名称信息，包括单元格列标和行号、图表名称、表格名称等，也可用于定位到目标单元格或其他类型对象。
- 编辑栏：用于显示当前单元格内容，或编辑所选单元格。
- 工作表编辑区：用于编辑工作表中各单元格内容，一个工作簿可以包含多个工作表。
- 活动单元格：当前选中的那个单元格。
- 工作表标签：工作表标签其实就是表格的名称，它位于工作簿的底部，显示为灰色的标签。通过重命名工作表标签，用户可以为每个表格设置一个特定的名称，以便于识别和管理。工作表标签的颜色也可以根据需要进行更改。
- 状态栏：用于显示当前的工作状态，包括公式计算进度、选中区域的汇总值、平均值、当前视图模式、显示比例等。

以上是 Excel 的工作界面主要组成部分，通过这些功能区域，用户可以高效地进行数据录入、计算、分析和管理。

5.2 工作表的建立

在 Excel 中，工作表的建立主要包括以下步骤：

打开 Excel 应用程序。通常可以在计算机的开始菜单或任务栏上找到 Excel 图标，双击该图标即可打开 Excel。在开始界面，单击"空白工作簿"选项即可创建一个名为"工作簿1"的空白工作簿。此时会看到一个空的工作表区域，这就是新建的工作表。

另外，也可以单击左上角"文件"按钮，从弹出的界面中选择"新建"选项，点击"空白工作簿"选项，也可以新建一个空白工作簿。

在现有工作簿中，如果想增加新的工作表，方法有多种，例如：

① 在"开始"选项卡里点击"插入"下拉按钮，选择"插入工作表"。

② 右击"工作表标签"，点击"插入"，选择"工作表"。

③ 直接单击工作表标签边上的 ⊕，即可添加新的工作表。

5.3 工作表的编辑

在工作表中,可以通过单击任何单元格来输入数据。输入的内容可以是文本、数字或公式,按 Enter 键可将光标移动到下一个单元格。

要编辑已输入的数据,只需双击要编辑的单元格,然后进行更改。

当完成工作簿时,务必保存以防止数据丢失。可以通过依次点击"文件""保存"或使用快捷键 Ctrl+S 来保存。

如果需要调整列宽和行高,可以将鼠标悬停在列标头或行标头上,然后单击并拖动边界,以调整宽度或高度,如果想调整行或列为最合适宽度,可以将鼠标悬停在两行(两列)之间,当鼠标变成双向箭头的时候双击即可。

如果需要添加或删除行或列,可以右键单击行或列标头,然后选择相应的选项删除行或者列。

以上是关于 Excel 工作表的建立与编辑的基本步骤,下面以一个案例为例,了解工作表的基本操作。

5.3.1 制作学生信息表

本案例主要讲解工作表中数据的输入与编辑、工作表的格式设置,以及与其相关的知识点和操作技能,使用户掌握 Excel 的基本操作方法。

图 5-2 是需要制作的"学生信息表",其中包含了一些基本的数据类型。注:表格中涉及的数据皆为虚构,如有雷同,纯属巧合。

	A	B	C	D	E	F	G	H
1				学生信息表				
2	序号	学号	姓名	班级	性别	出生年月	民族	联系方式
3	1	310820049	文静	一班	男	2000年4月6日	汉	18780342856
4	2	310820098	杨欣	二班	女	2001年5月27日	汉	15884686543
5	3	310820099	刘研	二班	男	2002年9月11日	汉	18252234534
6	4	310050328	刘成	一班	男	2001年1月22日	汉	15234754632
7	5	310050329	容沙宪	三班	女	2001年7月7日	汉	15145678456
8	6	310050334	军丁庆	二班	女	2000年3月2日	汉	18123454326
9	7	310050335	徐律	一班	男	2000年11月22日	汉	15228456345
10	8	310050336	何真	三班	女	2003年9月13日	汉	13765743659
11	9	310050337	宋立	三班	男	2001年12月14日	汉	13123678465
12	10	310050339	郑豪	一班	女	1999年8月15日	汉	13056843564
13	11	310050340	唐丽	一班	女	1997年6月25日	满	15945876503
14	12	310050342	李仁杰	二班	男	2000年7月10日	白	13374629576
15	13	310050343	崔云伟	三班	女	2000年5月30日	朝鲜	13068357647
16	14	310050345	李浩	一班	男	2001年5月19日	维吾尔族	18065743955

图 5-2 学生信息表

5.3.2 输入数据

在 Excel 中，单元格中的数据可以是文本、数字、公式、日期、图形、图像等类型。

在单元格中输入数据的步骤如下：

（1）选定要输入数据的单元格。

（2）在单元格中输入数据，如图 5-3 所示。如果单元格中的数据需要换行，可按 Alt+Enter 键。

（3）输入完成后，按回车键或 Tab 键，或按光标移动键，或单击编辑栏左边的输入键 ✓，或单击表格中的任意其他单元格，均可确认输入。当然，如果要放弃输入，则可按 Esc 键或单击编辑栏左侧的取消键 ✘ 取消输入。

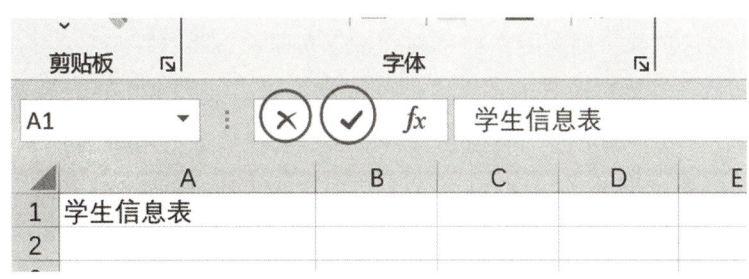

图 5-3　在单元格中输入数据

1. 输入文本

在 Excel 中，文本是由字符、数字和特殊符号组成的。当用户在单元格中输入文本时，默认情况下，文本会左对齐。

如果输入的文本长度超过了单元格的宽度，并且右侧相邻的单元格为空，那么超出的文本会自动延伸到右侧的单元格，如图 5-4。但是，如果右侧的单元格中已经包含了数据，超出的文本则会被隐藏起来，如图 5-5。

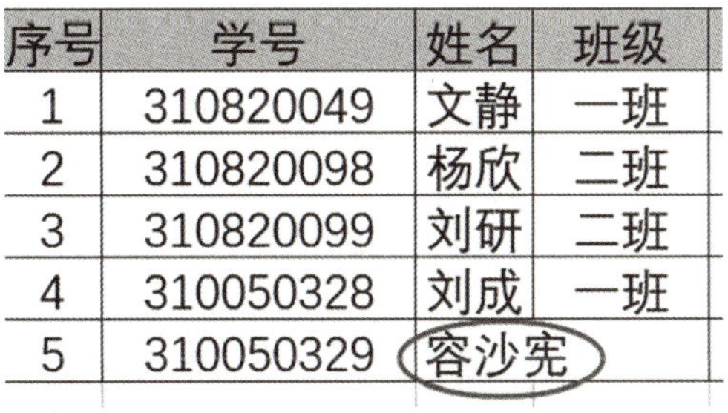

图 5-4　超出文本延伸至右侧单元格　　图 5-5　超出文本被隐藏

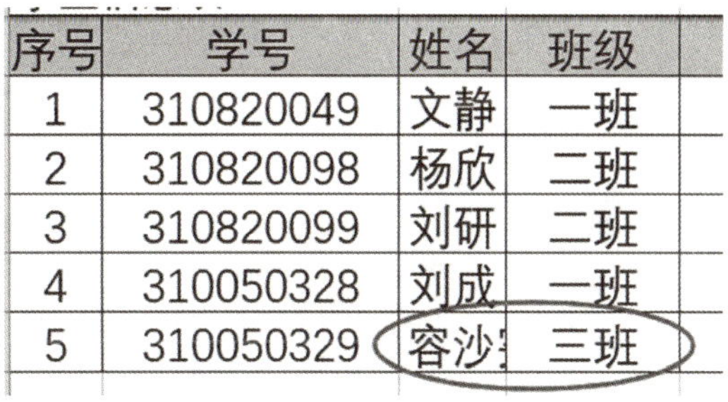

为了完全显示这部分被隐藏的文本，用户可以通过两种方式进行操作。

第一种是调整列宽，用户只需将鼠标放置在列的边缘，然后拖动以扩展列宽，从而适应更长的文本内容。

第二种是设置单元格内的自动换行功能。用户需要选中目标单元格，然后右键点击选择"设置单元格格式"，在弹出的窗口中找到"对齐"选项卡，并勾选"自动换行"选项。

当在 Excel 中输入纯数字文本时，如果该文本的格式默认为数值型，那么系统可能会自动删除

序号	学号
1	310820097
2	310820098
3	310820099
4	310820100
5	310820101

图 5-6 纯数字文本

前面的零。比如，如果用户输入的是数字"012"，系统可能会将其显示为"12"，删除了前面的零。

如果用户想保留这前导 0，可以在数字前添加一个英文单引号。例如，如果用户输入的是"'012"，那么单元格中的内容将保持为"012"。同时，用户会注意到单元格左侧上方出现了一个绿色三角标记，这是文本格式的标志，如图 5-6 所示。

2. 输入数值

在 Excel 中，数值的有效数字包括 0~9 的数字、正负号、括号、除号、美元符号、百分比符号、E 和 e。在单元格中输入数值时，只需选定单元格并直接输入。如果输入的是正数，则数字前面的加号可以省略；如果输入的是负数，则需要在数字前面加上负号，或将数字放在半角的圆括号内。默认情况下，单元格中输入的数值是右对齐的，以方便阅读和编辑。如果需要输入带有千位分隔符的数字，可以在输入数字后按下"Ctrl+Shift+!"快捷键，Excel 会自动在数字之间插入逗号。

当数值的数字长度超过 11 位时，Excel 会以科学记数法的形式展示该数值。例如，在单元格 H3 中的输入数据为 18780342856，显示结果为 1.88E+10，如图 5-7 所示。

如果单元格的列宽不足以显示整个数值，Excel 会用井号（#）或科学记数法的形式表示该数值。例如，单元格 H3 中输入的 18780342856，当列宽不足时，会显示为 ####。此时，我们可以通过调整列宽来显示完整数值。

在 Excel 中，输入日期和时间需要遵循一定的格式要求。输入日期时，可以使用斜杠（/）或连字符（-）来分隔日期的各个部分。例如，输入"2023-07-05"或"23/07/05"可以表示相同的日期。

输入时间时，可以使用冒号（:）来分隔时间的各个部分。例如，输入"12:34:56"表示时间为中午 12 点 34 分 56 秒。

如果需要在同一个单元格中同时输入时间和日期，需要在两者之间加一个空格，以便 Excel 将其识别为一个日期时间格式。例如，在单元格中输入"2023-07-05 12:34:56"并按下回车键，Excel 会将该单元格识别为日期时间格式，并正确显示时间和日期。

G	H
民族	联系方式
汉	1.88E+10
汉	1.59E+10
汉	1.83E+10

G	H
民族	联系方式
汉	####
汉	####
汉	####

F	G
出生年月	民族
2000/4/6	汉
2001/5/27	汉
2002/9/11	汉

图 5-7 数字长度超过 11 位　　图 5-8 单元格列宽太小　　图 5-9 输入日期

3. 填充数据

使用填充功能，最常见的方法是将鼠标指针移至填充柄处。当鼠标指针形状变成十字时，按住鼠标左键拖动填充柄。填充柄是选定单元格或单元格区域时，黑框右下角的一个小黑方块。通过这种方法，可以在单元格区域中填充相同的数据。

（1）填充相同内容

在单元格区域中输入相同数据的常用方法有以下三种：

① 使用填充柄输入相同的数据：选定需要填充区域的第一个单元格，如 E5，在单元格中输入数据，如“男”，然后将鼠标指针置于该单元格的填充柄处，如图 5-10 和 5-11 所示。按住鼠标左键，拖动至填充区域的最后一行或者列，释放鼠标即可完成填充。

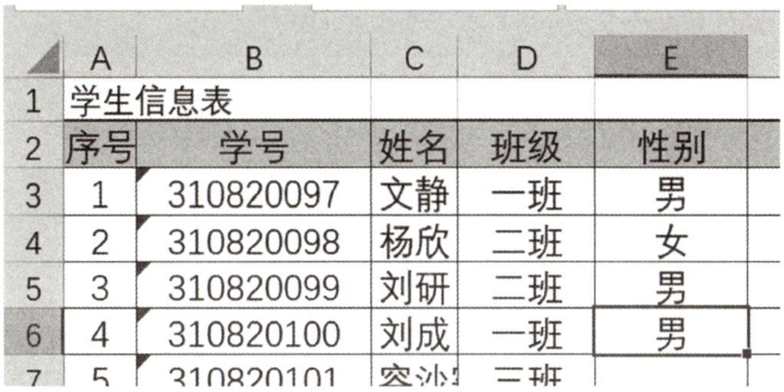

	A	B	C	D	E
1	学生信息表				
2	序号	学号	姓名	班级	性别
3	1	310820097	文静	一班	男
4	2	310820098	杨欣	二班	女
5	3	310820099	刘研	二班	男
6	4	310820100	刘成	一班	男
7	5	310820101	容沙	三班	

图 5-10　用填充柄输入相同的数据

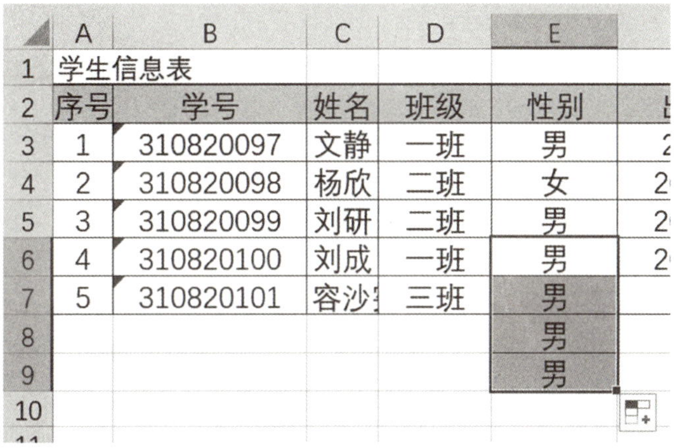

	A	B	C	D	E
1	学生信息表				
2	序号	学号	姓名	班级	性别
3	1	310820097	文静	一班	男
4	2	310820098	杨欣	二班	女
5	3	310820099	刘研	二班	男
6	4	310820100	刘成	一班	男
7	5	310820101	容沙	三班	男
8					男
9					男
10					

图 5-11　完成相同数据的填充

② 使用 Ctrl+Enter 键输入相同的数据：选定需要填充相同数据的单元格区域，如 E5 到 E6、E8 到 E10。在活动单元格中输入数据“男”，完成输入后按 Ctrl+Enter 键即可将输入的数据同时输出到选定的单元格区域中，如图 5-12 所示。

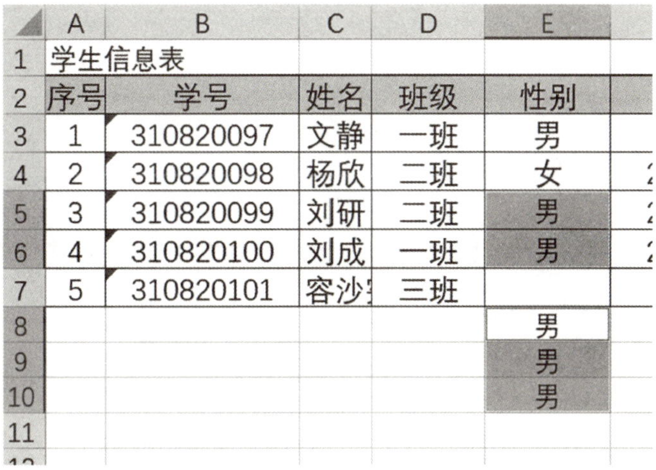

	A	B	C	D	E
1	学生信息表				
2	序号	学号	姓名	班级	性别
3	1	310820097	文静	一班	男
4	2	310820098	杨欣	二班	女
5	3	310820099	刘研	二班	男
6	4	310820100	刘成	一班	男
7	5	310820101	容沙	三班	
8					男
9					男
10					男
11					

图 5-12　在不连续的单元格区域输入相同的数据

③ 自动重复已输入的文本字符：在单元格中输入文本字符时，如果输入的前几个字符与该列中已有的内容相匹配，Excel 会自动填充其余的字符。如在单元格 D5 中输入"二"字，就自动填充"二班"，如图 5-13 所示。此时可以按 Ctrl 键接受自动填充，也可以不接受自动填充，继续输入或按空格键删除后继续输入。

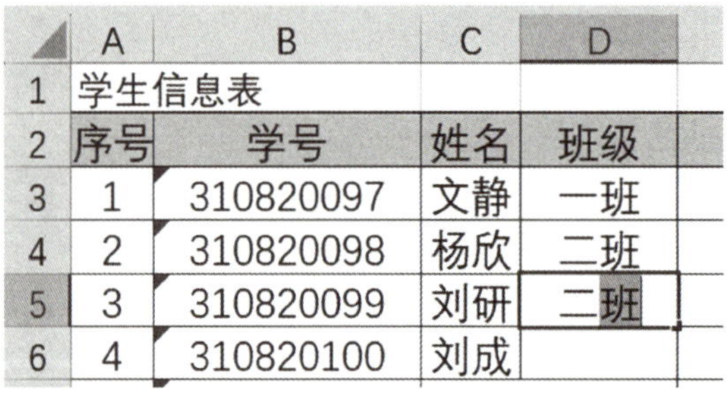

图 5-13 自动重复已输入的文本字符

（2）填充有规律的数据

① 使用填充柄输入等差序列的方法如下：

○ 在需填充区域的前两个单元格（如 A3:A4）中输入等差序列的前两个数值，如"1"和"2"。

○ 选定这两个单元格。

○ 将鼠标指针置于单元格 A4 的填充柄处，按住鼠标左键拖动至结束单元格即可完成填充。

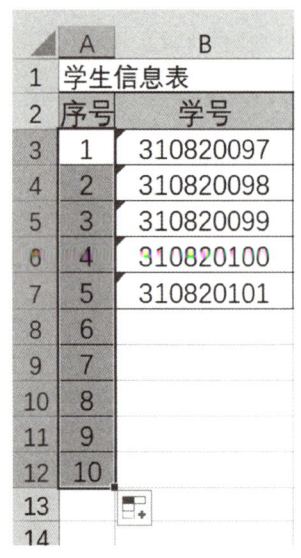

图 5-14 用填充柄输入等差序列

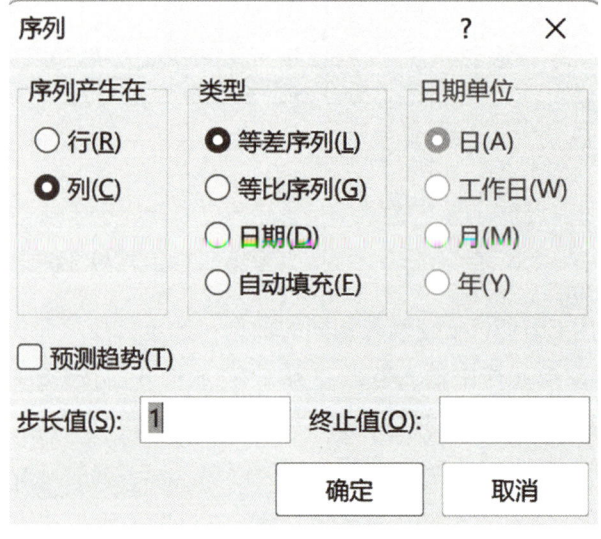

图 5-15 "序列"对话框

② 使用序列对话框输入等差序列的方法如下：

○ 选定需要填充的区域，然后在填充区域的第一个单元格中输入数据序列的初始值，比如"1"。

○ 依次单击"开始""编辑""填充"按钮，在展开的下拉列表中选择"序列"命令。

○ 打开序列对话框，在类型、增长值等选项中设置序列产生值。

○ 确认设置后，单击"确定"按钮，即可完成序列的输入如图 5-15 所示。

③ 填充自定义序列数据

Excel 确实提供了自定义序列的功能，让用户能够更方便地填充特定的序列数据。以下是具体的操作步骤来设置自定义序列：

○ 单击 Excel 中的"文件"选项卡。

- 在弹出的命令列表中，选择"选项"命令，打开"Excel 的选项对话框"。
- 在选项对话框中，选择"高级"选项卡。
- 在"高级"选项卡中，向下滚动至"编辑"，找到"自定义列表"选项。
- 单击"编辑自定义列表"按钮，打开自定义序列对话框。
- 在"输入序列列表"框中，输入想要自定义的序列，每个序列项占一行。例如，输入"第一名""第二名""第三名""第四名"等。
- 输完一项后，按回车键换行输入下一项。完成所有的序列项输入后，单击"添加"按钮。
- 确认添加完毕后，单击"确定"按钮，关闭自定义序列对话框。

完成以上设置后，用户就可以在 Excel 中使用这个自定义序列了。只需在需要填充序列的第一个单元格中输入序列的起始值（例如"第一名"），然后将鼠标指针放在该单元格的填充柄上，按住鼠标左键拖动即可自动填充剩余的序列（"第二名""第三名""第四名"等）。

5.3.3 编辑数据

1. 数据的修改与清除

（1）修改整个单元格内的数据
- 选定要修改数据的单元格。
- 直接在选定的单元格中输入正确的数据，按下回车键即可完成数据的修改。

（2）修改单元格内的部分数据

① 在编辑栏中修改数据：
- 选定要修改数据的单元格。
- 在编辑栏中将插入点光标定位到需要修改的字符位置。
- 使用空格键或删除键删除错误的数据字符。
- 输入正确的数据，按下回车键即可完成数据的修改。

② 在单元格内修改数据：
- 双击要修改数据的单元格，进入单元格内部编辑状态。
- 在单元格内部编辑状态中，将插入点光标定位到需要修改的字符位置。
- 使用空格键或删除键删除错误的数据字符。
- 输入正确的数据，按下回车键即可完成数据的修改。

（3）清除单元格内容
- 选定要清除的单元格或单元格区域。
- 单击"开始"选项卡上的"编辑"清除按钮。
- 在下拉列表中选择相应的清除命令（如清除内容），或直接按下删除键来清除内容。

2. 数据的复制和移动

（1）复制单元格数据
- 选定要复制数据的单元格或单元格区域。

- 将鼠标指针放置在选定单元格的边框上，当鼠标指针变为右上角带十字的空心箭头时，按住 Ctrl 键并拖动到目标单元格。
- 在释放鼠标之前，确认目标单元格有正确的背景颜色和边框样式，然后松开鼠标。

（2）移动单元格数据

- 选定要移动数据的单元格或单元格区域。
- 将鼠标指针放置在选定单元格的边框上，当鼠标指针变为带箭头的十字时，按住鼠标左键并拖动至目标单元格。
- 在释放鼠标之前，确认目标单元格有正确的背景颜色和边框样式，然后松开鼠标。

在 Excel 中，也可以使用功能区按钮来复制或移动单元格数据。若需复制或移动单元格数据，可按以下步骤操作：

- 选定要复制或移动数据的单元格或单元格区域。
- 单击"开始"选项卡上的"剪贴板"组。
- 单击"复制"或"剪切"按钮来复制或移动数据。
- 选定目标单元格，并单击"粘贴"按钮来将数据粘贴到目标单元格中。

3. 撤销和恢复操作

在编辑过程中，如出现误操作时，可以使用撤销功能来取消操作，也可以使用恢复功能取消撤销操作，具体操作方法如下：

（1）撤销

按下快捷键 Ctrl+Z 或单击快速访问工具栏中的撤销按钮。此时，Excel 会撤销前一步的操作。如果需要撤销多个操作，需要多次按下 Ctrl+Z。

（2）恢复

单击快速访问工具栏中的恢复按钮或按下快捷键 Ctrl+Y。此时，Excel 会恢复上一步被撤销的操作。如果需要恢复多个操作，需要多次按下 Ctrl+Y。

5.3.4 设置单元格格式

为了使工作表满足不同需求，可对工作表及单元格的格式进行设置，如设置数字分类、对齐方式、字体、边框和底纹等。

1. 设置字体格式

设置字体格式的常用方法有以下两种。

方法一：使用功能区的按钮设置字体格式。

- 选定要设置格式的单元格或单元格区域，例如合并的表头单元格 A1 到 H1。
- 单击"开始"选项卡中的"字体"项。
- 选择用户想要使用的字体和字号。
- 在"开始"选项卡中的"对齐方式"，单击"合并并居中"按钮。
- 再次选定需要设置格式的单元格区域，如 A2 到 H2。

○ 单击"开始"选项卡中的"加粗",以应用加粗效果。

	A	B	C	D	E	F	G	H
1	学生信息表							
2	序号	学号	姓名	班级	性别	出生年月	民族	联系方式
3	1	310820049	文静	一班	男	2000/4/6	汉	18780342856
4	2	310820098	杨欣	二班	女	2001/5/27	汉	15884686543
5	3	310820099	刘研	二班	男	2002/9/11	汉	18252234534
6	4	310050328	刘成	一班	男	2001/1/22	汉	15234754632
7	5	310050329	容沙宪	三班	女	2001/7/7	汉	15145678456

图 5-16 字体设置后的效果

方法二:使用设置单元格格式对话框设置格式。

○ 选定要设置格式的单元格或单元格区域,如 A2 到 H2。

○ 按下快捷键 Ctrl+1,或单击"开始"选项卡中字体组右侧的小箭头,以打开"设置单元格格式"对话框,如图 5-17 所示。

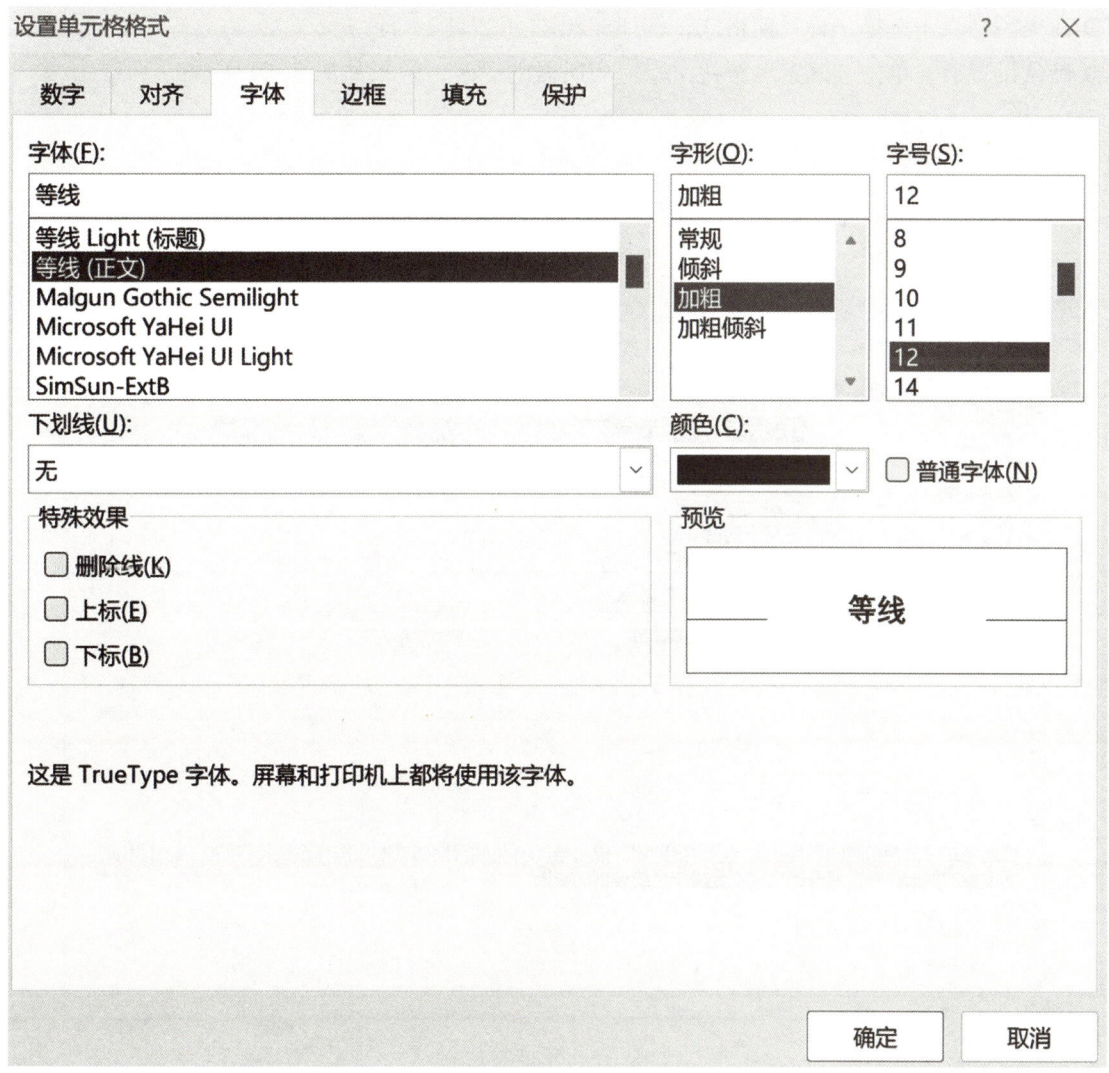

图 5-17 设置单元格格式对话框"字体"选项卡

○ 在对话框中,根据需要对字体、字形、字号、下划线、颜色和特殊效果进行设置。

○ 确认设置后，单击"确定"按钮，以应用所做的更改。
○ 在设置字号时，用户可以在"设置单元格格式"对话框中找到相应的选项，并输入所需的字号数值。

2. 设置数字格式

方法一：使用功能区按钮设置数字格式。
○ 选定要设置格式的单元格或单元格区域，例如"联系方式"列的单元格区域 H3 到 H10。
○ 单击"开始"选项卡中的"数字"组。
○ 选择想要使用的数字格式。

方法二：使用设置单元格格式对话框设置数字格式。
○ 选定要设置格式的单元格或单元格区域，例如"出生年月"列的单元格区域。
○ 单击"开始"选项卡中数字组右侧的小箭头，以打开"设置单元格格式"对话框，如图 5-18 所示。
○ 在对话框中，可以根据需要在分类列表中单击要使用的格式，如日期。
○ 在类型列表中选择一种日期格式，例如"2012 年 3 月 14 日"。
○ 确认设置后，单击"确定"按钮，以应用所做的更改，效果如图 5-19 所示。

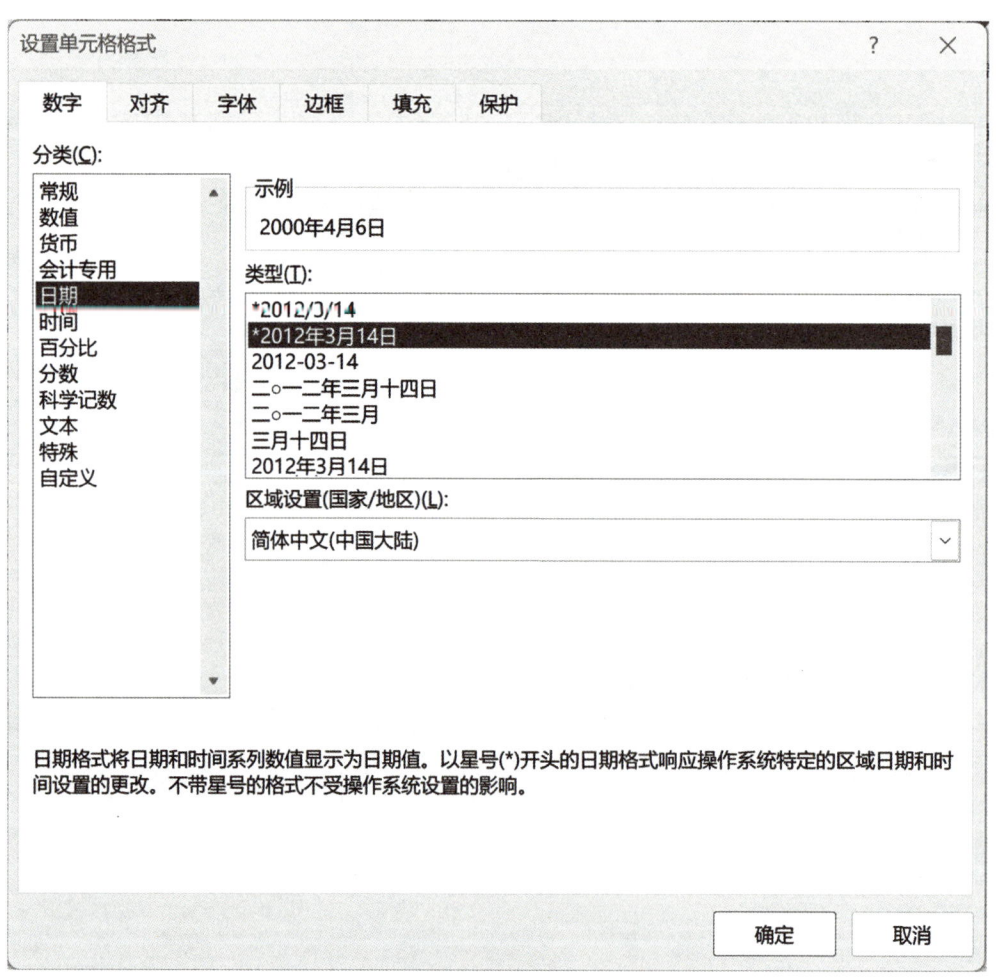

图 5-18　设置单元格格式对话框"数字"选项卡

	A	B	C	D	E	F	G	H
1	学生信息表							
2	序号	学号	姓名	班级	性别	出生年月	民族	联系方式
3	1	310820049	文静	一班	男	2000年4月6日	汉	18780342856
4	2	310820098	杨欣	二班	女	2001年5月27日	汉	15884686543
5	3	310820099	刘研	二班	男	2002年9月11日	汉	18252234534
6	4	310050328	刘成	一班	男	2001年1月22日	汉	15234754632
7	5	310050329	容沙宪	三班	女	2001年7月7日	汉	15145678456
8	6	310050334	军丁庆	二班	女	2000年3月2日	汉	18123454326
9	7	310050335	徐律	一班	男	2000年11月22日	汉	15228456345
10	8	310050336	何真	三班	女	2003年9月13日	汉	13765743659
11	9	310050337	宋立	三班	男	2001年12月14日	汉	13123678465
12	10	310050339	郑豪	一班	女	1999年8月15日	汉	13056843564
13	11	310050340	唐丽	一班	女	1997年6月25日	满	15945876503
14	12	310050342	李仁杰	二班	男	2000年7月10日	白	13374629576
15	13	310050343	崔云伟	三班	女	2000年5月30日	朝鲜	13068357647
16	14	310050345	李浩	一班	男	2001年5月19日	维吾尔族	18065743955

图 5-19　设置数字格式后的效果图

3. 设置对齐方式

方法一：使用功能区按钮设置对齐方式。

○ 选定要设置对齐方式的单元格或单元格区域，例如 A2 到 H2。

○ 单击"开始"选项卡中的"对齐方式"组。

○ 选择想要使用的对齐方式，如"居中"对齐。

方法二：使用设置单元格格式对话框设置对齐方式。

○ 选定要设置对齐方式的单元格或单元格区域，例如 A2 到 B10。

○ 按住 Ctrl+1，或单击"开始"选项卡中对齐方式组右侧的小箭头，以打开"设置单元格格式"对话框。

○ 在对话框中，单击"对齐"选项卡，即可看到各种对齐选项。

○ 在对齐选项卡上，选择想要使用的对齐方式，如图 5-20 所示。

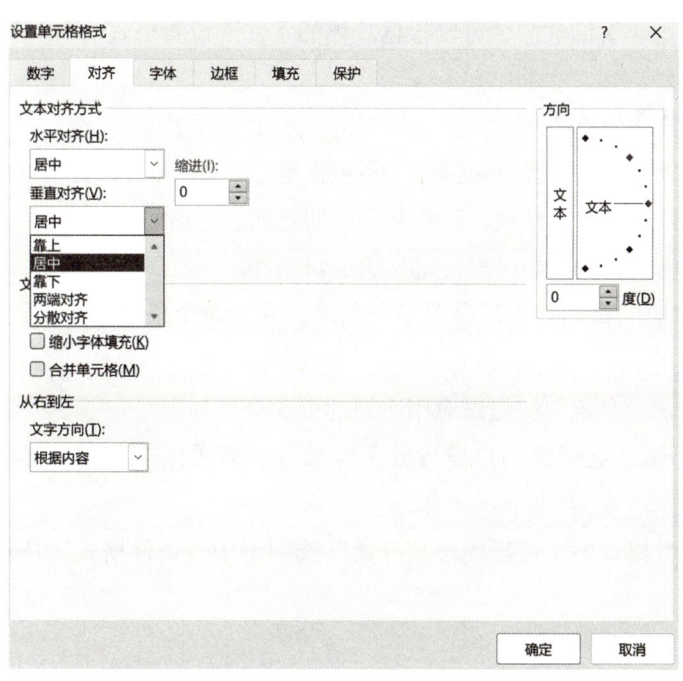

图 5-20　设置单元格格式对话框"对齐"选项卡

4. 设置边框格式

方法一：使用功能区按钮设置边框格式。

○ 选定要设置边框格式的单元格或单元格区域，例如 A2 到 H10。

○ 单击"开始"选项卡中的"字体"组。

○ 在边框下拉菜单中，选择想要使用的边框样式，如"所有框线"。

方法二：使用设置单元格格式对话框设置边框格式。

○ 选定要设置边框格式的单元格或单元格区域，例如 A2 到 H10。

○ 单击"开始"选项卡中"对齐方式"组右侧的小箭头，以打开"设置单元格格式"对话框。

○ 在对话框中，单击"边框"选项卡。

○ 可根据需要选择的线条样式和颜色，例如单击"外边框"和"内部"按钮来设置边框。

○ 确认设置后，单击"确定"按钮以应用所做的更改。

设置边框格式后，选定的单元格或单元格区域将显示所选的边框样式。

5. 设置条件格式

Excel 中可设置特定的条件对单元格进行自动格式化。

以下是在 Excel 中设置条件格式的详细步骤：

○ 选择你要应用条件格式的单元格或单元格区域。

○ 点击"开始"选项卡中的"条件格式"按钮。

○ 在下拉菜单中，可以选择常见的预定义条件格式规则，如数据条、色阶、图标集等。如果没有符合用户需求的预定义规则，可以选择"新建规则"，以创建自定义的条件格式规则。

○ 如果选择了预定义规则，则可以根据需要在弹出的对话框中进行一些微调，例如更改颜色、数值范围等。

○ 如果选择了"新建规则"，则会打开"新建格式规则"对话框。

○ 在"新建格式规则"对话框中，可以根据具体的条件来设置格式。

常见的设置包括：

根据单元格中的数值进行条件格式设置，如大于、小于、等于等。

根据文本内容进行条件格式设置，如包含、不包含等。

根据日期和时间进行条件格式设置，如在某个日期之前、之后等。

根据公式进行条件格式设置，如设置自定义的逻辑条件。

○ 配置条件及其对应的格式。可以设置多个条件，并为每个条件选择不同的格式，如文本颜色、填充颜色、边框等。

○ 确认设置后，点击"确定"按钮以应用所做的更改。

完成以上步骤后，Excel 会根据用户设置的条件来自动格式化选定的单元格或单元格区域，如图 5-21 所示。

当不再需要某个条件格式时，可以通过"开始"选项卡中"条件格式"按钮下的"清除规则"将其清除。

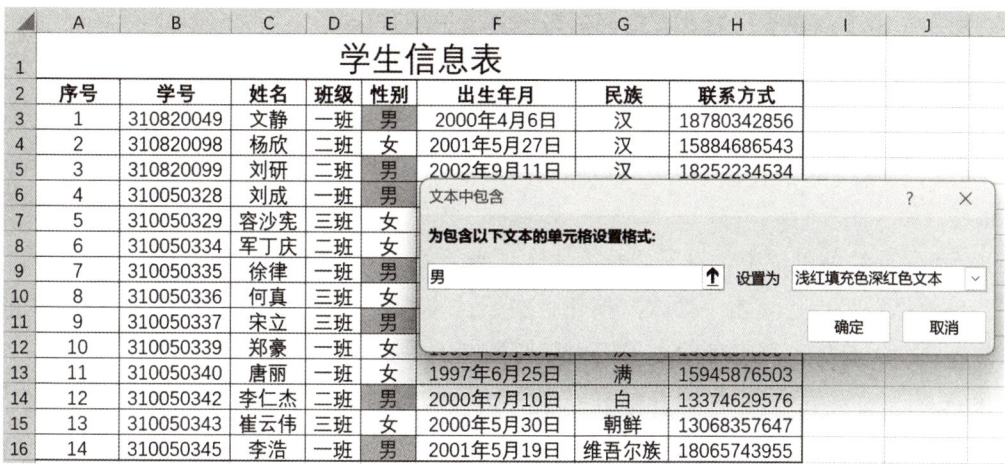

图 5-21 "文本中包含"条件格式设置

6. 设置行高列宽

在 Excel 中，可以通过以下步骤来调整行高和列宽：

（1）调整行高

○ 选中要调整行高的行或多行。用户可以点击行号来选中整行，或者点击并拖动鼠标来选中多行。

○ 在 Excel 顶部的菜单栏中，点击"开始"选项卡下的"格式"组。

○ 在"格式"组中，点击"行高"按钮，打开"行高"对话框。

○ 在对话框中，输入想要设置的行高数值（单位为磅），然后点击"确定"按钮。用户也可以通过拖动行分隔线来手动调整行高。

（2）调整列宽

○ 选中要调整列宽的列或多列。可以点击列字母来选中整列，或者点击并拖动鼠标来选中多列。

○ 在 Excel 顶部的菜单栏中，点击"开始"选项卡下的"格式"组。

○ 在"格式"组中，点击"列宽"按钮，打开"列宽"对话框。

○ 在对话框中，输入想要设置的列宽数值（单位为字符数），然后点击"确定"按钮。也可以通过拖动列分隔线来手动调整列宽。

7. 插入与删除单元格、行或列

（1）插入单元格、行和列

① 插入行

○ 选中想要在其下方插入新行的行，可以点击行号来选中整行。

○ 在 Excel 顶部的菜单栏中，点击"开始"选项卡下的"插入"组。

○ 在"插入"组中，点击"插入表格行"按钮。

○ 完成后，新行会被插入到所选行的下方，并且原来的行向下移动。

② 插入列

○ 选中想要在其右侧插入新列的列，可以点击列字母来选中整列。

○ 在 Excel 顶部的菜单栏中，点击"开始"选项卡下的"插入"组。

○ 在"插入"组中，点击"插入表格列"按钮。
○ 完成后，新列会被插入到所选列的右侧，并且原来的列向右移动。

③ 插入单元格

○ 选择要在其右侧或下方插入新单元格的单元格，可以通过点击并拖动鼠标来选中一个或多个单元格。
○ 在 Excel 顶部的菜单栏中，点击"开始"选项卡下的"单元格"组。
○ 在"单元格"组中，点击"插入"按钮，在下拉菜单中，可以选择"插入单元格""整行""整列"等选项，具体选择哪种取决于用户想要的插入方式。
○ 如果选择"插入单元格"，则会打开一个"插入"对话框，如果 5-22 所示。通过选择不同选项，可在所选单元格的右侧或下方插入一个新的单元格，并且原来的单元格内容向右或向下移动。

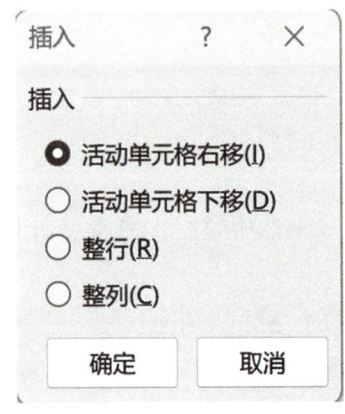
图 5-22 "插入"对话框

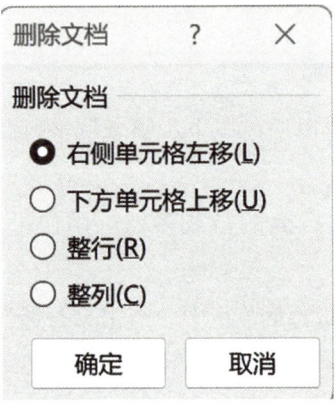
图 5-23 "删除"对话框

（2）删除单元格、行和列

① 删除行

○ 选中想要删除的行，可以点击行号来选中整行，或者点击并拖动鼠标来选中多行。
○ 在 Excel 顶部的菜单栏中，点击"开始"选项卡下的"单元格"组。
○ 在"单元格"组中，点击"删除"按钮，打开一个下拉菜单。
○ 在下拉菜单中，可以选择"删除单元格""删除整行""删除表格行"等选项。
○ 如果选择"删除整行"或"删除表格行"，则会将所选行及其内容从工作表中完全删除。

② 删除列

○ 选中想要删除的列，可以点击列字母来选中整列，或者点击并拖动鼠标来选中多列。
○ 在 Excel 顶部的菜单栏中，点击"开始"选项卡下的"单元格"组。
○ 在"单元格"组中，点击"删除"按钮，这将打开一个下拉菜单。
○ 在下拉菜单中，可以选择"删除单元格""删除整列""删除表格列"等选项，具体选择哪种取决于想要的删除方式。
○ 如果选择"删除整列"或"删除表格列"，则会将所选列及其内容从工作表中完全删除。

请注意，删除行或列会导致后续行或列的位置发生变化。如果有数据需要填充到删除的行或列中，请确保提前做好备份或调整相关公式和数据链接。

③ 删除单元格

○ 选中想要删除的单元格。可以通过点击单元格来选中一个单元格，或者通过点击并拖动鼠标来选中多个单元格。
- 右键点击所选单元格，选择"删除"选项。或者在 Excel 顶部的菜单栏中，点击"开始"选项卡下的"单元格"组，然后选择"删除"按钮，在下拉菜单中选择"删除单元格"选项。
- 在弹出的"删除"对话框中，选择要删除的方式，如图 5-23 所示。
- 点击"确定"按钮。

请注意，插入与删除单元格可能会影响到原有的数据和公式，特别是涉及到相对引用的公式。在进行插入式删除操作前，请确保你已经做好了数据备份，并且明确了对相关公式的影响。

5.3.5 工作表的基本操作

在工作簿中，用户可以根据需要对工作表进行选择、插入、删除、移动和复制等操作。下面介绍几种工作表的基本操作方法。

1. 插入和删除工作表

（1）插入工作表

在 Excel 中插入工作表非常简单。用户可以按照以下步骤进行操作：

- 打开 Excel 文件，选择要插入工作表的工作簿。
- 在工作簿底部的标签栏中，右键单击任何一个工作表的标签。这将弹出一个菜单。如图 5-24 所示。
- 在菜单中选择"插入"选项，打开一个新的对话框。
- 在对话框中，选择要插入"工作表"，点击"确定"按钮，就可以在选中的工作表前插入一个新工作表。

也可以使用单击工作表标签栏的 + 号来插入新的工作表，如图 5-25 所示。

图 5-24　插入工作表

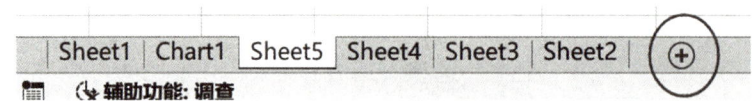

图 5-25　单击 + 新建工作表

（2）删除工作表

在 Excel 中删除工作表可以按照以下步骤进行操作：

○ 打开 Excel 文件，选择要删除的工作表所在的工作簿。

○ 在工作簿底部的标签栏中，右键单击你要删除的工作表的标签。

○ 在菜单中选择"删除"选项。

○ 点击"是"按钮，Excel 将会删除选定的工作表。

2. 移动和复制工作表

Excel 允许在同一个工作簿内和不同工作簿间移动与复制工作表。

（1）在同一个工作簿内移动或复制工作表

用户可以在同一个工作簿内移动或复制工作表。以下是具体步骤：

○ 在工作簿底部的标签栏中，右键单击想要移动的工作表的标签。

○ 选择"移动或复制"选项。

○ 在弹出的窗口中，选择要将工作表移动到的目标位置（可以选择在现有工作表之前或之后）。

○ 点击"确定"。

○ 如果是复制工作表，那么在单击"确定"按钮之前，勾选"建立副本"命令，如图 5-26 所示。

也可以直接拖动要移动的工作表到指定的位置，按住 Ctrl 键的同时拖动工作表可以达到复制工作表的效果。

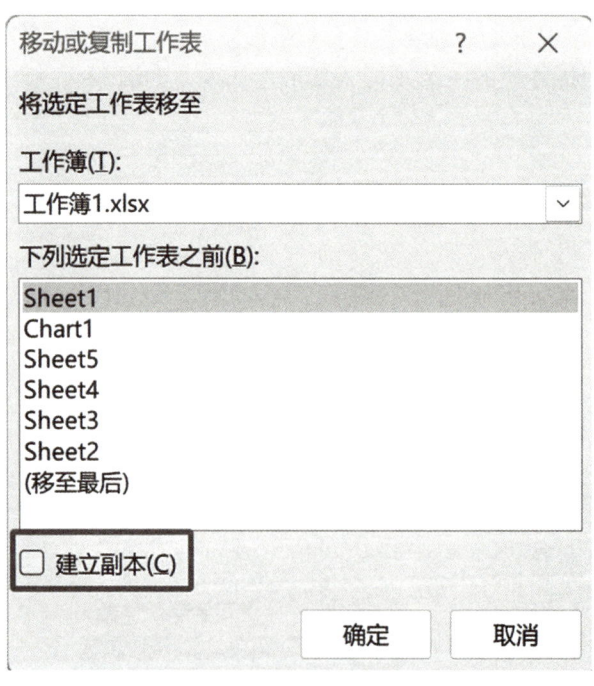

图 5-26　同一工作簿内移动或复制工作表

（2）在不同工作簿间移动或复制工作表

在 Excel 中，用户可以在不同工作簿之间移动或复制工作表。以下是具体步骤：

① 移动工作表

- 打开源工作簿。
- 打开目标工作簿（如果没有目标工作簿则可以新建工作簿）。
- 在源工作簿中，右键单击要移动的工作表的标签。
- 选择"移动或复制"选项。
- 在弹出的窗口中，在"将工作表移动到工作簿"下拉菜单中选择目标工作簿。
- 选择要将工作表移动到的目标位置。
- 点击"确定"。

② 复制工作表

- 打开源工作簿。
- 打开目标工作簿（如果没有目标工作簿则可以新建工作簿）。
- 在源工作簿中，右键单击要复制的工作表的标签。
- 选择"移动或复制"选项。
- 在弹出的窗口中，在"将工作表移动到工作簿"下拉菜单中选择目标工作簿。
- 勾选"创建副本"选项。如图 5-27 所示。
- 选择要将副本插入的位置。
- 点击"确定"。

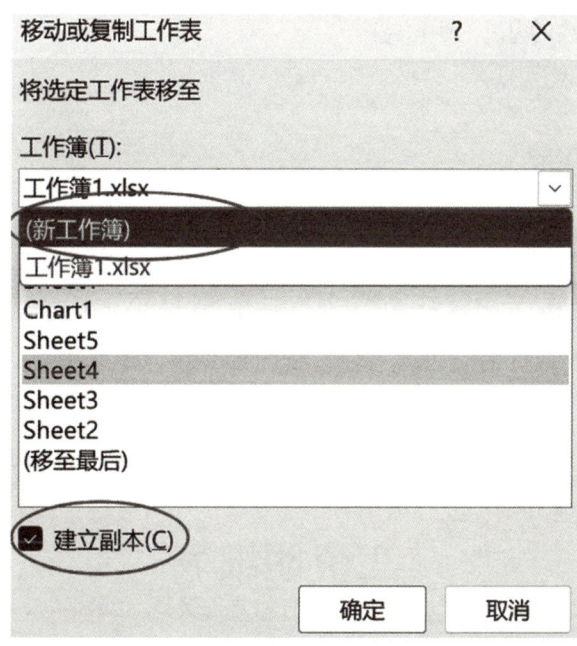

图 5-27　复制工作表

3. 重命名工作表

在 Excel 中，用户可以非常方便地对工作表进行重命名。以下是具体步骤：

- 在工作簿底部的标签栏中，右键单击要重命名的工作表的标签，选择"重命名"选项，或双击工作表标签名称。

○ 标签名称会被选中并进入编辑模式，此时可以输入新的工作表名称。
○ 输入完毕后，按下"回车"键即可完成重命名。

4. 设置工作表标签颜色

在 Excel 中，可以根据需要设置工作表标签的颜色，以便更好地进行区分和识别。以下是具体的步骤：

○ 在工作簿底部的标签栏中，右键单击要设置颜色的工作表标签。
○ 在弹出的菜单中，选择"颜色"选项。
○ 在下拉菜单中，选择一个颜色或者点击"更多颜色"来自定义颜色。
○ 选择完毕后，工作表标签的颜色会改变为所选定的颜色。

5.4 公式与函数

在分析和处理数据时，公式和函数起着很重要的作用，灵活运用公式和函数可以大大提高工作效率。本节主要介绍公式和函数的基本使用方法。

5.4.1 制作工资明细表

本节将通过案例学习在工作表中使用公式和函数进行数据处理，利用排序、筛选和分类汇总进行数据分析，同时还将介绍相关的知识点和操作技能，使用户对 Excel 有较深入的了解和应用。

图 5-28 是一份制作好的工资明细表，这份工资明细表包含了职工号、姓名、部门、职称、基本工资、工龄、奖金和应发工资。本案例除包含案例一所学的知识外，还增加了对公式、函数的应用，以及排序、筛选和分类分汇总方法的使用。注：表格中涉及的数据皆为虚构，如有雷同，纯属巧合。

	A	B	C	D	E	F	G	H
1	工资明细表							
2	职工号	姓名	部门	职称	基本工资	工龄	奖金	应发工资
3	CK0001	林达	计算机系	教授	2350	25	9000	11350
4	CK0002	赵凯	机械系	讲师	1870	13	5833	7703
5	CK0003	张燕兵	土木工程系	助教	1670	11	5416	7086
6	CK0004	白露	计算机系	副教授	2000	18	7500	9500
7	CK0005	赵琦	计算机系	讲师	1900	15	6250	8150
8	CK0006	李兵	机械系	副教授	2000	18	7500	9500
9	CK0007	毕春艳	土木工程系	讲师	1980	16	6666	8646
10	CK0008	梁凤	计算机系	讲师	1870	13	6250	8120

图 5-28 工资明细表

5.4.2 公式

在 Excel 中，公式是根据用户需求对工作表中的数据执行计算的等式，以"="开始，等号后面是参与计算的运算数和运算符。想要正确输入公式，必须掌握公式规定的运算符和运算规则。

1. 运算符

在 Excel 中，有各种运算符可用于进行数学和逻辑运算。以下是一些常见的 Excel 运算符：

（1）算术运算符
- 加法：+
- 减法：−
- 乘法：*
- 除法：/
- 求幂：^
- 百分号：%
- 括号：( )

（2）比较运算符
- 等于：=
- 不等于：<>
- 大于：>
- 小于：<
- 大于等于：>=
- 小于等于：<=

（3）逻辑运算符
- 与：AND
- 或：OR
- 非：NOT

（4）引用运算符
- 区域运算符：冒号，表示单元格区域中的所有单元格，例如，A1:B5 表示 A1 单元格到 B5 单元格的所有 10 个单元格。
- 联合运算符：逗号，表示将多个引用合并为一个引用，例如，A1:A5、C1:C5 表示单元格 A1 到单元格 A5、单元格 C1 到单元格 C5 的所有 10 个单元格，通常用于不连续单元格的引用。
- 交集运算符：空格，表示几个单元格区域所共有的单元格，例如 A1:C5、B1:D2 表示单元格区域 A1:C5 与单元格区域 B1:D2 的共有单元格区 B1、C1、B2、C2。

（5）连接符
- 文本连接运算符：&，用于将两个或多个文本连接在一起形成一个字符串，例如"Excel"&"2016"的结果为"Excel 2016"。

2. 运算符的优先级

在 Excel 中，运算符的优先级遵循数学运算的一般规则。当公式中同时使用了多个运算符时，将按运算符优先级从高到低的运算顺序进行计算，如表 5-1 所示，先计算优先级高的运算符，后计算优先级低的运算符。若公式中包含了相同优先级的运算符，则按照从左到右的顺序进行计算。

表 5-1　常见运算符的优先级顺序

名称	运算符	优先级
负号	–	高 ↓ 低
百分号	%	
括号	()	
求幂	^	
乘法和除法	*、/	
加法和减法	+、–	
连接符	&	
比较运算符	=、<>、>、<、>=、<=	
逻辑运算符	NOT、AND、OR	

3. 公式的输入和编辑

（1）输入公式

当用户在 Excel 中输入公式时，需要确保遵循以下规则：

- 公式必须以等号"="开始。
- 在公式中使用单元格引用，例如 A1、B2，或者使用区域引用，例如 A1:B10。引用其他单元格时，可以使用相对引用、绝对引用或混合引用（引用的概念将在后面介绍），具体取决于用户的需求。
- 使用适当的运算符执行所需的计算，如加法"+"、减法"–"、乘法"*"、除法"/"等。
- 使用括号"( )"来指定运算的优先级，确保正确的计算顺序。
- 可以使用 Excel 提供的函数来进行更复杂的计算，如 SUM、AVERAGE、IF 等。函数名称后面需要加上括号，并在括号内提供相应的参数。
- 可以使用逻辑运算符（如 AND、OR、NOT）和比较运算符（如 =、<>、>、<、>=、<=）进行条件判断。

以下是一些示例公式：

加法：=A1 + B1

减法：=A2 – 10

乘法：=A3 * B3

除法：=A4 / 5

求和函数：=SUM(A1:A10)

平均值函数：=AVERAGE(B1:B5)

IF 函数：=IF(C1 > 10,"大于 10","小于等于 10")

（2）剪切和复制公式

公式的剪切和普通文字的剪切完全一样，但公式的复制和普通文字的复制则有较大的区别。复制公式时，其中的相对引用地址将会随位置改变（相对引用的概念将在下面介绍），把单元格 H3 中的公式"=E3+G3"复制到单元格 H4，则单元格 H4 的公式会变成"=E4+G4"，如图 5-29 中的编辑栏所示。

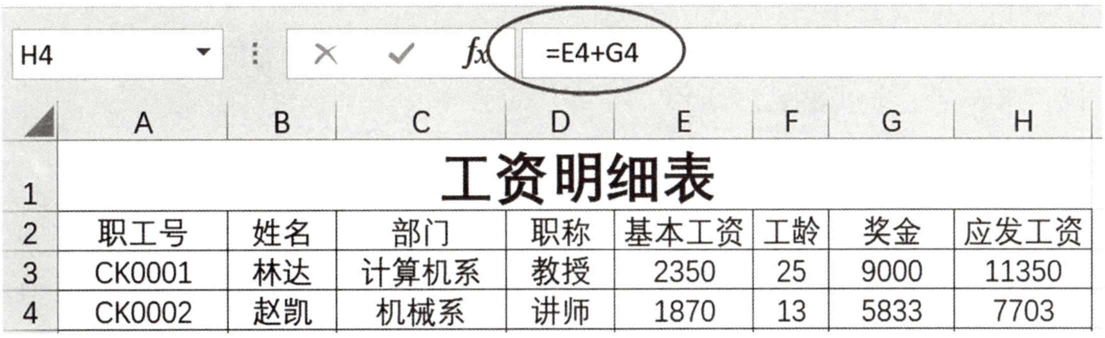

	A	B	C	D	E	F	G	H
1	工资明细表							
2	职工号	姓名	部门	职称	基本工资	工龄	奖金	应发工资
3	CK0001	林达	计算机系	教授	2350	25	9000	11350
4	CK0002	赵凯	机械系	讲师	1870	13	5833	7703

图 5-29　从 H3 复制公式到 H4 单元格后的结果

5.4.3 单元格引用

在 Excel 中，单元格引用用于在公式中引用特定单元格的值。用户可以使用单元格引用来执行各种计算和操作。通过单元格引用，可以在公式中使用以下三种不同位置的单元格或单元格区域数据。

1. 同一个工作表的引用

在同一个工作表中，用户可以使用单元格引用来引用同一工作表中的其他单元格。这种引用可以帮助用户在同一工作表中进行数据处理、计算和分析。

要在同一工作表中引用其他单元格，只需在公式中使用被引用单元格的地址或区域。例如，如果想在单元格 A1 中引用单元格 B1 的值，只需在 A1 中输入"=B1"即可。公式会自动获取 B1 单元格的值，并在 A1 中显示相同的数值。

除了单个单元格的引用，用户还可以引用整个区域的数值。例如，如果想对 A1 到 A10 这个区域的数值求和，可以在另一个单元格中输入"=SUM(A1:A10)"，这样就可以得到这个区域内所有数值的总和。

在使用引用时，还可以结合绝对引用和混合引用的概念，以便在复制公式时保持某些部分不变，这样能够更灵活地处理数据并进行复杂的计算。

2. 同一个工作簿不同工作表的引用

在 Excel 中，用户还可以在同一个工作簿中的不同工作表之间进行引用。这种引用可以帮助用户在不同的工作表中进行数据处理和分析，从而实现更复杂的功能。

要在不同工作表之间进行引用，可以使用以下格式：

='工作表名称'!单元格引用

例如，假设有一个名为"Sheet1"的工作表和一个名为"Sheet2"的工作表。如果想在"Sheet2"中引用"Sheet1"中的单元格A1，只需在"Sheet2"中输入"='Sheet1'!A1"即可。

同样，也可以引用某个区域，例如：

=' 工作表名称 '!A1:A10

这将引用"工作表名称"中A1到A10区域内的所有数值。

3. 不同工作簿的引用

在Excel中，同样可以在不同的工作簿之间进行引用。这种引用可以帮助用户在不同的工作簿中共享数据，并在它们之间进行计算和分析。

要在不同的工作簿之间进行引用，可以使用以下格式：

='[工作簿名称] 工作表名称 '! 单元格引用

其中，"[工作簿名称]"是目标工作簿的文件名。如果目标工作簿与当前工作簿位于相同的文件夹中，可以只输入文件名即可。如果目标工作簿位于不同的文件夹中，用户需要提供完整的文件路径。

例如，假设有一个名为"Workbook1.xlsx"的工作簿和一个名为"Workbook2.xlsx"的工作簿。如果想在"Workbook2.xlsx"中引用"Workbook1.xlsx"中的单元格A1，只需在"Workbook2.xlsx"中输入：

='[Workbook1.xlsx]Sheet1'!A1

同样，也可以引用某个区域，例如：

='[工作簿名称] 工作表名称 '!A1:A10

这将引用目标工作簿中指定工作表内的A1到A10区域内的所有数值。

4. 引用类型

在公式中使用单元格引用时，可以通过以下方式来指定引用类型：

- 相对引用：默认情况下，Excel使用相对引用。当复制该公式到其他单元格时，引用会自动调整为相对于当前单元格的位置。例如，将单元格A1中的公式"=B1+C1"，复制到单元格A2后，公式会自动调整为"=B2+C2"。
- 绝对引用：绝对引用使用"$"符号来锁定一个单元格的列和行，使其在填充公式时保持不变。这样，无论公式复制到哪个单元格，被引用的单元格地址都不会改变。绝对引用的语法为"$列号$行号"，例如$A$1。
- 混合引用：混合引用结合了相对引用和绝对引用。可以在列号或行号中的任意一个前面加上"$"符号来创建混合引用，但保持另一方向上的相对引用。这样，在填充公式时，被引用的单元格的列或行会相对于填充位置进行调整，而被锁定的部分保持不变。混合引用的语法可以是"$列号行号"或"列号$行号"，例如$A1或A$1。

5.4.4 常用函数

1. 函数的格式

在Excel中，函数的格式通常遵循以下结构：

= 函数名（参数 1, 参数 2, ...）

其中：

函数名是要使用的 Excel 函数的名称。

参数是函数所需的输入值，可以是数值、文本、单元格引用或其他函数。

例如，求和函数 SUM，其函数的格式：

=SUM(number1,number2,...)

它的功能是：计算单元格区域中所有数值的和。

例如在工资明细表中，可以将 H3 中的公式替换为："=SUM(E3,G3)"，如果 5-30 所示，在这个例子中，SUM 函数用于计算单元格 E3 和 G3 的和。

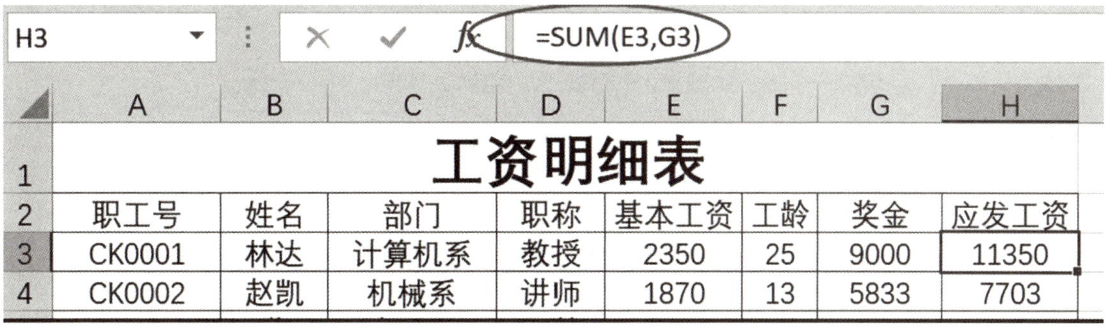

	A	B	C	D	E	F	G	H
1	工资明细表							
2	职工号	姓名	部门	职称	基本工资	工龄	奖金	应发工资
3	CK0001	林达	计算机系	教授	2350	25	9000	11350
4	CK0002	赵凯	机械系	讲师	1870	13	5833	7703

图 5-30　用求和函数算应发工资

一些常见函数的格式示例：

（1）AVERAGE 函数：计算单元格 A1 到 A5 的平均值

=AVERAGE(A1:A5)

（2）IF 函数：根据逻辑条件判断并返回结果

=IF(A1>10, " 大于 10", " 小于等于 10")

（3）VLOOKUP 函数：在第一个列范围内查找指定值，并返回对应的第三列的值

=VLOOKUP(A1, B1:D10, 3, FALSE)

（4）CONCATENATE 函数：将多个文本字符串合并为一个字符串

=CONCATENATE(A1, " ", B1)

这只是一些常见函数的示例，实际上 Excel 提供了众多不同的函数供你使用。用户可以在 Excel 中的函数库中查找特定函数，并根据函数的要求提供正确的参数来使用它们。

2. 函数的输入

在 Excel 中，有多种方法可以输入函数。以下是一些常用的方法：

- 直接输入：在单元格中直接输入函数的完整公式。例如，要计算 A1 到 A5 的和，可以在某个单元格中输入"=SUM(A1:A5)"。
- 函数向导：在编辑栏中手动输入"="键，然后输入函数名称，在弹出的函数向导中选择所需的函数，并填写每个参数的值。
- 函数库：使用函数库（函数插入）来查找和选择所需的函数。在 Excel 中，用户可以通过点击"公式"选项卡上的"插入函数"按钮来打开函数库面板，如图 5-31 所示。然后，可以浏览不同的函数类别，并选择所需的函数。

- 自动填充：Excel 提供了自动填充功能，可以根据模式自动填写函数。用户可以输入一个函数公式并将其拖动到相邻单元格，Excel 会自动在新的单元格中生成函数公式，并调整公式中的单元格引用。
- 函数助手：Excel 还提供了函数助手工具，可帮助用户快速创建函数公式。可以在公式编辑栏中点击 *fx* 图标或按下"Shift + F3"快捷键来打开函数助手。然后，可以选择所需的函数、填写参数，函数助手会生成函数公式。

在实际操作中，这些方法中选择哪个方法，取决于个人偏好和具体情况。用户可以根据自己的需求，选择最适合的方法来输入函数。

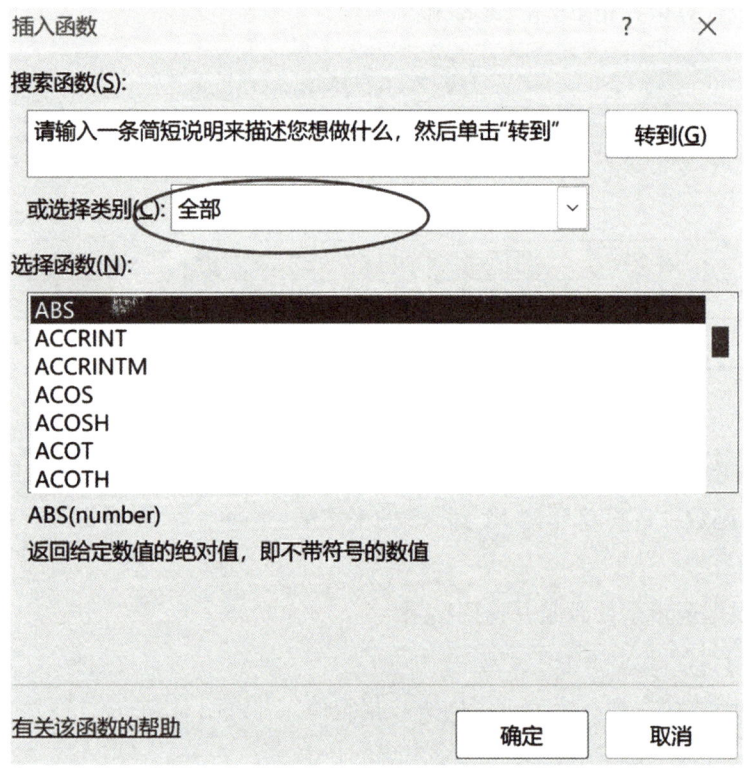

图 5-31　函数库面板

3. 常用函数

Excel 是一个功能强大的电子表格程序，它提供了许多内置函数，用于在电子表格中进行各种计算和数据处理。以下是一些常见的 Excel 函数及其功能：

- SUM：对指定范围内的数字求和。
- AVERAGE：计算指定范围内数字的平均值。
- MAX：找出指定范围内数字的最大值。
- MIN：找出指定范围内数字的最小值。
- COUNT：统计指定范围内包含数字的单元格数量。
- COUNTA：统计指定范围内非空单元格的数量。
- RANK：返回一个 0~1 范围内的随机数。
- IF：根据逻辑条件进行条件判断，返回不同的结果。
- VLOOKUP：在指定范围内查找某一值，并返回与之相关联的值。

- CONCATENATE：将多个文本字符串合并为一个字符串。
- LEFT/RIGHT/MID：从文本字符串中提取左侧/右侧/中间的字符。
- TRIM：去除文本字符串中的多余空格。
- DATE：根据给定的年、月、日生成日期。
- TODAY：返回当前日期。
- NOW：返回当前日期和时间。
- COUNTIF：统计满足指定条件的单元格数量。
- SUMIF：根据指定条件对满足条件的单元格进行求和。

这只是 Excel 中的一小部分常见函数，实际上还有很多其他函数可供使用。用户可以根据具体需求，在 Excel 的函数库中查找并使用适当的函数。

5.5 数据处理

5.5.1 数据的排序

Excel 的排序功能可以帮助用户整理和分析数据，使数据更易于理解和使用。具体来说，Excel 的排序功能可以实现以下作用：

- 数据整理：通过对数据进行排序，可以使数据呈现出一定的规律和顺序，便于用户快速找到需要的信息。
- 数据分析：排序可以帮助用户发现数据中的模式、趋势或异常值，从而进行进一步的分析和决策。
- 数据呈现：在分类汇总、制作报表或图表时，经过排序的数据可以更清晰地展现出特定的关系和结构，提高可视化效果。
- 数据比较：通过排序，用户可以方便地将不同数据进行对比，发现数据之间的差异和联系。
- 数据查找：排序可以使数据按照一定的顺序排列，从而方便用户进行查找操作，快速定位所需的信息。

1. 排序原则

使用 Excel 的排序功能时，需要设置以下几方面内容，如图 5-32 所示：

（1）排序的对象是否包含标题：用户可以选择是否包含表格的第一行作为标题行。如果选中该选项，排序将会跳过标题行，只对数据进行排序。

（2）排序的条件：用户可以选择单条件或多条件排序。单条件排序是根据一个列进行排序，而多条件排序是根据多个列进行排序。在进行多条件排序时，可以通过在排序对话框中点击"添加条件"

按钮来添加条件。每次添加一个条件后,用户可以指定要排序的列、排序的顺序(升序或降序),并按照需要调整它们的顺序。排序的优先级是按照条件出现的顺序排列的,较上方的条件会被首先应用于排序,然后才是较下方的条件。

(3)排序的依据:单元格值、单元格颜色、字体颜色、单元格图标等。

① 单元格值:按照对应列中的单元格中的数值、文本或日期进行排序。这是最常见和常用的排序方式。

② 单元格颜色:按照单元格的背景色进行排序。用户可以选择按照颜色的升序或降序进行排序,将具有相同颜色的单元格放在一起。

③ 字体颜色:按照单元格中的字体颜色进行排序。可以将具有相同字体颜色的单元格放在一起,以便更好地可视化数据。

④ 单元格图标:按照单元格中的图标进行排序。在 Excel 中,用户可以使用条件格式化功能为单元格添加图标,然后根据图标对数据进行排序。

(4)排序的次序:升序,降序,自定义顺序。

① 升序:对数字、日期、文本的值进行升序排序,即从小到大排序。

② 降序:按照数字或字母的降序进行排序,即从大到小排序。

数字:按从最小负数到最大整数排列为升序,反之为降序。

日期:按从最早日期到最晚日期排序为升序,反之为降序。

文本字符:先排数字文本,再排符号文本,接着排英文字符,最后排中文字符。排序时,从左往右逐个字符进行比较。英文字符按 ASCII 码顺序,A~Z 为升序,Z~A 为降序。系统默认排序不区分全半角,不区分大小写。

③ 自定义顺序:按照用户自定义的顺序进行排序。用户可以定义一个列表,然后将该列表作为排序依据之一,并指定使用该列表的顺序进行排序。这种方式常用于特定的排序需求,例如按照地区、产品类型等进行排序。在排序对话框中,选择"自定义列表"选项,然后输入自定义的列表即可。

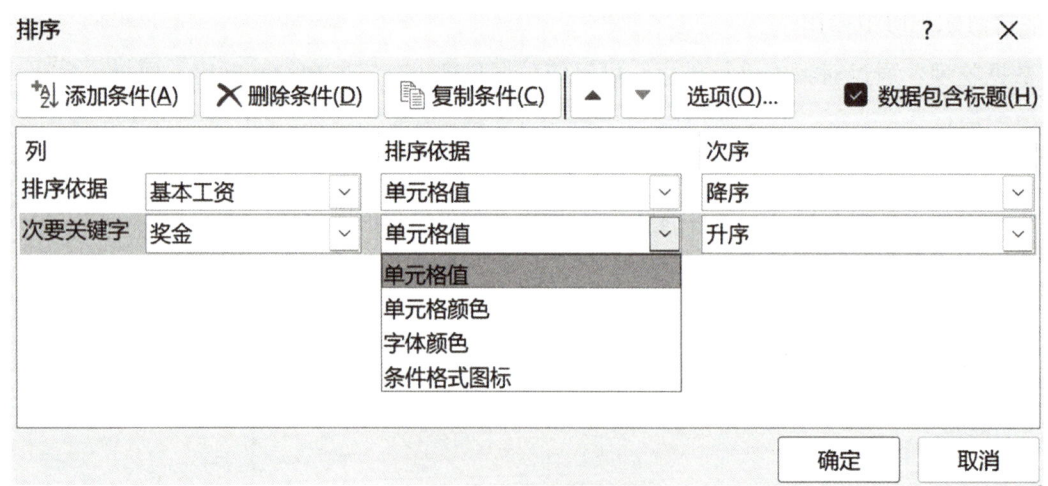

图 5-32　排序设置面板

2. 排序

(1)单关键字排序

〇 选中需要排序列中的任意单元格。

○ 依次单击"开始""编辑""排序和筛选"按钮，在下拉菜单中选择升序、降序或自定义排序。

（2）多关键字排序

单关键字排序只能按一列排序，如果该列出现重复值，就要使用多关键字排序。以工资明细表为例，先按"部门"顺序排序，再按"奖金"顺序排序，最后按"基本工资"顺序排序，如图 5-33 所示。

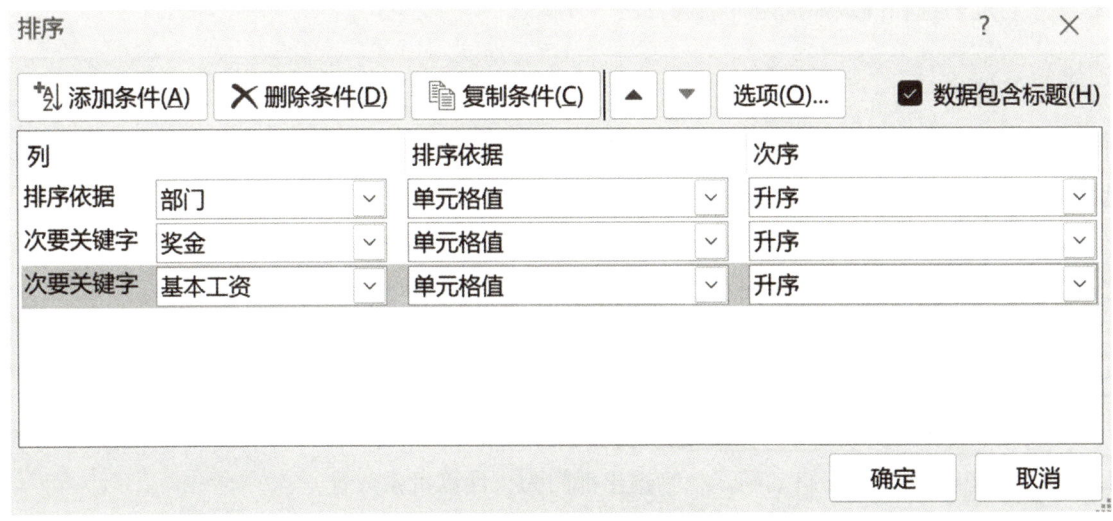

图 5-33　排序对话框

具体操作步骤如下：

○ 选中要排序的单元格区域 A2:H10，依次单击菜单"数据""排序和筛选""排序"按钮，打开排序对话框。

○ 从"列"选项的"主关键字"下拉列表中选择"部门"，从"排序依据"下拉列表中选择"单元格值"，从"次序"下拉列表中选择"升序"，完成主关键字的设置。

○ 单击排序对话框左上角的"添加条件"按钮，添加次关键字（也就是第二关键字），按照前面的操作方法，将"列"选项的次关键字设置为"奖金"。排序依据为"单元格值"，次序为"升序"。

○ 依此类推，完成"第三关键字"的设置，"基本工资"升序的设置。

○ 单击"确定"按钮，就完成了多关键字的排序，多关键的排序结果如图 5-34 所示。

职工号	姓名	部门	职称	基本工资	工龄	奖金	应发工资
CK0002	赵凯	机械系	讲师	1870	13	5833	7703
CK0006	李兵	机械系	副教授	2000	18	7500	9500
CK0008	梁风	计算机系	讲师	1870	13	6250	8120
CK0005	赵琦	计算机系	讲师	1900	15	6250	8150
CK0004	白露	计算机系	副教授	2000	18	7500	9500
CK0001	林达	计算机系	教授	2350	25	9000	11350
CK0003	张燕兵	土木工程系	助教	1670	11	5416	7086
CK0007	毕春艳	土木工程系	讲师	1980	16	6666	8646

图 5-34　多关键字的排序结果

5.5.2 数据的筛选

在 Excel 中,数据筛选是一种非常常用的功能,可以帮助用户轻松地筛选出符合特定条件的数据。Excel 提供了自动筛选和高级筛选两种筛选方法。

1. 自动筛选:

自动筛选功能可以根据每列的数值或文本条件,自动筛选出符合条件的数据。使用自动筛选功能的步骤如下:

- 选择数据范围。
- 在 Excel 菜单栏上找到"数据"选项卡,在"排序和筛选"组中点击"筛选"按钮,启用筛选功能。
- 在每一列的标题栏上会出现下拉箭头,在箭头下拉列表中选择需要的筛选条件,Excel 会自动筛选出符合条件的数据。

以工资明细表为例,设置自动筛选,筛选出部门为"计算机系"且职称为"副教授"的所有记录。

具体操作步骤如下:

- 选中要筛选的单元格区域 A2:H10,依次单击菜单"数据""排序和筛选""筛选"按钮。
- 此时,每一列的标题栏上会出现下拉箭头,单击"部门"列右侧的筛选按钮,如图 5-35 所示,在打开的列表中勾选"计算机系"(取消勾选其他复选框),单击"确定"按钮。
- 单击"职称"列右侧的筛选按钮,在列表中勾选"副教授"(取消勾选其他复选框),单击"确定"按钮。
- 完成对部门为"计算机系"且职称为"副教授"的所有记录的筛选。自动筛选的结果如图 5-36 所示。

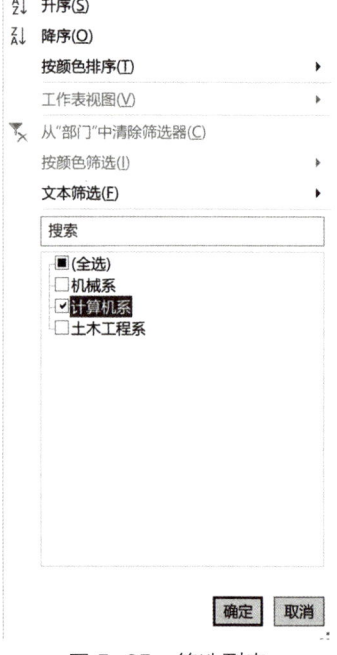

图 5-35 筛选列表

图 5-36 自动筛选结果

关于自动筛选,有几个重要的事项需要说明:

(1)自动筛选适用范围:自动筛选适用于单个表格或数据范围。确保用户选择了包含完整数据的范围,而不是仅选择了部分数据。如果用户的数据存在合并单元格或空行,建议在进行自动筛选之前先进行必要的清理和整理。

(2)筛选条件:自动筛选允许在每一列上设置单个条件。可以从下拉箭头中选择条件,如等于、不等于、大于、小于、包含等。如果用户需要使用更复杂的条件,可以选择"自定义筛选"选项,在弹出的对话框中输入自定义的条件。

(3)多重筛选条件:用户可以在多个列上同时设置筛选条件,以便更精确地筛选数据。只需在每一列的"筛选"下拉菜单中设置相应的条件即可。Excel会同时考虑各列的筛选条件,并返回符合所有条件的数据。必须要指出的是,多条件筛选的条件之间是"与"的关系,是同时满足的行才会被选出。如果要找出条件之间是"或者"关系的数据,则要使用高级筛选。

(4)筛选结果:一旦设置了筛选条件并点击确认,Excel会将符合条件的数据显示在表格中,隐藏不符合条件的数据。用户可以随时更改或清除筛选条件,重新筛选数据,或者通过清除筛选来还原到初始状态。自动筛选只对当前的数据范围生效。如果用户的数据有更新或扩展,需要重新应用自动筛选来包含新的数据。

2. 高级筛选

高级筛选功能相比于自动筛选更加灵活和强大,可以通过设置多个条件进行复杂的筛选操作。使用高级筛选功能的步骤如下:

- 将筛选条件输入到新的区域中,条件区域必须在空白区域中建立。
- 在该区域中输入筛选的列的列名,该列名要与原始数据列名相同,并在相应标题下填写筛选条件。
- 选择原始数据范围。
- 在菜单栏上找到"数据"选项卡,在"排序和筛选"组中点击"高级"按钮。

在弹出的高级筛选对话框中,设置筛选的条件区域和原始数据区域,然后点击"确定"按钮,如图5-37所示。

- Excel会根据设置的条件进行高级筛选,并将符合条件的数据显示在新的区域中。

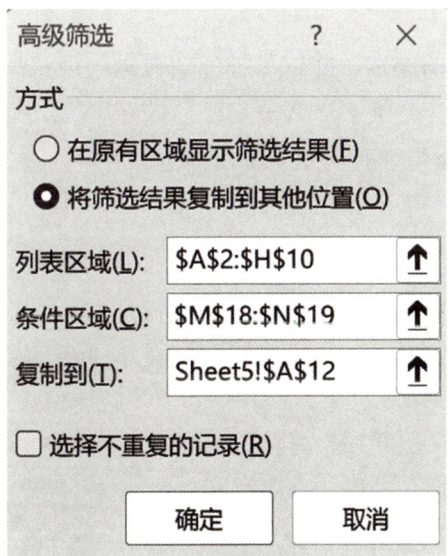

图 5-37　高级筛选对话框

- 在填写条件时,如果两个条件是"并且"关系,那么条件值放在同一行。以工资明细表为例,要筛选部门为"机械系"且职称为"副教授"的员工信息,条件区域如图5-38所示,结果如图5-39所示。

部门	职称
机械系	副教授

图 5-38　"并且"关系的条件区域

职工号	姓名	部门	职称	基本工资	工龄	奖金	应发工资
CK0006	李兵	机械系	副教授	2000	18	7500	9500

图 5-39 高级筛选结果

○ 在填写条件时，如果两个条件是"或者"关系，那么条件值放在不同行。以工资明细表为例，要筛选部门为"机械系"或者职称为"副教授"的员工信息，条件区域如图 5-40 所示，结果如图 5-41 所示。

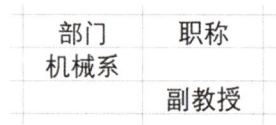

图 5-40 "或者"关系的条件区域

职工号	姓名	部门	职称	基本工资	工龄	奖金	应发工资
CK0002	赵凯	机械系	讲师	1870	13	5833	7703
CK0006	李兵	机械系	副教授	2000	18	7500	9500
CK0004	白露	计算机系	副教授	2000	18	7500	9500

图 5-41 "或者"关系的筛选结果

5.5.3 分类汇总

分类汇总是指将数据按特定的类别，并以某种方式对每一类数据分别进行统计。在分类汇总前，必须对分类字段（列）进行排序，分类字段必须是已经排好序的。在 Excel 中可以进行简单的分类汇总及多级分类汇总。下面分别介绍两种分类汇总的使用方法。

1. 简单分类汇总

简单分类汇总就是对单列进行分类。以工资明细表为例，按部门汇总基本工资、工龄、奖金及应发工资。

○ 使用 Excel 的"数据"选项卡中的"排序和筛选"功能对数据按"部门"排序（升序、降序都可）。

○ 单击 Excel 的"数据"选项卡中的"分级显示"里的"分类汇总"按钮。

○ 打开"分类汇总"对话框，如图 5-42 所示。在"分类字段"下拉列表中选择"部门"，从"汇总方式"下拉列表中选择"求和"，在"选定汇总项"列表中勾选"基本工资""工龄""奖金""应发工资"。如果勾选"每组数据分页"复选框，则每组分类汇总结果将另起页，反之则不分页，如果勾选"汇总结果显示在数据下方"复选框，则在数据下

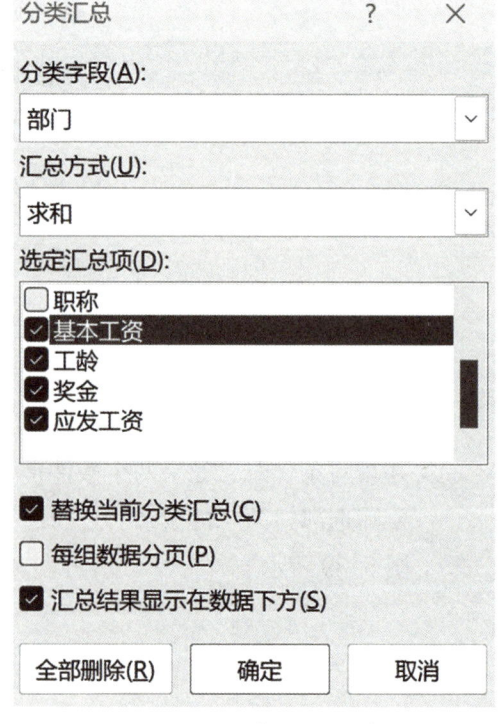

图 5-42 分类汇总对话框

方显示汇总结果，反之则在数据上方显示汇总结果，单击"确定"按钮，完成按"部门"的分类汇总，简单分类汇总结果如图5-43所示。

	A	B	C	D	E	F	G	H
1	工资明细表							
2	职工号	姓名	部门	职称	基本工资	工龄	奖金	应发工资
3	CK0002	赵凯	机械系	讲师	1870	13	5833	7703
4	CK0006	李兵	机械系	副教授	2000	18	7500	9500
5			机械系 汇总		3870	31	13333	17203
6	CK0008	梁风	计算机系	讲师	1870	13	6250	8120
7	CK0005	赵琦	计算机系	讲师	1900	15	6250	8150
8	CK0004	白露	计算机系	副教授	2000	18	7500	9500
9	CK0001	林达	计算机系	教授	2350	25	9000	11350
10			计算机系 汇总		8120	71	29000	37120
11	CK0003	张燕兵	土木工程系	助教	1670	11	5416	7086
12	CK0007	毕春艳	土木工程系	讲师	1980	16	6666	8646
13			土木工程系 汇总		3650	27	12082	15732
14			总计		15640	129	54415	70055

图 5-43　简单分类汇总结果

2. 多级分类汇总

分类汇总不仅可以按单类汇总一次，还可以分别对多类进行多次汇总，我们将这种汇总称为多级分类汇总。在进行多级分类汇总前，必须按汇总类的顺序进行排序。

例如，以工资明细表为例，按"部门"分类汇总"基本工资""工龄""奖金"和"应发工资"，及不同"职称"的人数。

本例要对两个字段分别进行分类汇总，因而首先要对两个字段进行排序，即第一排序关键字是"部门"，第二排序关键字是"职称"。

- 选中汇总排序的数据区域 A2:H10，依次单击"数据""排序和筛选""排序"按钮，打开排序对话框。
- 设置"主关键字"为"部门"，"排序依据"为"单元格值"，"次序"为"升序"，单击"添加条件"按钮，设置"次要关键字"为"职称"，"排序依据"为"单元格值"，"次序"为"升序"，单击"确定"按钮，完成排序，如图5-44所示。
- 依次单击"数据""分级显示""分类汇总"按钮，打开分类汇总对话框，选择"分类字段"为"部门"，"分类汇总方式"为"求和"，"选定汇总项"为"基本工资""工龄""奖金""应发工资"，勾选"替换当前分类汇总"及"汇总结果显示在数据下方"复选框按钮，单击"确定"。
- 再次依次单击"数据""分级显示""分类汇总"按钮，打开分类汇总对话框，选择"分类字段"为"职称"，"汇总方式"为"计数"，"选定汇总项"为"职称"。取消勾选其他复选框，取消勾选"替换当前分类汇总"复选框，单击"确定"按钮，完成对职称的分类汇总，如图5-45所示。

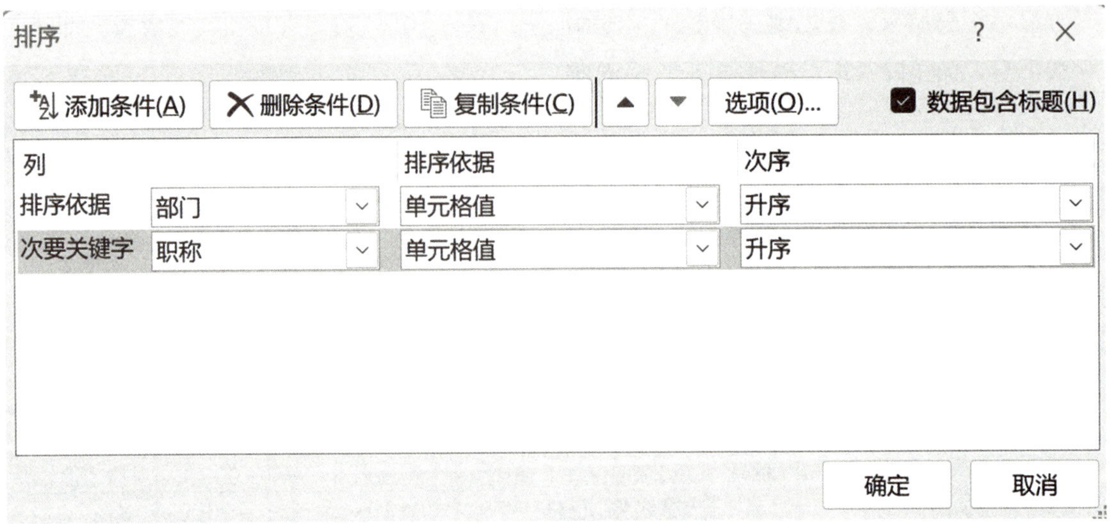

图 5-44 按部门和职称排序

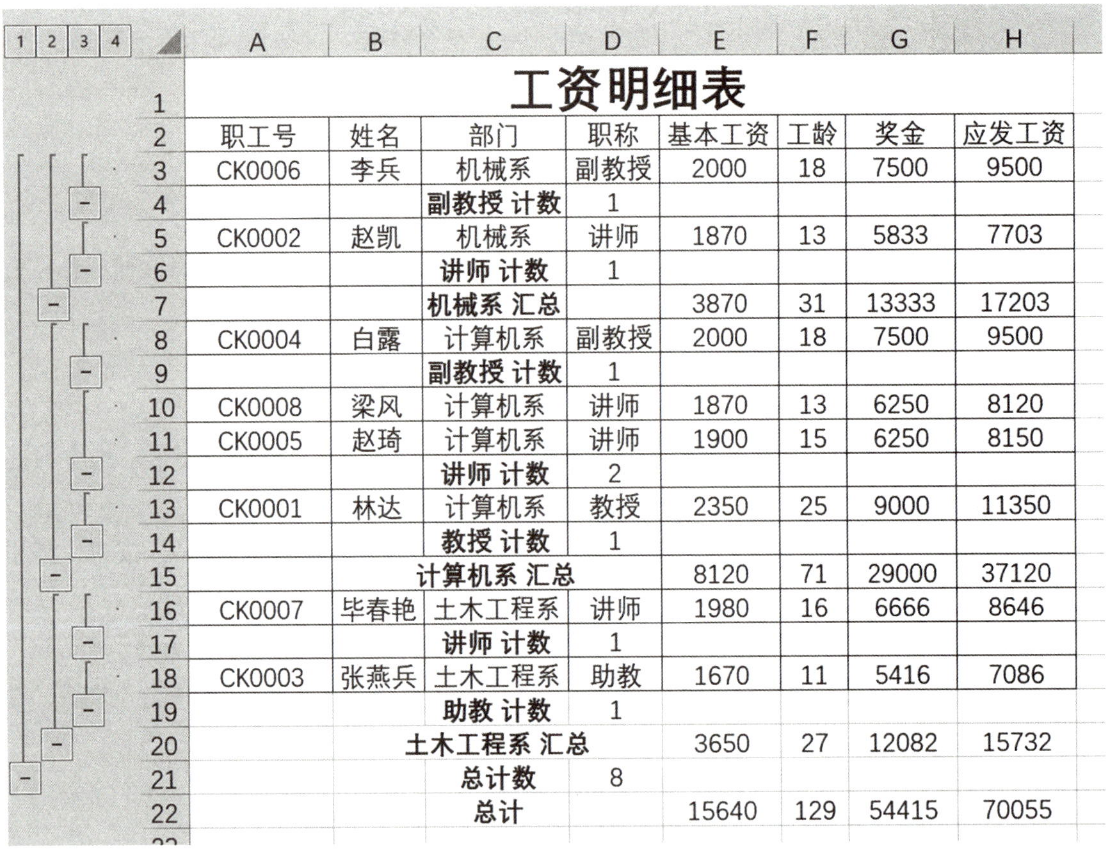

	A	B	C	D	E	F	G	H
1			工资明细表					
2	职工号	姓名	部门	职称	基本工资	工龄	奖金	应发工资
3	CK0006	李兵	机械系	副教授	2000	18	7500	9500
4				副教授 计数	1			
5	CK0002	赵凯	机械系	讲师	1870	13	5833	7703
6				讲师 计数	1			
7			机械系 汇总		3870	31	13333	17203
8	CK0004	白露	计算机系	副教授	2000	18	7500	9500
9				副教授 计数	1			
10	CK0008	梁风	计算机系	讲师	1870	13	6250	8120
11	CK0005	赵琦	计算机系	讲师	1900	15	6250	8150
12				讲师 计数	2			
13	CK0001	林达	计算机系	教授	2350	25	9000	11350
14				教授 计数	1			
15			计算机系 汇总		8120	71	29000	37120
16	CK0007	毕春艳	土木工程系	讲师	1980	16	6666	8646
17				讲师 计数	1			
18	CK0003	张燕兵	土木工程系	助教	1670	11	5416	7086
19				助教 计数	1			
20			土木工程系 汇总		3650	27	12082	15732
21			总计数	8				
22			总计		15640	129	54415	70055

图 5-45 多级分类汇总结果

3. 清除分类汇总

清除分类汇总的方法十分简单，依次单击"数据""分级显示""分类汇总"按钮，打开分类汇总对话框，单击"全部删除"按钮，即可清除分类汇总。

5.6 图表的使用

图表是工作表数据的图形表示，不同类型的图表可以直观清晰地展示数据之间的关系、趋势变化以及比例分配等信息。通过使用图表，用户可以更好地理解和分析数据的变化。本节将重点介绍图表的类型，以及在 Excel 中创建和编辑迷你图和标准图表的方法。

5.6.1 图表类型

Excel 提供了多种类型的图表，每种图表类型又分别包含了多种子类型，可以根据数据的性质和需求选择合适的图表类型。以下是一些常见的图表类型：

- 柱状图：用垂直的柱子表示不同类别或时间段的数据，并比较它们之间的差异。
- 折线图：通过连接数据点创建线条，展示数据随时间或连续变量的趋势。
- 饼状图：将数据按比例分割成扇形，用于显示各部分相对于整体的比例关系。
- 散点图：用横纵坐标表示两个变量，通过散点的位置展示它们之间的关系。
- 雷达图：以多个坐标轴为基准，展示多个变量之间的相对大小和关系。
- 面积图：用曲线下方的填充区域表示数据的累积值，展示数据随时间或连续变量的总体趋势。
- 条形图：用水平的条形表示不同类别或时间段的数据，并比较它们之间的差异。
- 盒须图：以箱体和线段表示数据的分布情况，反映中位数、四分位数和异常值。
- 气泡图：用圆形的气泡表示三个变量的数据，通过气泡大小和颜色展示数据的第三维度。
- 甘特图：用条形代表任务或活动，在时间轴上展示它们的起止时间及进度。

5.6.2 创建和设置迷你图

通过给如图 5-46 所示的销售表添加迷你图，及设置迷你图的格式，来学习使用迷你图。注：表格中涉及的数据皆为虚构，如有雷同，纯属巧合。

	A	B	C	D	E	F	G	H
1	2016	1月份	2月份	3月份	4月份	5月份	6月份	折线图
2	北京	3,381	4,097	7,139	4,003	5,771	7,139	
3	上海	5,043	5,833	2,976	6,279	7,013	2,976	
4	天津	2,807	7,008	6,354	2,379	6,545	6,354	
5	重庆	2,944	3,315	4,422	7,411	3,657	4,422	
6								
7	2017	1月份	2月份	3月份	4月份	5月份	6月份	柱形图
8	北京	6,408	4,454	2,740	4,002	4,015	2,740	
9	上海	6,337	7,329	7,273	5,607	7,165	7,273	
10	天津	5,668	3,205	3,975	6,418	4,714	3,975	
11	重庆	4,002	3,584	6,013	4,473	6,110	6,013	
12								
13	差异	1月份	2月份	3月份	4月份	5月份	6月份	盈亏图
14	北京	3,027	357	-4,399	-1	-1,756	-4,399	
15	上海	1,294	1,496	4,297	-672	152	4,297	
16	天津	2,861	-3,803	-2,379	4,039	-1,831	-2,379	
17	重庆	1,058	269	1,591	-2,938	2,453	1,591	

图 5-46　各地销售表

1. 创建迷你折线图

（1）创建迷你图

○ 选择要创建迷你图的数据区域 B2:G5。

○ 依次单击"插入""迷你图""折线"按钮，在"创建迷你图"对话框中确定迷你图的"数据范围"为 B2:G5，迷你图的"放置位置"为 $H$2:$H$5。放置迷你图的位置范围 $ 如图 5-47 所示，单击"确定"按钮，折线图效果如图 5-48 所示。

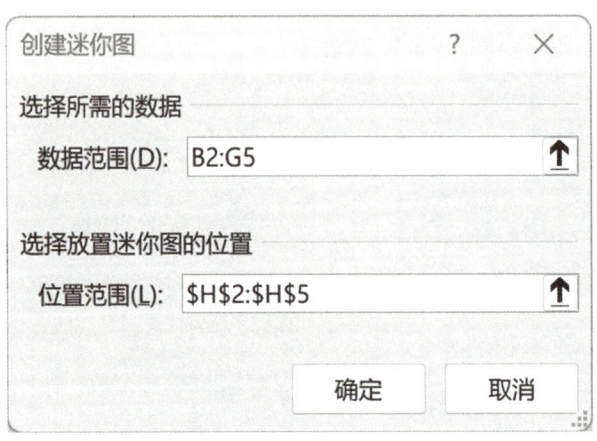

图 5-47　创建迷你图对话框

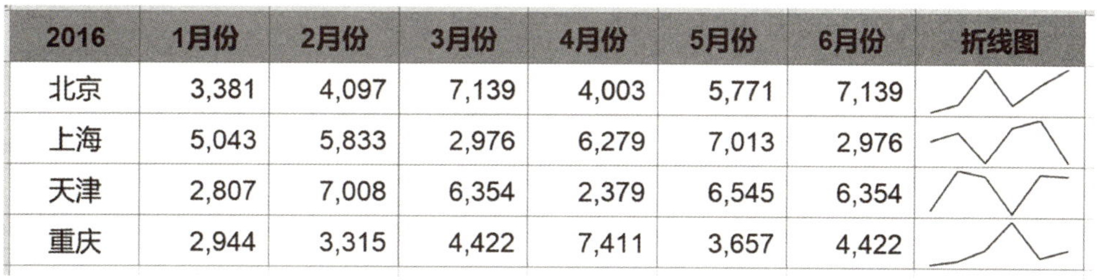

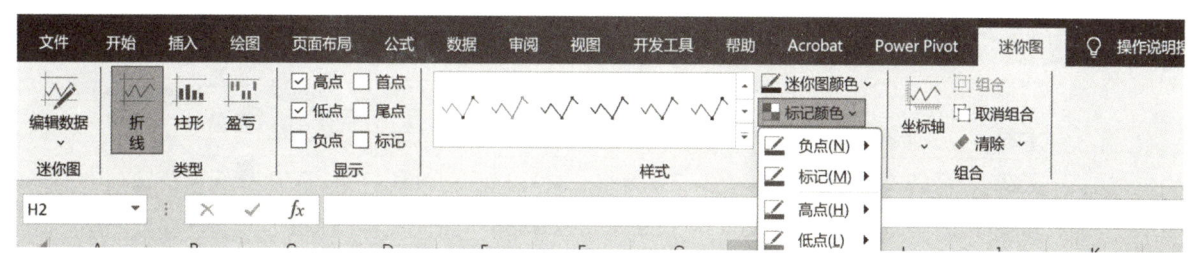

图 5-48　迷你折线图

（2）设置迷你图格式

设置迷你图格式，选定单元格，单击"迷你图工具"选项卡，各种功能选项如图 5-49 所示。

利用迷你图"类型""显示""样式""组合"等各种功能选项，对已创建的迷你图进行各种设计、设置和更改，创建出多样的迷你图效果。

在含有迷你图的单元格中可直接进入文本，并设置文本格式。如更改字体、颜色、字号、对齐方式等，还可以为迷你图单元格填充背景颜色。

若要清除迷你图，只要选中要清除的迷你图单元格，单击"组合"中的"清除"按钮。在下拉菜单中单击需要的清除项即可。

图 5-49　"迷你图工具"选项卡

2. 创建迷你柱形图

○ 选择要创建迷你图的数据区域 B8:G11。
○ 依次单击"插入""迷你图""柱形"按钮，在"创建迷你图"对话框中确定迷你图的"数据范围"为 B8:G11，迷你图的"放置位置"为 $H$8:$H$11，单击"确定"按钮。
○ 设置迷你图格式，将"标记颜色""高点"的颜色设置为红色，柱形图效果如图 5-51 所示。

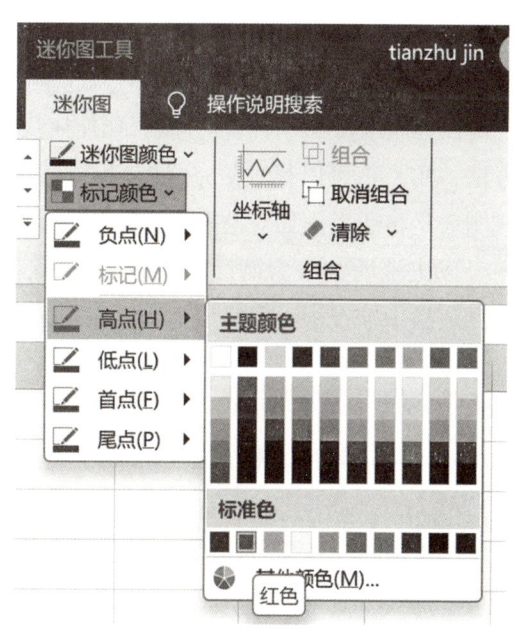

图 5-50　设置高点颜色

	2017	1月份	2月份	3月份	4月份	5月份	6月份	柱形图
7								
8	北京	6,408	4,454	2,740	4,002	4,015	2,740	
9	上海	6,337	7,329	7,273	5,607	7,165	7,273	
10	天津	5,668	3,205	3,975	6,418	4,714	3,975	
11	重庆	4,002	3,584	6,013	4,473	6,110	6,013	

图 5-51　迷你柱形图

3. 创建迷你盈亏图

- 选择要创建迷你图的数据区域 B14:G17。
- 依次单击"插入""迷你图""盈亏"按钮，在"创建迷你图"对话框中确定迷你图的"数据范围"为 B14:G17，迷你图的"放置位置"为 $H$14:$H$17，单击"确定"按钮。
- 设置迷你图格式，将"标记颜色""高点"的颜色设置为红色，"低点"的颜色设置为绿色，盈亏图效果如图 5-52 所示。

	差异	1月份	2月份	3月份	4月份	5月份	6月份	盈亏图
13								
14	北京	3,027	357	-4,399	-1	-1,756	-4,399	
15	上海	1,294	1,496	4,297	-672	152	4,297	
16	天津	2,861	-3,803	-2,379	4,039	-1,831	-2,379	
17	重庆	1,058	269	1,591	-2,938	2,453	1,591	

图 5-52　迷你盈亏图

5.6.3 创建标准图表

Excel 创建图表有多种方式，如使用快捷键创建标准图表、使用选项卡创建图表等，无论采用哪种方法，用户都可以很方便完成创建图表的操作。可以创建嵌入式图表，也可以创建图表工作表。嵌入式图表是将图表作为对象嵌入源数据的工作表中，图表工作表则是图表独占一张工作表。

以工资明细表为例，创建"工资明细图"和"应发工资比例图"，并进行图表编辑和格式设置。

注：表格中涉及的数据皆为虚构，如有雷同，纯属巧合。

1. 创建工资明细图

（1）创建簇状柱形图

- 打开工资明细表，按住 Ctrl 键，选中数据区域 B2:B10;E2:E0;G2:H10。
- 依次单击"插入""图表""三维簇状柱形图"按钮，如图 5-53 所示。即在工作表中嵌入一张簇状柱形图，如图 5-54 所示。也可以按快捷键 Alt+F1，来创建嵌入式图表。
- 或者在选中数据区域以后，按 F11 键，即可创建如图 5-55 所示的独占一张工作表的图表工作表。

第5章 电子表格系统

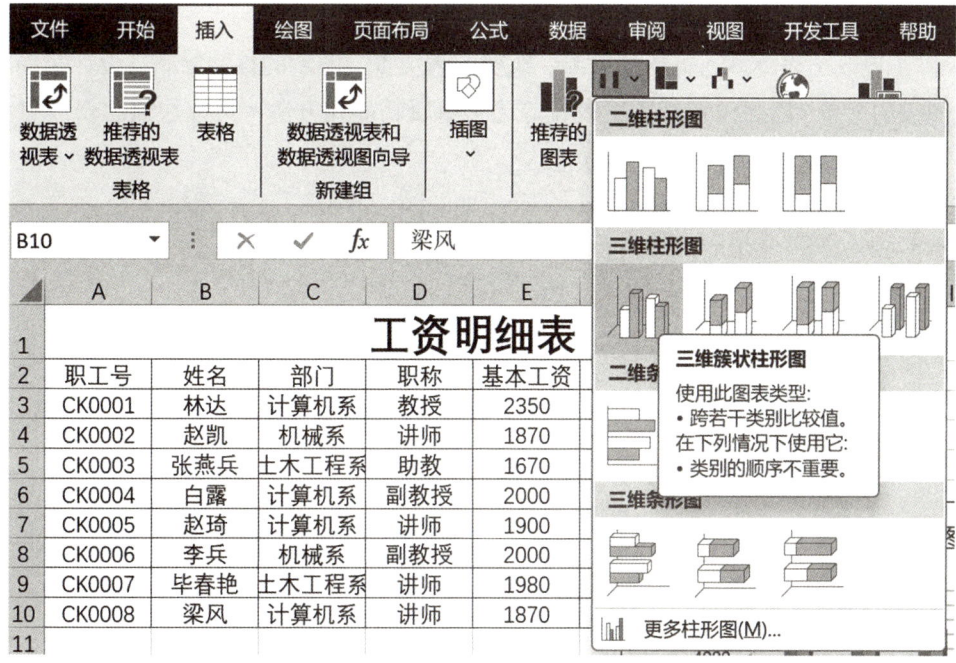

图 5-53　插入图表

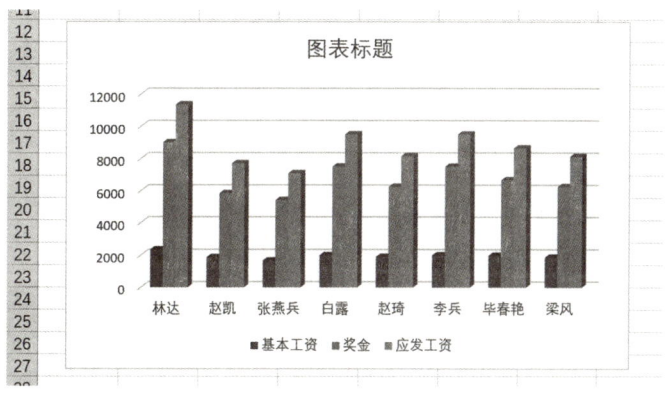

图 5-54　嵌入式簇状柱形图

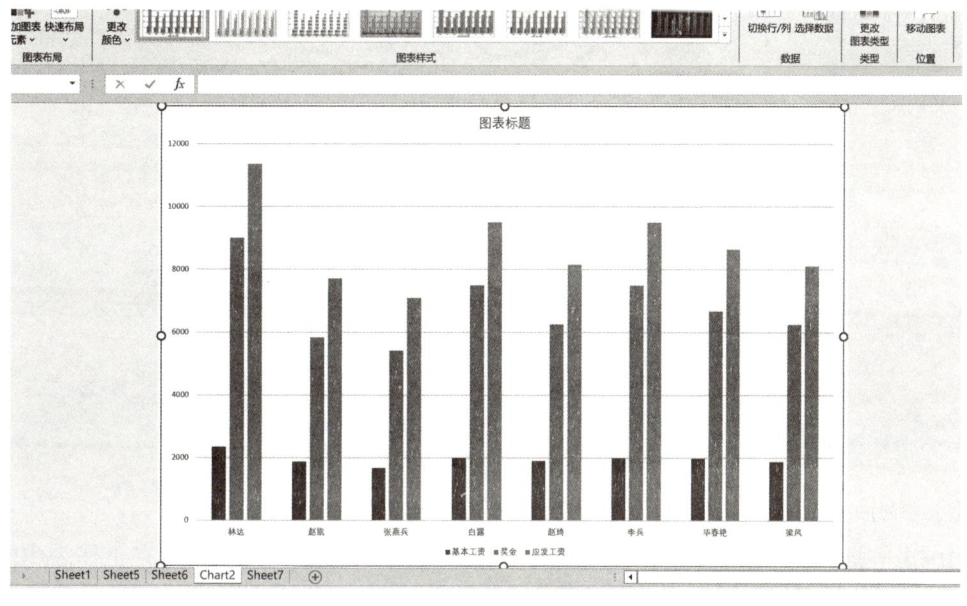

图 5-55　图表工作表

（2）编辑图表

Excel 提供了更改图表类型、更新数据源、改变图表位置、图表的移动复制、设计布局样式、排列图表、设置图表的显示/隐藏以及辅助项设置等诸多编辑功能和方法，可以快速编辑或更新图表。此处只简单介绍几个常用设置。

① 快速布局

选中图表，依次单击"图表工具""图表设计""图表布局""快速布局"按钮，选择"布局5"更改图表的布局，效果如图 5-56 所示。

可以选中图表中的对象，单击右键设置图表的各种对象的格式。

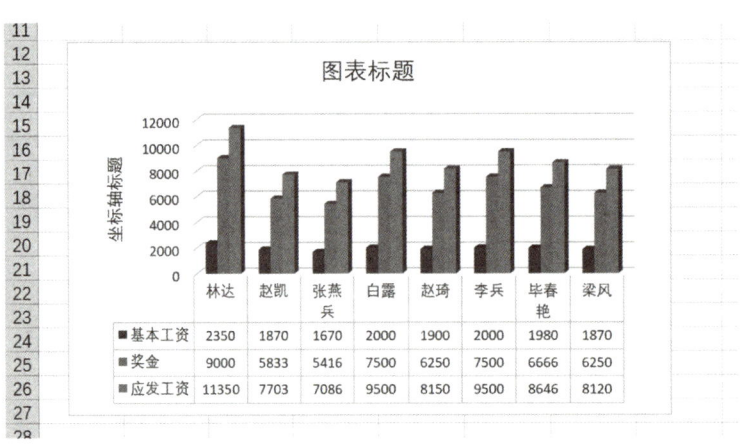

图 5-56　图表布局 5

② 更改图表类型

选中图表，依次单击"图表工具""图表设计""类型""更改图表类型"按钮，打开"更改图表类型"对话框，在对话框中单击"折线图"，选中"折线图"，簇状柱形图即更改为折线图，效果如图 5-57 所示。

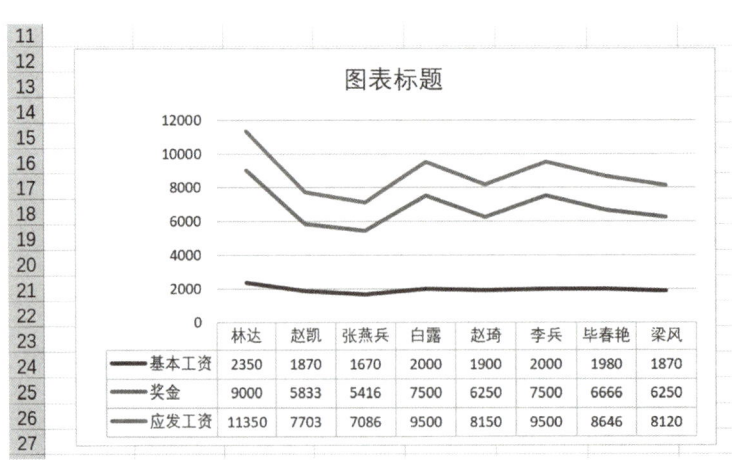

图 5-57　更改后的图表

2. 应发工资比例图

○ 打开工资明细表，按住 Ctrl 键，选中数据区域 B2:B10;H2:H10。

○ 依次单击"插入""图表""饼图"按钮，下拉列表中选择三维饼图，即在工作表中嵌入一张饼图，如图 5-58 所示。

○ 选中行数据区域 B2:E3;G2:H3，创建职工"林达"工资的三维饼图，如图 5-59 所示。

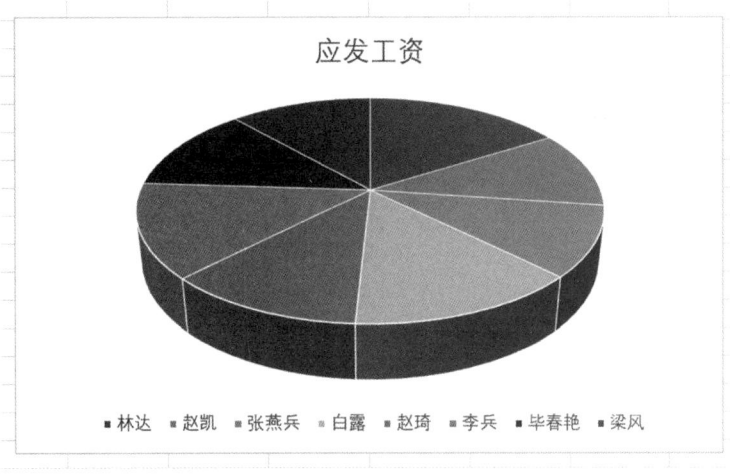

图 5-58 "基本工资"的三维饼图

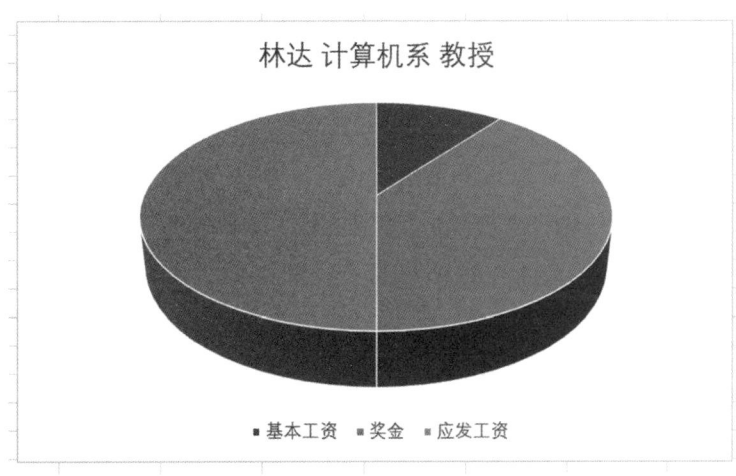

图 5-59 "林达"工资的三维饼图

第6章

演示文稿制作

本章知识点

1. 常用演示文稿制作软件;
2. Microsoft PowerPoint的基本功能;
3. Microsoft PowerPoint的基本操作与进阶操作。

学习目标

1. 了解常用演示文稿制作软件;
2. 理解演示文稿的设计与制作要素;
3. 掌握Microsoft PowerPoint的使用方法。

学习重难点

Microsoft PowerPoint的基本操作与进阶操作。

学习建议

1. 通过上机实践熟悉软件的操作要点;
2. 广泛收集案例,在模仿中学习。

6.1 常用演示文稿软件

演示文稿软件是指用于创建和展示演示文稿的软件。常见的演示文稿软件包括Microsoft PowerPoint、Google Slides、Prezi、Keynote、WPS Presentation等。这些软件具有创建、编辑、格式化、添加动画和演示等功能，使用户能够轻松地创建高质量的演示文稿，并在投影仪、计算机或移动设备上进行演示。

1. Microsoft PowerPoint

Microsoft PowerPoint是一款由Microsoft公司开发的演示文稿软件，最早发布于1987年。它支持多种格式，包括PPT、PPTX、PPS、PPSX、PPZ等，用户可以在演示文稿中添加文字、图片、图表、动画、视频等元素，从而生动地表达信息。Microsoft PowerPoint演示文稿还可以导出PDF、HTML、XPS等格式，以便在不同的设备上播放。

2. Google Slides

Google Slides是谷歌公司推出的一款在线演示文稿制作工具，与Mirosoft PowerPoint兼容，允许用户与其他用户在线协作创建和编辑演示文稿。它可以提供多种主题和模板、数百种字体，支持在演示文稿中嵌入视频、语音和动画等元素。并且可以与其他谷歌应用程序无缝集成。无论是简单的文本、图片，还是复杂的动画与互动元素，用户均可直接在Google Slides中搜索网络和Google云端硬盘中的内容，查找相关内容，轻松对演示文稿进行在线编辑。Google Slides还支持使用幻灯片的各种增强协作和辅助功能，例如评论、待办项和智能撰写等。

3. Prezi

Prezi最早由Adam Somlai-Fischer和Peter Halacsy于2007年创建，支持缩放平移是Prezi的典型特色。它打破了传统演示文稿的线性逻辑，采用系统性与结构性一体化的方式进行演示，能够带来更强的视觉冲击力。Prezi是一款基于云端的演示文稿制作软件，用户可通过多终端（Web网页端、Windows和Mac桌面端、iPad和iPhone移动端）创建和编辑文稿。除了平移和缩放，Prezi还支持图片、视频、PDF等各种媒体素材的嵌入，可以多人在线编辑，生成的演示文稿既可以在本地观看，也可以上传到服务器或嵌入网页在线查看。

4. Keynote

Keynote是苹果公司推出的一款演示文稿制作软件，诞生于2003年。它运行于Mac OS X操作系统下，无需安装和下载，允许用户使用Mac、iPad或iPhone创建、编辑和分享演示文稿。Keynote提供了丰富的模板和主题以及排版和设计工具，支持点击、拖动、缩放等交互式互动，能够以云协作方式支持多人同时编辑和查看演示文稿。借助Mac OS X内置的Quartz等图形技术，Keynote制作的幻灯片可以获得丰富的视觉效果。同时，Keynote可与iCloud及Apple云服务集成，用户将演示文稿上传至iCloud或Apple云服务后，可在其他设备上进行查看和编辑。

5. WPS Presentation

WPS Presentation 是金山软件公司开发的办公软件套装 WPS Office 中的一个组件，支持在 Windows、Mac、iPad、Android 等设备上创建、编辑和分享演示文稿。与 Microsoft PowerPoint 类似，它具有强大的幻灯片制作功能，可以添加各种类型的元素，如文本、图片、图表、视频等，提供了丰富的主题和模板，支持画笔、注释、幻灯片放映等多种演示模式。另外，WPS Presentation 具有强大的插件和扩展功能，可以与其他应用程序进行集成，例如 Microsoft Office、Adobe Photoshop 等。用户可以轻松导入和导出各种文件格式，以及在制作演示文稿时使用更多的工具和技术。

6.2 PowerPoint 基础知识

6.2.1 演示文稿的结构及设计要素

一份 Micorsoft PowerPoint 演示文稿通常被简称为 PPT。PPT 的制作要素包括素材、逻辑和排版三个方面。其中，逻辑是 PPT 制作的核心要素，即 PPT 应该逻辑清晰、精准表达，使观众易于理解演讲者的思想。

为了清晰地进行内容表达，通常可以采用金字塔结构、PREP 结构、AIDA 结构进行 PPT 的结构设计：

- 金字塔结构的特点是结论先行。先重要后次要、先全局后细节、先结论后原因、先结果后过程，以达到突出重点、主次分明的效果。
- PREP 结构是一种"总－分－总"的结构，即提出观点（Point）、阐述理由（Reason）、用数据、案例佐证观点（Example）、对观点进行总结和梳理（Point）。PREP 结构是最为简单且符合日常表述习惯的 PPT 结构。
- AIDA 结构的特点是将最终目标分解为阶段性的引导过程。首先引起注意（Attention），其次激发兴趣（Interest），然后调动愿望（Desire），最后促成行动（Action）。AIDA 结构常常应用于营销、广告、品牌推广等 PPT 的制作。

PPT 设计的框架可以根据不同的需求场景进行调整。但是通常而言，一个完整的 PPT 主要包括以下部分：

- 封面页：提供醒目的标题。一般应包含演讲者姓名、日期等重要信息。封面页可以通过背景图片等素材提升视觉效果。
- 摘要页：列出主要观点。
- 目录页：介绍 PPT 的主要章节或内容，使观众了解整体结构和顺序。

- 正文页：PPT 的主体部分，包含演讲的主要论点、数据、案例等。
- 过渡页：连接不同的论点内容，起到承上启下的作用。
- 总结页：与摘要页相应，对 PPT 的整体内容或是重点、要点进行简明扼要的总结和回顾。
- 结束页：提供致谢词、联系方式等信息。

6.2.2 演示文稿的基本操作

本节通过一个简单的案例（制作一份名为"PPT 制作"的 PPT）来介绍 PPT 制作的基本方法。首先，打开 Microsoft PowerPoint 2016，可以看见如图 6-1 所示的操作界面。

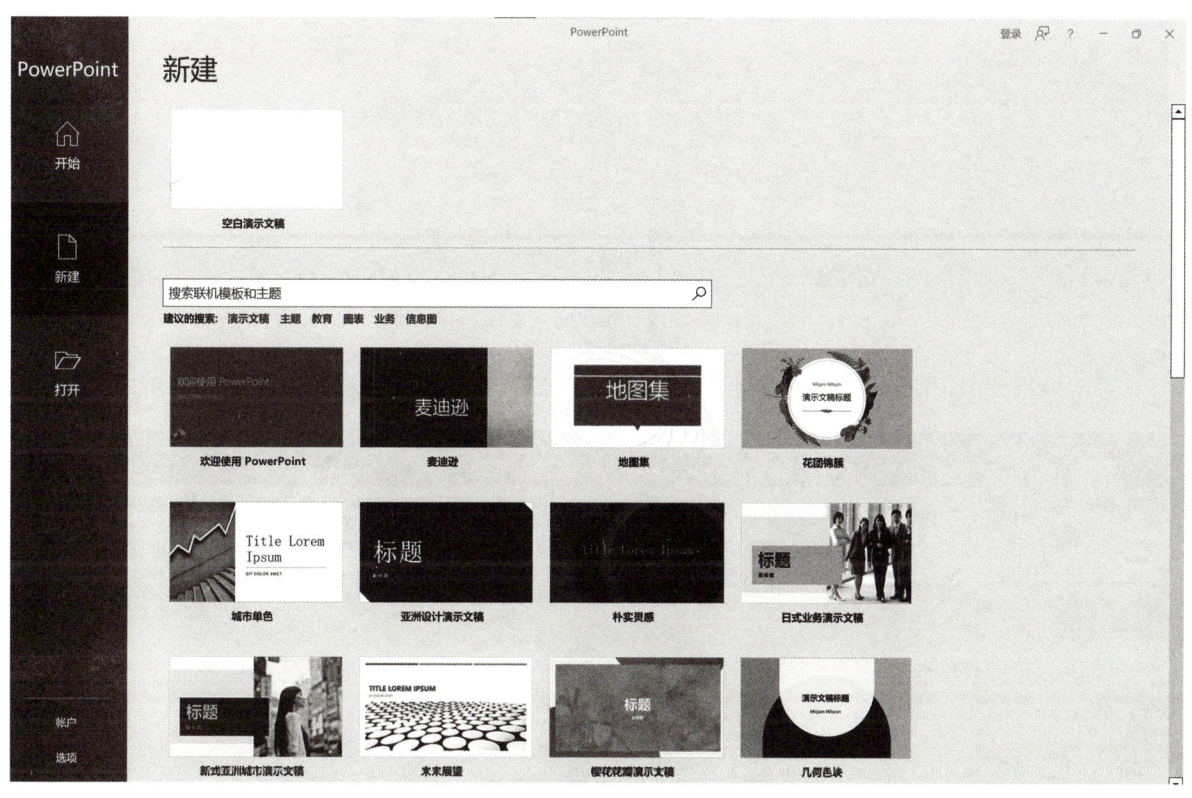

图 6-1　PowerPoint 2016 开始界面

点击"新建"，选择"空白演示文稿"，软件将打开一个空白幻灯片。其中，左侧为幻灯片预览窗格，中间的主体部分为幻灯片编辑窗口。编辑窗口的幻灯片中有"标题"和"副标题"两个占位符，如图 6-2 所示。

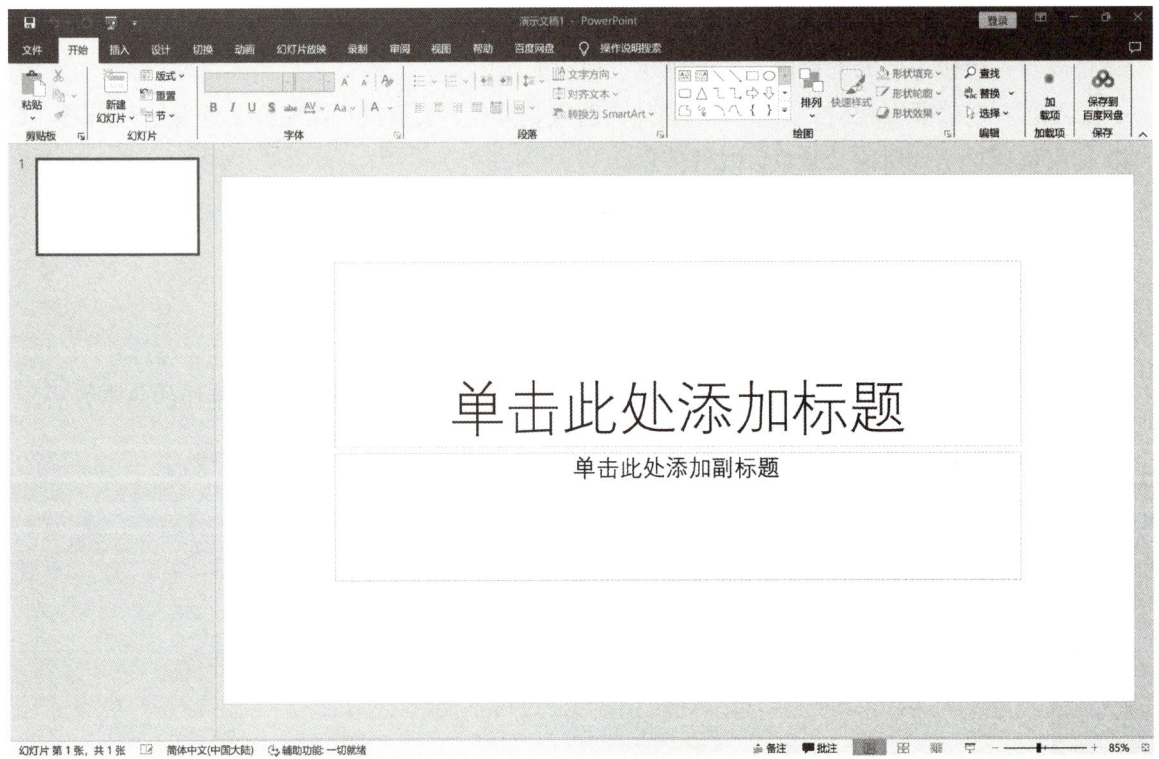

图 6-2 新建演示文稿

点击占位符并输入用户设计的内容，可以为演示文稿创建标题和副标题，如图 6-3 所示。

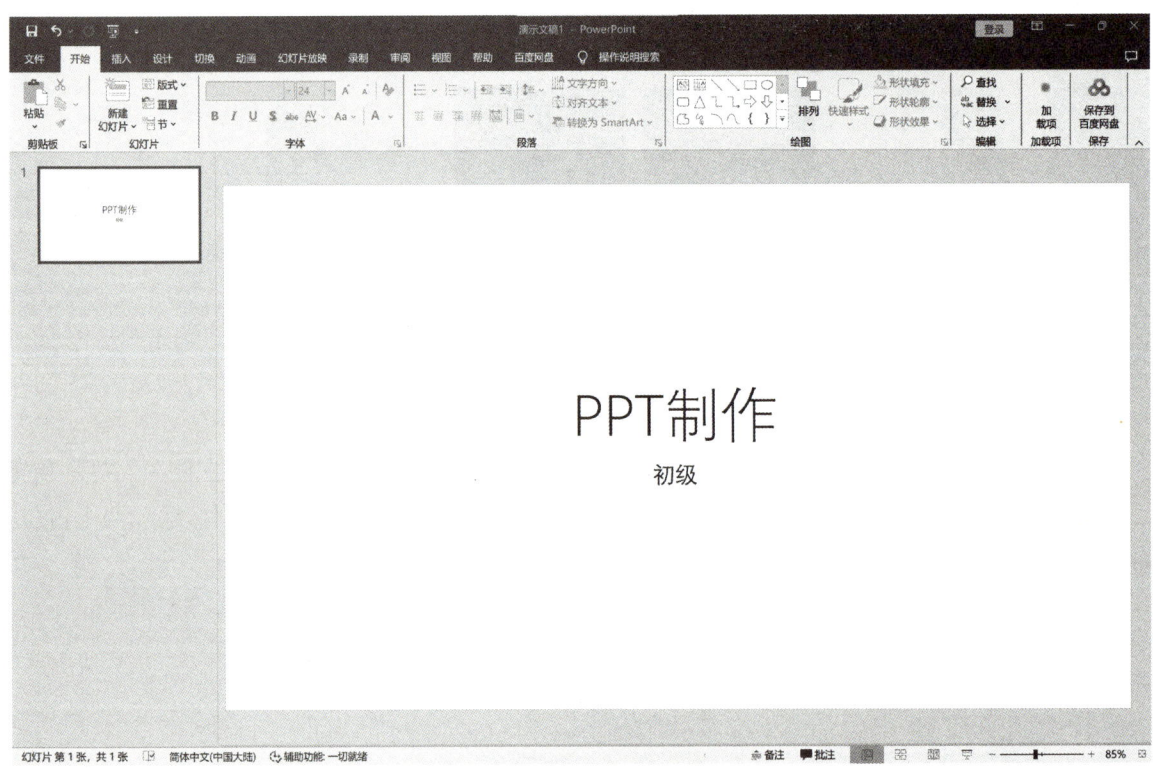

图 6-3 演示文稿的封面制作

封面制作完成之后，点击"开始"选项卡中的"新建幻灯片"，则可插入第一个正文页。可以看到，正文页中包括"标题"和"内容"两个占位符，如图 6-4 所示。

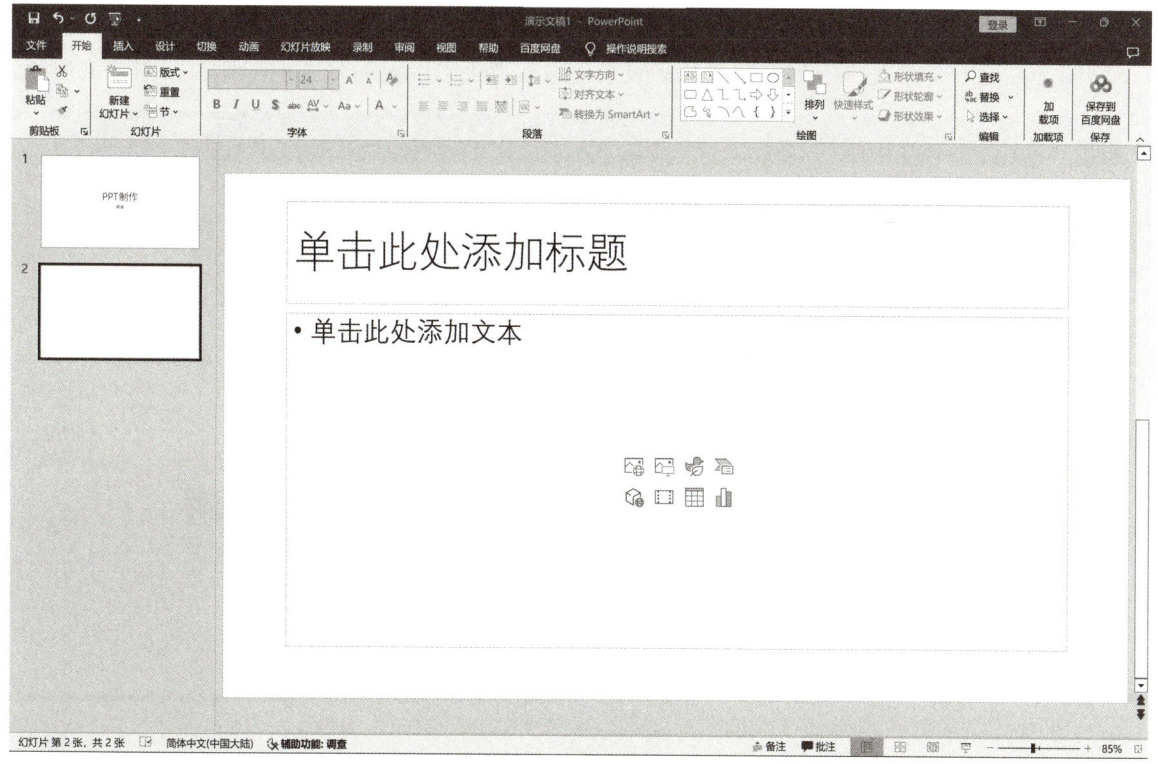

图 6-4 添加新幻灯片页

依次在标题和内容占位符中输入相应内容，即可完成正文页首页的制作。接下来，插入第二个正文页。本次新建幻灯片不采用缺省操作方式，点击"新建幻灯片"按钮的向下箭头，展开"Office 主题"，可以看到 11 个系统预定义的主题，选择"空白"主题，如图 6-5 所示。

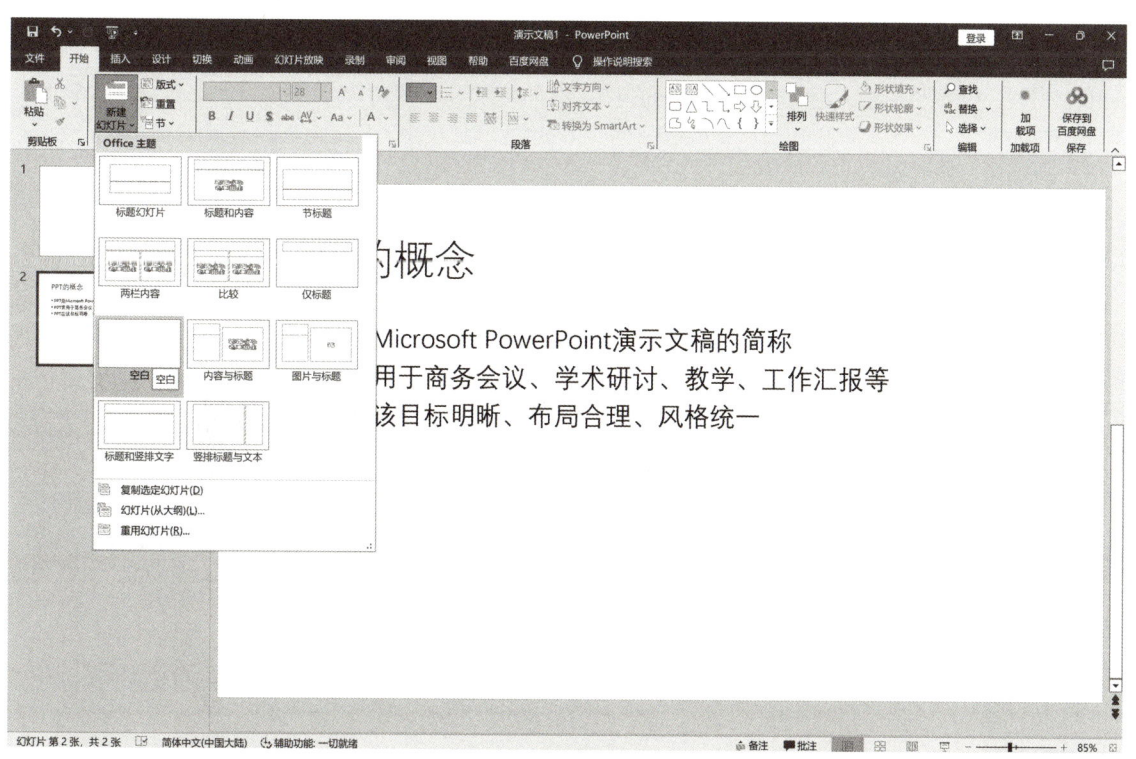

图 6-5 新建空白幻灯片

本次新建的正文页不包括任何占位符，完全为空。点击"插入"选项卡，则可看见文本框、页眉和页脚、艺术字、图片、形状等各种对象。制作者可以根据自己的设计理念在空白页面上放置合适的内容。例如，在第三页插入一个文本框、一个形状（向下箭头）以及一张本地图片，如图 6-6 所示。

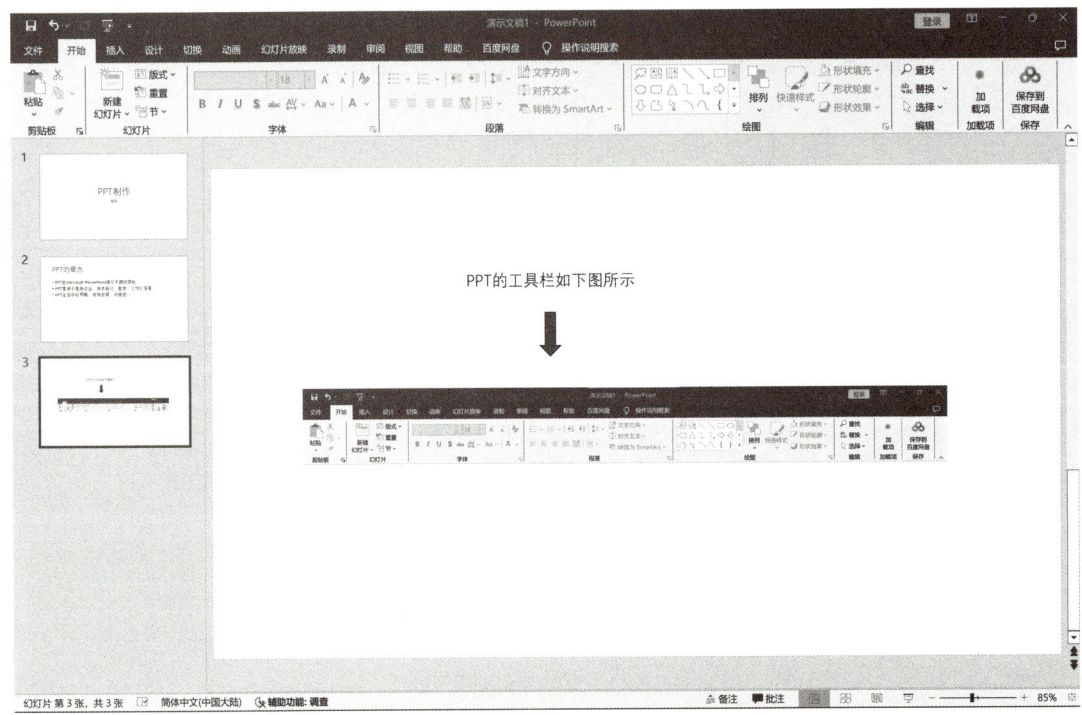

图 6-6　在空白幻灯片中放置文本框、形状及图片

最后制作结束页。例如，可以新建空白页面，插入艺术字，选择合适的字体，并将内容设置为"Thanks！"，则一份简单的 PPT 就制作完成。点击左上方"保存"按钮，选择"另存为""浏览"，则可将 PPT 文档保存在本机指定路径下，保存时可以指定文件名，并选择文档类型。PPT 文件的后缀为".pptx"，如图 6-7 所示。

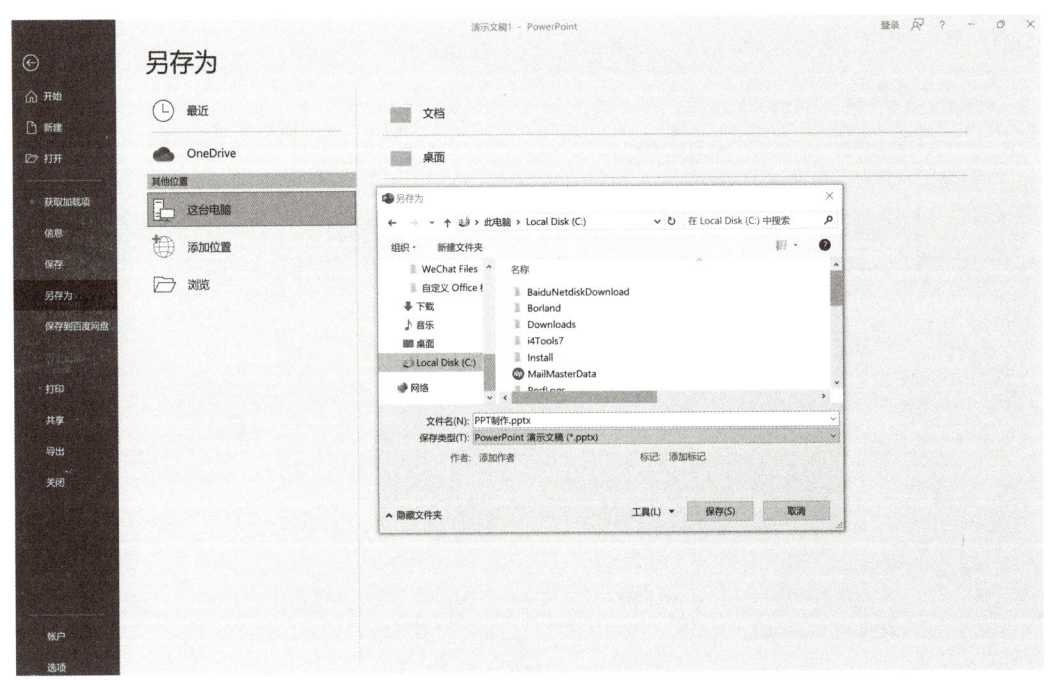

图 6-7　保存演示文稿

Microsoft PowerPoint2016 功能非常丰富。用户可以利用菜单、工具栏、快捷键等多种方式进行操作。上述案例仅展示了 PPT 制作的几个基础操作，下面将讲解其他常用操作。

6.2.3 幻灯片的基本操作

一个 PPT 演示文稿由多个幻灯片构成。本节介绍如何在一个演示文稿中选取、插入、移动、复制、删除幻灯片以及添加备注和更换幻灯片主题的方法。

1. 插入幻灯片

打开演示文稿后，首先在预览窗口中用鼠标选中某个幻灯片，接下来有三种方式可以实现在该幻灯片后插入一页新幻灯片的目标。

（1）菜单操作：选择"开始"选项卡后点击"新建幻灯片"，或是选择"插入"选项卡后点击"新建幻灯片"，如图 6-8 所示。

（2）在预览窗口中选择该幻灯片，单击右键，在弹出的快捷菜单中选择"新建幻灯片"，如图 6-9 所示。

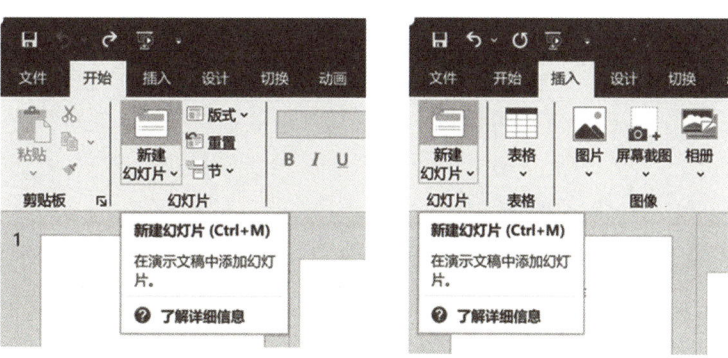

图 6-8　通过选项卡操作新建幻灯片

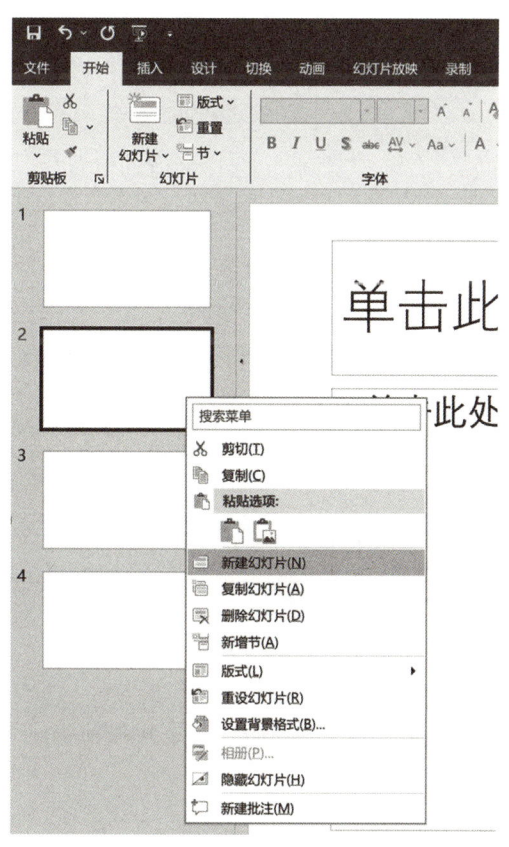

图 6-9　通过右键菜单新建幻灯片

（3）在预览窗口中选择某个幻灯片，按 Ctrl+M 组合键，也可快速新建一个幻灯片。

注意：在插入新幻灯片时，若点击"新建幻灯片"按钮的向下箭头，则可为新建的幻灯片指定某个 Office 主题，主题定义了幻灯片的版式，例如标题、标题和内容、仅标题、图片与标题等。用户可根据需求进行选择。

2. 选取幻灯片

在幻灯片预览窗口中可以查看幻灯片列表，并进行选中操作。

（1）鼠标单击某个幻灯片，即可在预览窗口中选中该幻灯片的缩略图，并在编辑窗口中显示其内容。

（2）单击起始幻灯片，按下 Shift 键后单击结束幻灯片，则可选中从起始幻灯片到结束幻灯片之间的所有幻灯片。

（3）按下 Ctrl 键后，单击多张编号不连续的幻灯片，即可同时选中这些幻灯片。

（4）按 Ctrl+A 键可以选中所有幻灯片。

3. 移动与复制幻灯片

移动幻灯片主要有两种操作方式：

（1）在幻灯片预览窗口中，用鼠标左键点击某幻灯片，将其拖动到合适的位置后释放左键，则可将该幻灯片移动到相应位置。

（2）选中某幻灯片，右键后在快捷菜单中点击"剪切"，在需要插入的位置右键，点击"粘贴"选项（或是按下 Ctrl+V 组合键），即可移动幻灯片。

复制幻灯片主要有两种操作方式：

（1）在预览窗口中选中需要复制的幻灯片，右键"复制幻灯片"，则在该幻灯片的下方会复制出一页完全相同的幻灯片。

（2）选中需要复制的幻灯片后，右键"复制"，选择合适的位置后，右键"粘贴"选项，指定选项后，则可将该幻灯片复制到指定位置。

4. 删除幻灯片

在预览窗口中选中待删除的一页或多页幻灯片后，右键"删除幻灯片"（或是直接按下 Delete 键），即可删除指定幻灯片。

5. 为幻灯片添加备注

点击"视图""备注"，则在幻灯片编辑窗口下方会出现备注窗口，用户可以在此添加备注信息，作为演讲时的提示与参考。

6. 更改幻灯片的版式

选中某张幻灯片，点击"开始"选项卡中的"版式"下拉按钮，则可为该幻灯片更改主题。

6.2.4 文本框

1. 插入文本框

文本框是一种文字容器，可以移动并调整大小。用户可以使用文本框在幻灯片中放置多个文字块，从而在任意位置添加文本信息。

点击"插入"选项卡，单击"文本框"按钮下方的下拉箭头，可以看见文本框分为横排和竖排两类，如图 6-10 所示。

图 6-10　插入文本框

选择所需类型文本框，利用鼠标在幻灯片上拖动，即可绘制文本框，并在其中输入文本。

2. 设置文本框属性

（1）形状格式

选中某个文本框，点击右键，选择"设置形状格式"，则可打开"设置形状格式"窗口。依次点击"形状选项""大小与属性""文本框"，则可设置文本框的对齐方式、边距等，如图 6-11 所示。

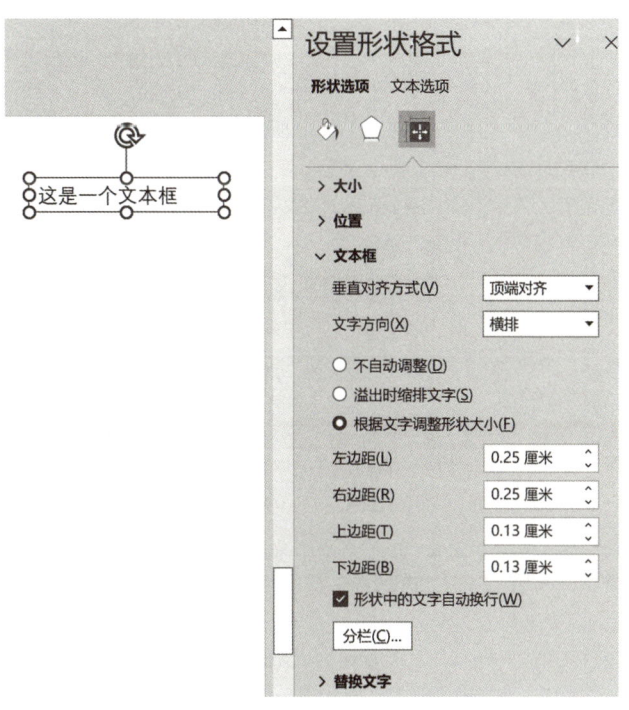

图 6-11　设置文本框的形状格式

在"设置形状格式"窗口中，还可以根据需求设置大小、位置、填充、线条、阴影、轮廓等参数。

（2）字体

若要调整文本框中文字的字体，可以首先选中文本，打开"开始"选项卡，在"字体"命令组中设置字体、字号、字形、颜色。继续展开"字体"命令组右下方的启动器按钮，则可打开"字体"对话框，在此可以进行字体和字符间距的设置。点击"字符间距"，可以设置间距和度量值，如图6-12所示。

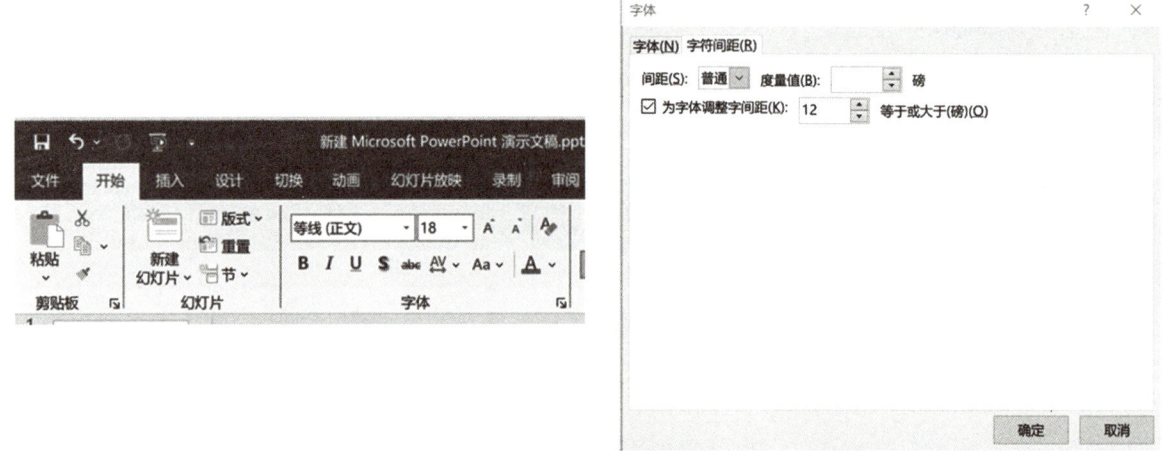

图 6-12　设置字体和字符间距

（3）段落

选中文本框，点击"开始"选项卡后，点击"段落"右下方的对话框启动器按钮，则可打开"段落"对话框。在此可以设置对齐方式、缩进、行距等参数，如图6-13所示。

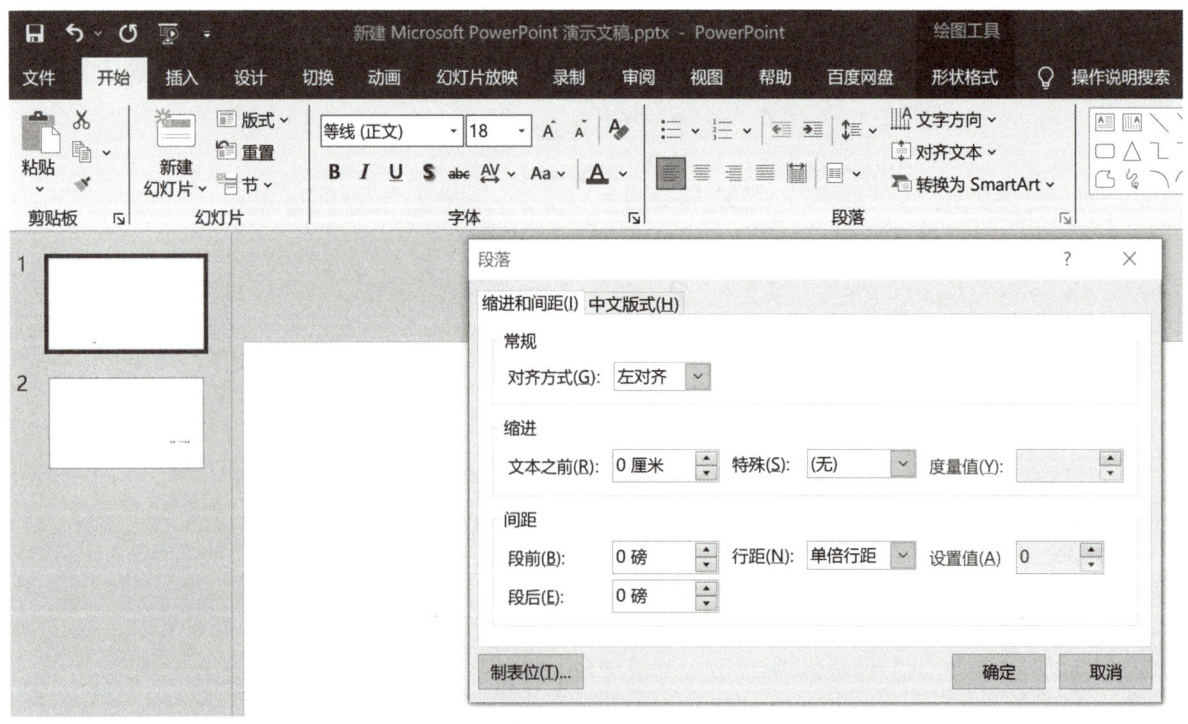

图 6-13　设置段落

（4）项目符号和编号

当文本框中包含多行并列文本时，可以通过添加项目符号或编号使内容更为清晰且有层次感。选中文本框，点击"开始"选项卡，在"段落"中选择"项目符号"，单击其左侧的下拉按钮，则可选择需要的项目符号，系统提供了7种项目符号类型。"项目符号"右侧的按钮是"编号"，单击下拉按钮，可以看见系统提供的8种编号类型，如图6-14所示。

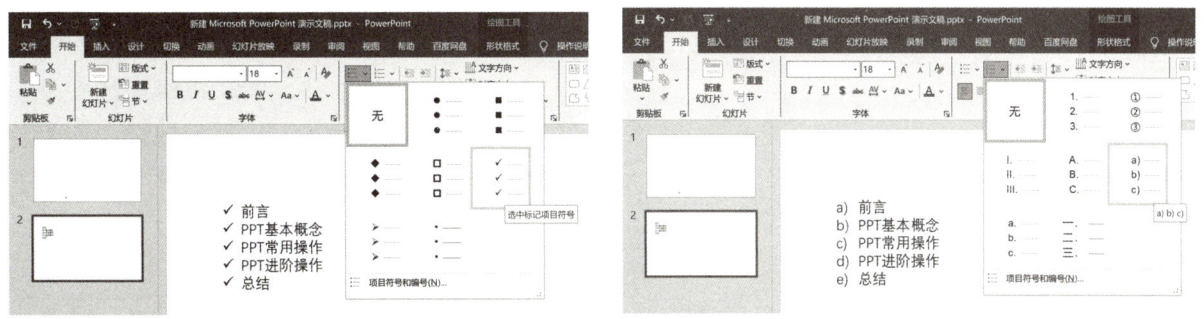

图6-14　项目符号和编号

继续点击下方的"项目符号和编号"，则打开相应对话框。选择"项目符号"，在此可以设置项目符号的类型、大小、颜色，并可以自定义图片或符号作为项目符号。选择"编号"，可以设置编号的类型、大小、颜色，并可以指定起始编号的值，如图6-15所示。

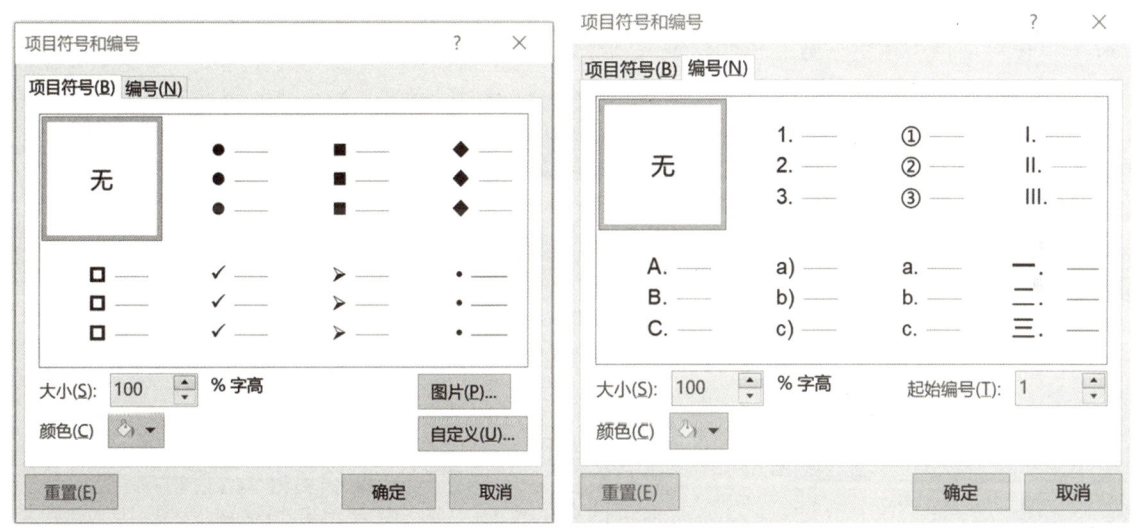

图6-15　项目符号和编号对话框

（5）文字方向

选中文本框，点击"开始"选项卡，在"段落"中选择"文字方向"下拉按钮，则可以设置文本框中文字的方向，例如可以横排、竖排、旋转90度，旋转270度，堆积等，如图6-16所示。

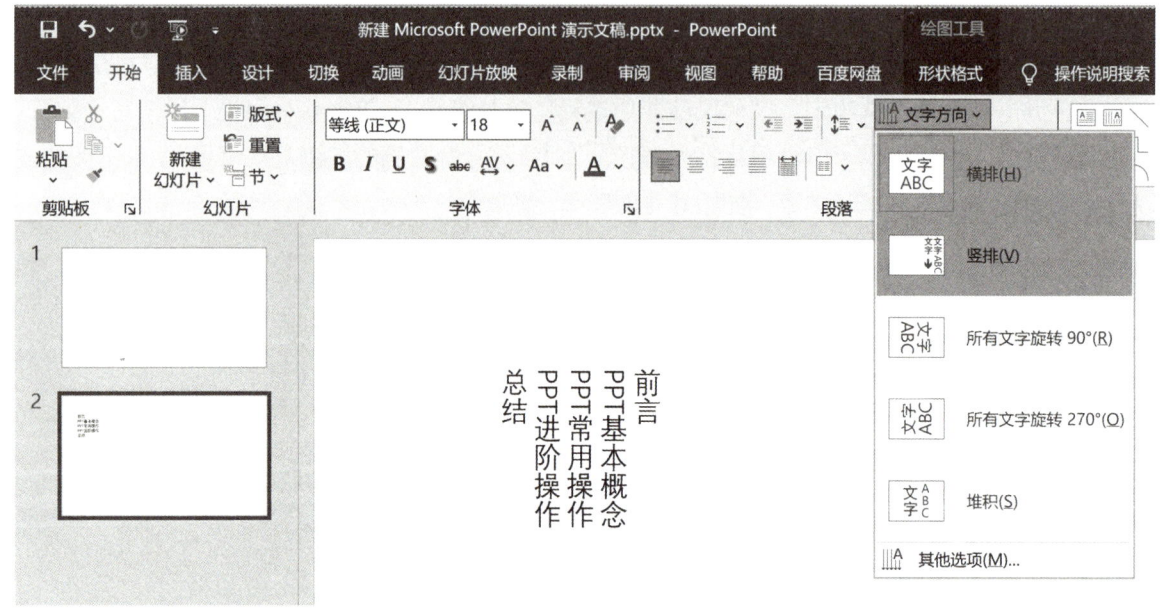

6-16 文字方向

（6）分栏

分栏可以使文本按照两列甚至更多列的形式排列。在"开始""段落"中，单击"添加或删除栏"下拉按钮，选择想要划分的栏数，即可达成分栏展示文本的效果，如图 6-17 所示。点击"更多栏"，可以进一步在对话框中指定栏数及栏间距。

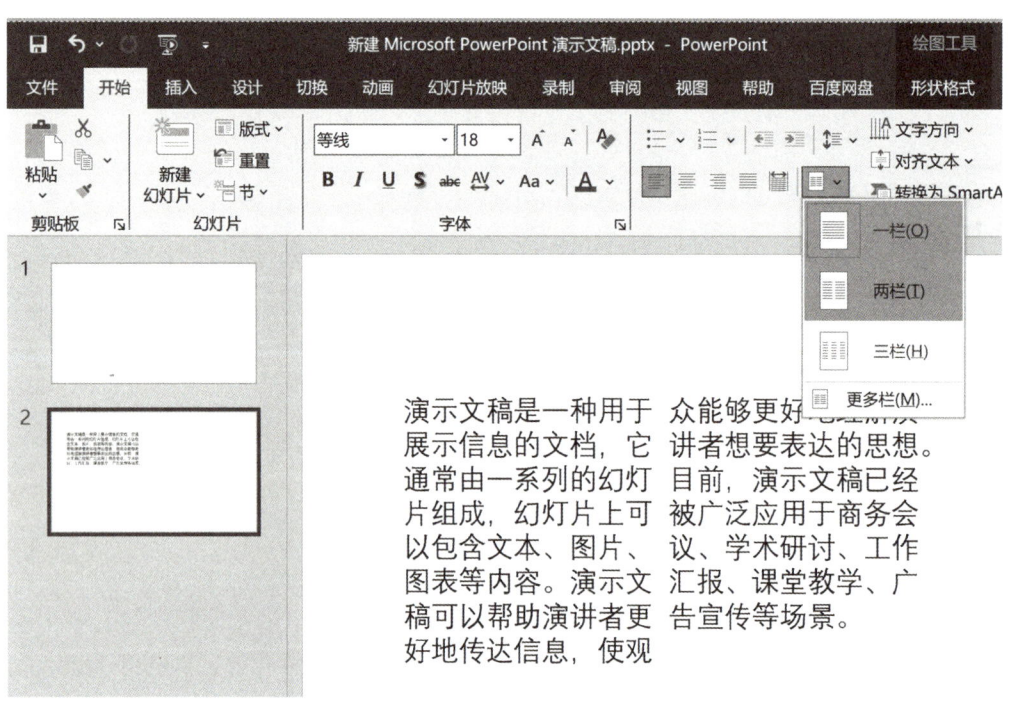

图 6-17 分栏

6.2.5 图片

在 PPT 中插入图片，可以更好地辅助文字表达，美化页面。在"插入"选项卡中点击"图片"下拉按钮，可以从"此设备"选择本地图片插入，也可以选择"联机图片"插入，如图 6-18 所示。

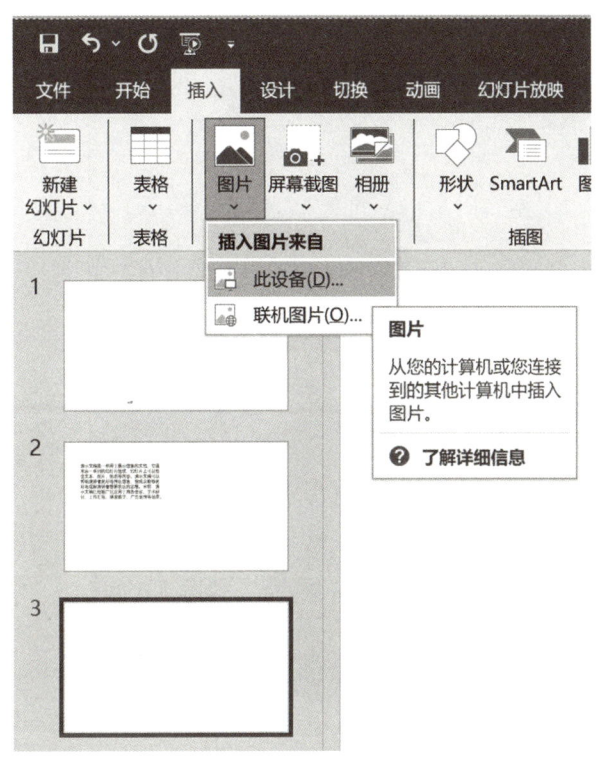

图 6-18　插入图片

将图片插入后，可以利用鼠标拖动，改变其位置。也可通过拖动图片四周的控制柄调整其大小。

1. 裁剪

若想改变图片尺寸，或者去除图片中的某些内容，可以对图片进行裁剪。有时图片上的一些内容不想要，或者想改变图片的尺寸，都可以对图片进行裁剪处理。

选中图片后，单击"图片格式"选项卡，单击"裁剪"。此时图片四周会出现裁切标记，移动裁切标记到合适的位置，单击空白处即可完成裁剪，如图 6-19 所示。

图 6-19　裁剪图片

2. 裁剪为形状

选中图片后，单击"图片格式"选项卡，单击"裁剪"下拉按钮，点击"裁剪为形状"，则可根据需求选择合适的形状对图片进行裁剪。图 6-20 展示了裁剪为椭圆形的图片效果。

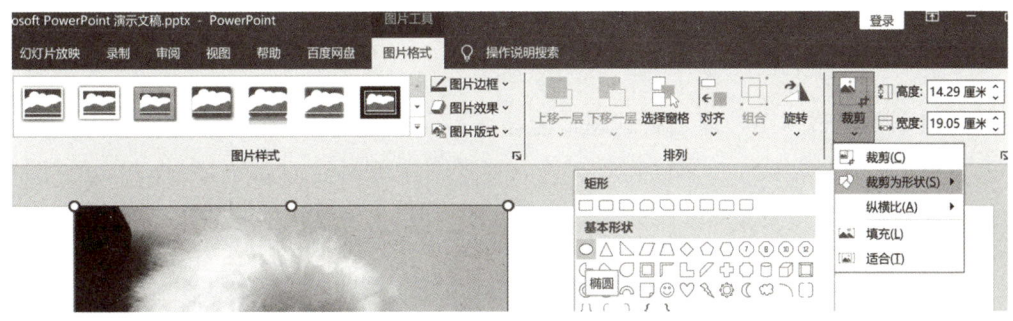

图 6-20　裁剪为形状

3. 设置纵横比

选中图片后,单击"图片格式"选项卡,单击"裁剪"下拉按钮,点击"纵横比",则可根据纵横比对图片进行裁剪,系统提供了方形、纵向、横向等多种比例的纵横比。图 6-21 展示了裁剪为方形的图片效果。

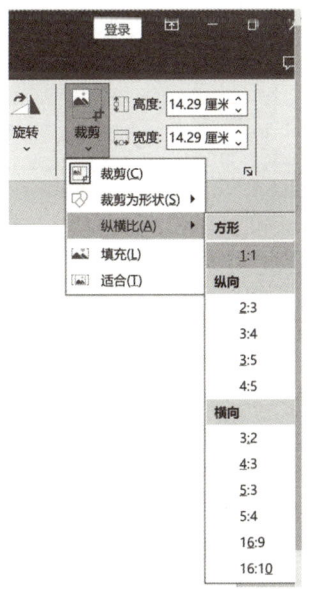 

图 6-21　设置纵横比裁剪图片

4. 抠图

在某些场景下，经过抠图处理之后的图片能够使页面更加生动。最常用的抠图方法是删除背景。选中图片后，单击"图片格式""删除背景"，进入背景删除模式后，拖动控制框四周的控制柄，设置抠图范围，设置保留区域以及删除区域后，点击"保留更改"，可实现抠图效果，如图 6-22 所示。

图 6-22　抠图

5. 校正

PPT 图片校正可以改善图片的亮度、清晰度和对比度。选中图片后，单击"图片格式""校正"，选择合适的校正效果，包括锐化 / 柔化以及亮度 / 对比度，即可实现图片的校正，如图 6-23 所示。

图 6-23 图片校正

6. 图片颜色与艺术效果

选中图片后，点击"图片格式""颜色"，可选择合适的颜色饱和度、色调等，对图片颜色进行修改。点击"艺术效果"，则可以选择不同的艺术效果并调整参数。

6.2.6 绘制图形

在 PPT 中可以插入图形，以增强表现力。点击"插入"选项卡，再点击"插图"命令组中的"形状"按钮，可以看见系统提供了线条、矩形、基本形状、箭头、流程图、星与旗帜、标注等形状。选择所需的图形，拖动鼠标，即可完成图形的绘制。

选中图形对象后，点击"形状格式"选项卡，则可对图形的样式、填充、轮廓、大小等进行设置。

6.2.7 表格

1. 插入表格

在"插入"选项卡中点击"表格"下拉按钮，可以插入表格、绘制表格，以及插入 Excel 电子表格，如图 6-24 所示。

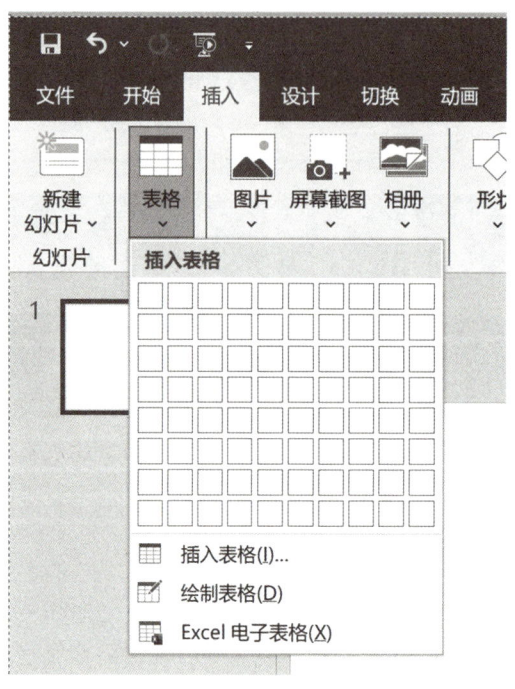

图 6-24 插入表格

可以通过鼠标选中多个行和列来设置表格的行数和列数。或者点击"插入表格"按钮，在相应对话框中设置表格的行数和列数，如图 6-25 所示。

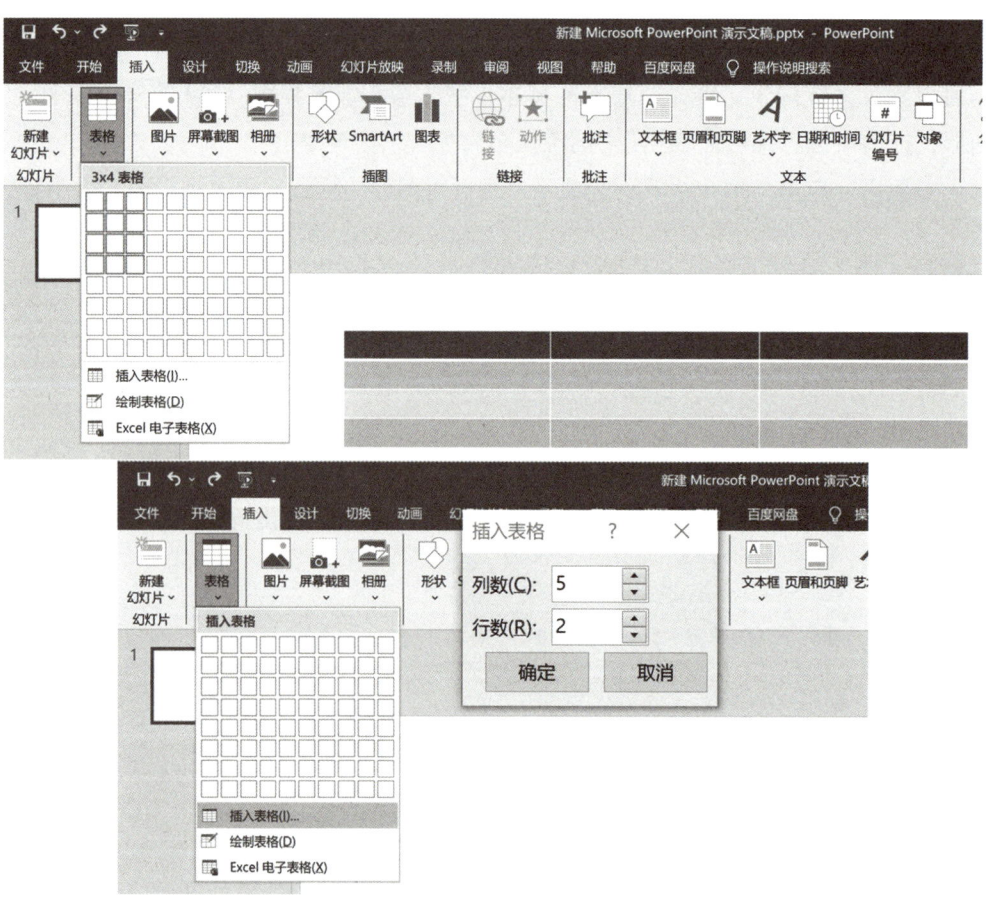

图 6-25 设置表格的行数和列数

用户也可以在 PPT 中插入 Excel 电子表格，从而使用 Excel 的相应功能。点击"插入"选项卡，点击"表格""Excel 电子表格"，则可以在 PPT 页面中插入一张 Excel 电子表格，如图 6-26 所示。

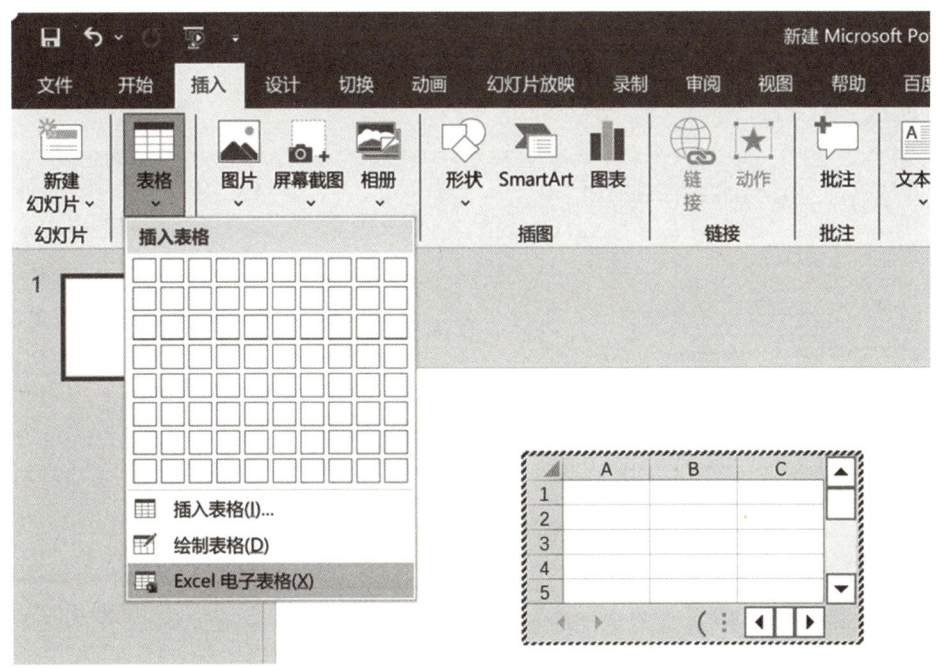

图 6-26　插入 Excel 电子表格

2. 编辑表格

（1）选择表格元素

将鼠标置于某个单元格内，单击"布局"选项卡，单击"选择"，在下拉列表中点击"选择表格"，则可选中整个表格。通过类似的操作还可以选中某列或某行，如图 6-27 所示。

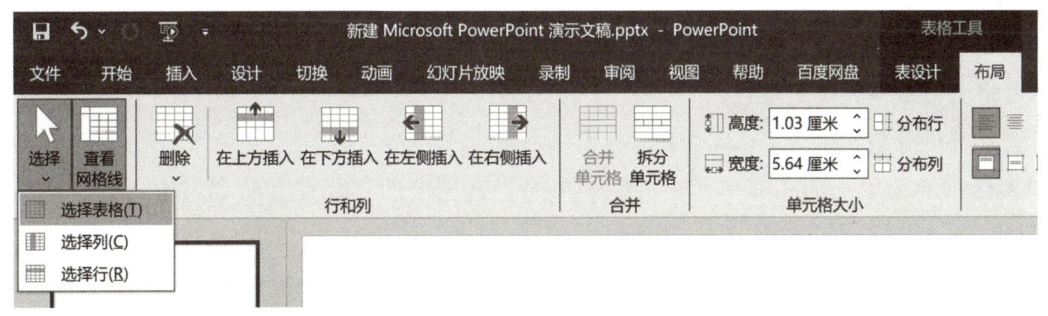

图 6-27　选择表格

除了采用菜单操作外，也可直接用鼠标操作选中表格元素。
- 选中单个单元格：将鼠标至于单元格左侧边界，待光标变为斜上箭头时，单击鼠标。
- 选中一组单元格：将鼠标指针至于区域左上角的单元格，按住鼠标左键拖动至区域右下角的单元格后，松开鼠标。
- 选中整列：将鼠标指针移动至列的顶端，待光标变为向下箭头时，单击鼠标。
- 选中整行：将鼠标移动至列的左侧，待光标变为向右箭头时，单击鼠标。

（2）移动行/列

选中需要移动的行或列，按住鼠标左键拖动至合适位置后松开鼠标，即可实现行或列的移动。

另一种方法是通过菜单操作，选中需要移动的行或列，单击"开始"选项卡中的"剪切"，将光标移动到合适的位置后，按下 Ctrl+V 组合键即可。

（3）插入行/列

将鼠标光标置于某个单元格，单击"布局"选项卡中"行和列"命令组中的"在上方插入"，则可在单元格上方插入一个空行，如图 6-28 所示。

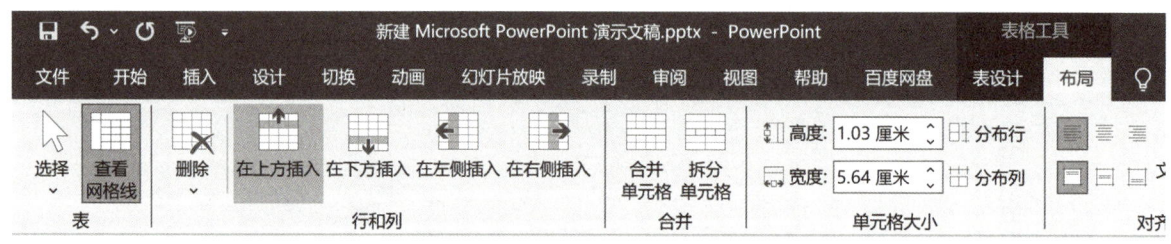

图 6-28　在上方插入行

点击其右侧的三个按钮，分别可以实现在下方插入空行、在左侧插入空列，以及在右侧插入空列的目标。

（4）调整单元格大小以及设置表格对齐方式

选中表格，在"布局""单元格大小"中可以设置表格中所有单元格的高度和宽度。在"对齐方式"中可以设置表格文字的对齐方式、文字方向、单元格边距，如图 6-29 所示。

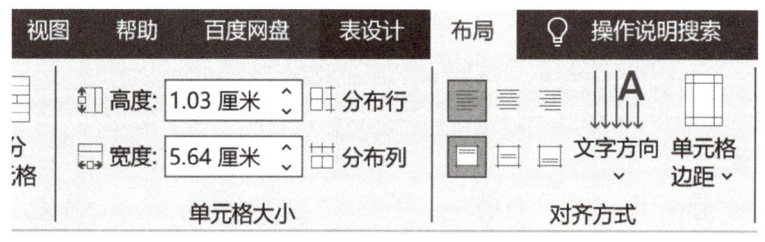

图 6-29　单元格大小及对齐方式

也可以对单个单元格进行操作。选中某单元格，设置其高度和宽度，则该单元格所在的行的高度与列的宽度将会被调整为指定参数。

（5）合并与拆分单元格

选中表格中两个以上的相邻单元格，在"布局"选项卡的"合并"命令组中，点击"合并单元格"，即可将选中单元格合并，如图 6-30 所示。

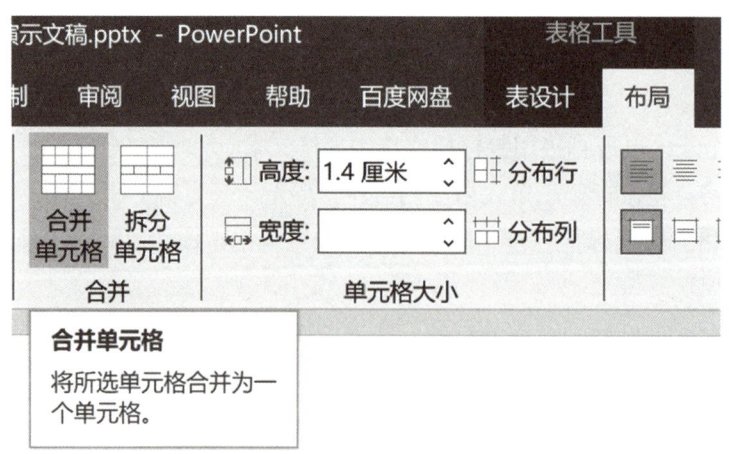

图 6-30　合并单元格

选中某单元格,点击"拆分单元格"按钮,可在拆分单元格对话框中设置需要拆分的列数和行数,点击"确定"即可完成拆分操作,如图 6-31 所示。

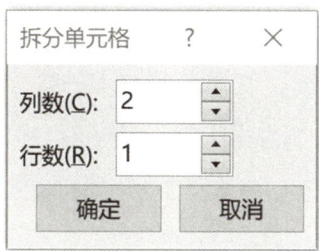

图 6-31　拆分单元格

3. 美化表格

PPT 提供了多种功能,使表格在提供信息的基础上,以更为美观的形式呈现。选中表格后,在"表设计"选项卡中可以对表格的样式、边框、底纹等进行装饰性设置。

(1)表格样式

选中表格,单击"表设计"选项卡,在"表格样式"中可以选取需要的表格样式。单击"表格样式"右侧下拉箭头,可以查看所有样式,如图 6-32 所示。

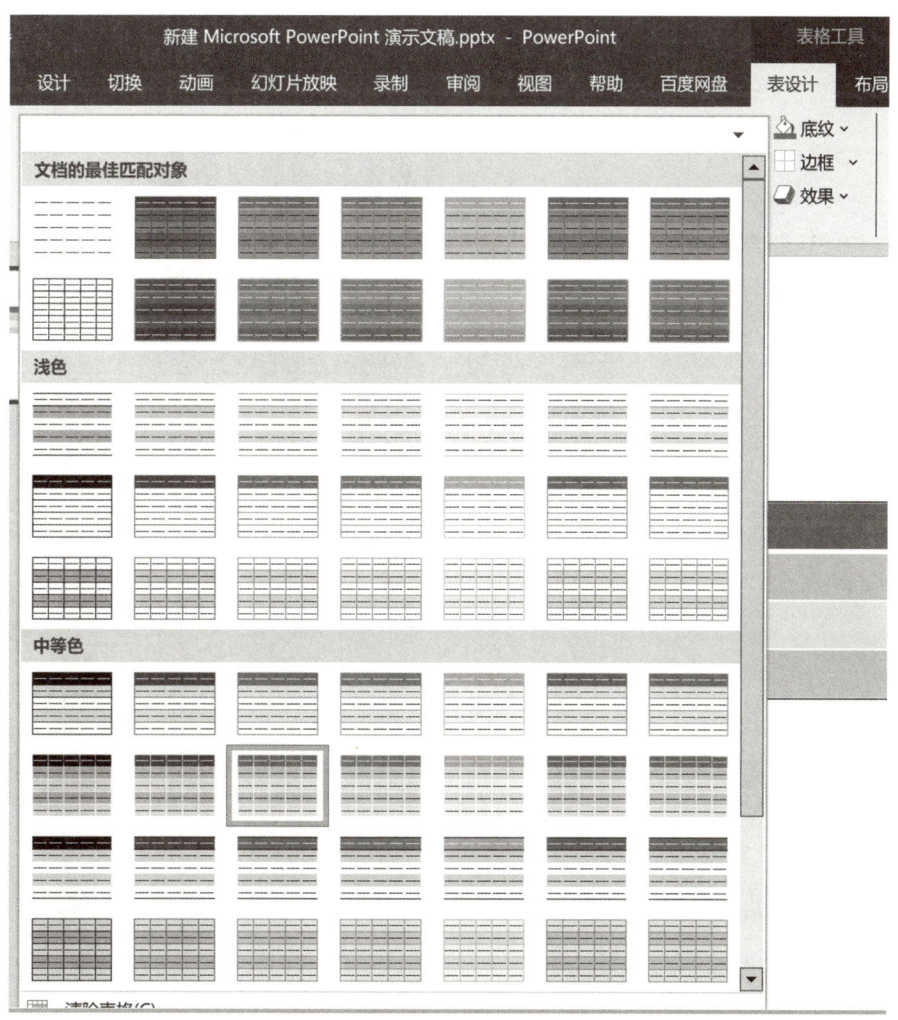

图 6-32　表格样式

设置表格样式后，可以在"表设计""表格样式选项"中设置标题行、汇总行、镶边行等参数，使指定的行或列突出显示，如图6-33所示。

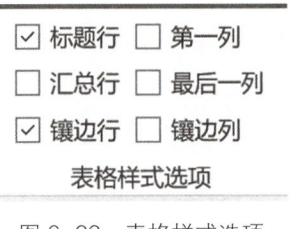

图6-33　表格样式选项

（2）表格填充

用户可以为单个单元格、单元格区域或整个表格设置颜色填充、纹理填充或图片填充。

选中表格中的待填充区域，依次点击"表设计""表格样式""底纹"，展开下拉箭头，则可以设置颜色、图片、渐变、纹理等填充方式，如图6-34所示。

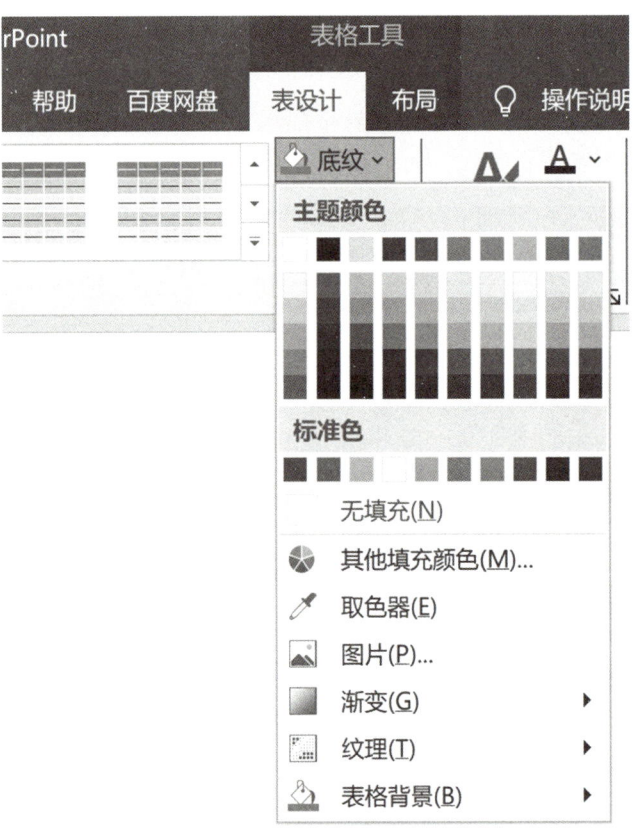

图6-34　表格填充

（3）表格边框

选中表格中待设置边框的区域，依次点击"表设计""表格样式""边框"，则可使用系统内置的边框样式对表格进行设置，包括无框线、所有框线、外侧框线、内部框线等，如图6-35所示。

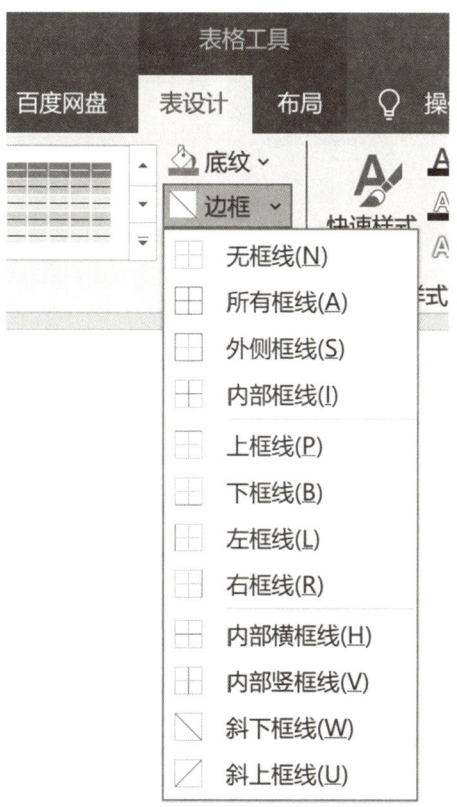

图 6-35　使用内置样式设置边框

若要设置边框颜色,可以首先选定区域,单击"表设计",在"绘制边框"命令组中单击"笔颜色",选择某色彩之后,光标呈现出笔状,此时在"边框"中选择某类型的框线,即可将选定区域的边框设定为指定颜色,如图 6-36 所示。

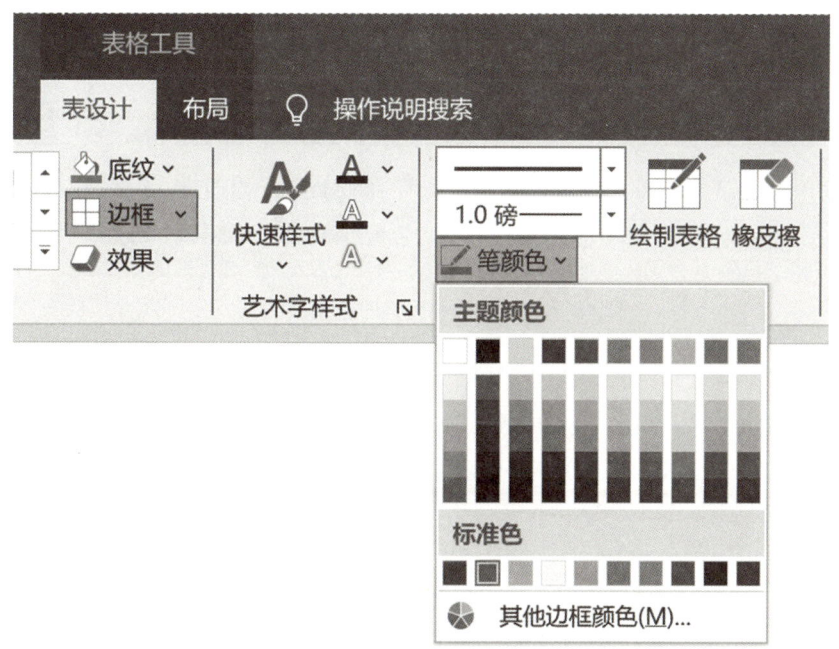

表 6-36　指定边框颜色

边框的线型和粗细也可进行设置,方法为单击"表设计",在"笔样式"中选择线型,在"笔划粗细"中设置粗细,如图 6-37 所示。

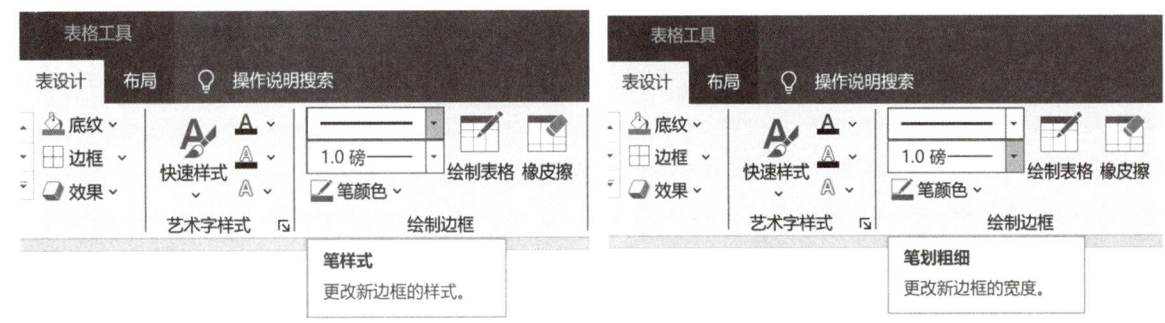

表 6-37　设置边框线型和粗细

（4）表格效果

表格效果包括凹凸效果，阴影，映像三类。选中表格，单击"表设计"选项卡，在"表格样式"命令组中单击"效果""单元格凹凸效果"，则可根据需求设置凹凸效果，如图 6-38 所示。

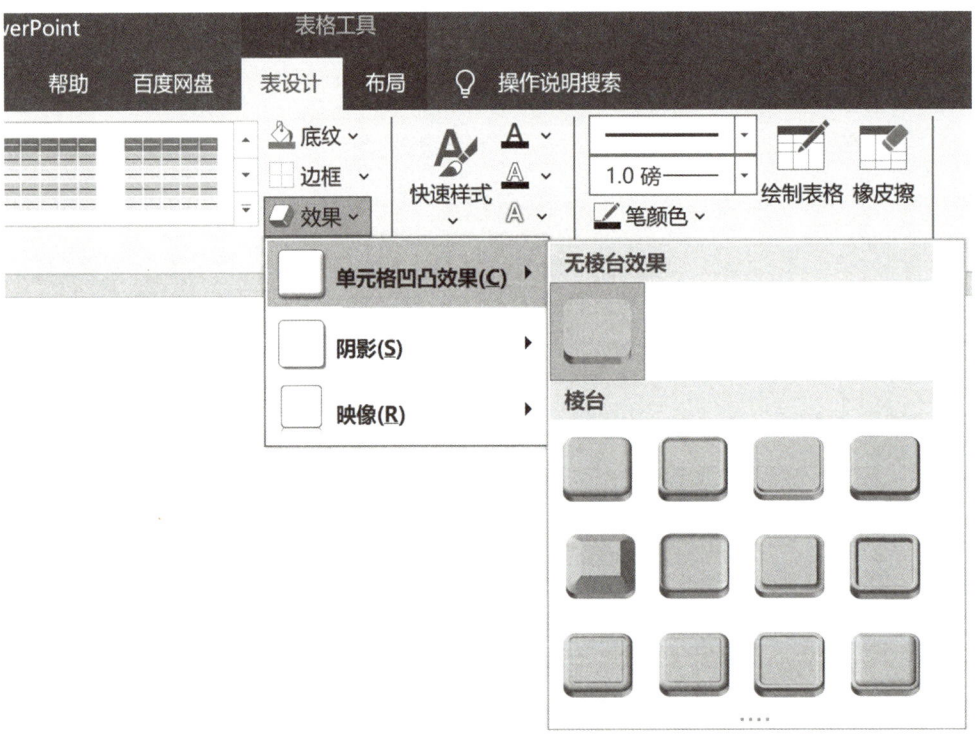

图 6-38　单元格凹凸效果

6.3 PPT 进阶操作

6.3.1 使用 SmartArt

SmartArt 是 Microsoft Office 软件内置的逻辑图表，在 PPT 中使用 SmartArt 图形，可以更为直观清晰地表达信息与观点。

1. 插入 SmartArt 图形

点击"插入"选项卡中的"SmartArt"按钮，则将打开相应对话框，如图 6-39 所示。

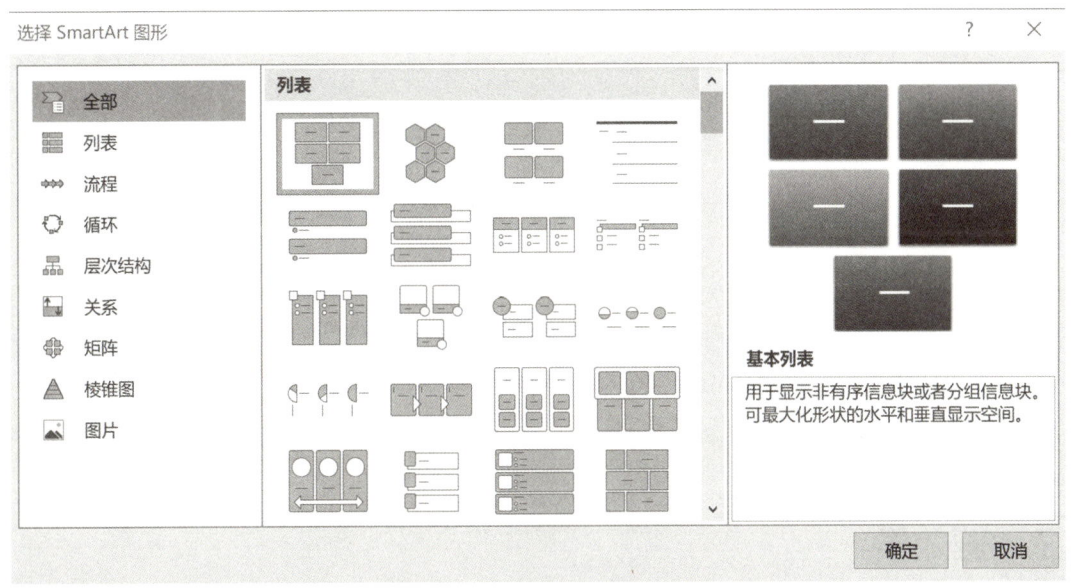

图 6-39 插入 SmartArt 图形

SmartArt 图形包括列表、流程、循环、层次结构、关系、矩阵、棱锥图、图片等类型。以制作一个表现项目实施过程的图形为例。点击"循环"，选择"文本循环"，则将插入一个文本循环类型的图形。在各文本框中分别输入"计划""分析""设计""实施""测试"，即可生成一个循环结构的项目实施过程示意图，如图 6-40 所示。

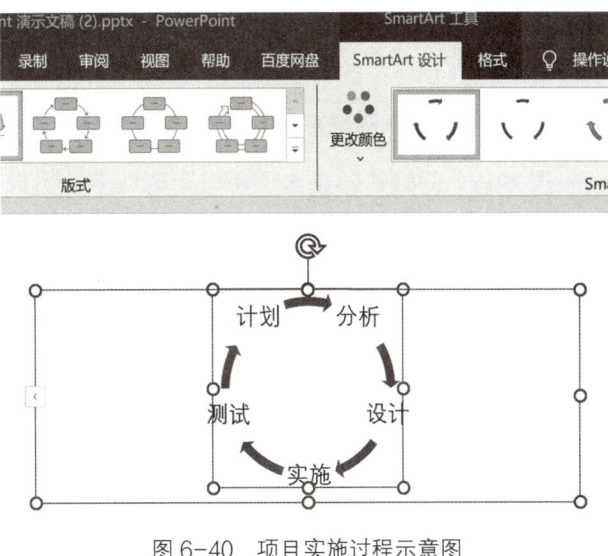

图 6-40 项目实施过程示意图

2. 设置 SmartArt 图形效果

选中 SmartArt 图形，在"格式"选项卡中可以完成多项设置。例如，可以在"形状填充"中设置形状的填充颜色；在"形状轮廓"中设置轮廓的样式和颜色；在"形状效果"中设置阴影、发光、柔化等效果。

点击"SmartArt 设计"选项卡，还可以更改配色方案、版式布局等。

3. 将文本框转换为 SmartArt

用户可以直接将文本框中的内容直接转换为 SmartArt，从而快速生成表现力丰富的图表。选中文本框，点击"形状格式"选项卡中"转换为 SmartArt"下拉按钮，选择合适的图形，即可将文本内容直接转换为 SmartArt 图形。以椎棱型列表为例，效果如图 6-41 所示。

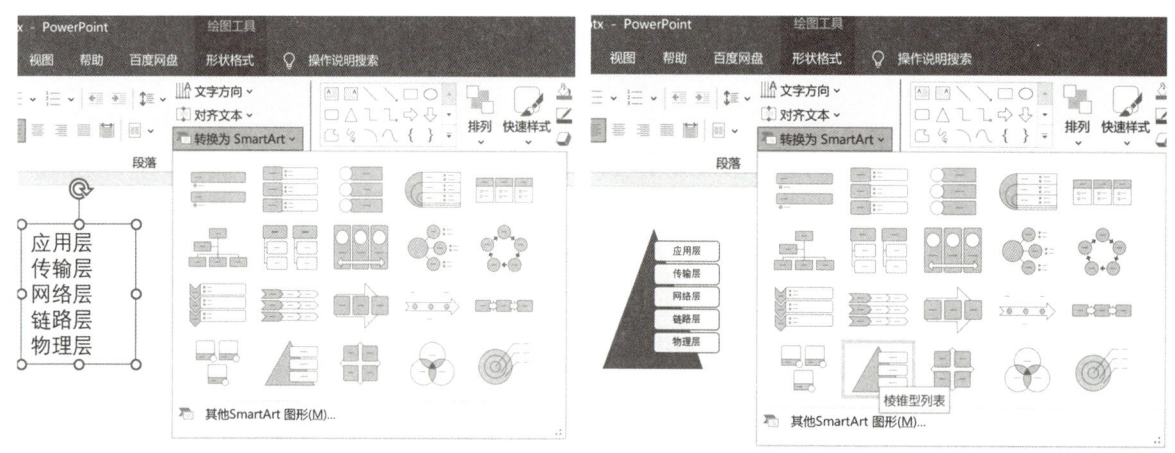

图 6-41　将文本框转换为 SmartArt 图形

6.3.2 动画效果

为 PPT 设置动画效果，定义如何切换幻灯片，以及幻灯片上的各种元素如何以某种顺序出现或隐藏，使演示过程更为生动。

1. 设置幻灯片切换动画

选中某个幻灯片，点击"切换"选项卡，可以为该幻灯片设置切换动画的参数，包括切换效果、声音、持续时间、换片方式等，如图 6-42 所示。

图 6-42　为幻灯片设置切换动画

若要为一组幻灯片设置同一种切换方式，可以同时选中这组幻灯片，按照上述步骤进行操作即可。

2. 制作对象动画

一页幻灯片中常包括多个对象（文本框、图片、图表等），为这些对象设计动画效果，可以清晰体现演示内容之间的逻辑关系，增强表现力。

选中某个对象，在"动画"选项卡中找到"添加动画"，点击其下拉按钮，则可对该对象的动画效果进行设置，如图 6-43 所示。

图 6-43　为对象添加动画

对象动画主要包括"进入、强调、退出、动作路径"四种效果。"进入"与"退出"方式定义了对象出现和消失的效果；"强调"表示对象已经存在，在合适的时间通过某种效果强化显示一下；"动作路径"则令对象沿着指定路线发生位置移动。

为幻灯片上的多个对象分别添加动画后，可以对它们的动画顺序进行调整。点击"动画"选项卡，点击"动画窗格"，选中某个对象后，点击向上箭头，即可将该对象的动画顺序提前一位，点击向下箭头，即可将其动画顺序置后一位，如图 6-44 所示。

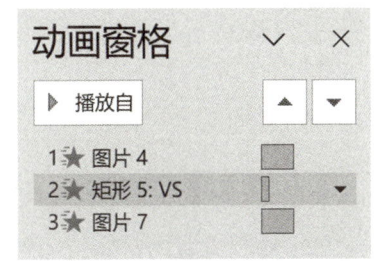

图 6-44　在动画窗格中调整动画顺序

在动画窗格中单击某个对象右侧的下拉按钮，则可对该对象的动画效果进行详细设计。其中，动画开始的时机包括单击开始、从上一项开始，从上一项之后开始三类，如图 6-45 所示。

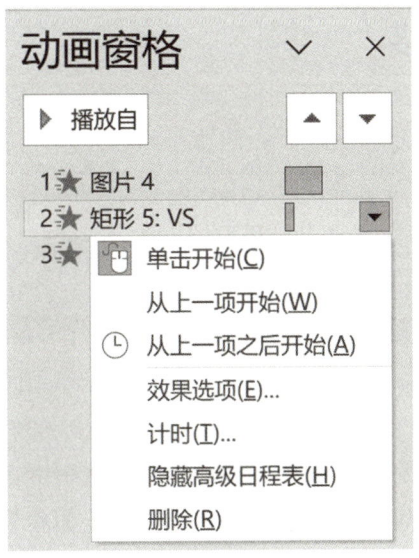

图 6-45　设置对象动画效果

点击效果选项，在弹出的对话框中可以针对"效果、计时和文本动画"进行设置。这里对"计时"设置进行简要介绍。如图6-46所示，一个对象的计时被设置为在单击时开始；延迟1秒，即动画被触发后，延迟1秒才开始执行；期间设置为2秒，表示动画的执行总时长为2秒；动画重复2次。

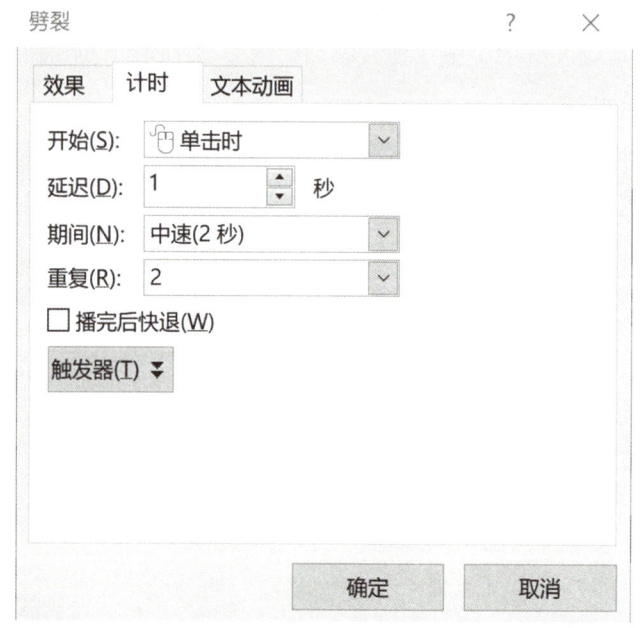

图6-46 设置动画计时

3. PPT 动画设置技巧

PPT 动画设置的常用技巧包括：一次性设置切换动画、设置动画自动切换时间、自定义切换动画持续时间、对单一对象指定多种动画、使对象按照路径运动、设置某个对象始终运动、设置多个动画同时播放、设置文本动画逐字显示、为动画设置声音等。

PPT 动画设置功能众多，无法在此一一介绍，用户可自行查阅资料进行学习。

6.3.3 动作按钮和超链接

1. 动作按钮

利用动作按钮可以使用户更为方便地控制 PPT 的播放。

点击"插入"选项卡，在"插图"命令组中点击"形状"下拉按钮，可以看到在弹出的下拉列表最下方有一排动作按钮，选中某按钮，拖动鼠标，即可在幻灯片的指定位置绘制一个指定大小的动作按钮。绘制完成时，将弹出一个操作设置对话框，此时可对该动作按钮在单击和悬停时的动作进行设置。

例如，选择"单击"选项卡，在"超链接到"下拉列表中选择"下一张幻灯片"，勾选"播放声音"，并在下拉列表中选择"锤打"声；选择"鼠标悬停"选项卡，将鼠标移过时的动作设置为无动作。如图6-47所示，经过上述设置，在 PPT 播放时单击该按钮将发出声音，并切换到下一页，鼠标悬停在该按钮上时不触发任何动作和声音。

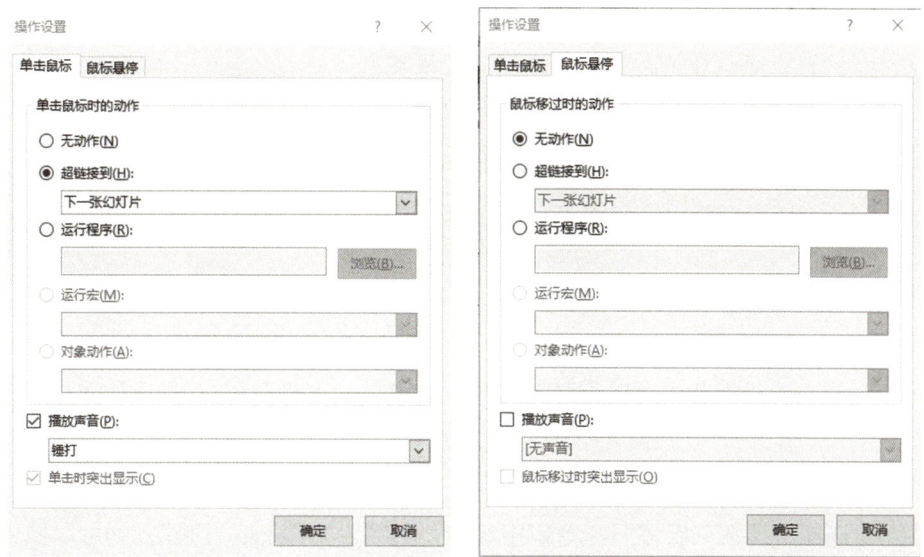

图 6-47　设置动作按钮

软件提供了多种动作按钮，可以用于前进、后退、开始、结束、第一页、最后一页、播放声音、播放视频等动作的控制。操作方法与前面的例子类似，此处不再赘述。用户可以根据需求完成动作的设计。

2. 超链接

幻灯片中的文本、图片等均可被设置为超链接，在播放时可以通过点击超链接而实现某种动作。超链接与动作按钮可以起到类似的效果，使得 PPT 的播放不再是简单的线性形式，而是可以呈现出良好的交互性。

例如，在目录页幻灯片中点击某文本框，选中其中的文本"第一章"，点击"插入"选项卡，在"链接"命令组中单击"超链接"，则打开"插入超链接"对话框。在左侧"链接到"命令组中选择"本文档中的位置"，指定"幻灯片 3"为链接到的目标位置。点击"屏幕提示"，在"设置超链接屏幕提示"对话框中将屏幕提示文字设置为"跳转至第一章"，则可设置一个 PPT 的内部链接，如图 6-48 所示。

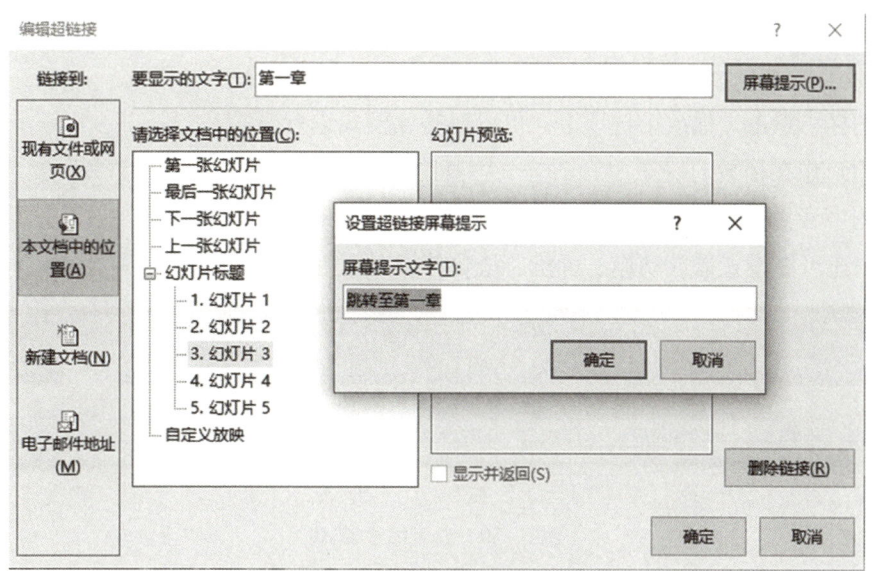

图 6-48　设置内部超链接

除内部超链接之外,还可以建立另外三种链接类型:
○ 现有文件或网页:点击超链接时打开指定文件或网页;
○ 新建文档:点击超链接时创建一个新的 PPT 文档;
○ 电子邮件地址:点击超链接时向指定邮箱发送电子邮件。

6.3.4 音频

在播放 PPT 时加入背景声音,可以很好地提升演示效果。本节介绍在 PPT 中加入音频的方法。

1. 插入音频文件

单击"插入"选项卡,在"媒体"命令组中选中"音频""PC 上的音频",则可以插入本地音频文件。插入成功后,PPT 中将出现一个声音图标,选中该图标将显示声音播放栏,如图 6-49 所示。

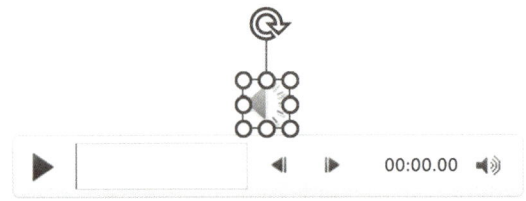

图 6-49　插入音频文件

2. 设置播放模式

选中声音图标,点击"播放"选项卡,可以对播放模式进行设置。

例如,若用户想在播放时隐藏声音图标,将其隐藏,可以勾选"放映时隐藏"复选框。默认情况下,页面插入的声音播放一次即停止,可以通过勾选"循环播放,直到停止"复选框达到声音循环播放的效果。用户还可以设置播放动作、音量、淡化持续时间等参数,如图 6-50 所示。

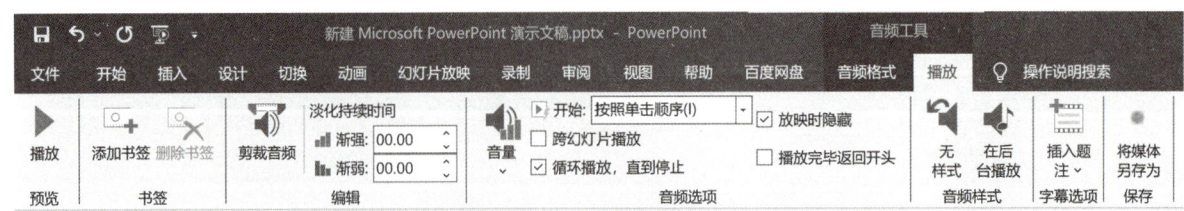

图 6-50　设置播放模式

3. 声音在多页面连续播放

选中声音图标，点击"动画"选项卡，在"高级动画"命令组中单击"动画窗格"，在动画窗格设置中点击音频右侧下拉按钮，点击"效果选项"，则打开"播放音频"对话框。在"效果"选项卡中可以设置开始播放和停止播放的位置。例如，可以设置声音在第 5 个 PPT 后停止播放，也可以在"计时"选项卡中设置重复播放的停止位置，如图 6-51 所示。

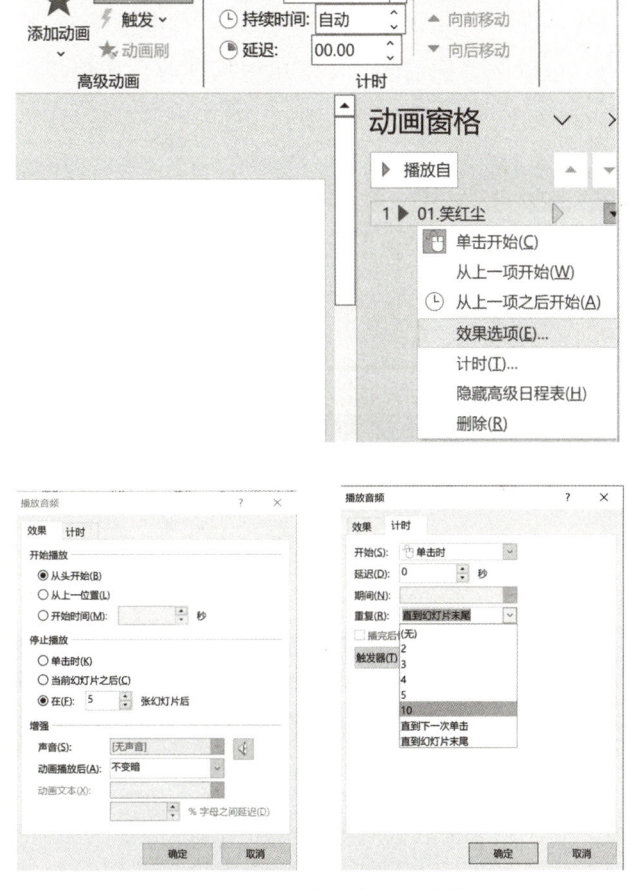

图 6-51　设置声音在多页面连续播放

4. 剪裁声音

通过剪裁操作，可以指定声音播放的起始时间和终止时间，从而选取用户需要的剪裁范围。选中声音图标后，点击"播放"选项卡，点击"剪裁音频"，则打开"剪裁音频"对话框。利用鼠标拖动左侧绿色控制柄和右侧红色控制柄，可以设置声音播放的起止时间，如图 6-52 所示。

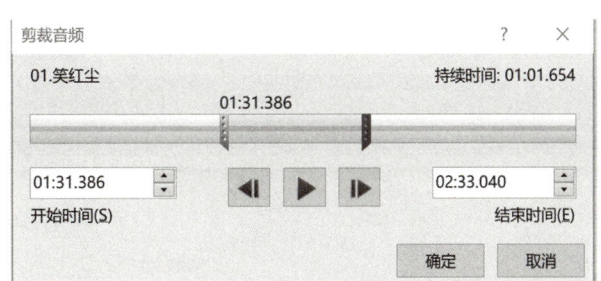

图 6-52　剪裁音频

6.3.5 视频

在 PPT 中嵌入视频，也是一种使演示更为出彩的方式。

1. 插入视频

单击"插入"选项卡，在"媒体"命令组中选中"视频""PC 上的音频"，则可以插入本地视频文件。拖动视频四周的控制点，可以调整视频的大小。鼠标指针放置在视频上，可以拖动其到合适的位置，如图 6-53 所示。

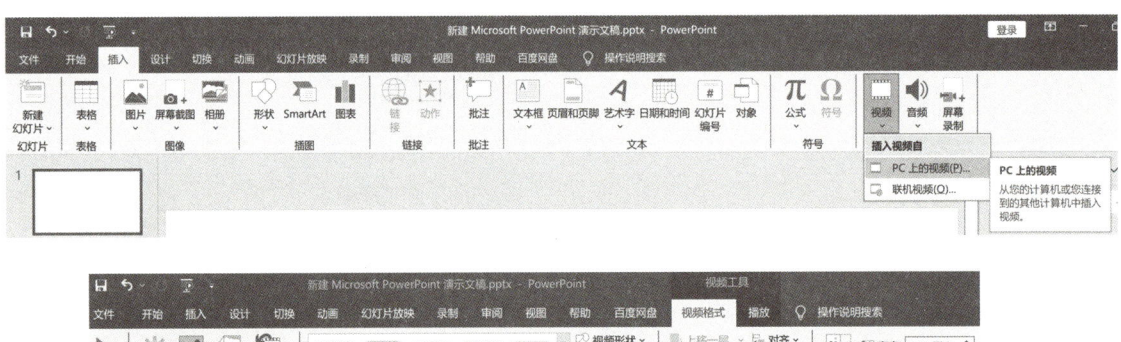

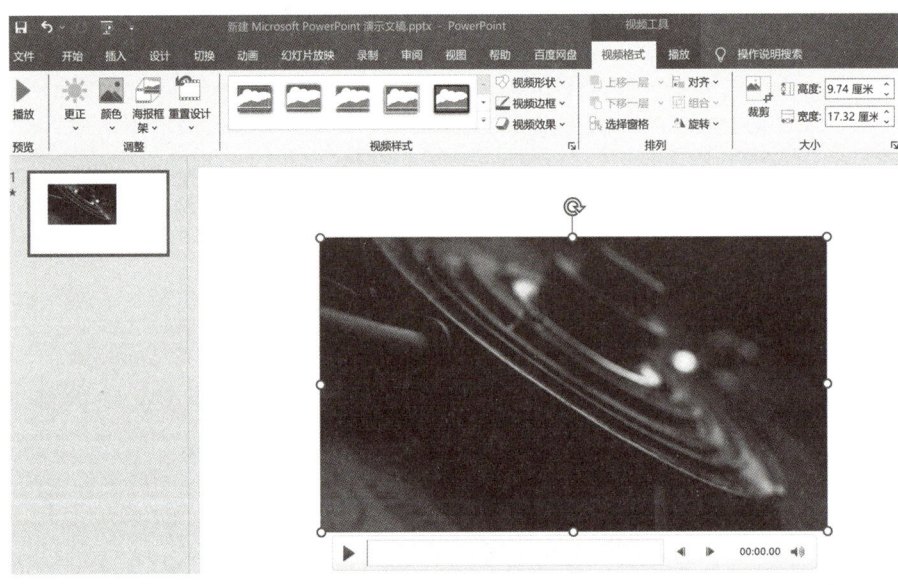

图 6-53　插入视频

2. 设置视频播放参数

选中视频，单击"播放"选项卡，可以根据需要设置播放模式。例如全屏播放、未播放时隐藏图标、自动播放等。也可以对视频进行剪裁，操作方法与音频类似，如图 6-54 所示。

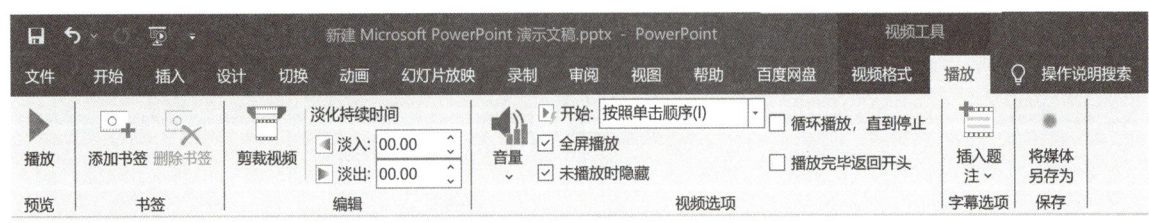

图 6-54　设置视频播放参数

6.3.6 应用设计工具栏

点击"设计"选项卡,可以看到"主题""变体""自定义"三个命令组,操作界面如图 6-55 所示。

图 6-55　设计选项卡

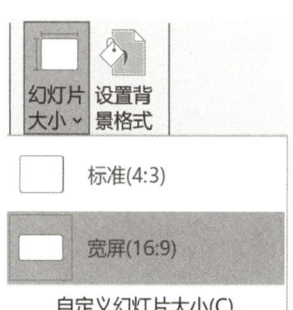

图 6-56　设置幻灯片大小

"主题"是一组统一定义的设计元素,包括颜色、字体及效果。PowerPoint 提供了多个预建主题供用户选择。用户一旦为演示文稿选择某个主题,则该主题的背景、配色方案等会应用于演示文稿中的所有幻灯片。

"变体"是对主题的拓展。在选中某个预建主题之后,可以进一步对颜色、字体、效果和背景样式进行设置,从而达到自定义主题的效果。

"设计"选项卡的最右侧有"幻灯片大小"和"设置背景格式"两个按钮。点击"幻灯片大小",则可以设置幻灯片的宽高比,包括标准(4∶3)和宽屏(16∶9)两种模式,也可以对幻灯片大小进行自定义,如图 6-56 所示。

点击"设置背景格式",则可定义幻灯片的填充、效果、图片等。背景格式可应用于当前幻灯片,也可应用于全部幻灯片。

6.3.7 模板

利用模板制作 PPT,常常能起到事半功倍的效果。PPT 模板通常由封面页、目录页、内容页、结束页等部分构成,提供了效果良好的版式设计,包括页面布局、文件样式、配色方案等。用户可以直接应用模板,在其基础上根据需求进行修改,从而生成自己的 PPT 文档。

PowerPoint 自带一些预定义模板,互联网上也有许多免费或收费的 PPT 模板资源可供下载使用。此外,用户也可以自行创建 PPT 模板。

1. 创建模板

首先创建一份包含各页面元素的设计效果良好的 PPT,依次点击"开始""另存为",在对话框中指定保存类型为"PowerPoint 模板",其文件后缀为".potx"。自定义 PPT 模板文件的保存位置默认为"C:\Users\ 用户名 \Documents\ 自定义 Office 模板",如图 6-57 所示。

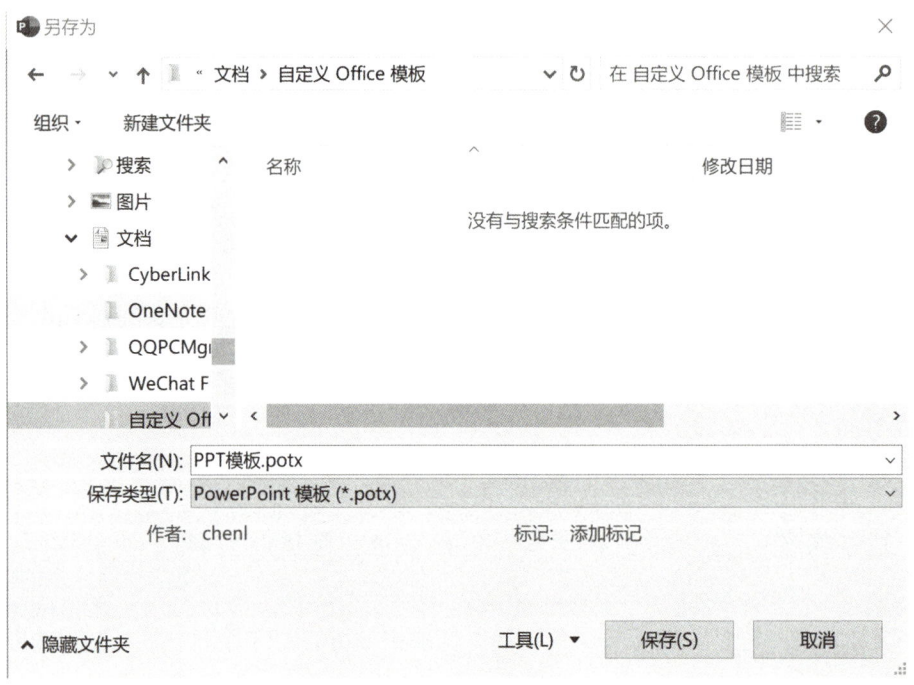

图 6-57　创建模板

2. 利用模板创建新演示文稿

点击"文件"选项卡，在弹出菜单中点击"新建"，在"Office"选项卡中可以看见若干软件预置模板。点击"个人"，则可以查看保存在当前电脑的自定义模板，如图 6-58 所示。

图 6-58　预制模板与个人模板

用户选中某个模板后,点击"创建",即利用该模板新建一个 PPT 演示文稿,如图 6-59 所示。

图 6-59 利用模板创建 PPT

接下来,用户可以套用模板,根据设计目标完成封面、目录、文本、图表等内容的填充、替换或修改,完成新演示文稿的制作。

6.3.8 母版

母版可以被视为模板的一部分,它是存储有关应用的设计模板信息的幻灯片,定义了幻灯片的样式,包括字形、占位符大小及位置、背景设计、配色方案等。

PowerPoint 提供了 3 种母版:幻灯片母版、讲义母版和备注母版。幻灯片母版用于批量、快速建立风格统一的 PPT 页面;讲义母版和备注母版用于在打印 PPT 时调整格式。

1. 设置与应用幻灯片母版

首先创建一个空白演示文稿,点击"视图"选项卡,在"母版视图"命令组中点击"幻灯片母版",则可打开幻灯片母版。左侧为版式预览窗口,中间的主体部分是版式编辑窗口,如图 6-60 所示。

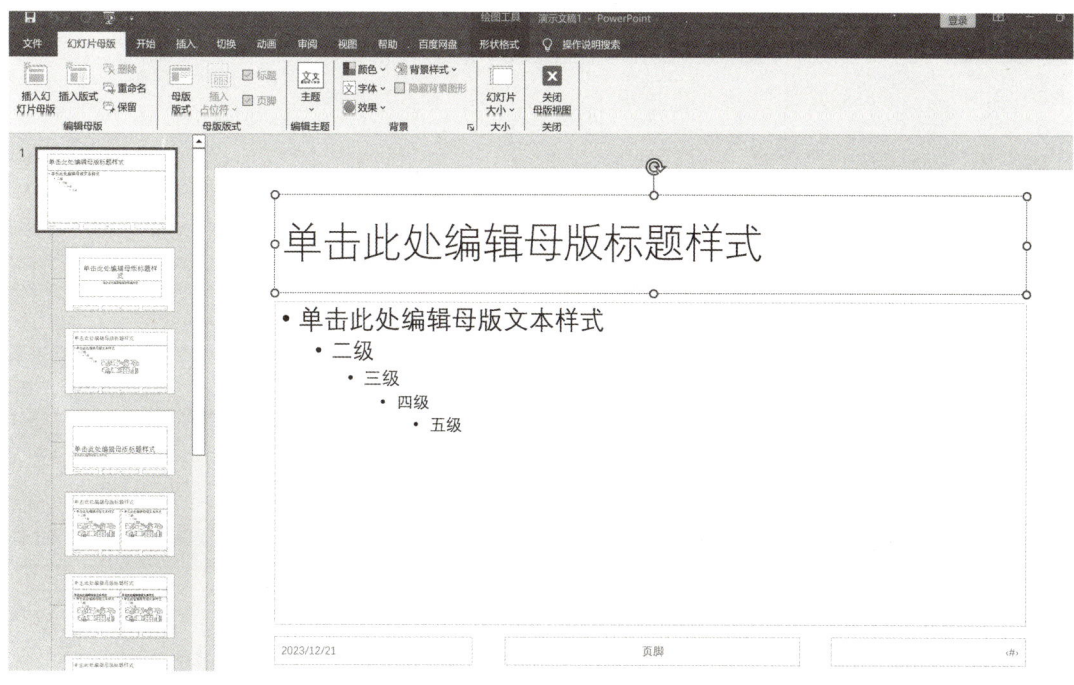

图 6-60 打开母版视图

预览窗口中的第一页为主题页，其余均为版式页。

用户在主题页中设置格式（标题、文本、背景等元素）后，该格式将被应用于所有幻灯片中。例如，选中主题页，在编辑窗口中点击鼠标右键，在弹出菜单中选择"设置背景格式"，则可为所有幻灯片设置统一的背景，如图 6-61 所示。

图 6-61　设置主题页背景格式

接下来可以对主题页的标题以及多级文本样式进行设置，点击"开始"选项卡，分别选中标题以及各级文本，对其颜色、字体、项目编号等进行设置。

版式页包括标题页和内容页两类。系统已经预置了 11 种版式，包括标题幻灯片、标题和内容、节标题、两栏内容、仅标题等，在"Office 主题"中可以查看这些版式页的设计结构。用户可以根据需求对这些版式的字体、背景等进行设置。同时，用户也可以通过点击"插入版式"而新增自定义的版式。

用户在自定义版式时，可以对主题、幻灯片大小、背景等进行设置，并且可以插入各种占位符。点击"幻灯片母版"选项卡中的"插入占位符"按钮，则可以根据设计需求插入内容、文本、图片、图表、表格等占位符，完成页面元素的设计，如图 6-62 所示。

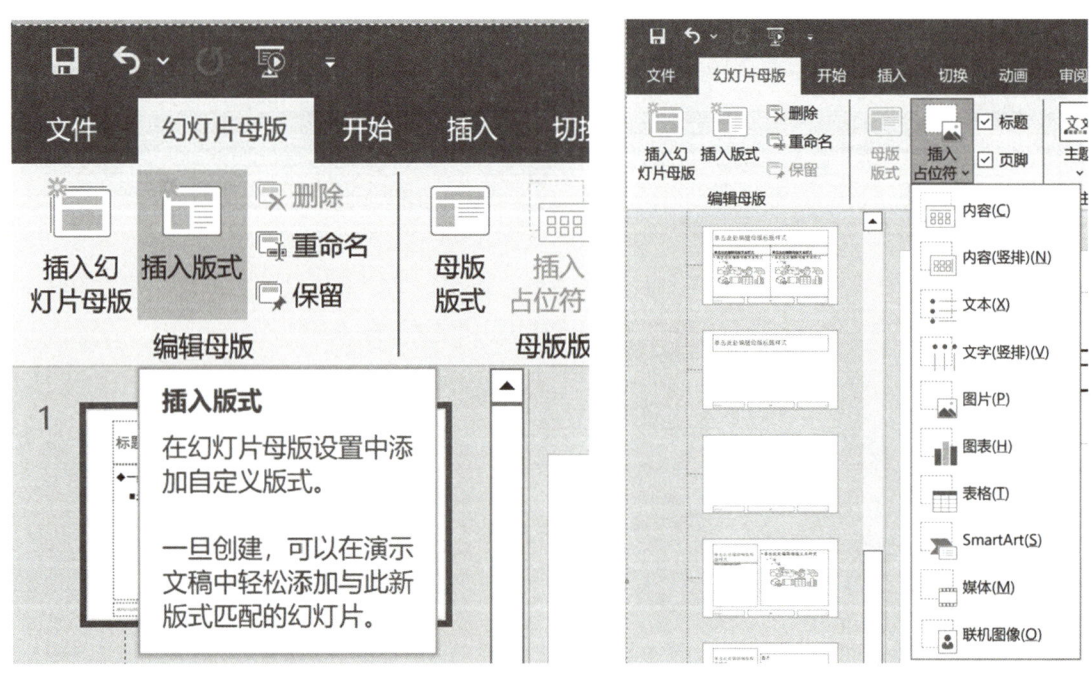

图 6-62　插入新版式与插入占位符

对于新版式，可以点击"重命名"为其命名。例如，将其命名为"自定义版式 demo"。

当所有的母版设计均完成后，点击"关闭母版视图"，则回到演示文稿的编辑状态。此时再进行新建幻灯片操作，用户见到的 Office 主题中将会新增一个名为"自定义版式 demo"的主题。

在制作 PPT 之前先完成母版的设计，可以使得所创建的幻灯片均与母版中预先设置的版式相同，从而保证了 PPT 在整体设计风格上的一致性。

2. 讲义母版与备注母版

讲义母版是自定义演示文稿用于打印讲义时的外观。在演示文稿编辑状态下，点击"视图""讲义母版"，则可对讲义方向、幻灯片大小、每页幻灯片数量、页眉页脚、日期、主题、背景样式等进行设置，如图 6-63 所示。

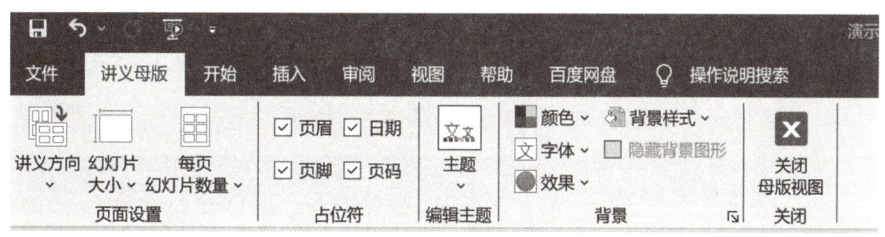

图 6-63　设置讲义母版

备注母版可以定义演示文稿和备注一起打印的效果。其操作方法与讲义母版类似，此处不再赘述。

6.3.9 演示与输出

PPT 制作完成之后，演讲者可以播放 PPT 并配合进行相应的演讲，还可以将 PPT 输出为各种文件，或将其打印为纸质文稿。

1. 常用演示操作

点击"幻灯片放映"选项卡，选取所需的放映方式，即可播放 PPT。常用的放映方式包括"从头开始"和"从当前幻灯片开始"两种方式。用户也可以点击幻灯片编辑窗口右下方的"播放"按钮放映 PPT，如图 6-64 所示。

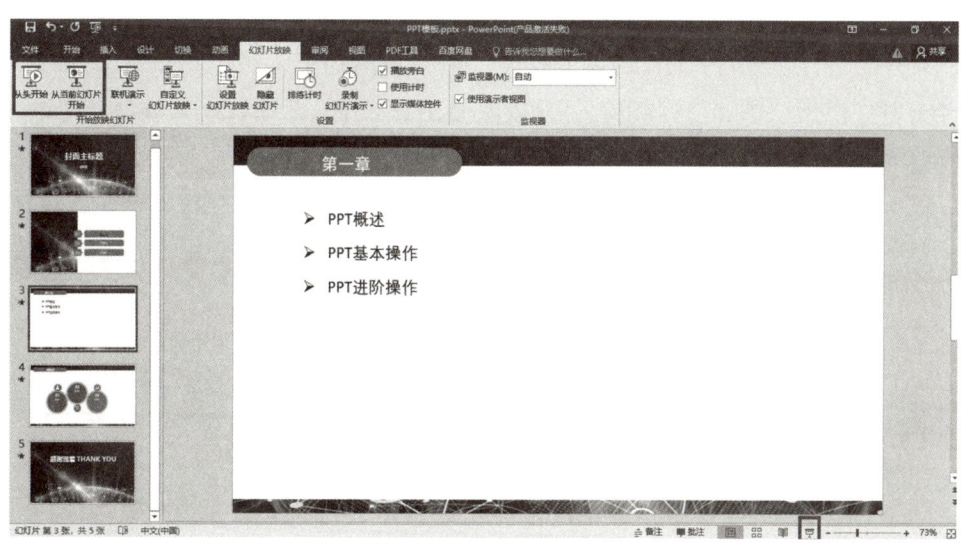

图 6-64　放映 PPT

用户还可以使用快捷键播放 PPT，这种方式更为高效。打开演示文稿后，按 F5 键，即可从头开始播放。在放映过程中，按 Ctrl+P 组合键，则可使播放暂停，并激活"激光笔"功能，用户可以在放映页面中进行书写。对于激光笔书写的线条，按下字母键 E 即可将其删除。若要停止放映，可以按下 Esc 键，此时演示文稿编辑窗口中展示的是当前正在放映的页面。

2. 使用演示者视图

在制作 PPT 时，用户可以在幻灯片下添加备注，为演讲时提供辅助提示信息。观众通过投影观看到的是 PPT，而演讲者可以在自己电脑屏幕上同步看到备注。

首先点击"幻灯片放映"选项卡，在"监视器"命令组中勾选"使用演示者视图"。按下 F5 键放映幻灯片，单击鼠标右键，在弹出菜单中选择"显示演示者视图"，即可进入演示者视图模式，即左侧为当前放映的幻灯片，右侧为预览以及备注信息，如图 6-65 所示。

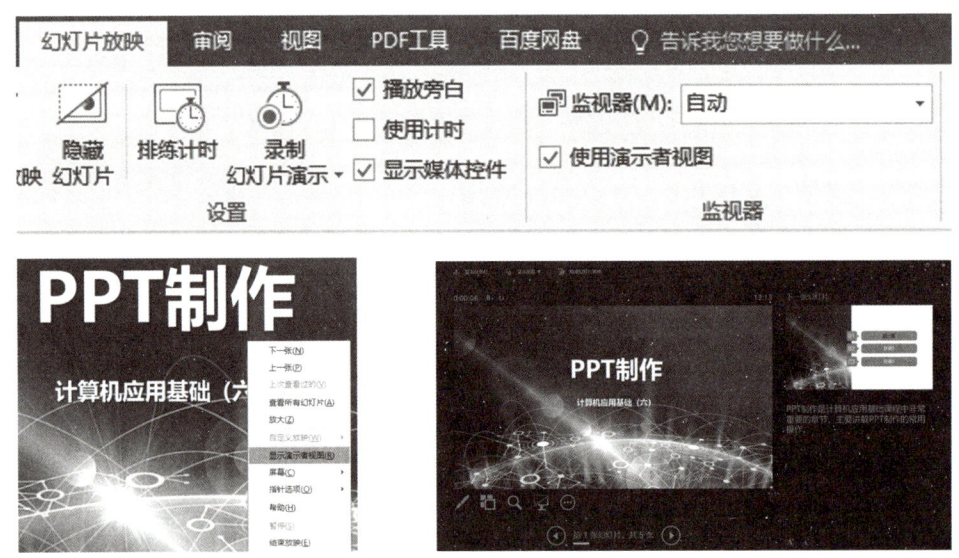

图 6-65　演示者视图

3. 自定义演示方式

在某些场合下，用户不需要放映完整的 PPT，此时可以自定义演示方式。

点击"幻灯片放映"选项卡中的"自定义放映"，在打开的"定义自定义放映"对话框中可以选取需要播放的幻灯片，点击"添加"，调整幻灯片放映的先后顺序，从而自定义放映 PPT 的片段，如图 6-66 所示。

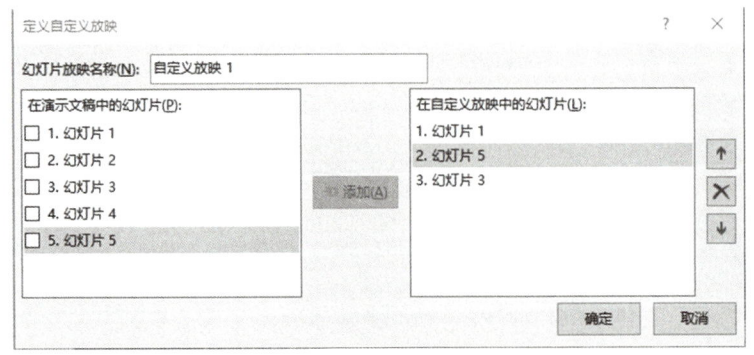

图 6-66　自定义放映

用户还可以通过指定 PPT 的放映范围，设置放映时长等演示方式。

4. 输出

制作完成的 PPT 文档可以输出为视频、图片、PDF 文档等，用户只需在"另存为"操作时选择输出的文件类型即可。

另一种输出为其他类型文档的方法是点击"文件""导出"，选择相应的导出类型，如图 6-67 所示。

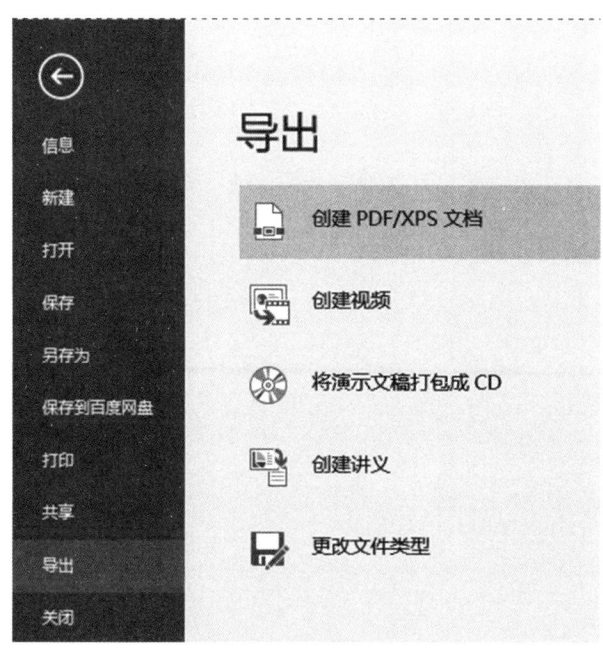

图 6-67　导出演示文稿

第7章

绘图软件

本章知识点

1. Visio软件的简介；
2. Visio软件的界面；
3. Visio软件的基本操作；
4. Visio绘图案例实战。

学习目标

1. 了解Visio软件的主要应用；
2. 掌握Visio软件的基本操作；
3. 能运用Visio软件绘制图。

学习重难点

1. Visio的主要应用场景；
2. Visio的基本操作。

学习建议

1. 从基础操作开始练习；
2. 多进行实际案例操作。

7.1 Visio 软件简介

7.1.1 认识 Visio 软件

Visio 是微软公司开发的一款流程图、组织图、楼层平面图等多种图表制作的软件，是 Office 套件的一部分。

Visio 可以创建多种图表，包括流程图、组织图、楼层平面图、网络图、软件和数据库图等。它还支持 3D 模型和动画，可以更加直观地展示设计成果。

此外，Visio 还具有自动布局功能，可以自动调整图表元素的位置，使图表更加美观和易于理解。它还支持多种数据源，包括 Excel、Access、SQL Server 等，方便用户进行数据分析和处理。

Visio 具有以下特点：

- 简单易用：操作界面简洁明了，上手容易，即使是没有任何绘图经验的人也可以快速掌握。
- 功能强大：支持多种图表类型和 3D 模型，可以满足不同用户的需求。它还具有自动布局和数据分析功能，可以让用户更加轻松地创建和编辑图表。
- 兼容性好：可以与 Office 套件中的其他软件无缝集成，方便用户进行数据共享和交互操作。

Visio 广泛应用于多个领域，包括 IT、制造业、服务业、政府机构等。在 IT 领域，Visio 可以用于绘制系统架构图、网络图、流程图等；在制造业领域，Visio 可以用于绘制工厂平面图、机械零件图等；在服务业领域，Visio 可以用于绘制服务流程图、组织图等；在政府机构领域，Visio 可以用于绘制楼层平面图、道路规划图等。

7.1.2 Visio 软件版本

1992 年，Visio 公司成立，并发布了第一代产品，即 Visio 1.0。这个早期的版本主要面向企业级用户提供，帮助他们创建各种流程图和组织图。1997 年，微软公司收购了 Visio 公司，并将其整合到自己的 Office 套件中。此后，Visio 成为 Office 套件中的一个重要组件。这一变化为 Visio 带来了新的发展机遇，也使其在市场上的影响力不断扩大。

当前最为常用的版本是 Visio 2019，与 Visio 2016 相比，Visio 2019 的新功能包括更强大的数据可视化能力，包括针对 Excel 和 SharePoint 数据的实时数据连接，以及对自定义数据模型和数据驱动图形的支持。此外，Visio 2019 还引入了新的主题和效果，使用户可以更轻松地美化图形。

Visio 2019 分为标准版和专业版。标准版（Visio Standard）和专业版（Visio Professional）共享相同的界面，但是专业版具有用于更高级的图和布局的附加模板，以及旨在使用户轻松地将其图连接到数据源并以图形方式显示其数据的功能。

本书以 Visio 2019 专业版为例，详细介绍其主要功能及基本操作，通过大量实例讲解来展示其实务应用技巧，便于用户更快速地熟悉软件中各主要指令与工具的运用。

7.1.3 Visio 的主要应用场景

Visio 提供了超过 80 种模板，Visio 模板页如图 7-1 所示。应用领域非常广泛，主要包括以下几个方面。

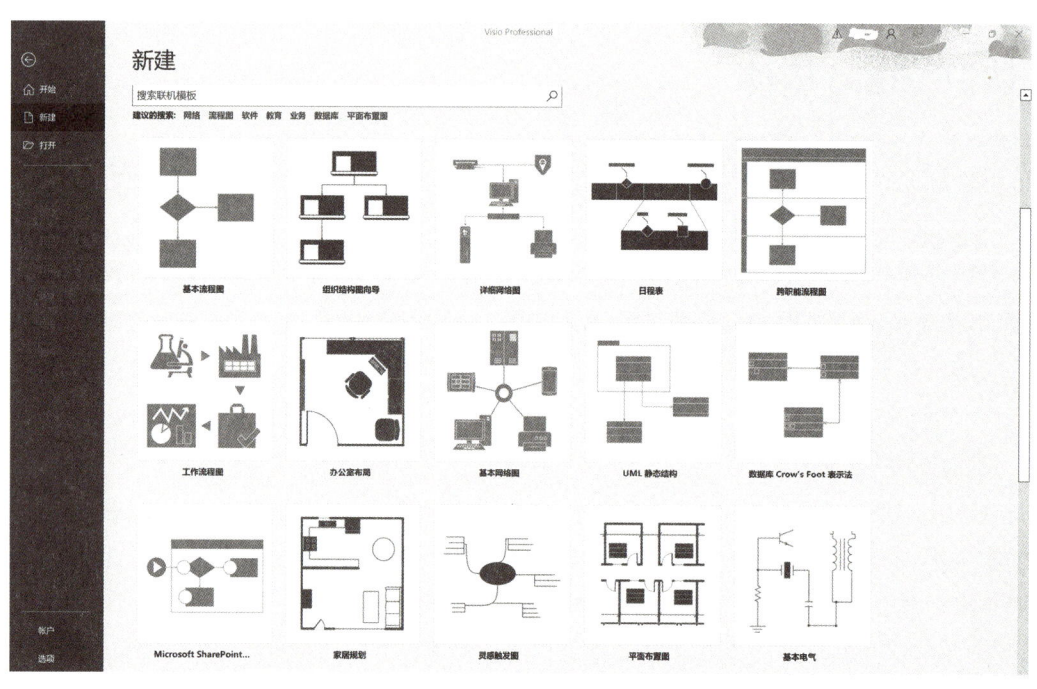

图 7-1　Visio 模板页

1. 流程图

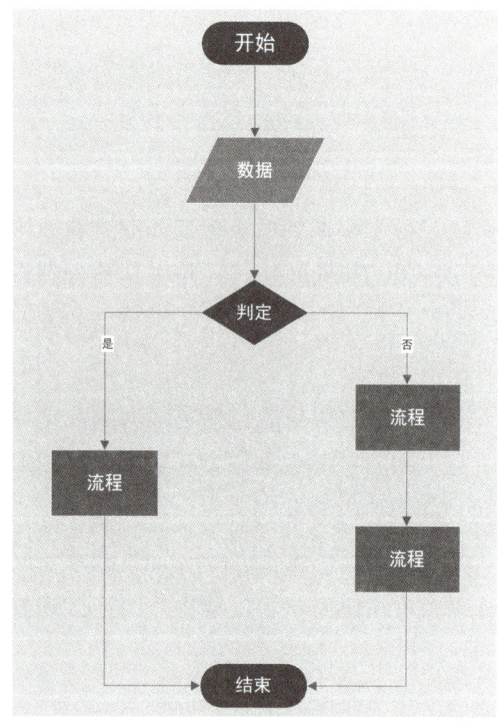

Visio 的流程图功能强大，可以用于绘制各种流程图，如工作流程图、业务流程图、数据流程图等。这些流程图可以清晰地展示流程中的各个环节和关系，帮助企业更好地管理和优化业务流程。基本流程图示例如图 7-2 所示。工作流程图示例如图 7-3 所示。

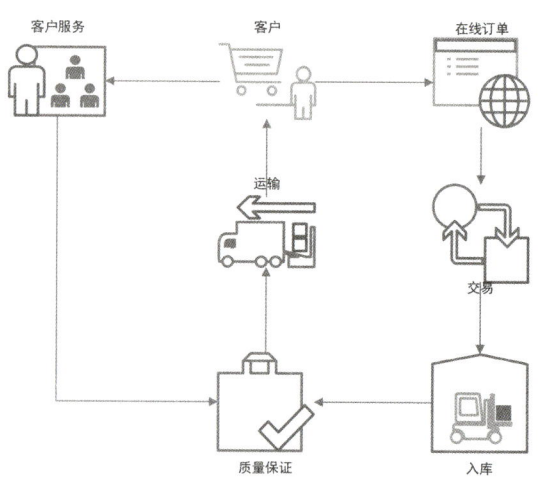

图 7-2　基本流程图　　　　　　　　图 7-3　工作流程图

2. 组织结构图

Visio 的组织结构图功能可以轻松地绘制出各种组织结构图，如企业组织结构、部门组织结构、团队组织结构等。这些组织结构图可以清晰地展示组织内部的层级关系和人员构成，帮助企业更好地管理和规划组织结构。组织结构图示例如图 7-4 所示。

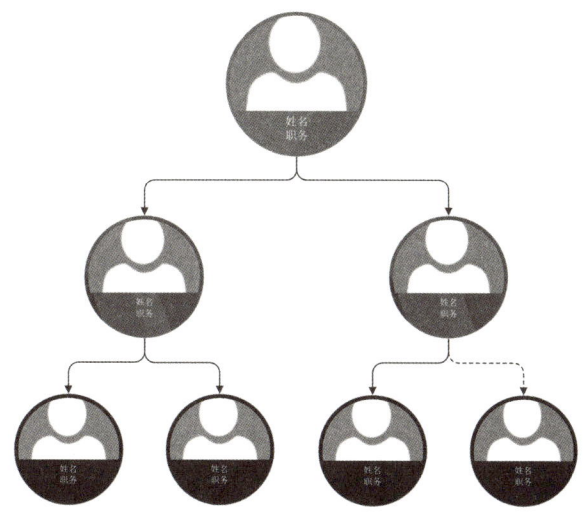

图 7-4　组织结构图

3. 项目管理

Visio 的项目管理功能可以帮助企业更好地管理和规划项目，包括项目的进度、资源、成本等方面。通过 Visio 的项目管理工具，企业可以更好地协调和管理项目中的各个环节和人员。甘特图示例如图 7-5 所示。

ID	任务名称	开始	结束	工期
1	任务 1	2024/5/13	2024/5/16	4天
2	任务 2	2024/5/16	2024/5/20	3天
3	任务 3	2024/5/21	2024/5/21	1天
4	任务 4	2024/5/22	2024/5/28	5天
5	任务 5	2024/5/29	2024/5/29	1天

图 7-5　甘特图

4. 工艺流程图

Visio 的工艺流程图功能可以用于绘制各种工艺流程图，如生产工艺流程图、工艺设备流程图等。这些工艺流程图可以清晰地展示工艺流程中的各个环节和关系，帮助企业更好地管理和优化工艺流程。基本电气图示例如图 7-6 所示。

5. 网络图

Visio 的网络图功能可以用于绘制各种网络图，如网络拓扑图、网络设备布局图等。这些网络图可以清晰地展示网络设备和

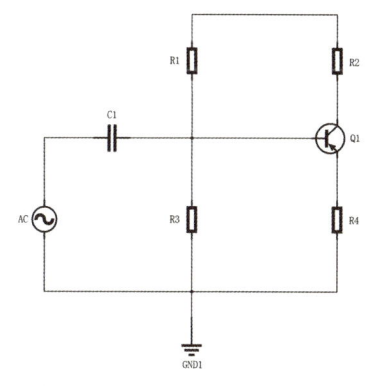

图 7-6　基本电气图

网络拓扑之间的关系,帮助企业更好地管理和规划网络结构。网络拓扑图示例如图 7-7 所示。

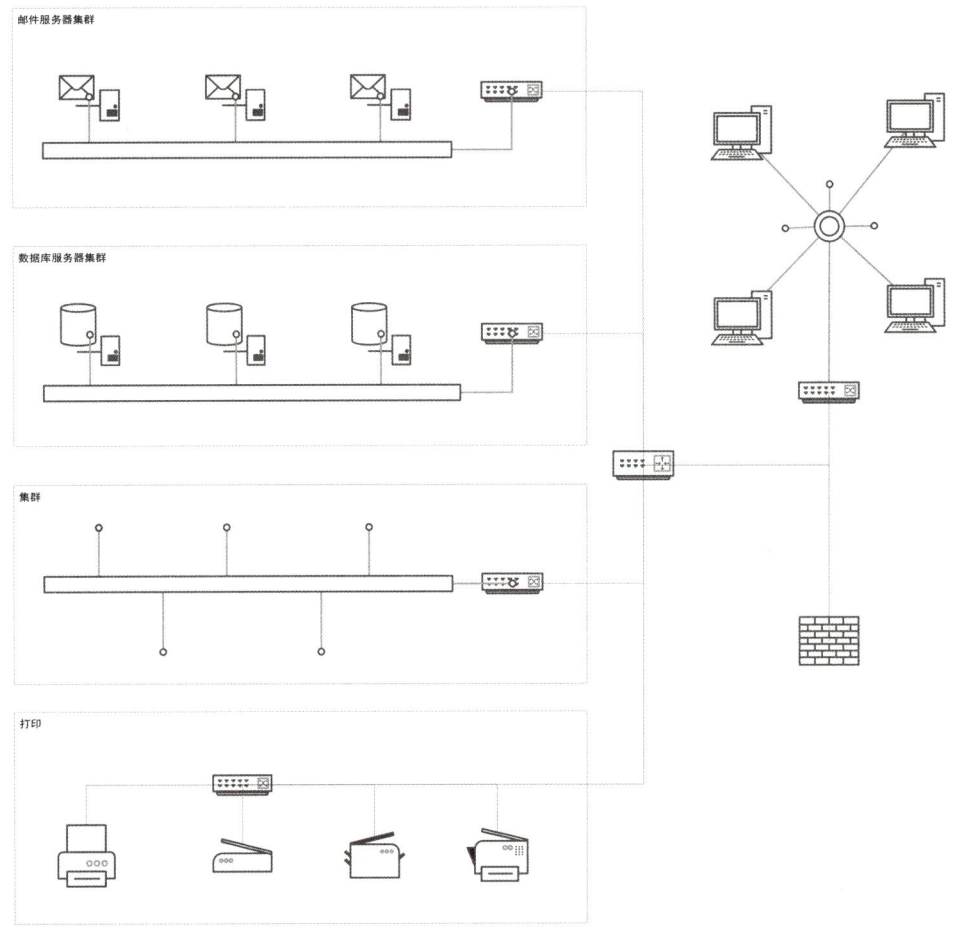

图 7-7 网络拓扑图

6. 地图和路线规划

Visio 的地图和路线规划功能可以用于绘制各种地图和路线规划图,如城市地图、旅游地图、交通路线规划图等。这些地图和路线规划图可以清晰地展示地理信息和路线规划情况,帮助企业更好地管理和规划物流和出行。图 7-8 是一个三维方向图。

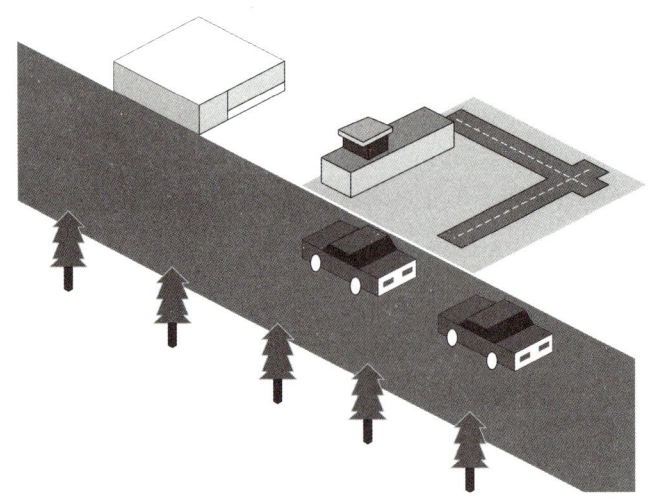

图 7-8 三维方向图

7. 数据库模型

Visio 的数据库模型功能可以用于绘制各种数据库模型，如 ER 模型、UML 模型等。这些数据库模型可以清晰地展示数据库的结构和关系，帮助企业更好地设计和优化数据库结构。图 7-9 是一个 UML 用例模型。

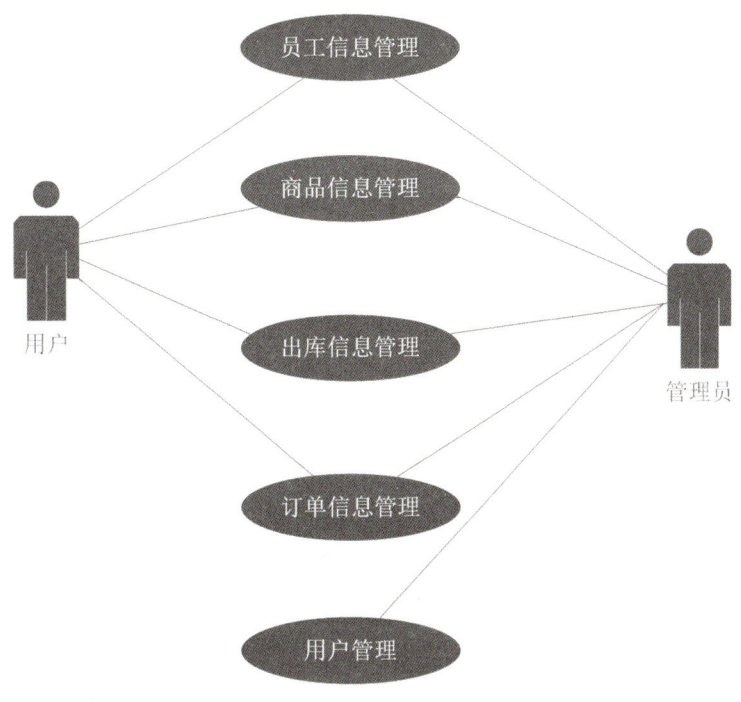

图 7-9　UML 用例模型

总的来说，Visio 的应用领域非常广泛，包括但不限于以上几个方面。Visio 的强大绘图功能和易用性使其成为企业常用的图形化工具之一。

7.2 认识 Visio 的界面

7.2.1 主界面

Visio 2019 的主界面如图 7-10 所示。

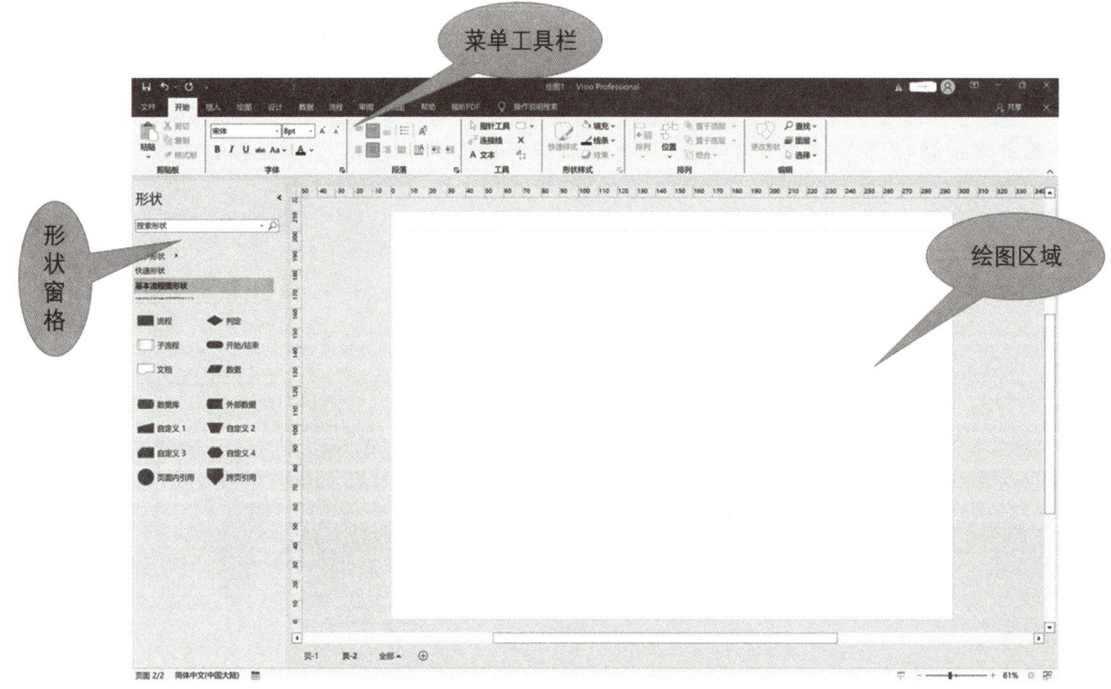

图 7-10　Visio 2019 的主界面

7.2.2 菜单工具栏

1. "文件"菜单

该菜单用于执行"新建、打开、保存、另存为、打印、共享、导出"等命令,如图 7-11 所示。

图 7-11　"文件"菜单

2. "开始"菜单

该菜单的主要功能如图 7-12 所示,包括:
- 字体:设置文本的字体/字号/颜色/文本样式等。
- 段落:设置文本的行距/缩进/对齐方式等。
- 工具:包含常用的指针工具/连接线等。
- 形状样式:设置形状的颜色/边框/艺术效果等。

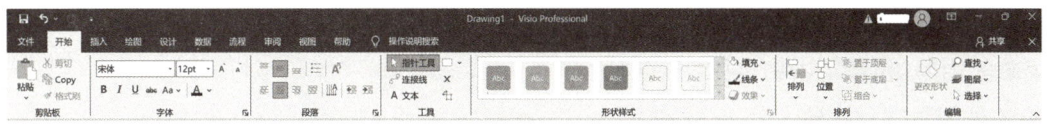

图 7-12 "开始"菜单

3. "插入"菜单

该菜单的主要功能如图 7-13 所示,包括:
- 空白页:新建页面。
- 插图:插入图片格式 PNG、JPEG、GIF 等,插入各式图表如折线图、条形图、柱形图等。
- 图部件:插入容器,标注和连接线。
- 文本框:用于插入文本。

图 7-13 "插入"菜单

4. "绘图"菜单

该菜单的主要功能如图 7-14 所示,包括:
- 工具:可以选择对象,手动绘制线条,笔划橡皮擦等。
- 笔:选择绘制的笔的颜色,粗细和类型。

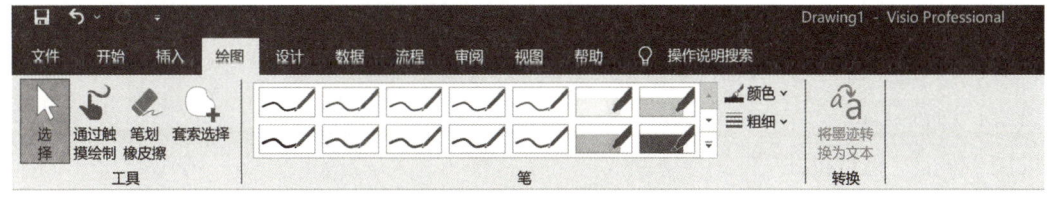

图 7-14 "绘图"菜单

5. "设计"菜单

该菜单的主要功能如图 7-15 所示,包括:
- 页面设置:调整页面的方向,大小,页边距等。

- 主题：给页面选择软件自带的主题使其美观。
- 背景：把颜色，图片，纹路设置为页面背景。

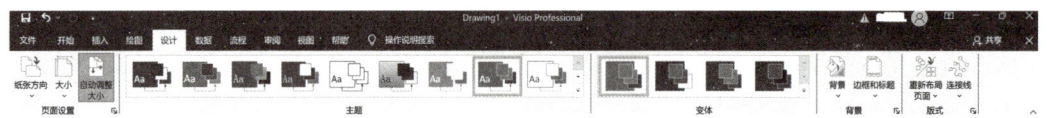

图 7-15 "设计"菜单

6. "数据"菜单

该菜单的主要功能如图 7-16 所示，包括：
- 导入外部数据，如导入 Excel 文件。
- 插入数据图形/图例。

图 7-16 "数据"菜单

7. "流程"菜单

该菜单的主要功能如图 7-17 所示，包括：
- 进行进程的管理。
- 建立与 SharePoint 的联系。

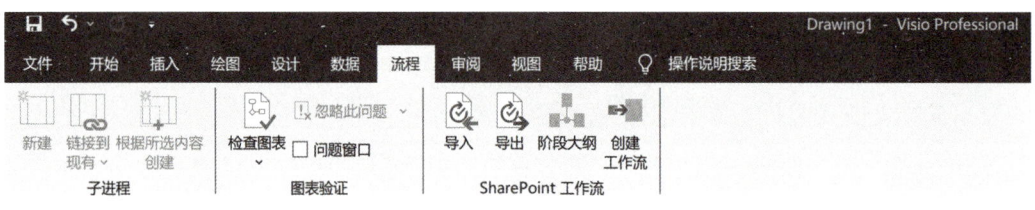

图 7-17 "流程"菜单

8. "审阅"菜单

该菜单的主要功能如图 7-18 所示，包括：
- 校对：进行拼写检查，信息检索等。
- 语言：进行翻译。
- 批注/标记：进行批注/标记等。

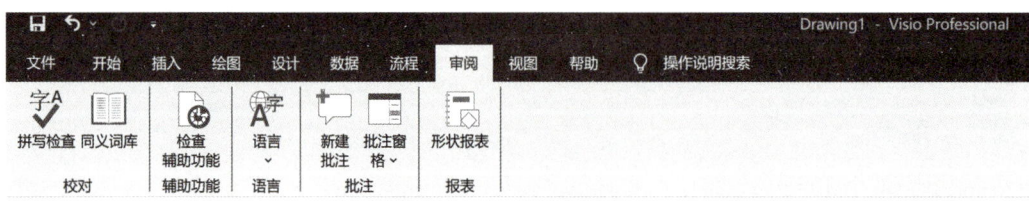

图 7-18 "审阅"菜单

9. "视图"菜单

该菜单的主要功能如图 7-19 所示，包括：

○ 显示：管理是否显示标尺/网络/参考线等。

○ 显示比例：调节页面显示的比例。

○ 宏：进行记忆使常用任务自动化。

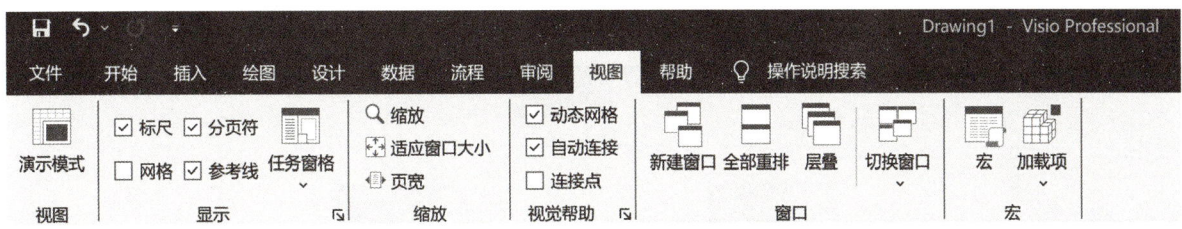

图 7-19 "视图"菜单

7.2.3 形状窗格

形状窗格包含多种类型的形状及模板。拖曳形状和模板至绘图区域可以快速创建各类图表和流程图，如图 7-20 所示。

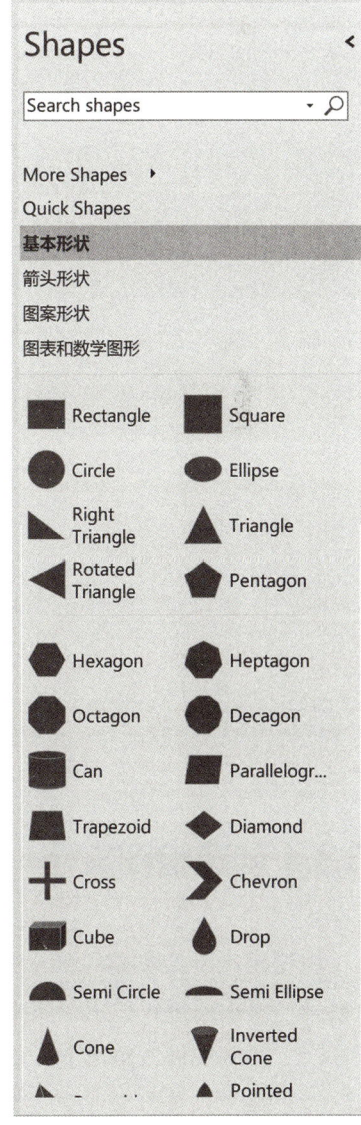

图 7-20 形状窗格

7.2.4 绘图区域

绘图区域是用户的主要工作区，可以在绘图区添加和编辑形状绘制出各种图形，如图 7-21 所示。

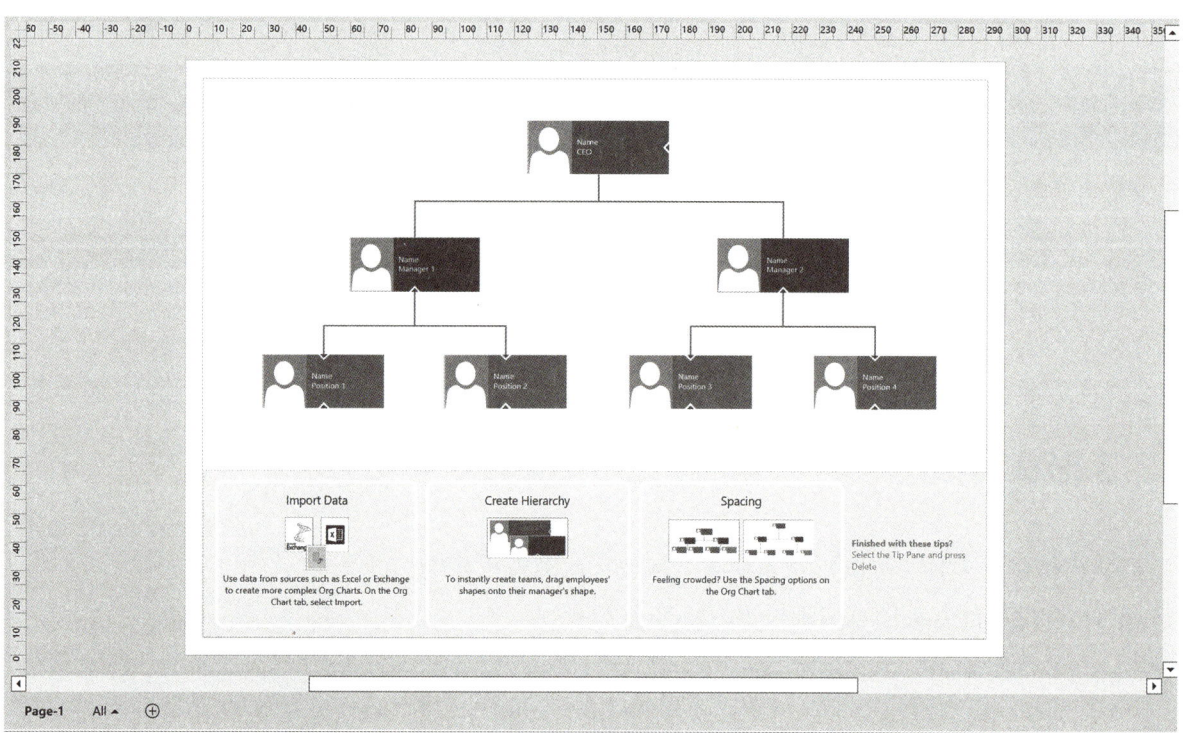

图 7-21　绘图区

7.3　Visio 的基本操作

7.3.1 创建绘图文档

使用模板开始创建 Visio 图表。模板是一种文件，用于打开包含创建图表所需的形状的一个或多个模具。模板还包含适用于该绘图类型的样式、设置和工具。具体操作步骤如下：

（1）在"文件"菜单上，单击"新建"。

（2）在"新建"窗口的"模板"下，选择需要创建的模板，如要创建基本流程图，就可以单击"基本框图"，如图 7-22 所示。

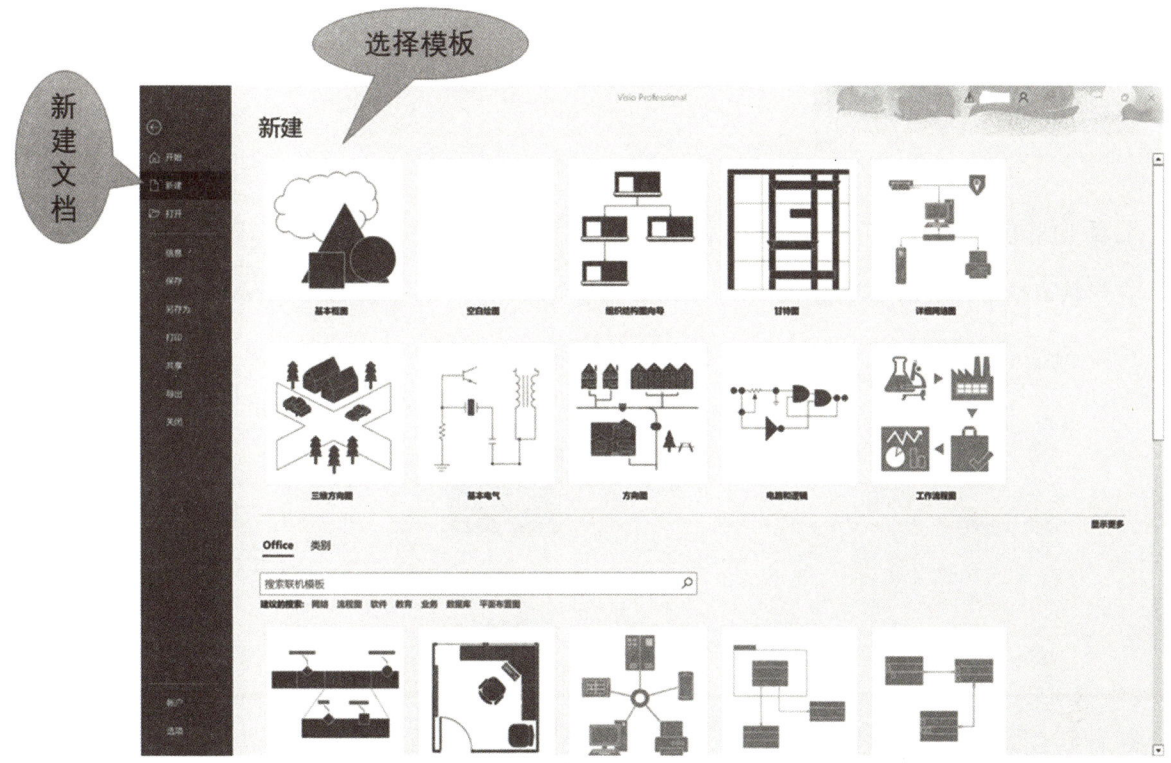

图 7-22　选择模板

（3）在"模板"对话框下，如"基本框图"，单击"创建"按钮，如图 7-23 所示。

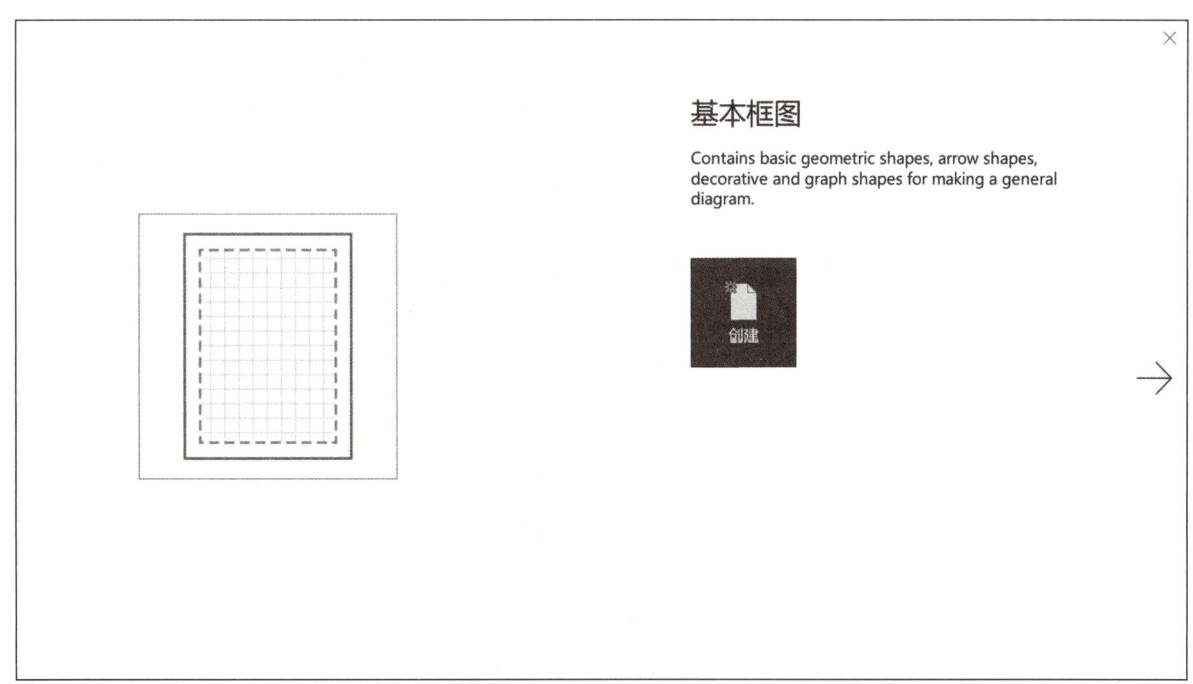

图 7-23　模板对话框

对于新建绘图文件，用户可通过执行"文件"中的"保存"命令，或单击"常用"工具栏中的"保存"按钮，对文件进行保存。此时，所保存的文件类型为系统默认的绘图文件。另外，用户可执行"文件"中的"另存为"命令，在"另存为"对话框中的"文件类型"下拉列表中，选择相应的保存类型，即可将文件保存为其他格式。

7.3.2 形状功能的应用

1. 添加形状

在形状窗格中，根据需要选择模具上的形状拖曳到绘图页上，如图 7-24 所示。

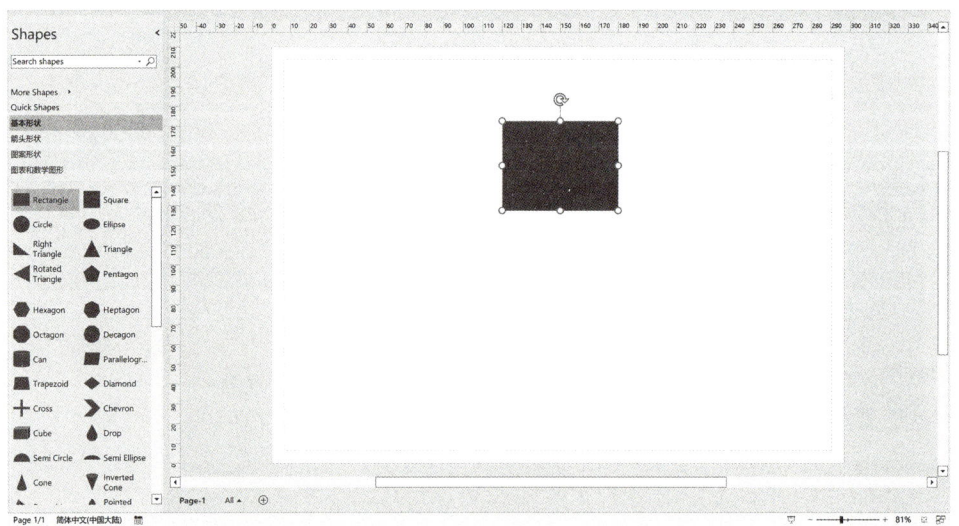

图 7-24　添加形状

将流程图形状拖到绘图页上时，可以使用动态网格（将形状拖到绘图页上时显示的虚线）快速将形状与绘图页上的其他形状对齐。也可以使用绘图页上的网格来对齐形状。打印图表时，这两种网格都不会显示。

如果需要对调入的形状模块进行更改，可选中该形状，在"开始"选项卡中单击"更改形状"按钮，在弹出的列表中选择新模块即可，如图 7-25 所示。

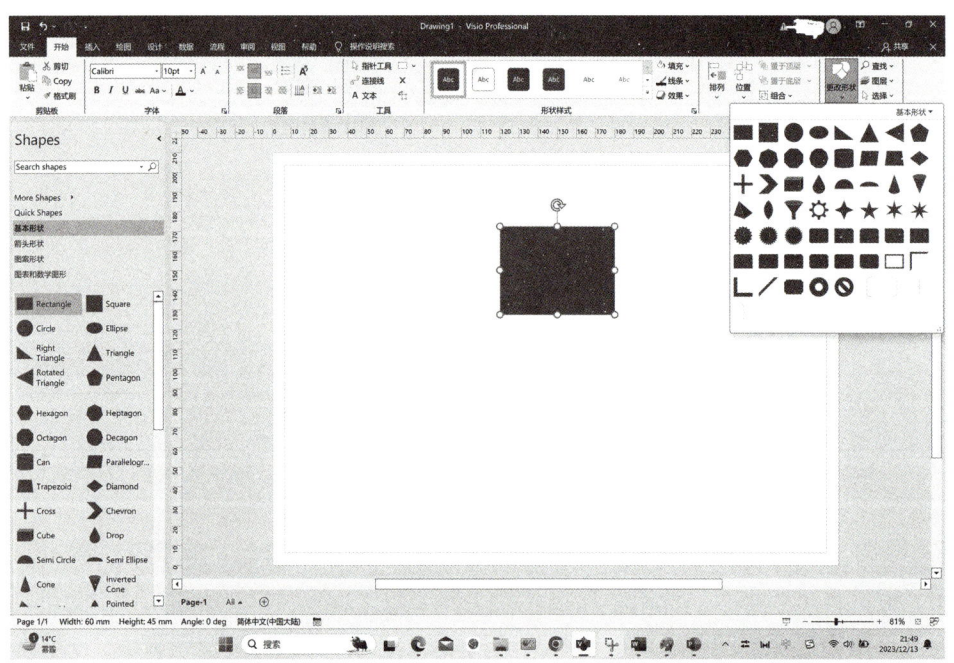

图 7-25　更改形状

2. 删除形状

删除形状很容易。只需单击形状，然后按 Delete 键即可。

3. 移动形状

将"指针"工具放置在任何选定形状的中心，指针下将显示一个四向箭头，表示可以移动这些形状。单击形状时将显示选择手柄，然后将它拖曳到新的位置。还可以单击某个形状，然后按键盘上的"上下左右"箭头键来移动该形状。

如果要一次移动多个形状，首先选择所有想要移动的形状。选择多个形状的方法有：

（1）拖动鼠标，在绘图区中指定好框选的起点，按住鼠标左键不放，将其拖至对角点，当所选形状都在框选范围后，则鼠标左键完成框选操作。

（2）也可以在按下 Shift 键或 Ctrl 键的同时单击各个形状，如图 7-26 所示。

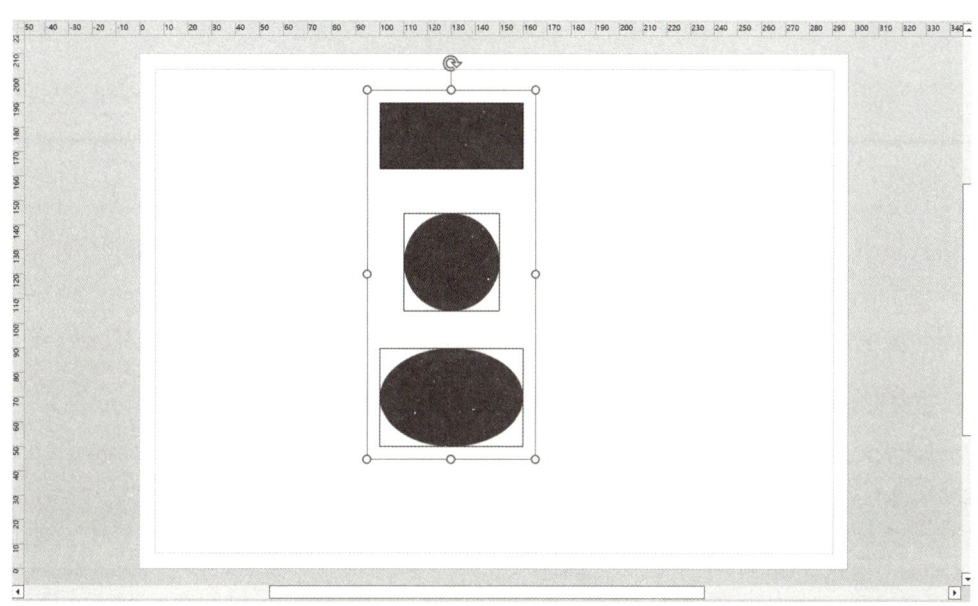

图 7-26 选择多个形状

4. 调整形状的大小和方向

选择需要调整的形状，可以通过拖动形状的角、边或底部选择手柄来调整形状的大小。还可以通过拖曳旋转手柄旋转该形状，如图 7-27 所示。

5. 设置形状格式

Visio 软件提供多种主题样式和变体样式供用户选择，用户可以快速设置形状样式。在绘图区中选中形状，在"开始"选项卡中的"形状样式"选项组中可以选择主题样式。也可以右键单击形

图 7-27 调整形状的大小和方向

状，在列表中选择形状格式，从而弹出形状格式设置界面，如图 7-28 所示。

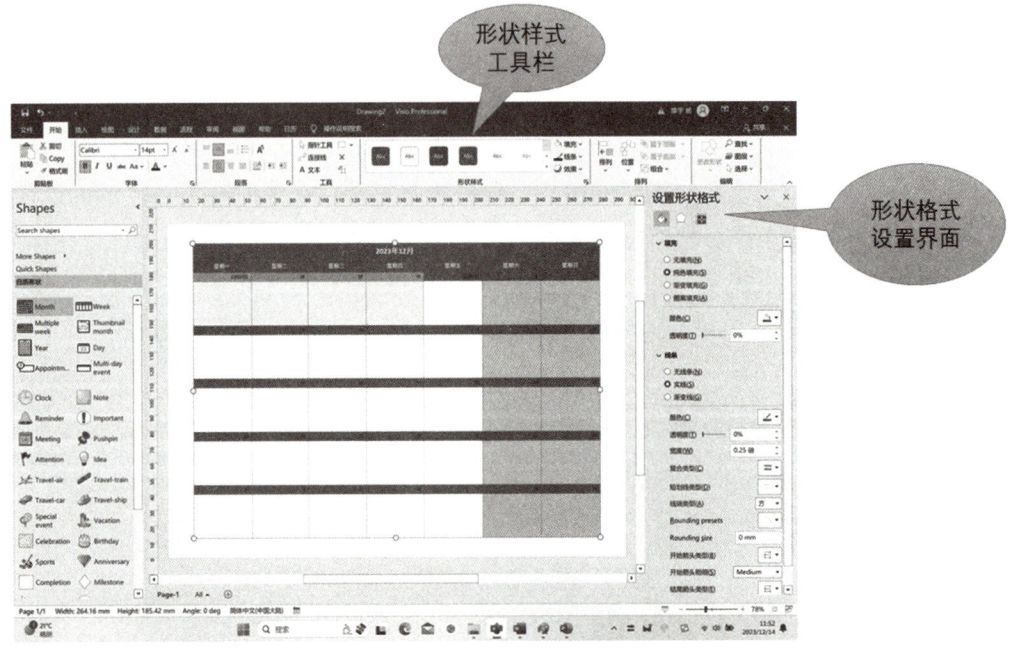

图 7-28　形状格式设置

在形状格式设置界面里可以设置形状格式，包括形状内的颜色填充；形状内的图案填充；线条颜色和图案；线条的粗细；线端类型（有无箭头）；线端大小；线端是方形还是圆形；填充透明度和线条透明度；向二维形状添加阴影并控制圆角等，如图 7-29 所示。

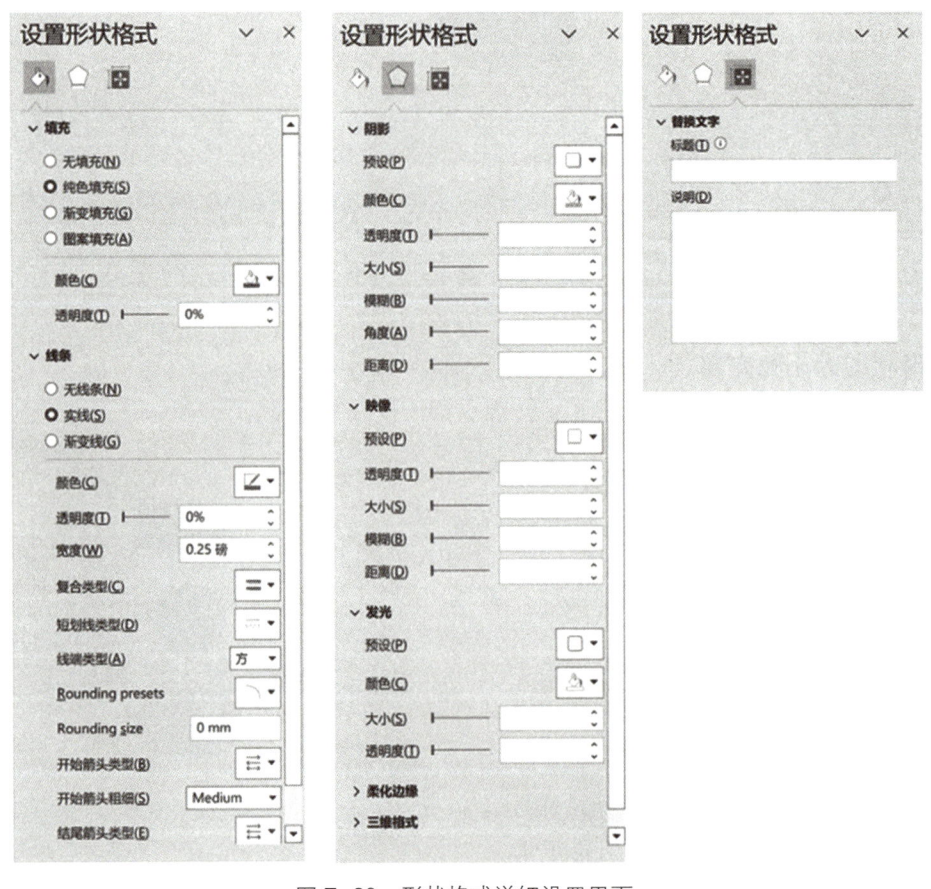

图 7-29　形状格式详细设置界面

7.3.3 文本的添加和编辑

1. 向形状添加文本

双击所需形状后,即可在该形状下方显示出文本框,在文本框中可输入文本,如图 7-30 所示。

图 7-30　向形状添加文本

2. 删除文本

双击形状,然后在文本突出显示后,按 Delete 键。

3. 添加和编辑独立文本

向绘图页添加与任何形状无关的文本,例如标题或列表。这种类型的文本称为独立文本或文本块。使用"插入"选项卡中的"文本框"工具,单击并进行键入,如图 7-31 所示。

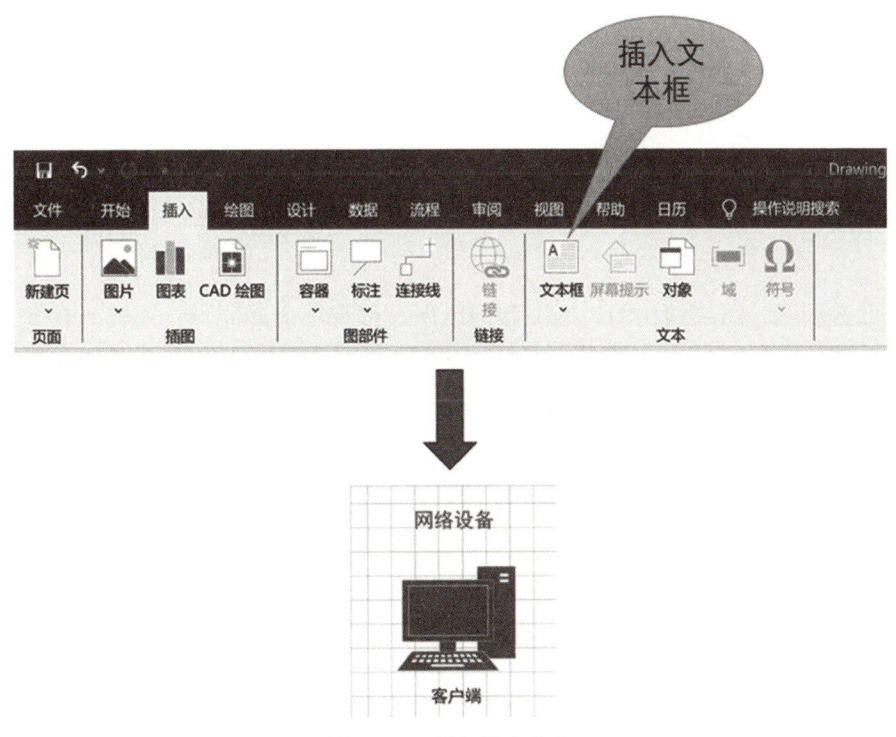

图 7-31　添加独立文本

删除独立文本：单击需要删除的"文本"，然后按 Delete 键，即可删除。

可以像移动任何形状那样来移动独立文本：只需拖动即可进行移动。实际上，独立文本就像一个没有边框或颜色的形状。

4. 设置文本格式

双击形状，就可以对形状中的文本进行格式和内容编辑。可以运用"开始"选项卡中的"字体"工具对文本格式进行设置。也可以右击形状，在弹出的列表中选择设置字体，完成对文本格式的修改，如图 7-32 所示。

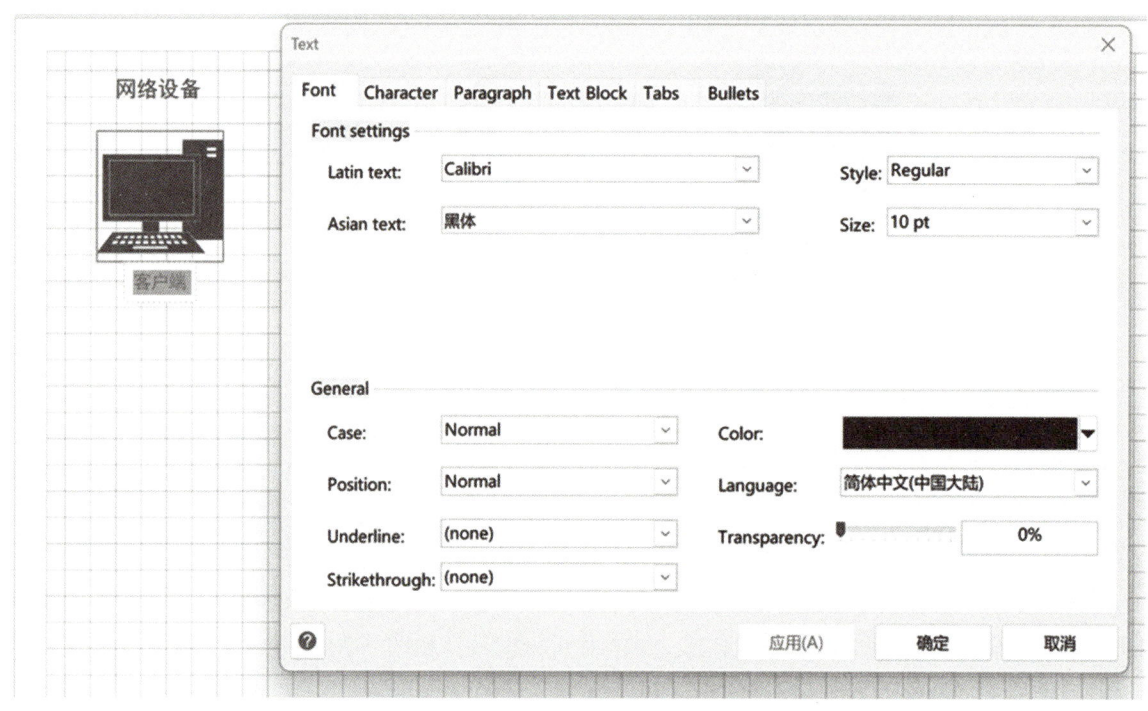

图 7-32 设置文本格式

7.3.4 连接形状

各种图表如流程图、组织结构图、框图和网络图，都有一个共同点：连接。在 Visio 中，通过将一维形状（称为连接线）附加或粘附到二维形状来创建连接。移动形状时，连接线会保持粘附状态。例如，移动与另一个形状相连的流程图形状时，连接线会调整位置以保持其端点与两个形状都粘附。

1. 添加连接线

使用"开始"选项卡中的"连接线"工具时，点击"连接线"工具后，将鼠标移动到需要连接的形状，会出现绿色框，点击形状就可以确定连接点，拖曳鼠标，完成到另外一个形状的连接点，松开鼠标后，完成连接，如图 7-33 所示。连接线会在移动其中一个相连形状时自动重排或弯曲。

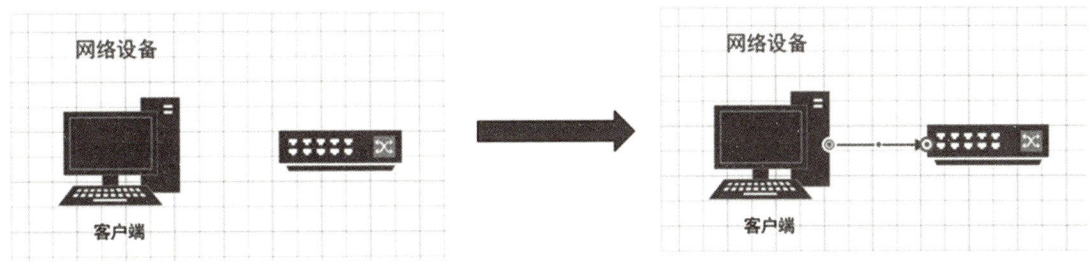

图 7-33　添加连接线

也可以右键单击形状，在弹出的列表中选择连接线进行连接，如图 7-34 所示。

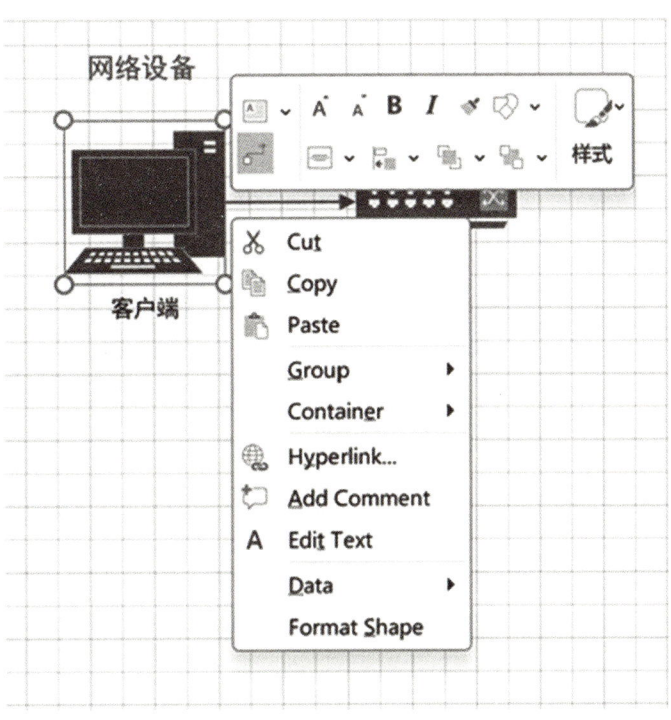

图 7-34　在弹出的列表中选择连接线

2. 向连接线添加文本

可以将文本与连接线一起使用来描述形状之间的关系。向连接线添加文本的方法与向任何形状添加文本的方法相同，只需单击连接线并键入文本，如图 7-35 所示。对连接线的格式编辑，与对其他形状的格式编辑方法相同。

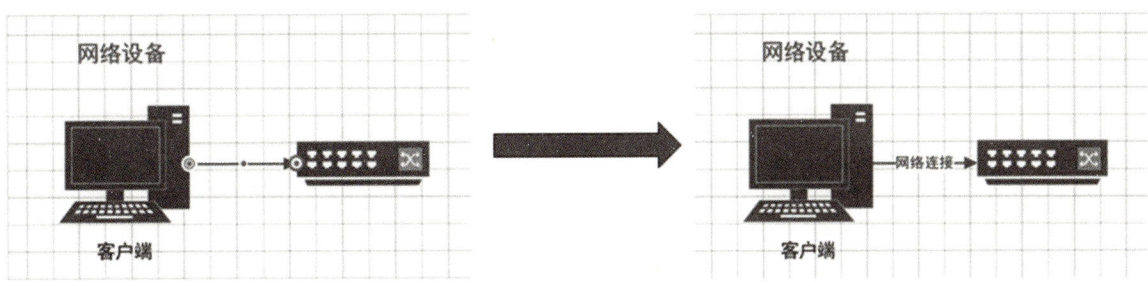

图 7-35　向连接线添加文本

7.3.5 将图表添加到 Word 文档

在使用 Visio 绘制图表后，想要将图表放到 Word 文档中。有两种方法：

（1）将 Visio 图表保存为图片文件，在 Word 中插入图片。首先，在 Visio 中打开要保存的图表，依次点击"文件""另存为""图像"，选择需要的图像格式，然后保存该图像。打开 Word 文档，选择要插入图像的位置，然后点击"插入""图片"，找到保存的图像，点击"插入"即可。

（2）直接在绘图区里面选择形状，复制粘贴到 Word 中。在"开始"选项卡"编辑"中点击"选择"，可以看到有全选、区域选择和套索选择等方式。用鼠标选择需要复制的形状，如图 7-36 所示。然后再以图片的形式复制和粘贴在 Word 中。

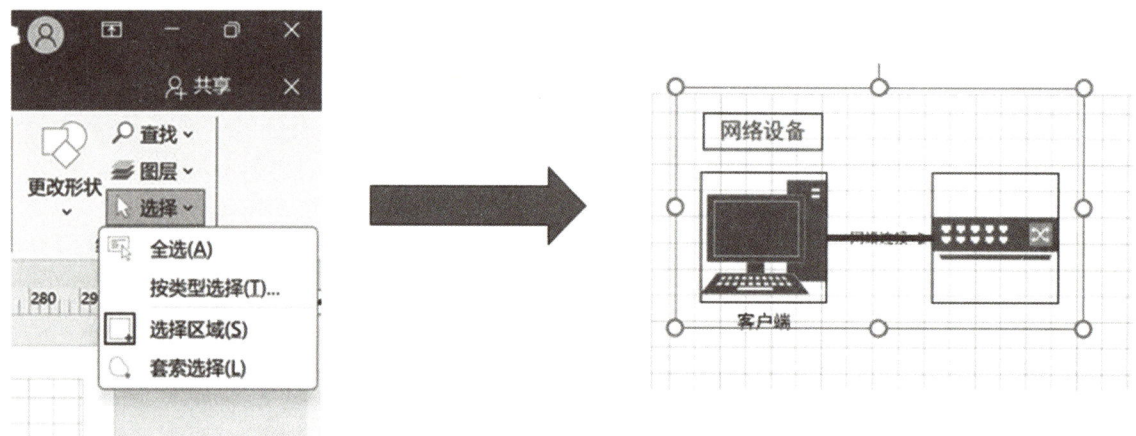

图 7-36　选择形状

7.4 Visio 绘图案例实战

7.4.1 绘制跨职能流程图

流程图是以标准的图标符号来表达问题解决步骤示意图。流程图的绘制必须使用标准的流程图符号，并遵守流程图绘制的相关规定，才能绘制出正确而清楚的流程图。基本流程图的符号如表 7-1 所示。

表 7-1　基本流程图的符号

符号	名称	含义
⬭	端点、中断	标准流程的开始与结束，每一流程图只有一个起点
▭	处理	要执行的处理
◇	判断	决策或判断
⌓	文档	以文件的方式输入/输出
→	流向	表示执行的方向与顺序
▱	数据	表示数据的输入/输出
○	联系	同一流程图中从一个进程到另一个进程的交叉引用

跨职能流程图比基本的流程图多了一个维度，可以使用跨职能流程图显示一个进程在各部门之间的流程，或者显示一个进程是如何影响公司中不同职能单位的。其结构布局主要有垂直和水平两种布局模式。垂直布局偏重于职能单位，而水平布局则更强调进程本身。

（1）打开 Visio 软件，选择"新建"，在模板里搜索"流程图"，会出现多个流程图模板，如图 7-37 所示。

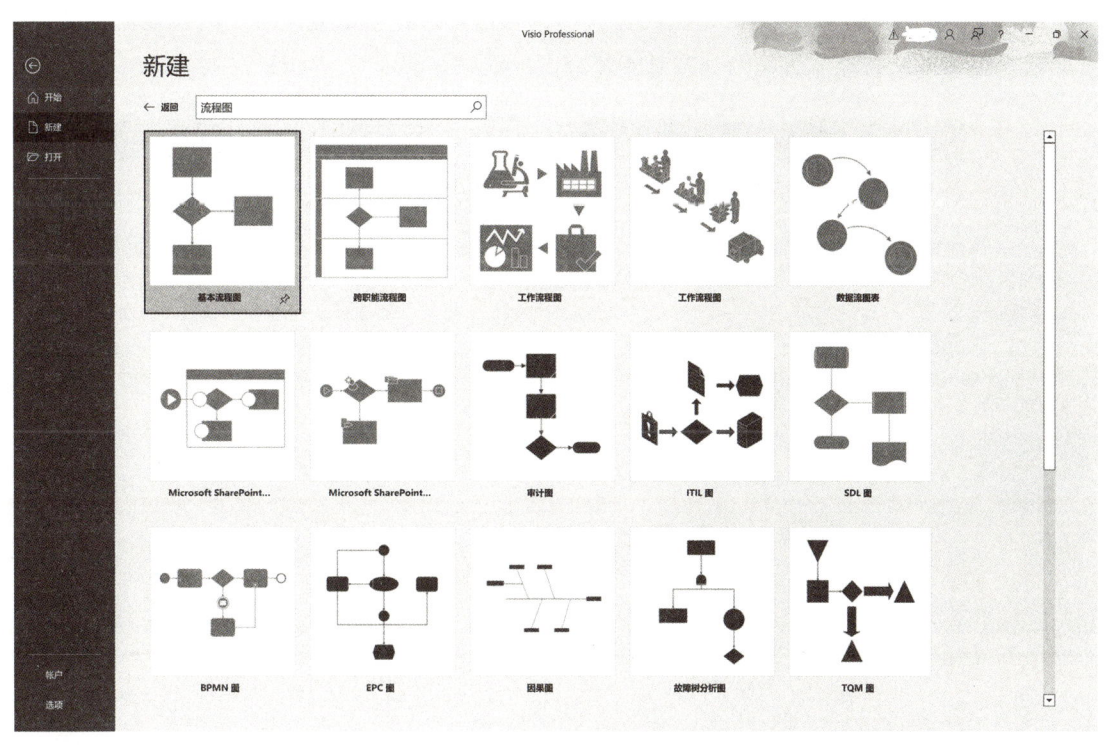

图 7-37　流程图模板

（2）在"模板"中选择"跨职能流程图"，在弹出的窗口中有四种不同的跨职能流程图预设模板，可以从三个带有图案的模板中选择一个最符合自己需要的，如选择"垂直跨职能流程图"，并在其基础上直接修改，如图 7-38 所示。

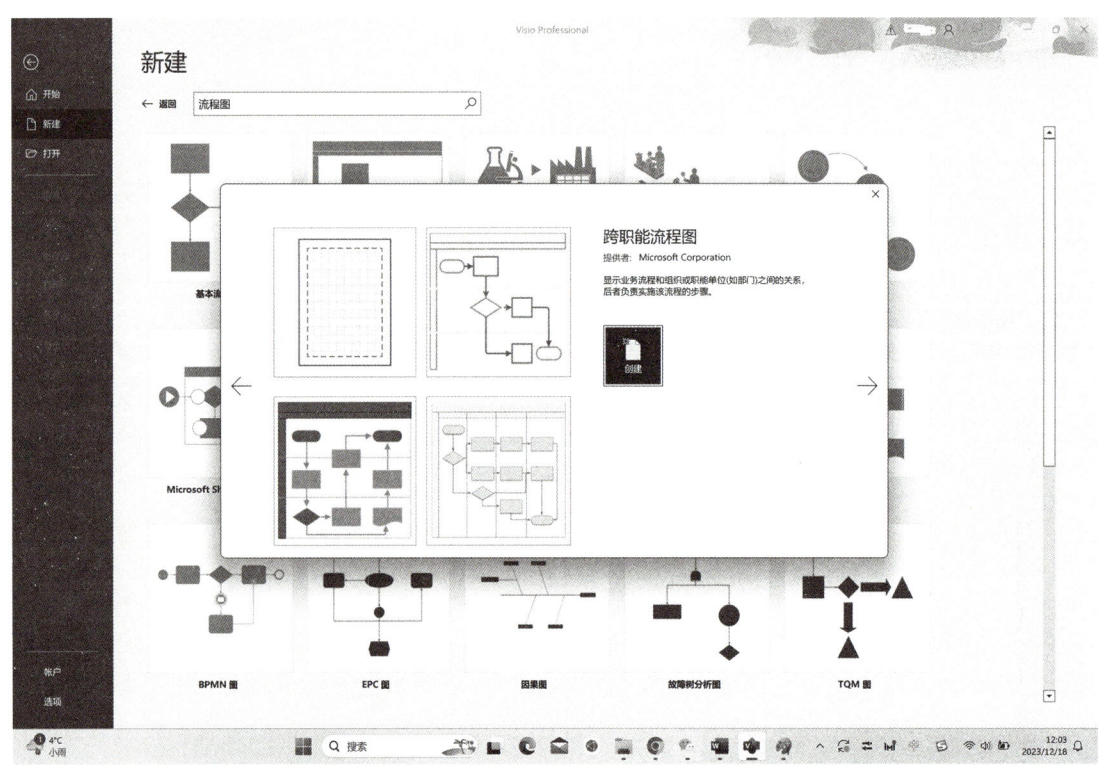

图 7-38　跨职能流程图预设模板

（3）跨智能流程图主要分为两个部分，一是泳道，二是基本流程图。因此通过绘制泳道，在不同的泳道里绘制基本流程图，不同的泳道里的流程图进行链接，就可以完成一个跨智能流程图。我们可以选择形状窗格中的跨智能流程图形状和基本流程图形状来一起完成，如图 7-39 所示。

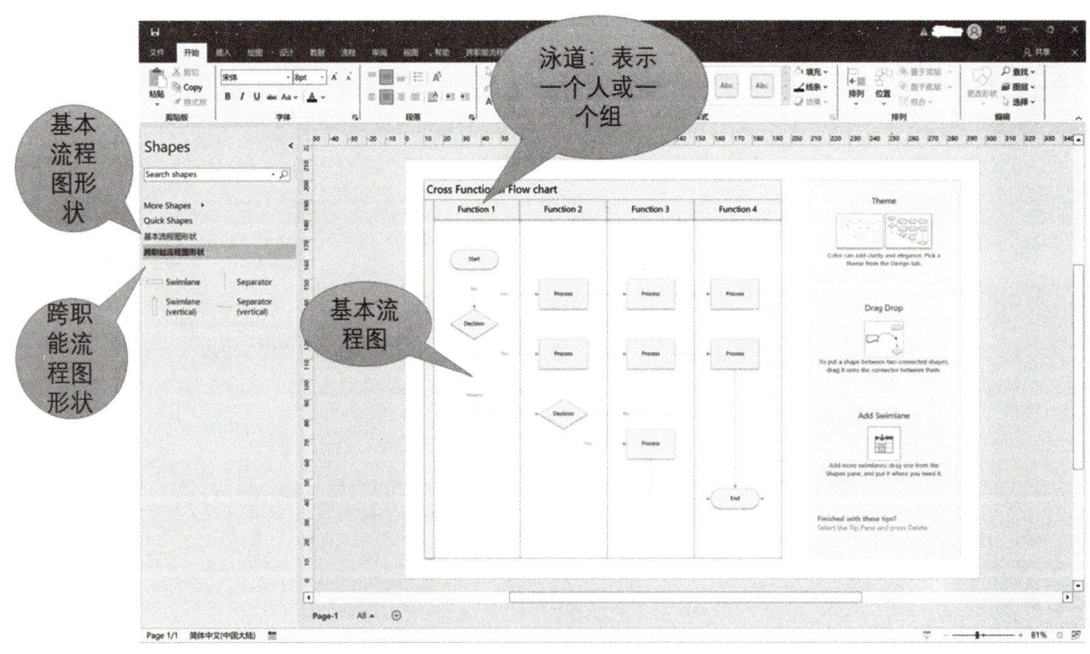

图 7-39　跨智能流程图绘图界面

（4）可以从形状网格中直接拖曳泳道（垂直）到绘图区域，也可以在原来的基础图上插入泳道和删除泳道，如图 7-40 所示。

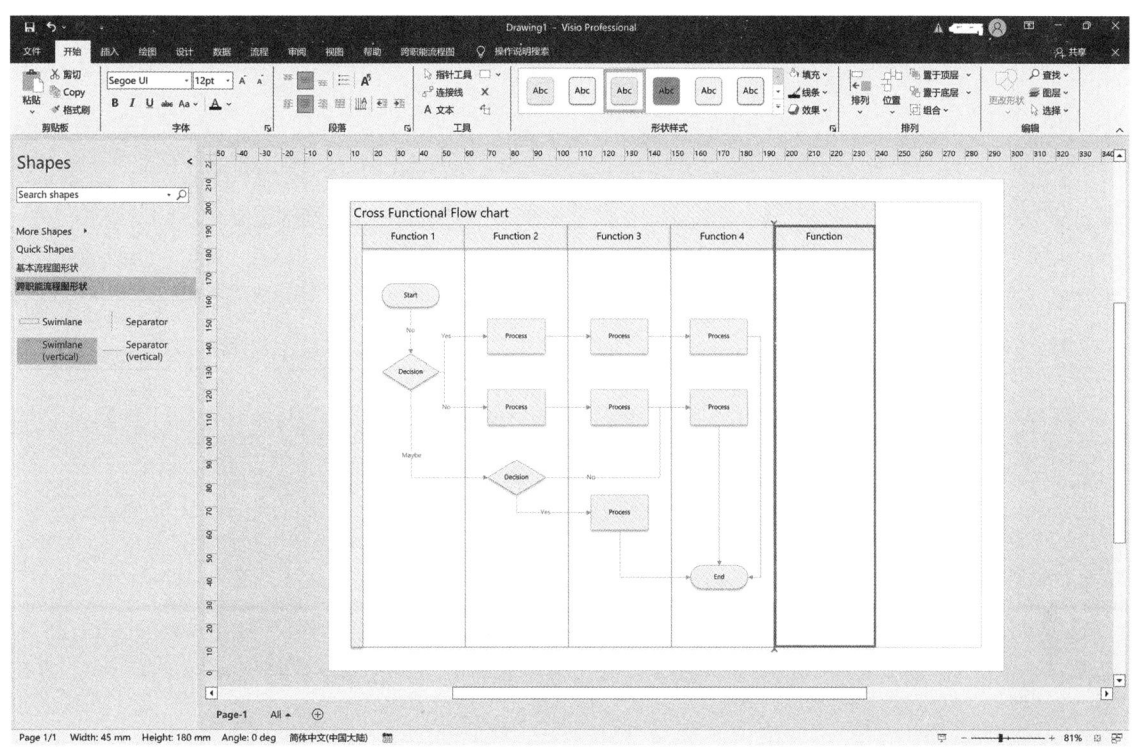

图 7-40　插入泳道

（5）泳道绘制完成后，就可以开始绘制每个泳道的基本流程图。点击形状网格中的基本流程图形状，选择合适的形式拖曳到绘图区中，如图 7-41 所示。

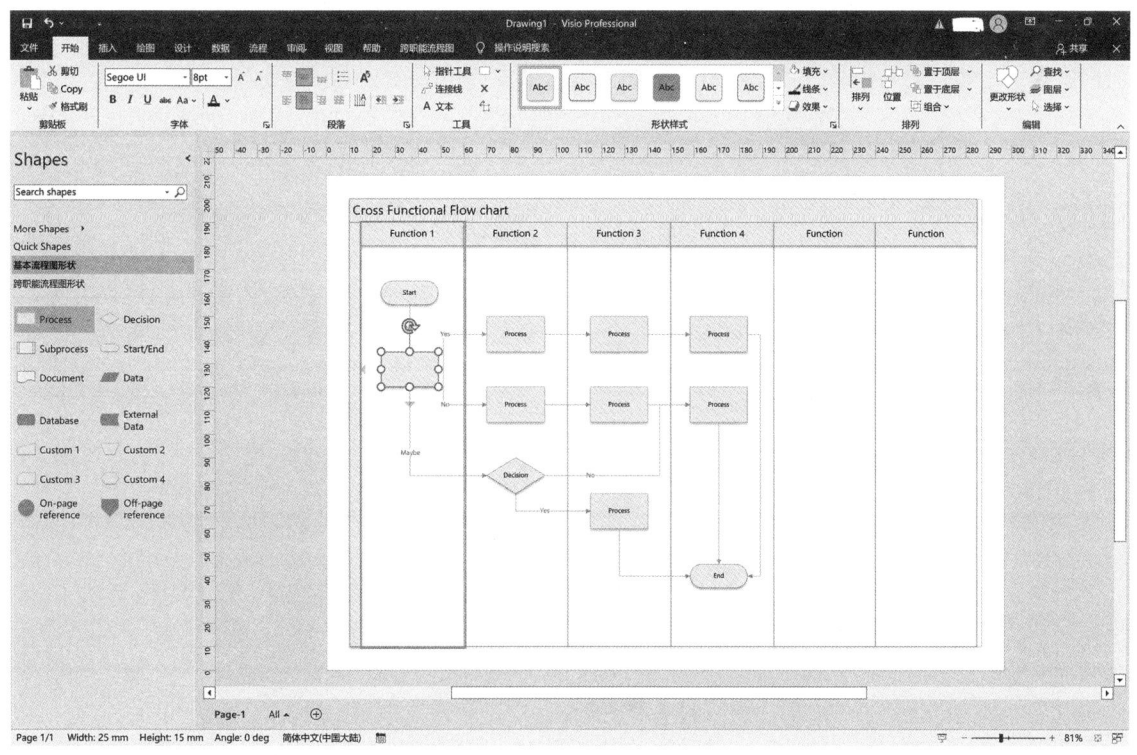

图 7-41　绘制基本流程图

（6）添加各种流程图形状，并且选择合适的样式，调整大小，如图7-42所示。

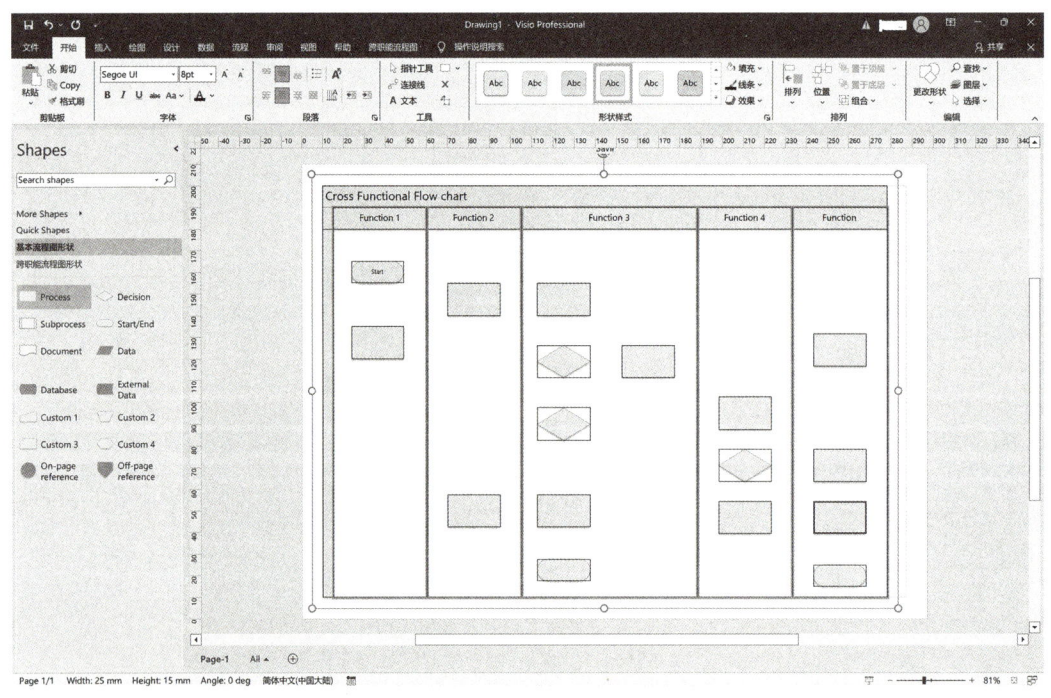

图7-42 设置形状样式

（7）在形状中插入文本，也可以选择文本并双击以编辑内容，调整字体、字号和颜色等，如图7-43所示。

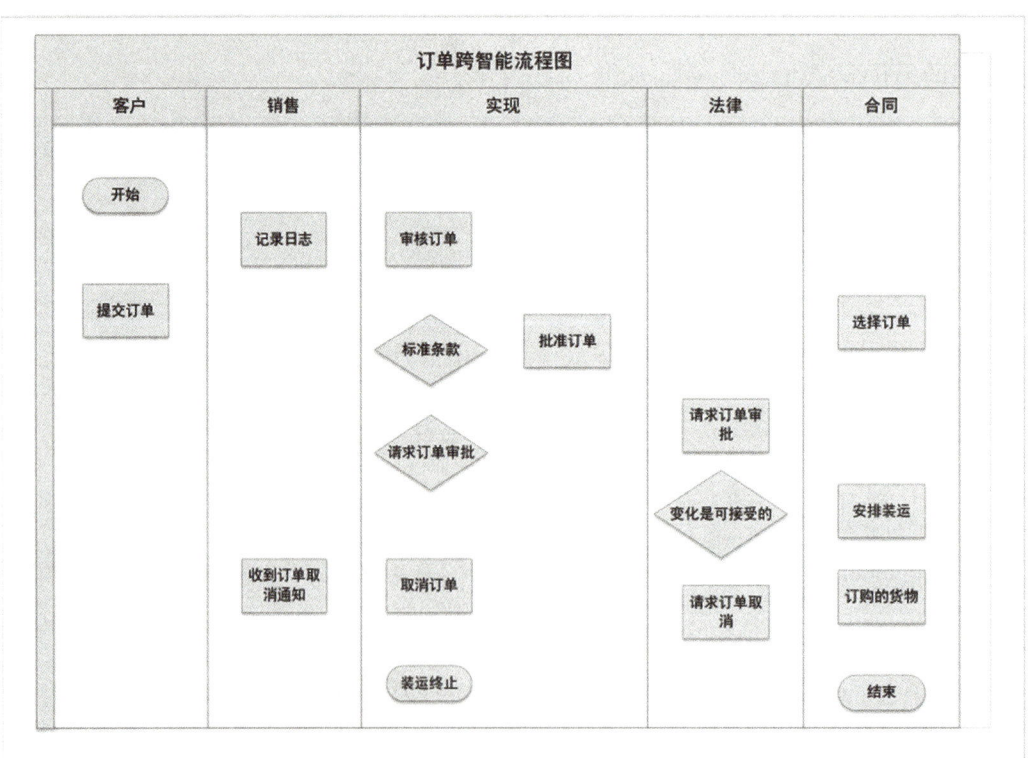

图7-43 插入和编辑文本

（8）对形状进行连线，对连线进行编辑，最终完成流程图的绘制，如图7-44所示。

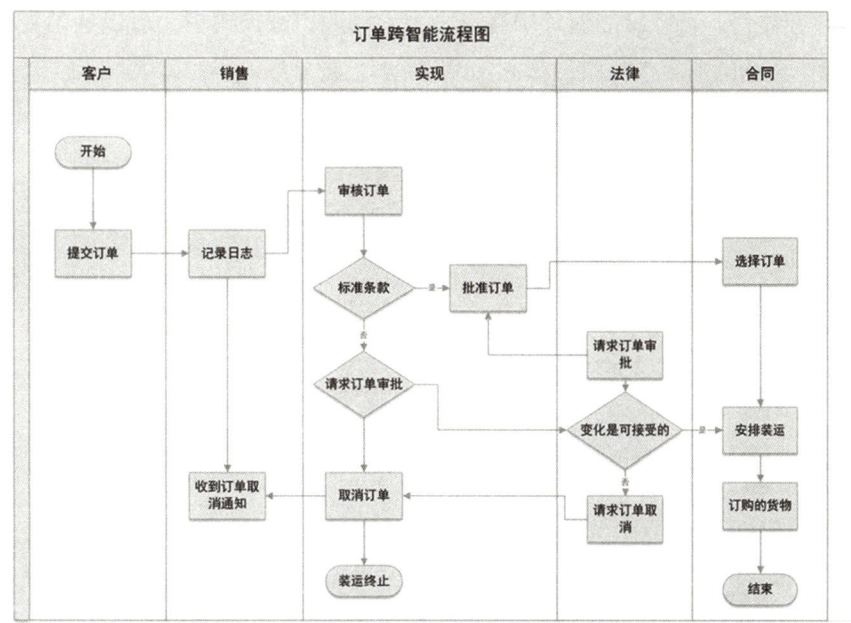

图 7-44　对形状进行连线

通过以上步骤，你就可以轻松地使用 Visio 绘制流程图。

7.4.2 制作企业网络拓扑图

网络拓扑图是网络规划、设计和维护中必不可少的工具。它能够直观地展示网络中各个设备之间的连接关系和通信方式，帮助工程师更好地理解和管理网络。运用 Visio 绘制网络拓扑图可以按照以下步骤进行：

（1）打开 Visio 软件，点击"文件"菜单，选择"新建"按钮，在弹出的对话框中选择"网络"类别，再选择"详细网络图"模板，如图 7-45 所示。

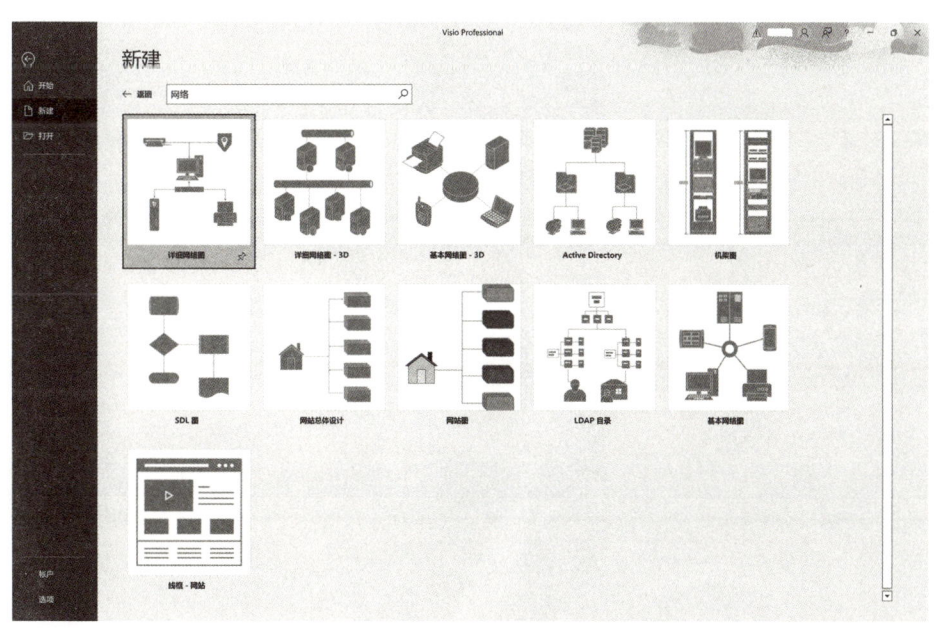

图 7-45　网络模板

（2）选择"详细网络"，在弹出的窗口中有三种不同的网络预设模板，可以从模板中选择一个最符合自己需要的，并在其基础上直接修改，如图 7-46 所示。

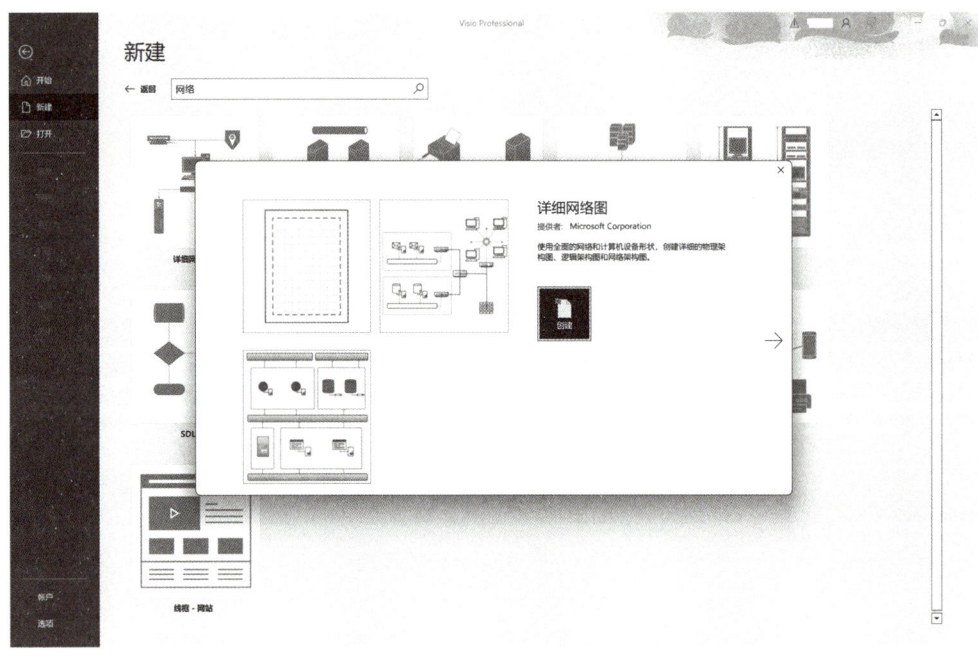

图 7-46　详细网络图模板

（3）形状窗格中可以选择多种形状模板，如计算机和显示器、详细网络图、网络和外设等，可以根据需求选择模板下的各种形状，如图 7-47 所示。

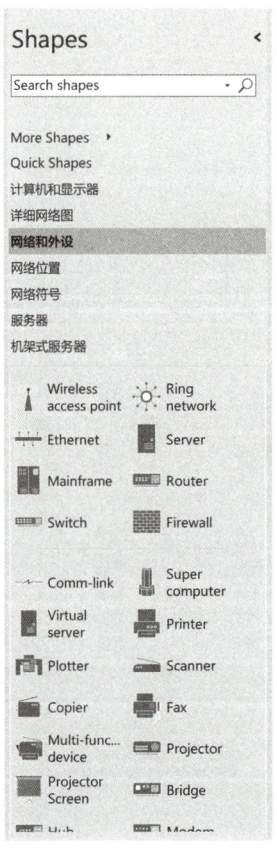

图 7-47　网络形状模板

（4）拖曳形状窗格中的所需形状到绘图区中，如图7-48所示。

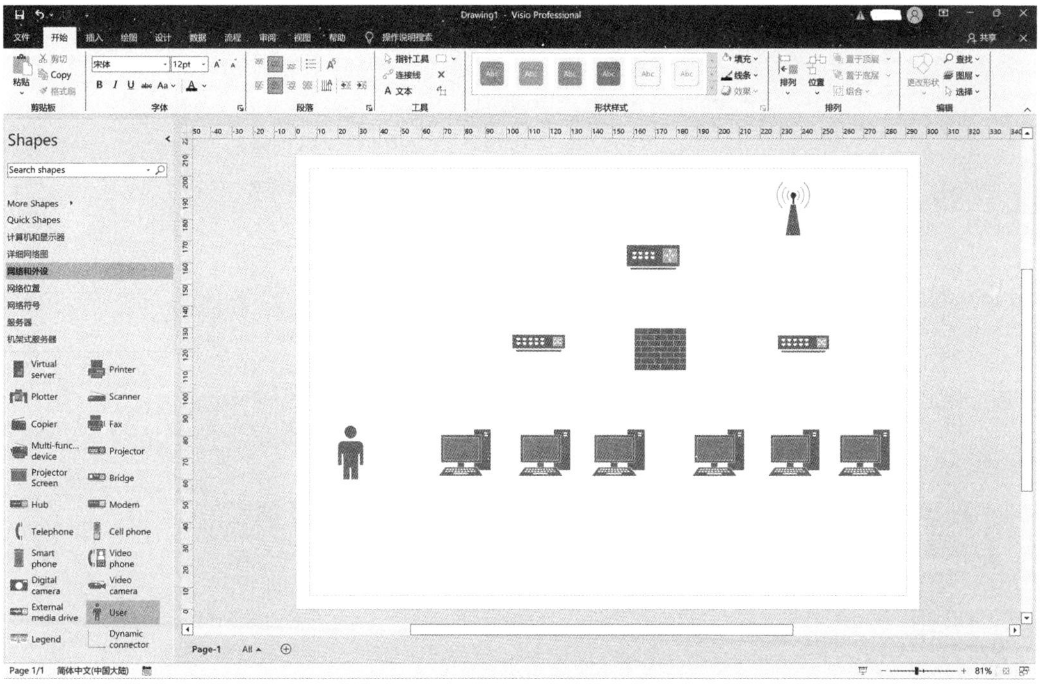

图7-48　绘制形状

（5）双击形状就可以输入文本，并且根据需求编辑文本的字体、大小和颜色等，如图7-49所示。

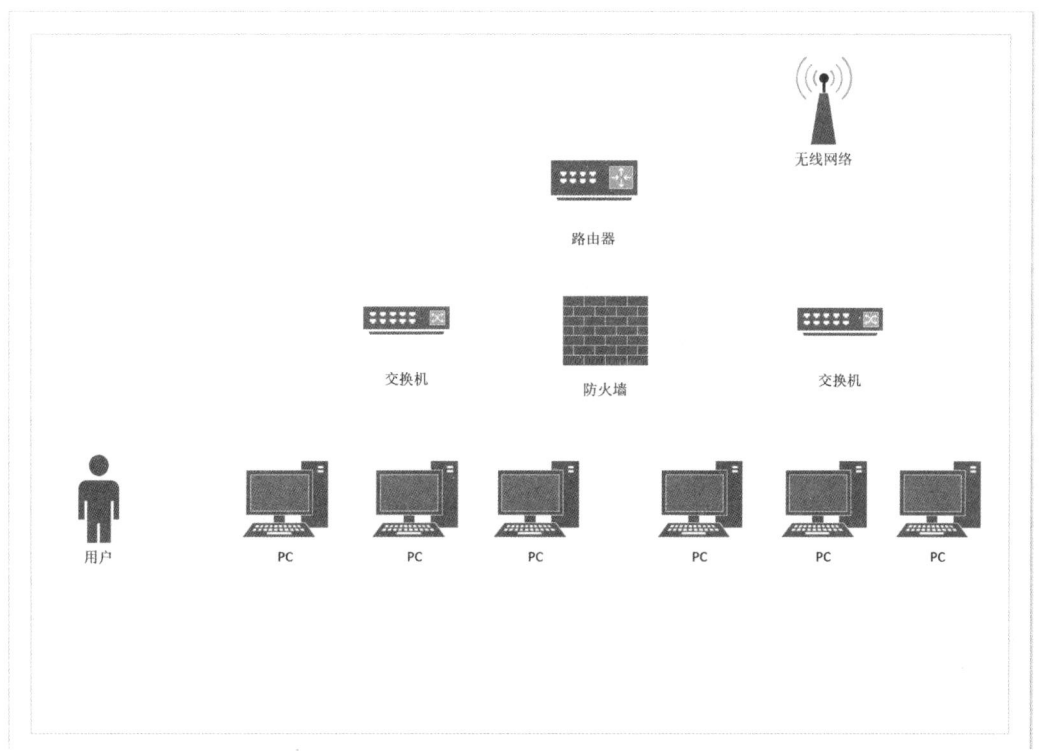

图7-49　编辑文本

（6）运用工具栏上的"连接线"将图中的各种设备链接在一起，并且编辑连接线线条的粗细、颜色和箭头，但网络拓扑图中可能有特殊的通信链接，如Comm-link，则需要从形状窗格中以形状的方式拖入图中，如图7-50所示。

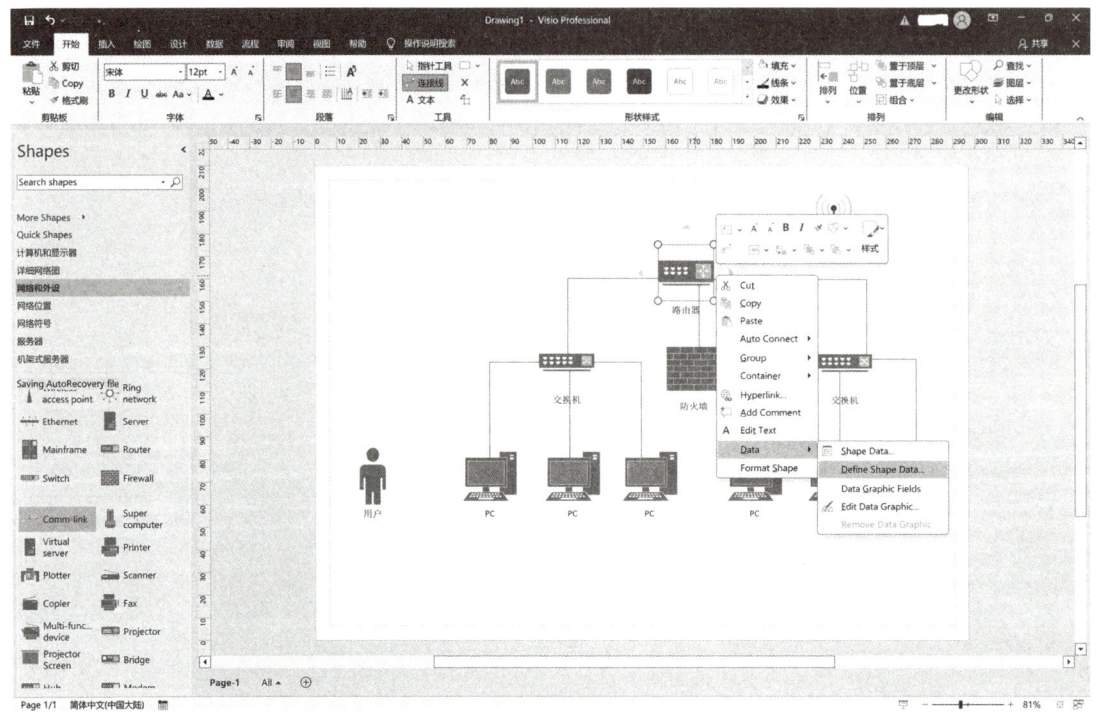

图 7-50 对形状进行连线

（7）右键单击网络设备，可以直接在设备的四个方向（左边，右边，上方，下方）添加网络设备，如无线网络接入点、环形网络、以太网、服务器等，并且进行链接，如图 7-51 所示。图 7-52 就是在一台交换机的左边自动添加了一台服务器。

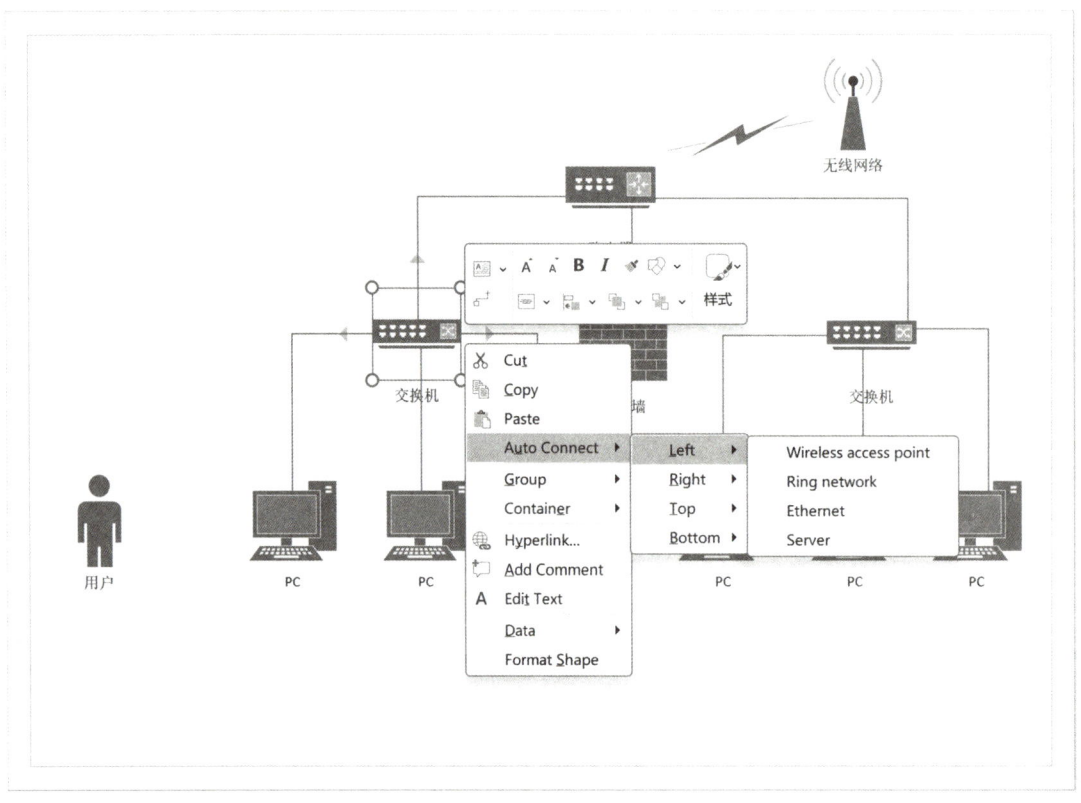

图 7-51 列表中的自动链接选项

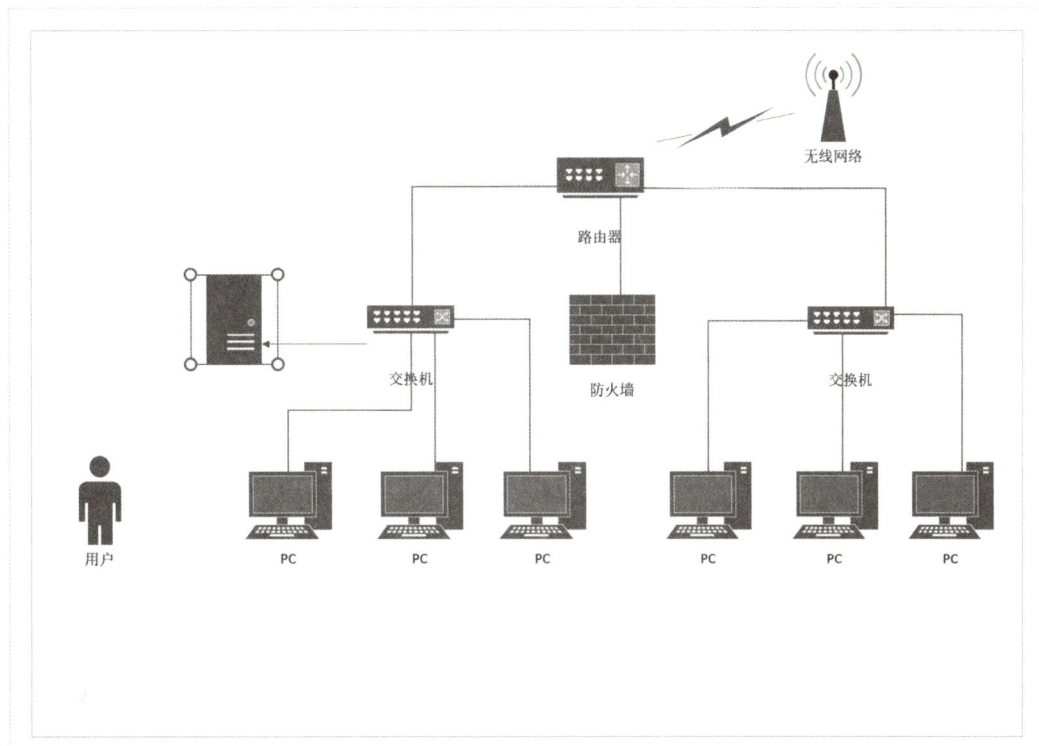

图 7-52　自动链接添加服务器

通过以上步骤,就可以轻松地使用 Visio 绘制网络拓扑图。

第8章

综合应用——以毕业论文撰写为例

本章知识点

1. 毕业论文基础知识；
2. 练习毕业论文设置页面的方法和技巧；
3. 练习毕业论文设置封面设计的方法和技巧；
4. 练习毕业论文设置分节符和分页符的方法和技巧；
5. 练习毕业论文不同节设置页眉和页脚的方法和技巧；
6. 练习毕业论文设置声明页的方法和技巧；
7. 练习毕业论文设置中英文摘要的方法和技巧；
8. 练习毕业论文创建和应用文档样式的方法和技巧。

学习目标

1. 了解毕业论文基础知识；
2. 掌握将普通文本根据毕业论文写作规范排版为毕业论文标准文本的方法和技巧。

学习重难点

1. 毕业论文设置分节符和分页符；
2. 毕业论文不同节设置页眉和页脚；
3. 毕业论文创建和应用文档样式。

学习建议

1. 本章内容注重动手实践操作，书中提供了练习材料"毕业论文初稿"（8.3.1 附件1），这是一份压缩版的毕业论文，具备大多数毕业论文所需要的元素。建议根据书中每一节所列出的详细步骤进行操作，达到"毕业论文终稿"（8.3.2 附件2）的效果。

2. 本章所教授的毕业论文排版实践具有很强的泛化性，所掌握的技巧在其他书面材料的排版中也可以使用，建议在平常工作中和学习中利用各种材料勤加练习。

8.1 初识毕业论文

毕业论文是高等教育中的重要组成部分，具有极其重要的意义。毕业论文是学生毕业的重要标志，是对学生整个学习过程的总结和归纳。通过撰写毕业论文，学生能够对所学知识进行深入的思考和整合，提高自己的学术研究能力和综合运用能力。排版的重要性在于提升论文的可读性和专业性。合理的排版能够使论文内容清晰明了，使读者更容易阅读和理解。良好的排版还能够凸显论文的专业性和学术规范，体现作者对学术研究的认真态度和严谨思维。适当的字体、字号、行距等排版要素的选择可以使论文整体呈现出统一、美观的视觉效果，提升论文的质感和学术形象。每个学校都有一套毕业论文规定，包括论文结构、引用格式、参考文献标注等方面的要求。遵守这些规定可以保证论文的学术诚信和可靠性，避免出现抄袭、不当引用等学术不端行为。

高等教育毕业论文的组成一般包括以下部分：

- 封面：论文题目、作者姓名、指导教师、学校名称、学院/系别、提交时间等信息。
- 摘要：对整篇论文内容的简明概述，包括研究目的、方法、结果和结论等。摘要通常在300字左右。
- 关键词：列出与论文主题相关的若干关键词，便于检索和索引。
- 目录：列出论文中各章节和内容的标题及页码，方便读者查找和导航。
- 引言：介绍论文的背景和研究意义，明确研究问题，并阐述研究的目的和重要性。
- 文献综述：对已有研究文献进行综合评述，归纳总结相关研究的理论、方法和成果，为论文的研究提供理论基础。
- 理论框架：如果适用于该论文，可以单独列出一个章节或部分来详细介绍所采用的理论框架、概念模型或理论体系。
- 研究方法：介绍研究所采用的方法和研究设计，包括数据收集方式、样本选择、调查问卷设计等。
- 数据分析：展示和分析研究所得到的数据，可以使用表格、图表等形式进行数据呈现，并对结果进行解释和讨论。
- 研究结果与讨论：在分析完数据后，对研究结果进行详细讨论和解释，与文献综述进行比较，提出自己的见解和观点。
- 总结与展望：总结研究的主要发现，回顾论文的核心内容，强调研究的创新点和重要性，并提出进一步研究的建议。
- 参考文献：列出论文中引用的各种文献资料的详细信息，按照一定的引用格式规范排列。
- 致谢：对写作过程中提供帮助的人员表示感谢。

8.2 使用 Word 排版毕业论文

在毕业论文写作过程中，除了大量的文字内容，不同的专业还包括各种专业性极强的图像、图形及表格内容。Word 具备功能强大的表格编辑能力，但对专业性极强的图像、图形的编辑有所欠缺，这一点可以用 Visio 绘图软件来补充。由于篇幅所限，本章的教学案例仅讲述 Word 在毕业论文排版中的应用。

8.2.1 设置页面

1. 设置纸张大小

点击"布局""纸张大小"选择"A4"。

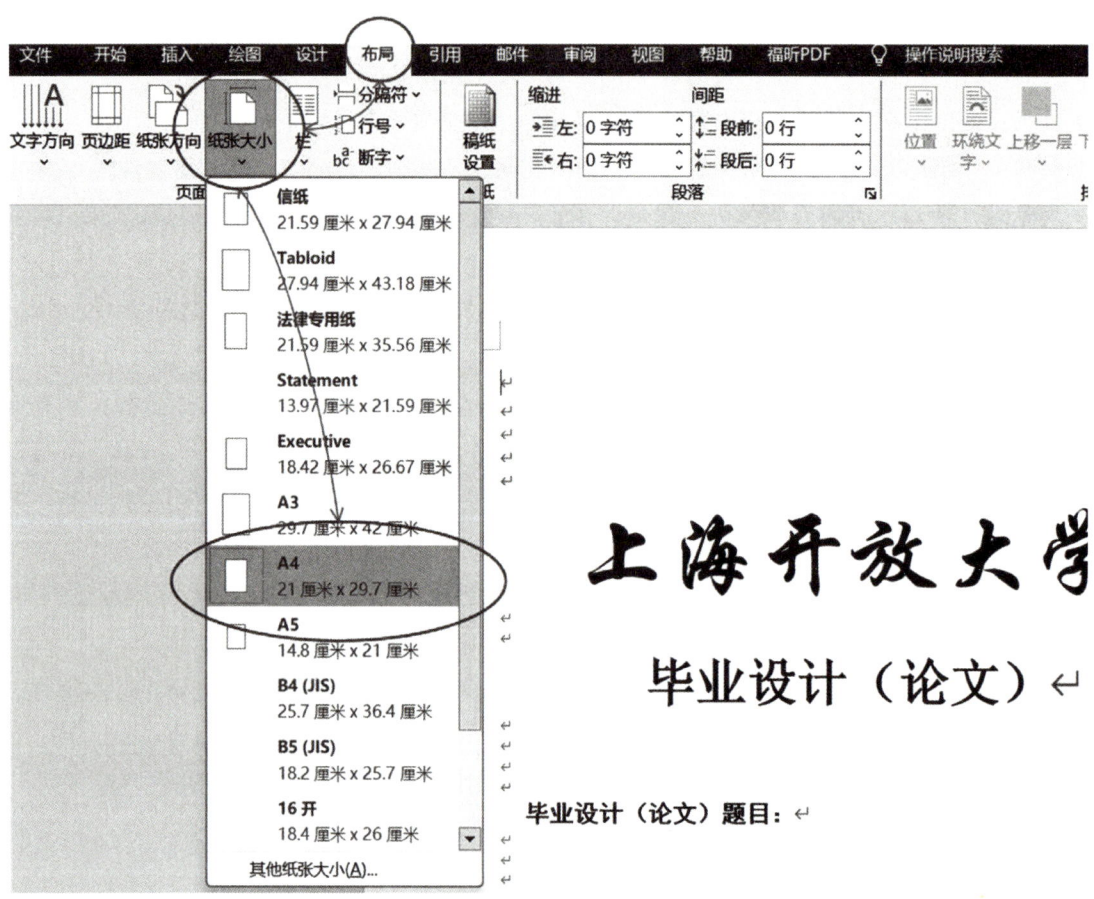

图 8-1　设置纸张大小

2. 设置页边距

点击"布局""页边距"，选择"自定义边距"。设置上边距 2.6cm，下边距 2.6cm，左边距 3cm，右边距 3cm。

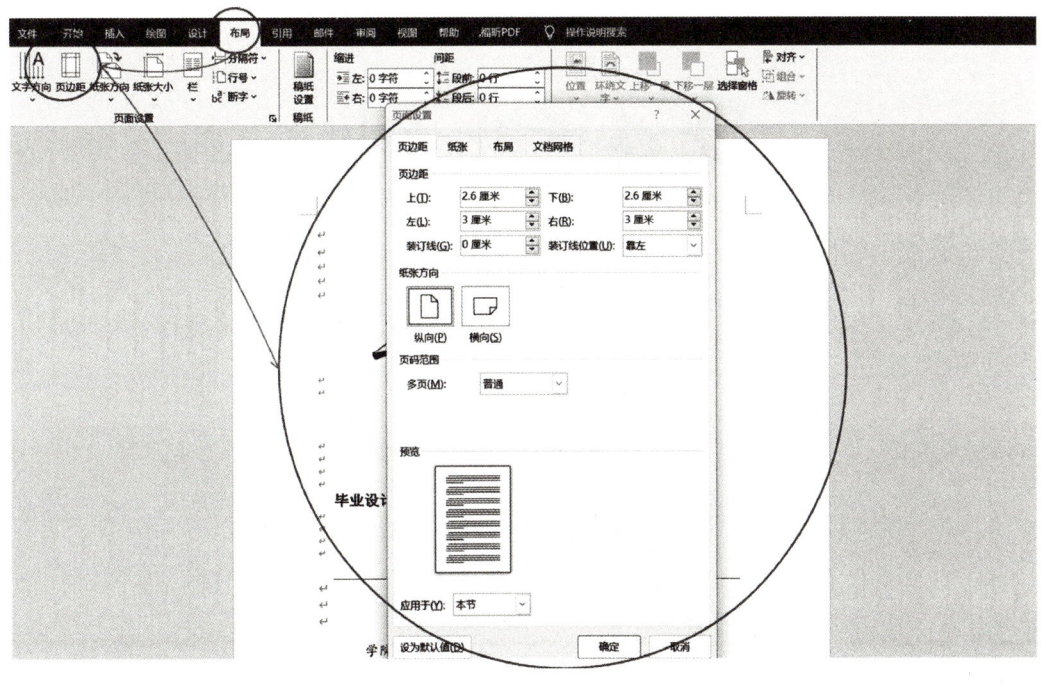

图 8-2　设置页边距

8.2.2 封面设计

1. 设置"上海开放大学"图片

（1）光标移到首页第一行，连续按 5 次回车键，此时图片下移，空出顶端距离。
（2）鼠标选中图片，点击右键，鼠标移到文字环绕菜单，选择"嵌入型"。
（3）鼠标选中图片，点击"开始"菜单，在段落图标区域按下居中按钮。

2. 设置"毕业设计（论文）"

（1）鼠标放在"上海开放大学"图片所在行最后，连续按下 2 次回车键。
（2）鼠标移到"毕业设计（论文）"所在行，将该行文字设置为居中、宋体、31 号。

3. 设置"毕业设计（论文）题目"

（1）鼠标放在"毕业设计（论文）题目"所在行开始，连续按 4 次回车键。

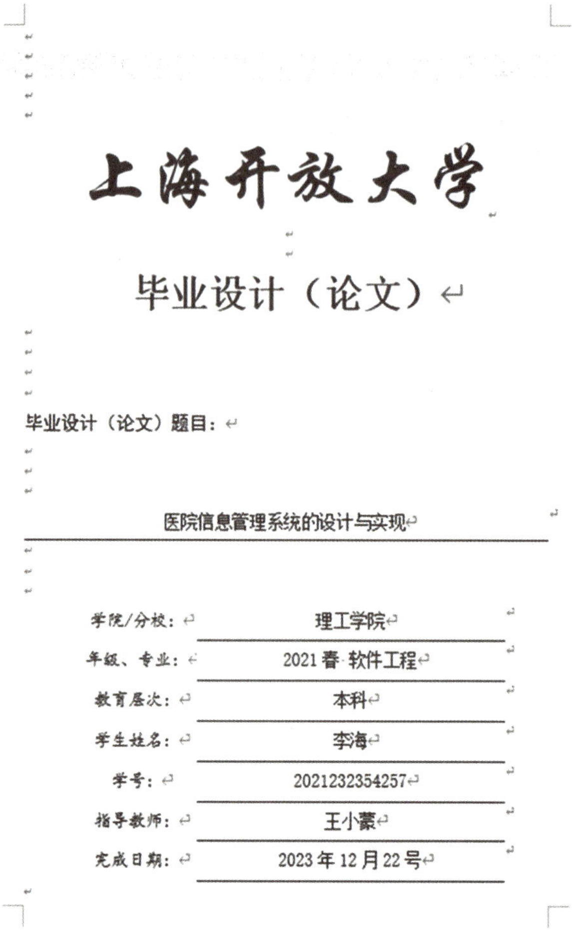

图 8-3　毕业论文封面设计效果

（2）设置该项目文字为左侧、黑体、15 号。

4. 设置论文题目

（1）鼠标放在"论文题目"所在行开始，连续按 4 次回车键。

（2）插入 1×1 的表格，选中表格，然后右键选择表格属性，选择边框和底纹，去掉表格的左上右边框只剩下底部边框。

（3）将论文题目复制到表格中，设置为居中、宋体、14 号字体。

5. 设置作者信息

（1）鼠标放在"毕业设计（论文）题目"下方行开始处，连续按 3 次回车键。

（2）插入 7×2 的表格，选中表格，将表格调到合适的位置，合适的总宽度以及合适的左右列宽度。

（3）点击鼠标，左键不放，选择表格左列 7 行，右键选择表格属性，选择边框和底纹，选择无边框。

（4）点击鼠标，右键不放，选择表格右列 7 行，右键选择表格属性，选择边框和底纹，去掉表格的左上右边框只剩下底部边框。

（5）将相应的作者信息分别填到表格的左右列中，左列字体设置为居中、楷体、14号，右列字体设置为居中、宋体、14号。

8.2.3 设置分节符和分页符

通过在论文中插入分页符和分节符，把论文划分成几个部分，如下所示：

封面
————————分页符————————
论文独创性声明和论文版权使用授权声明
————————分页符————————
目录
================ 分节符 ================
中文摘要
————————分页符————————
英文摘要
================ 分节符 ================
系统内容1
————————分页符————————
……
————————分页符————————
总结和展望
————————分页符————————
参考文献
————————分页符————————
致谢

1. 设置"显示所有标记"，以便分节符，分页符可见

点击"文件"菜单栏，在打开的下拉框中点击"选项"按钮，在左侧菜单栏选择"显示"，在右侧的菜单栏在"显示所有格式标记"前打勾，按确定返回编辑主界面，如图8-4所示。

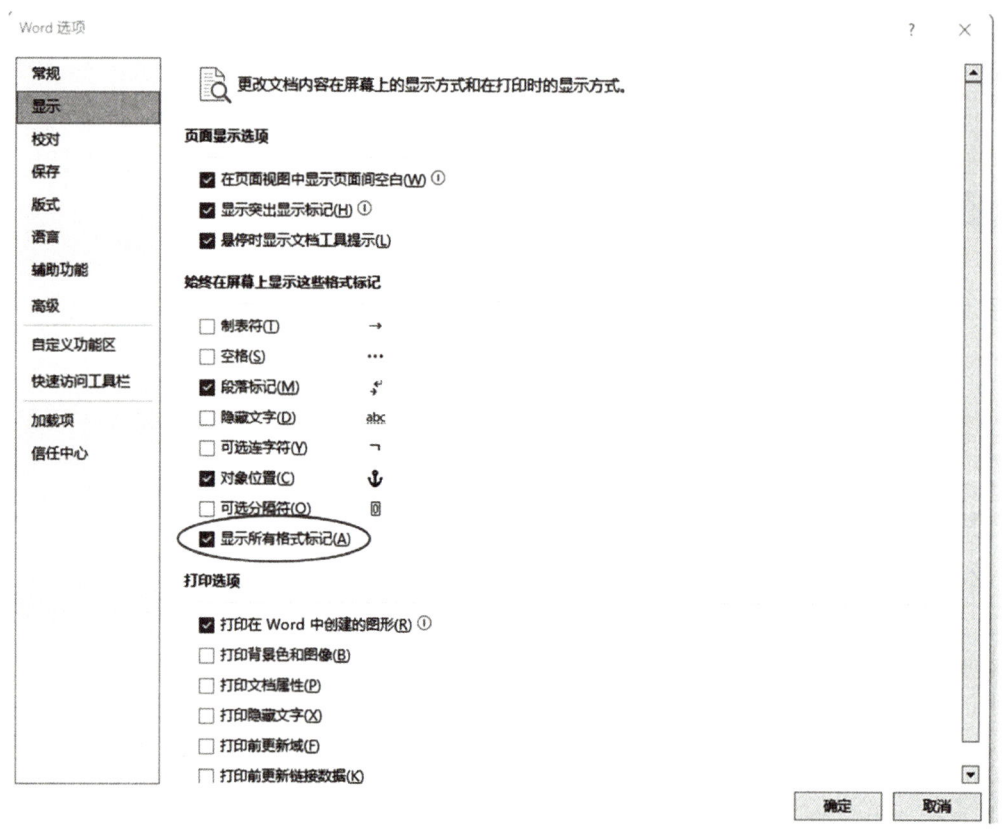

图 8-4 选择"显示所有格式标记"

2. 整篇论文设置分节符

(1) 设置摘要前的分节符。光标移到中文摘要前面一行,选择"布局"菜单,在页面设置区域,点击分隔符右边的小箭头,在弹出的下拉框中,选择"分节符"栏目的"下一页"。

(2) 设置英文摘要后的分节符。光标移到英文摘要后面一行,选择"布局"菜单,在页面设置区域,点击分隔符右边的小箭头,在弹出的下拉框中,选择"分节符"栏目的"下一页"。

3. 整篇论文设置分页符

(1) 将光标移到"英文摘要"前一行,选择"布局"菜单,在页面设置区域,点击分隔符右边的小箭头,在弹出的下拉框中,选择"分页符"栏目的"分页符",此时"英文摘要"被直接移动到下一页。可能离该页顶端还有一些回车符号,将这些回车符号删除。

(2) 采用同样的方法,分别在"三、系统整体方案的分析和设计""四、数据库设计与分析""七、总结与展望""参考文献""致谢"前设置分页符。

8.2.4 设置页眉和页脚

1. 设置第 1 节的页眉页脚

第 1 节的内容由封面、独创性声明、版权声明页以及目录组成。在本书所使用的论文模板,其第

1 节的页眉页脚没有内容。

2. 设置第 2 节的页眉页脚

第 2 节的内容由中文摘要和英文摘要组成。页眉没有内容,但页脚有罗马数字组成的页码。

(1)进入页脚编辑区域切断与上一节的关联,将鼠标移到中文摘要所在页面,点击"插入"菜单栏,在页眉和页脚区域点击"页脚"点击"编辑页脚",此时光标在图 8-5 区域 A 中闪烁。在菜单导航区域,取消"链接到前一节"按钮,这一步的设置非常重要,这使得在本节所做的页码设置不会影响到上一节的页码设置。

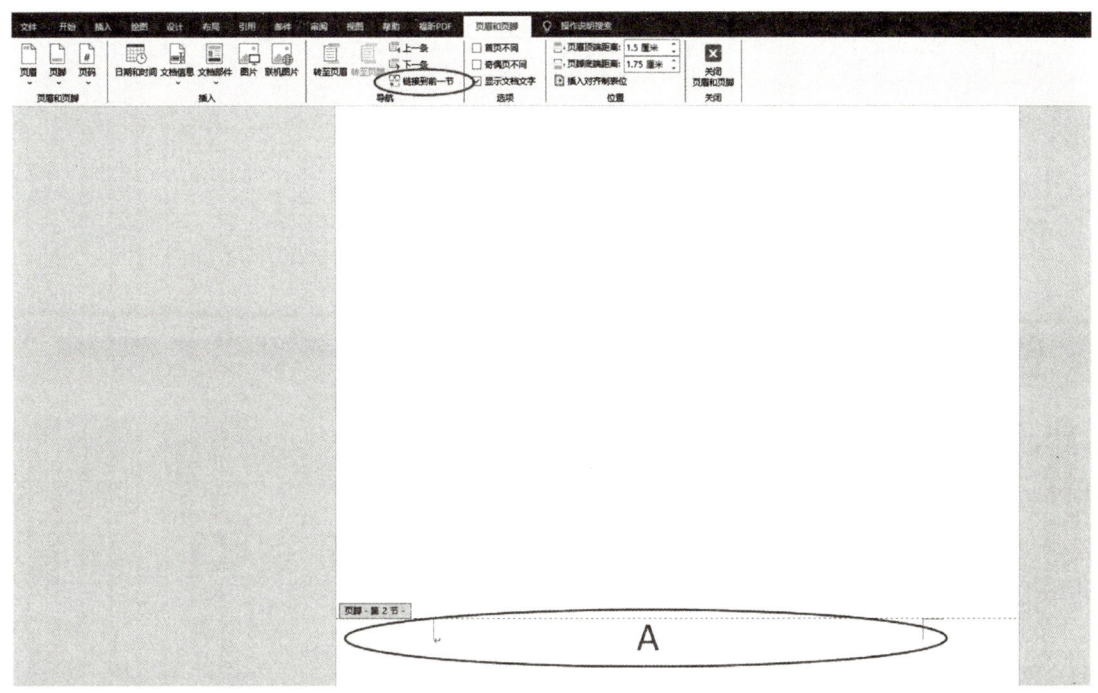

图 8-5 进入页脚编辑切断与上一节的关联

(2)设置页码格式,在页眉和页脚区域点击"页码"弹出下拉菜单,选择设置页码格式,弹出页码格式设置对话框,在编号格式中选择罗马数字,在页码编号中选择和设置起始页码为"1",按"确定"按钮完成设置,如图 8-6 所示。

(3)应用页码格式,在页眉和页脚区域点击"页码"弹出下拉菜单,选择设置页码格式,在弹出来的右侧下拉框中选择第 2 个,如图 8-7 所示。

(4)关闭菜单栏的"关闭页眉和页脚"按钮,中英文摘要的页脚设置效果如图 8-8 所示。

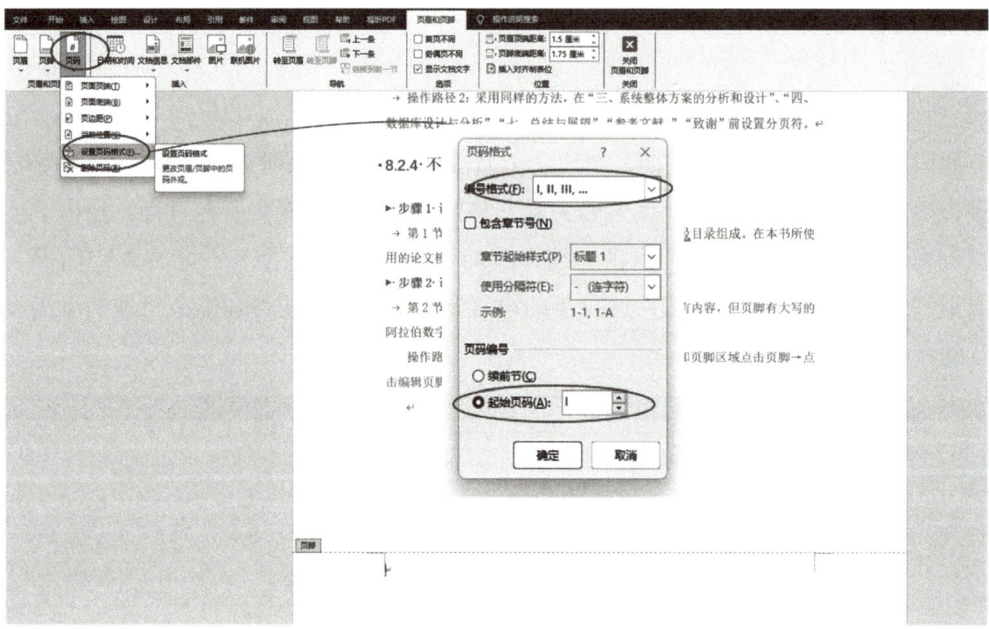

图 8-6　进入页脚编辑设置页码格式

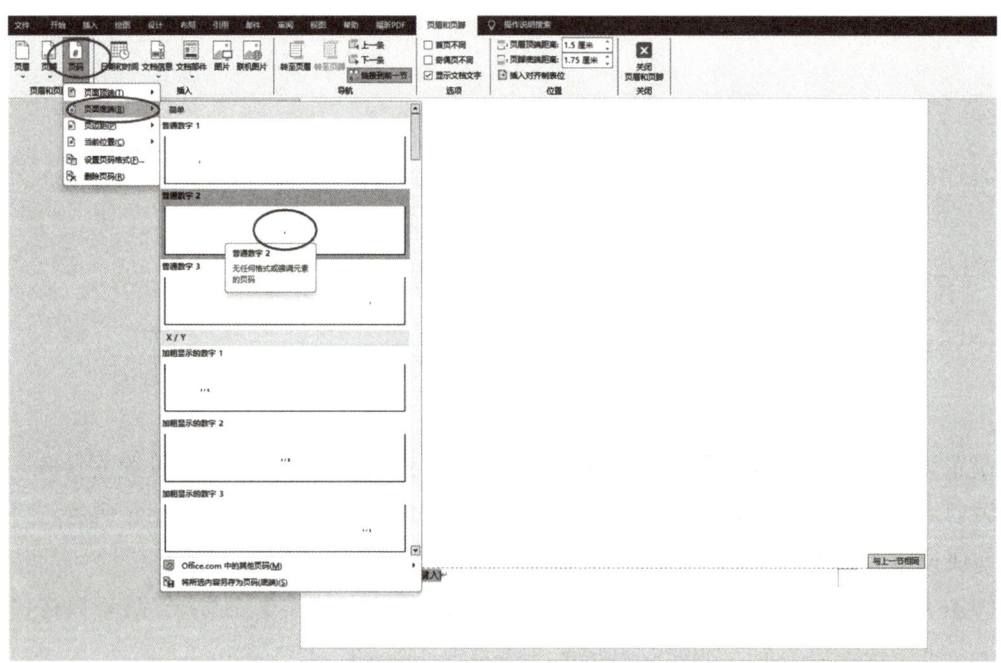

图 8-7　应用新的页码格式

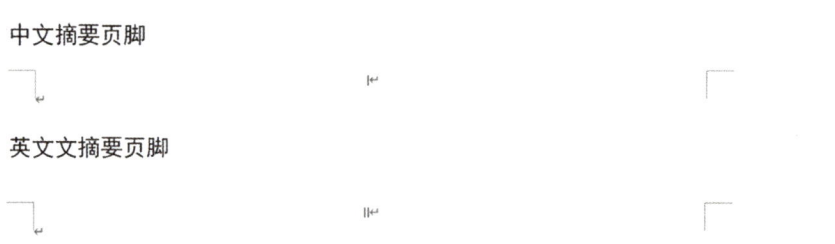

图 8-8　中英文摘要页脚设置结果

3. 设置第 3 节的页眉页脚

第 3 节的内容为论文正文内容。页眉没有内容,但页脚有阿拉伯数字组成的页码,页码从 1 开始。

(1)进入页脚编辑区域切断与上一节的关联,将鼠标移到"绪论"所在页面,点击菜单栏"插入"菜单栏,在页眉和页脚区域点击"页脚",点击"编辑页脚",此时光标在图 8-5 区域 A 中闪烁。在菜单导航区域,取消"链接到前一节"按钮,这一步的设置非常重要,这使得在本节所做的页码设置不会影响到上一节的页码设置。

(2)设置页码格式,在页眉和页脚区域点击"页码"弹出下拉菜单,选择设置页码格式,弹出页码格式设置对话框,在编号格式中选择阿拉伯数字,在页码编号中选择和设置起始页码为"1",按"确定"按钮完成设置,如图 8-9 所示。

(3)应用页码格式,在页眉和页脚区域点击"页码"弹出下拉菜单,选择设置页码格式,在弹出来的右侧下拉框中选择第 2 个,如参考图 8-10 所示。

(4)关闭菜单栏的"关闭页眉和页脚"按钮,中英文摘要的页脚设置效果如图 8-11 所示。

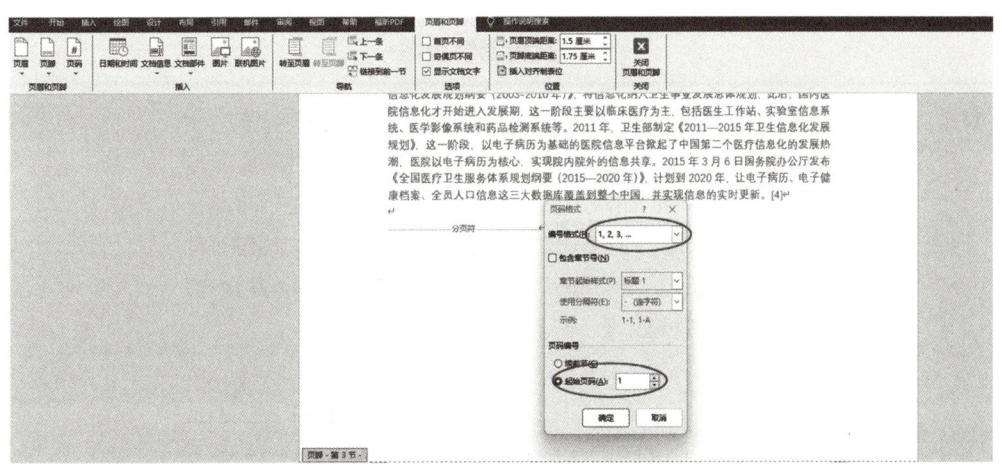

图 8-9 进入页脚编辑设置页码格式

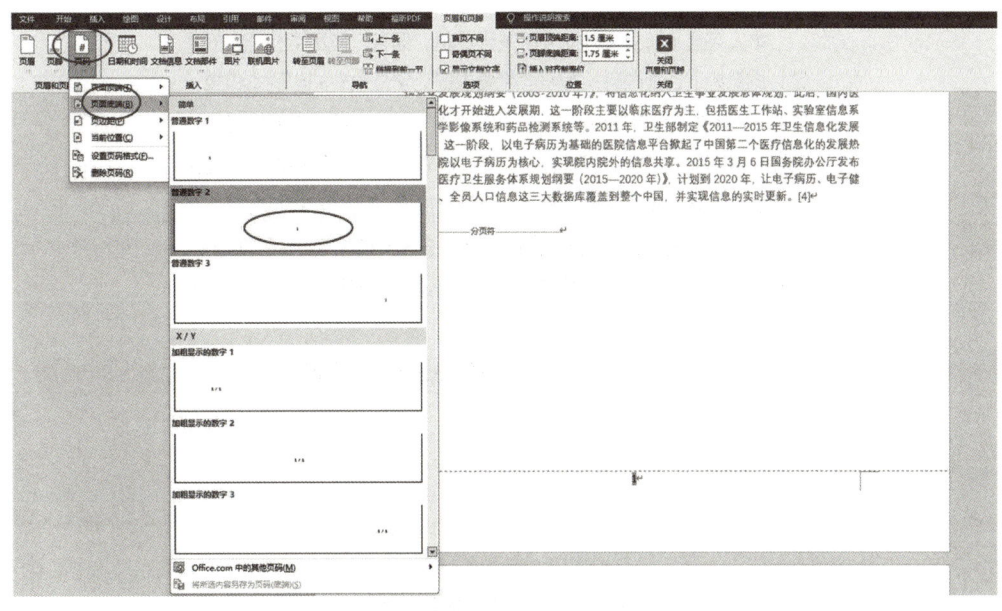

图 8-10 应用新的页码格式

正文部分页脚

图 8-11　正文部分页脚设置结果

8.2.5　设置声明页

（1）设置声明页标题字体格式为居中、黑体、小二，设置正文格式为宋体、四号、行距1.5。

（2）调整各部分的垂直间距，如图 8-12 所示。

（3）将签名和日期加粗，用下划线表示待填写部分，整体移到文档右边。

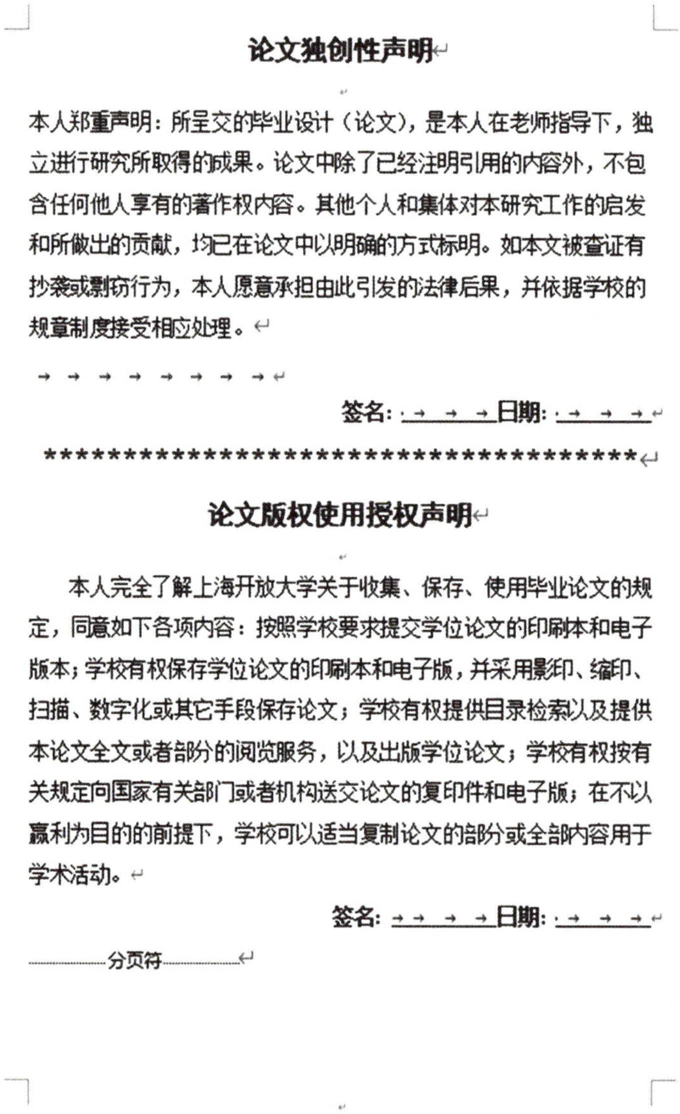

图 8-12　声明页调整结果

8.2.6 设置中英文摘要

1. 设置中文摘要

设置摘要标题字体格式为居中、黑体、小二,设置正文格式为宋体、四号、行距1.5,关键词加粗。

2. 设置英文摘要

设置摘要标题字体格式为居中、Times New Roman、小二,设置正文格式为Times New Roman、四号、行距1.5,关键词加粗。

8.2.7 创建和应用文档样式

整篇毕业论文需要创建几种主要的样式,其中正文加强就是对应的四级、五级标题。因为目录中显示前三级标题,如果显示四级、五级标题,则细节过多,使得整个目录比较繁琐。所以四级、五级标题采用的格式是正文文本。

表 8-1 毕业论文样式表

样式	样式设置	字体设置	段落设置
一级标题	名称:样式1 样式类型:段落 样式基准:一级标题 后期段落样式:正文	中文字体:黑体 字形:加粗 字号:小二	对齐方式:两端对齐 大纲级别:一级 缩进:左侧0、右侧0 间距:段前24磅,段后24磅 行距:1.5倍
二级标题	名称:样式2 样式类型:段落 样式基准:二级标题 后期段落样式:正文	中文字体:黑体 字形:加粗 字号:三号	对齐方式:两端对齐 大纲级别:二级 缩进:左侧0、右侧0 间距:段前18磅,段后18磅 行距:1.5倍
三级标题	名称:样式3 样式类型:段落 样式基准:正文 后期段落样式:正文	中文字体:黑体 字形:加粗 字号:小四号	对齐方式:两端对齐 大纲级别:三级 缩进:左侧0、右侧0 间距:段前12磅,段后12磅 行距:1.5倍
四级五级标题	名称:样式4 样式类型:段落 样式基准:一级标题 后期段落样式:正文	中文字体:黑体 字形:加粗 字号:五号	对齐方式:两端对齐 大纲级别:正文文本 缩进:左侧0、右侧0 间距:段前12磅,段后12磅 行距:1.5倍

（续表）

样式	样式设置	字体设置	段落设置
正文文本	名称：样式5 样式类型：段落 样式基准：正文 后期段落样式：正文	中文字体：宋体 字形：常规 字号：小四号	对齐方式：两端对齐 大纲级别：正文文本 缩进：左侧2字符、右侧0 特殊：首行 缩进：2字符 间距：段前0磅，段后0磅 行距：1.5倍
图表标题	名称：样式6 样式类型：段落 样式基准：正文 后期段落样式：正文	中文字体：宋体 字形：常规 字号：五号	对齐方式：居中 大纲级别：正文文本 缩进：左侧0、右侧0 间距：段前0磅，段后0磅 行距：1.5倍
图表内容	名称：样式7 样式类型：段落 样式基准：正文 后期段落样式：正文	中文字体：宋体 字形：常规 字号：五号	对齐方式：两端对齐 大纲级别：正文文本 缩进：左侧0、右侧0 间距：段前0磅，段后0磅 行距：1.0倍
参考文献标题	名称：样式8 样式类型：段落 样式基准：一级标题 后期段落样式：正文	中文字体：黑体 字形：加粗 字号：小二	对齐方式：居中 大纲级别：一级 缩进：左侧0、右侧0 间距：段前24磅，段后24磅 行距：1.5倍
参考文献内容	名称：样式9 样式类型：段落 样式基准：正文 后期段落样式：正文	中文字体：宋体 字形：常规 字号：小四号	对齐方式：两端对齐 大纲级别：正文文本 缩进：左侧0、右侧0 间距：段前0磅，段后0磅 行距：1.5倍

1. 了解创建新的样式流程

（1）将光标置于文档末尾，选择"开始"选项卡，在"样式"选项组中单击"对话框启动器"按钮，弹出样式框。

（2）点击样式框左下角的"新建样式"按钮，弹出"根据格式化创建新样式"对话框，在这里设置主要设置样式名称、样式类型、样式基准、后继段落样式。

（3）点击"根据格式化创建新样式"对话框左下角的"格式"按钮，弹出下拉框，选择"字体"菜单，弹出"字体"对话框，这里主要设置字体类型、字型、字号，点击"确认"按钮。

（4）点击"根据格式化创建新样式"对话框左下角的"格式"按钮，弹出下拉框，选择"段落"菜单，弹出"段落"对话框，这里主要设置段落的对齐方式、大纲级别、缩进、段间、距行距，点击"确认"按钮。

（5）退回到"根据格式化创建新样式"对话框，点击"确认"按钮。

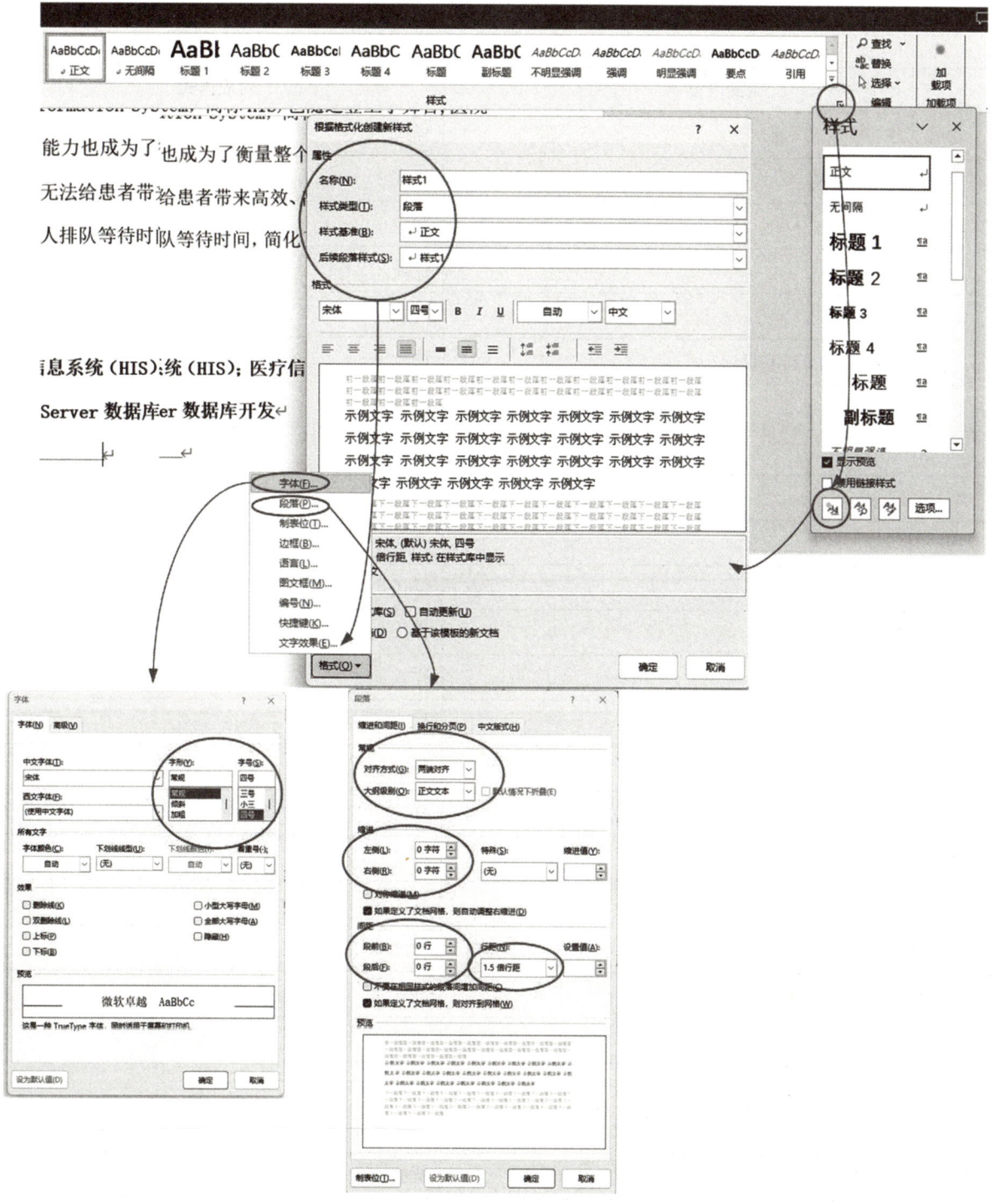

图 8-13 设置新建样式

2. 根据表 8-1 的参数创建新的样式

3. 应用新的样式

根据表 8-2 对论文内容设置对应的样式。

表 8-2 论文内容及样式应对表

论文内容	对应样式
一、绪论	样式1
（一）研究背景和意义	样式2
正文	样式5
（二）国内外研究现状	样式2
正文	样式5
二、系统整体方案的分析和设计	样式1
正文	样式5
（一）系统需求分析	样式2
正文	样式5
1.系统总体需求	样式3
正文	样式5
表 2-1 标题	样式6
表 2-1 内容	样式7
1.1 需求背景分析	样式4
正文	样式5
1.2 数据流分析	样式4
正文	样式5
图 2-1 标题	样式6
图 2-1 内容	样式7
1.2.1 院长	样式4
正文	样式5
1.2.2 西药库操作员	样式4
正文	样式5
1.2.3 西药房操作员	样式4
正文	样式5
1.2.4 中药库操作员	样式4
正文	样式5
1.2.5 中药房操作员	样式4
正文	样式5
1.2.6 门诊挂号收费员	样式4
正文	样式5

(续表)

论文内容	对应样式
（二）系统功能设计	样式 2
图 2-2 标题	样式 6
图 2-2 内容	样式 7
图 2-3 标题	样式 6
图 2-3 内容	样式 7
图 2-4 标题	样式 6
图 2-4 内容	样式 7
1.门诊挂号功能	样式 3
正文	样式 5
2. 收费功能	样式 3
正文	样式 5
三、数据库设计与分析	样式 1
（一）数据需求分析	样式 2
表 3-1 标题	样式 6
表 3-1 内容	样式 7
正文	样式 5
四、总结与展望	样式 1
（一）总结	样式 2
正文	样式 5
（二）展望	样式 2
正文	样式 5
参考文献标题	样式 8
参考文献正文	样式 9
致谢	样式 8
正文	样式 5

(续表)

8.3 练习材料

8.3.1 附件1：毕业论文初稿

上海开放大学

毕业设计（论文）

毕业设计（论文）题目：

医院信息管理系统的设计与实现

学院/分校：理工学院

年级、专业：2021春 软件工程

教育层次：本科

学生姓名：李海

学号：2021232354257

指导教师：王小蒙

完成日期：2023年12月22号

论文独创性声明

本人郑重声明：所呈交的毕业设计（论文），是本人在老师指导下，独立进行研究所取得的成果。论文中除了已经注明引用的内容外，不包含任何他人享有的著作权内容。其他个人和集体对本研究工作的启发和所做出的贡献，均已在论文中以明确的方式标明。如本文被查证有抄袭或剽窃行为，本人愿意承担由此引发的法律后果，并依据学校的规章制度接受相应处理。

签名：　　　　　日期：

****

论文版权使用授权声明

本人完全了解上海开放大学关于收集、保存、使用毕业论文的规定，同意如下各项内容：按照学校要求提交学位论文的印刷本和电子版本；学校有权保存学位论文的印刷本和电子版，并采用影印、缩印、扫描、数字化或其他手段保存论文；学校有权提供目录检索以及提供本论文全文或者部分的阅览服务，以及出版学位论文；学校有权按有关规定向国家有关部门或者机构送交论文的复印件和电子版；在不以赢利为目的的前提下，学校可以适当复制论文的部分或全部内容用于学术活动。

签名：　　　　　日期：

摘　要

信息技术在我们身边随处可见，随着时代发展，医疗信息化也进入了我们的视野，并逐步成为现代医学发展的主要趋势，医院信息管理系统 (Hospital Information System, 简称HIS) 也随之登上了舞台，医院信息化建设管理能力也成为了衡量整个医院管理水平的一个重要指标。传统的医疗方式无法给患者带来高效、高质量的就诊体验，医院信息管理系统减少了病人排队等待时间，简化了就医流程，提高了医院的工作效率和质量。

关键词：医院信息系统（HIS）；医疗信息化；C/S 架构；PowerBuilder 软件开发；SQL Server 数据库开发

Abstract

Information technology can be seen everywhere around us. With the development of the times, medical informatization has also entered our vision and gradually become the main trend of modern medical development. Hospital Information System (HIS) has also stepped onto the stage, and the construction and management ability of hospital informatization has become an important indicator to measure the overall level of hospital management. Traditional medical methods cannot provide patients with an efficient and high-quality medical experience. The hospital information management system reduces patient waiting time, simplifies the medical process, and improves the efficiency and quality of hospital work.

Key words：HIS; hospital informatization; C/S ; PowerBuilder ; SQL Server.

一、绪论

（一）研究背景和意义

医院信息管理系统是医学信息学的重要组成部分，同时也是信息技术十分重要的应用领域，在全世界的范围内，已经形成一个不可忽略的卫生信息化产业。美国该领域的著名教授 Morris Collen 于 1988 年曾为医院信息管理系统下了如下定义：利用电子计算机和通讯设备，为医院所属各部门提供病人诊疗信息和行政管理信息的收集、存储、处理、提取和数据交换的能力，为医院所属各部门提供信息服务，并满足所有授权用户的功能需求。医院信息管理系统在 20 世纪 70 年代首次在国外开发建设，美国率先将医院信息管理系统实际应用在医院中。医院信息管理系统的开发和使用在 20 世纪 90 年代达到顶峰，当时国际知名医院都开始使用医院信息管理系统，大幅度提高了医院的效率，使得医院有效进行科学管理，同时提供更优质的服务。通过对医疗信息化行业相关文献的研究，发现中国医疗信息化建设处于高速发展状态，其主要目标是提高业务效率，创造更好的服务流程。从管理和资源的角度来看，现代医院比以往任何时候都更能够利用信息获得竞争优势。医院作为一个知识密集型组织，不仅依靠设备信息化、管理流程信息化和环境网络化，更多地依靠信息收集、处理和加工的工作来提供服务。医院信息管理系统不仅可以简化工作流程，降低劳动强度，提高工作效率。

（二）国内外研究现状

1956 年我国制定的《十二年科学技术发展规划》标志着我国计算机事业的正式起步，[1] 而美国的医疗信息化建设开始于 1970 年代，我国的计算机技术水平比美国慢了约 13 年。[2]1990 年代，以财务管理为核心的医院信息管理系统大批量进入市场，在市场因素的推动下，由医院提需求，信息技术厂商负责开发、实施的商业生态环境成为主流。[3]2002 年，卫生部制定《全国卫生信息化发展规划纲要（2003-2010 年）》，将信息化纳入卫生事业发展总体规划，此后，国内医院信息化才开始进入发展期，这一阶段主要以临床医疗为主，包括医生工作站、实验室信息系统、医学影像系统和药品检测系统等。2011 年，卫生部制定《2011—2015 年卫生信息化发展规划》，这一阶段，以电子病历为基础的医院信息平台掀起了中国第二个医疗信息化的发展热潮，医院以电子病历为核心，实现院内院外的信息共享。2015年3月6日国务院办公厅发布《全国医疗卫生服务体系规划纲要（2015—2020年）》，计划到2020年，让电子病历、电子健康档案、全员人口信息这三大数据库覆盖到整个中国，并实现信息的实时更新。[4]

二、系统整体方案的分析和设计

（一）系统需求分析

1. 系统总体需求

在软件开发过程中，需求分析是开发成功的前提和基础。需求分析的成功取决于研发人员和用户之间的密切合作。对于研发人员来说，首先要做的是描述软件的功能和性能，然后为其提供逻辑模型，形成需求说明书，并让用户和管理人员审查需求。需求分析的过程需要对软件进行仔细的检查和研究，清楚地了解相关用户的需求，并根据收集的数据进行分析，即确定软件系统的开发目标。需求分析过程通常分为四个阶段：问题识别、问题分析与综合、需求文档编写和需求分析评审。

表2-1 系统需求分析过程表

问题识别	功能上，确定软件要实现的功能；性能上，确定软件的各项性能指标；环境上，确定软件在开发和运行过程中，软件和硬件的需求。
问题分析与综合	对主要问题的分析和对重要方案的综合。通过对收集到的信息进行整理和分析，确定需求信息所呈现的数据结构，细化软件各功能，找出软件不同元素之间的联系，形成系统解决方案，并最终创建系统逻辑模型。
需求文档编写	在软件开发过程中，为了能更清楚地表达用户的需求以及减少失误，详细介绍了软件的需求规范，形成需求说明书，并编制需求文档。
需求分析评审	该阶段是软件需求分析的最后阶段，软件开发人员、项目管理人员和用户根据具体情况对上述三个阶段进行评审并就具体情况做出评价。

1.1 需求背景分析

本系统开发的目的是为社区医院设计一个医院信息管理系统。传统的医疗方式无法给患者带来高效、高质量的就诊体验，医院信息管理系统减少了病人排队等待时间，简化了就医流程，提高了医院的工作效率和质量。医院信息管理系统相比传统的医疗方式，用信息化设备代替了复杂的、繁琐的、重复性的劳动，比如用打印机打印处方和病历，代替了传统的写处方和病历，减少了医生写处方和病历的时间，缩短了病人的候诊时间。还用医院信息管理系统的挂号收费，发药程序代替了传统的挂号收费和发药，同样地减少了病人的等候时间，提高了医院的工作效率和质量。电子病历、互联网医院、智能预问诊、精准预约、出院小结、电子票据、诊间支付等各种完善医疗服务的信息化服务也非常令人期待。而我所设计的医院信息管理系统以门诊的各流程就诊为主，从门诊挂号到医生工作站处就诊，再到门诊收费，最后去领药，走完门诊的全部流程，完成就诊；还对住院的全流程进行了分析。主要以实现门诊就诊流程为主。

1.2 数据流分析

每个医院都有许多角色，我们也必须在医院管理信息系统中体现出来。在对整个医院进行了长时间的研究调查后，我对整个医院的不同角色进行了详细的统计。

1.2.1 院长

院长，字如其名，整个医院的最高职位，单位的主管人员，不仅可以查阅医院的财政状况，还能查阅各个科室的详细情况乃至每个医生护士的工作情况，拥有最高权限。

1.2.2 西药库操作员

将西药、中成药录入系统，修改或更新药品信息及定价，维护西药库信息实时更新。负责药品的出入库，调拨并核实。

1.2.3 西药房操作员

负责西药房的发药工作和检查每一个医生的每个处方。

（二）系统功能设计

根据前文的系统需求分析，我对系统的功能大致分为7个功能模块，分别为门诊挂号、门诊收费、住院登记、住院收费、药库管理、门诊药房管理、住院药房管理。

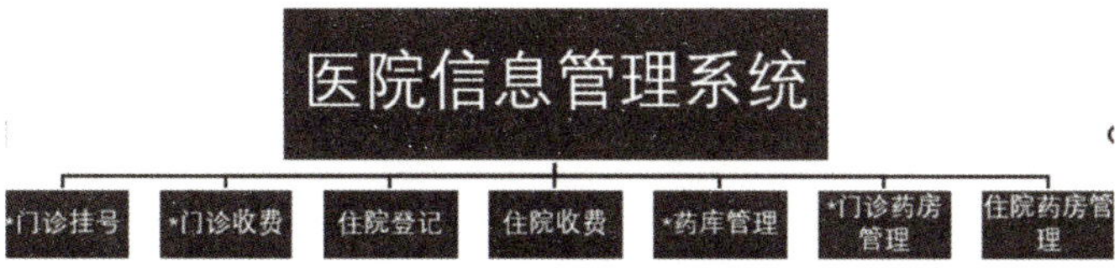

图2-1 医院信息管理系统架构设计图

确定医院信息系统各部分的功能特点和数据流程，结合实际情况对系统进行更改。

1.门诊挂号功能

在这里对门诊进行挂号，后续可能还会有退号、信息查询等功能。

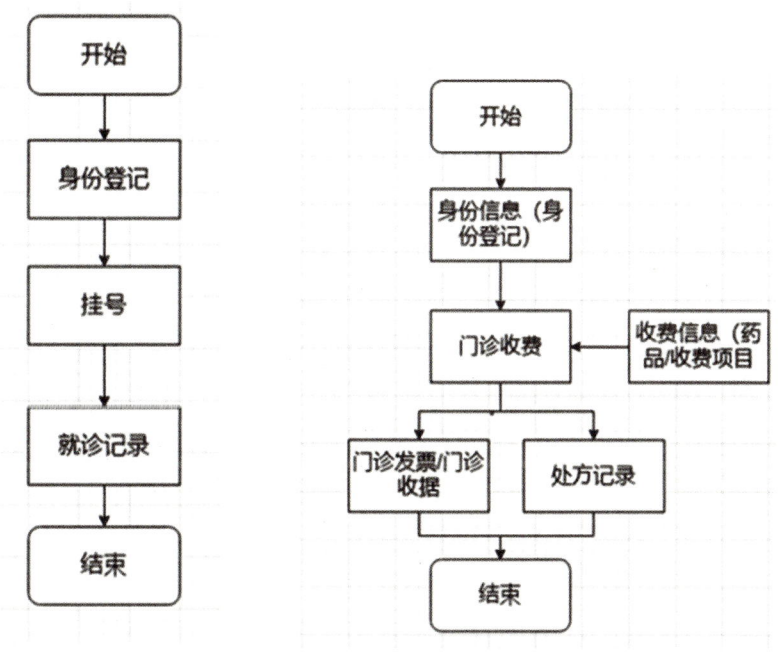

图 2-2 门诊挂号流程图　　图 2-3 门诊收费流程图

2. 收费功能

门诊收费主要是对一系列药品，治疗项目，检验项目，检查项目等进行收费工作

三、数据库设计与分析

（一）数据需求分析

了解用户的数据需求、处理需求、安全性及完整性要求。医院信息管理系统设计的中心点之一是

数据库设计。由于数据库中存储了大量医院信息数据，数据库中存储的数据在医院的有效管理和顺利运行中发挥着特别重要的作用。另一方面，优化的数据库设计可以使查询数据信息更快、更方便，从而提高医院的效率。对社区医院的数据文件进行了分析，并对社区医院的相关业务信息和字典信息进行整理，主要是医生信息、患者信息、药品信息和科室信息等。根据实际情况建立关系数据库，对医院信息管理系统建立了 E-R 图，并转换数据库的关系模式。如表 3-1 所示，建立了数据库表名，并解释了用途。

表 3-1 数据库表名和用途

分类	数据表名	数据表的用途
字典表	ZD_KS	科室字典，对本院各科室的基本信息进行存储
	ZD_YP	药品字典，对本院药库药品的基本信息进行存储
	ZD_SF	收费项目字典，对本院收费项目的基本信息进行存储
	ZD_HZ	患者字典，对本院患者的基本信息进行存储
	ZD_YS	医生字典，对本院医生的基本信息进行存储
	ZD_KLB	就诊卡类别字典，包括医保卡、自费卡等，对就诊卡类别的基本信息进行存储
	ZD_JLDW	计量单位字典，包括药品的剂型和收费项目的单位，对计量单位的基本信息进行存储
	ZD_ZD	诊断字典，医生开具的各种诊断的基本信息进行存储
	ZD_GH	工号字典，对全院职工的基本信息进行存储，并对医生、药师和挂号收费处等职工的岗位权限进行存储
	KTCSSZ	可调参数设置，对于医院信息管理系统各功能是否开启的信息的存储

四、总结与展望

（一）总结

随着信息化进程的不断推进，医疗卫生领域也逐渐从"纸笔时代"向电子化、信息化时代转变。医院作为医疗卫生服务的主要场所，信息化建设已经成为其发展的必然趋势。医院信息管理系统作为医院信息化建设的一个重要组成部分，它的作用越来越受到重视。信息管理系统可以对医院内部的各项工作进行协调和监督，优化医疗卫生服务流程，提高医疗卫生服务的质量和效率。在这样的背景下，我对医院信息管理系统的建设进行深入研究，遵循了软件工程的设计理念，设计并开发了一套实用的医院信息管理系统。

（二）展望

总的来说，对于医院信息管理系统的研究已经取得了很大的进展和成果，但是像挂号、收费、发药、病房管理等基础的功能，对于部分经济高度发达的地区及三甲医院而言，可能已经不能满足于这些功能了，逐渐向综合管理、信息分享和互联互通等方面发展。而现阶段的医院信息管理系统正面临这样的问题，比如存在信息孤岛和信息共享难度大等问题，所以，加强医院信息管理系统的综合管理、互联互通和数据标准化等方面的研究将会是未来的研究重点。我相信，医院信息管理系统的发展会随着时间的变化产生更多的功能和特性改进。

参考文献

[1] 王福栋. 医院信息管理系统的设计与实现 [D]. 青岛科技大学.2018 年 4 月 12 日.

[2] 梁夏. 医院信息系统的设计与实现 [D]. 电子科技大学.2013 年 3 月 25 日.

[3] 李晓红. 国内医院信息管理系统 (HIS) 的应用分析 [J]. 电子元器件与信息技术.2020 年 4 月第 4 卷第 4 期.

[4] 刘德龙. 医院信息管理系统的发展趋势 [J]. 信息与电脑.2019 年第四期.

致谢

感恩父母，是您们给予我生命的礼物，是您们的关爱和教导塑造了我坚韧的性格。同时，要感谢老师和学校，是您们传授了丰富的知识，培养了我全面的能力。

8.3.2 附件 2：毕业论文终稿

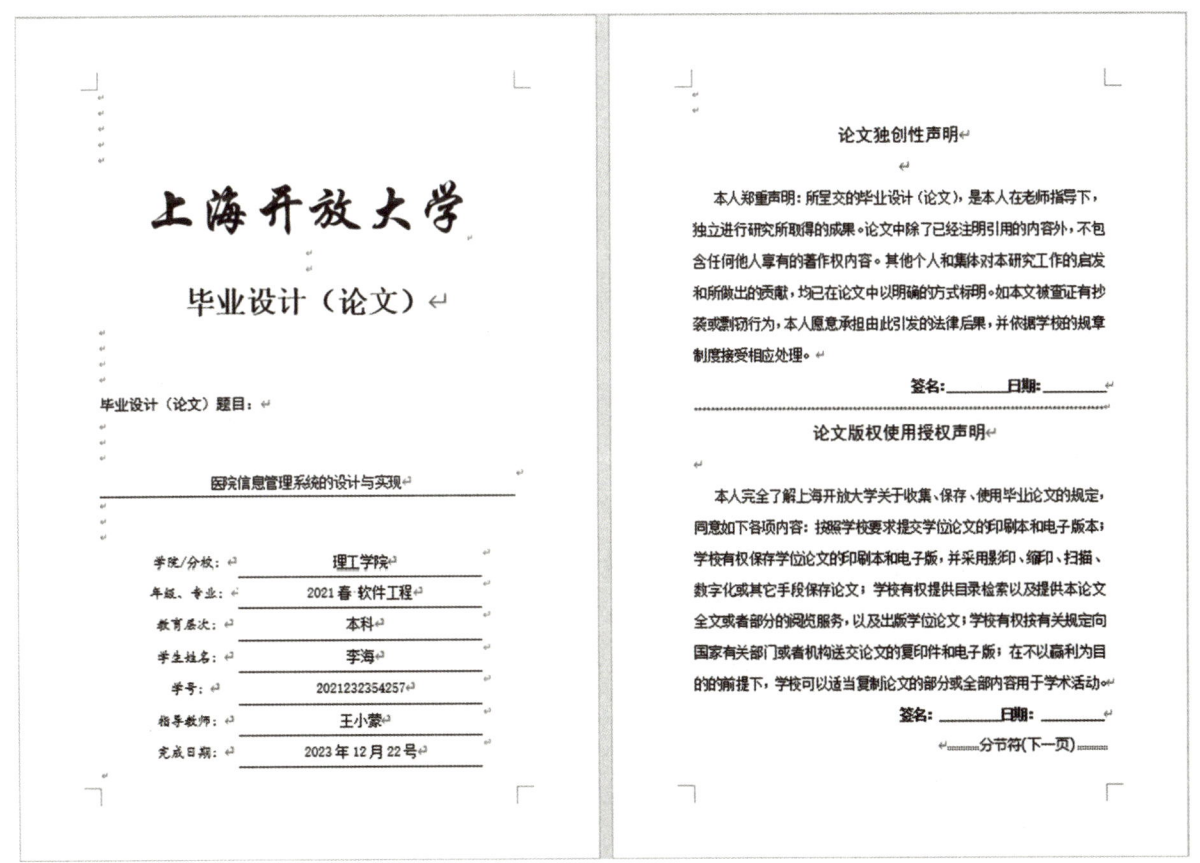

摘 要

信息技术在我们身边随处可见,随着时代发展,医疗信息化也进入了我们们的视野,并逐步成为现代医学发展的主要趋势,医院信息管理系统(Hospital Information System,简称HIS)也随之登上了舞台,医院信息化建设管理能力也成为了衡量整个医院管理水平的一个重要指标。传统的医疗方式无法给患者带来高效、高质量的就诊体验,医院信息管理系统减少了病人排队等待时间,简化了就医流程,提高了医院的工作效率和质量。

关键词：医院信息系统（HIS）；医疗信息化；C/S架构；PowerBuilder软件开发；SQL Server 数据库开发

----------------分页符----------------

Abstract

Information technology can be seen everywhere around us. With the development of the times, medical informatization has also entered our vision and gradually become the main trend of modern medical development. Hospital Information System (HIS) has also stepped onto the stage, and the construction and management ability of hospital informatization has become an important indicator to measure the overall level of hospital management. Traditional medical methods cannot provide patients with an efficient and high-quality medical experience. The hospital information management system reduces patient waiting time, simplifies the medical process, and improves the efficiency and quality of hospital work.

Key words：HIS；hospital informatization；C/S；PowerBuilder；SQL Server.·················分节符(下一页)·················

一、绪论

（一）研究背景和意义

医院信息管理系统是医学信息学的重要组成部分,同时也是信息技术十分重要的应用领域,在全世界的范围内,已经形成一个不可忽略的卫生信息化产业。美国该领域的著名教授Morris Collen在1988年曾为医院信息管理系统下了如下定义：利用电子计算机和通讯设备,为医院所属各部门提供病人诊疗信息和行政管理信息的收集、存储、处理、提取和数据交换的能力,为医院所属各部门提供信息服务,并满足所有授权用户的功能需求。医院信息管理系统在20世纪70年代首次在国外开发建设,美国军先将医院信息管理系统实际应用在医院中。医院信息管理系统的开发和使用在20世纪90年代达到顶峰,当时国际知名医院都开始使用医院信息管理系统,大幅度提高了医院的效率,使得医院有效进行科学管理,同时提供更优质的服务。通过对医疗信息化行业相关文献的研究,发现中国医疗信息化建设处于高速发展状态,其主要目标是提高业务效率,创造更好的服务流程。从管理和资源的角度来看,现代医院比以往任何时候都更能够利用信息获得竞争优势。医院作为一个知识密集型组织,不仅依靠设备信息化、管理流程信息化和环境网络化,更多地依靠信息收集、处理和加工的工作来提供服务。医院信息管理系统不仅可以简化工作流程,降低劳动强度,提高工作效率。

（二）国内外研究现状

1956年我国制定的《十二年科学技术发展规划》标志着我国计算机事业的正式起步,而美国的医疗信息化建设开始于1970年代,我国的计算机技术水平比美国慢了约13年。1990年代,以财务管理为核心的医院信息管理系统大批量进入市场,在市场因素的推动下,由医院提需求,信息技术厂商负责开发、实施的商业生态环境成为主流。2002年,卫生部制定《全国卫生信息化发展规划纲要（2003-2010年）》将信息化纳入卫生事业发展总体规划,此后,国内医院信息化才开始进入发展期,这一阶段主要以临床医疗为主,包括医生工作站、实验室信息系统、医学影像系统和药品检测系统等。2011年,卫生部制定《2011-2015年卫生信息化发展规划》,这一阶段,以电子病历为基础的医院信息平台掀起了中国第二个医疗信息化的发展热潮,医院以电子病历为核心,实现院内院外的信息共享。2015年3月6日国务院办公厅发布《全国医疗卫生服务体系规划纲要（2015-2020年）》计划到2020年,让电子病历、电子健康档案、全员人口信息这三大数据库覆盖整个中国,并实现信息的实时更新。

----------------分页符----------------

二、系统整体方案的分析和设计

(一)系统需求分析

1. 系统总体需求

在软件开发过程中,需求分析是开发成功的前提和基础。需求分析的成功取决于研发人员和用户之间的密切合作。对于研发人员来说,首先要做的是描述软件的功能和性能,然后为其提供逻辑依据,形成需求说明书,并让用户和管理人员审查需求。需求分析的过程需要对软件进行仔细的检查和研究,清楚地了解相关用户的需求,并根据收集的数据进行分析,即确定软件系统的开发目标。需求分析过程根据大体分为四个阶段:问题识别、问题分析与综合、需求文档编写和需求分析评审。

表 2-1 系统需求分析过程表

问题识别	功能上,确定软件要实现的功能;性能上,确定软件的各项性能指标;环境上,确定软件运行开发和运行过程中,软件和硬件的需求。
问题分析与综合	对主要问题的分析对本章至关重要的部分。通过对收集到的信息进行整理和分析,确定需求最原始现的数据结构,细化软件各部分,找出软件不同元素之间的联系,形成系统解决方案,并最终创建系统逻辑模型。
需求文档编写	在软件开发过程中,为了能更清楚地表达用户的需求以及减少失误,详细介绍软件的需求规范,形成需求说明书,并编制需求文档。
需求分析评审	需求的最后软件需求分析的最后阶段,软件开发人员、项目管理人员和用户根据具体情况对上述三个阶段评审开并就具体情况做出评价。

1.1 需求背景分析

本系统开发的目的是为社区医院设计一个医院信息管理系统。传统的医疗方式无法给患者带来高效、高质量的就诊体验,医院信息管理系统减少了病人排队等待时间,简化了就医流程,提高了医院的工作效率和质量。医院信息管理系统相比传统的医疗方式,用信息化设备代替了复杂的、繁琐的、重复性的劳动,比如用打印机打印处方和病历,代替了传统的写处方和病历,减少了医生写处方和病历的时间,缩短了病人的候诊时间。运用医院信息管理系统的挂号收费、发药程序代替了传统的挂号收费和发药,同样也减少了病人的等候时间,提高了医院的工作效率和质量。电子病历、互联网医院、智能预问诊、精准预约、出院小结、电子票据、<u>旅游支付</u>等各种完善医疗服务的信息化服务也非常令人期待。而我们设计的医院信息管理系统以门诊的各流程款诊为主,从门诊挂号到医生工作站处款诊,再到门诊收费,最后去取药,走完门诊的全部流程,完成款诊;还对住院的全流程进行了分析。主要以实现门诊款诊流程为主。

1.2 数据需求分析

每个医院都有许多角色,我们也必须在医院管理信息系统中体现出来。在对整个医院进行了长时间的研究调查后,我对整个医院的不同角色进行了详细的统计。

1.2.1 院长

院长,字如其名,是个医院的最高职位,单位的主要人员,不仅可以查阅医院的财政状况,还能查阅各个科室的详细情况乃至每个医生护士的工作情况,拥有最高权限。

1.2.2 西药库操作员

将西药、中成药录入系统,修改或更新药品信息及定价,维护西药库信息实时更新,负责药品的出入库,调拨并核实。

1.2.3 西药房操作员

负责西药房的发药工作和检查每一个医生的每个处方。

(二)系统功能设计

根据前文的系统需求分析,我对系统的功能大致分为 7 个功能模块,分别为门诊挂号、门诊收费、住院登记、住院收费、药品管理、门诊药房管理、住院药房管理。确定医院信息系统各部分的功能特点和数据流程,结合实际情况对系统进行更改。

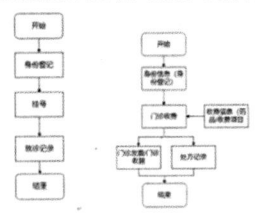

图 2-1 医院信息管理系统架构设计图

1. 门诊挂号功能

在这里对门诊进行挂号,后续可能还会有退号、信息查询等功能。

图 2-2 门诊挂号流程图 图 2-3 门诊收费流程图

2. 收费功能

门诊收费主要是对一系列药品,治疗项目,检验项目,检查项目等进行收费工作。

三、数据库设计与分析

(一)数据需求分析

了解用户的数据需求、处理需求、安全性及完整性要求。医院信息管理系统设计的中心点之一是数据库设计。由于数据库中存储了大量医院信息数据,数据库中存储的数据在医院的有效管理和顺利运行中发挥着特别重要的作用。另一方面,优化的数据库设计可以使查询数据信息更快、更方便,从而提高医院的效率。对社区医院的数据文件进行了分析,并对社区医院的相关业务信息和字典信息进行整理,主要是医生信息、患者信息、药品信息和科室信息等。根据实际情况建立关系数据库,对医院信息管理系统建立了 E-R 图,并转换数据库的关系模式。如表 3-1 所示,建立了数据库表名,并解释了用途。

表 3-1 数据库表名和用途

分类	数据表名	数据表的用途
字典表	ZD_KS	科室字典,对本院各科室的基本信息进行存储
	ZD_YP	药品字典,对本院药品的各种基本信息进行存储
	ZD_SF	收费项目字典,对本院收费项目的基本信息进行存储
	ZD_HZ	患者字典,对本院患者的基本信息进行存储
	ZD_YS	医生字典,对本院医生的基本信息进行存储
	ZD_KLB	就诊卡类别字典,包括医保卡、自费卡等,对就诊卡类别的基本信息进行存储
	ZD_JLDW	计量单位字典,包括药品的剂型和收费项目的单位,对计量单位的基本信息进行存储
	ZD_ZD	诊断字典,医生下具的各种诊断的基本信息进行存储
	ZD_GH	工号字典,对全院职工的基本信息进行存储,并对医生、药师和挂号收费处等职工的同岗权限进行控制
	KTCSSZ	可调参数设置,对于医院信息管理系统各功能是否开启的信息的存储

四、总结与展望

（一）总结

随着信息化进程的不断推进，医疗卫生领域也逐渐从"纸笔时代"向电子化、信息化时代转变。医院作为医疗卫生服务的主要场所，信息化建设已经成为其发展的必然趋势。医院信息管理系统作为医院信息化建设的一个重要组成部分，它的作用越来越受到重视。信息管理系统可以对医院内部的各项工作进行协调和监督，优化医疗卫生服务流程，提高医疗卫生服务的质量和效率。在这样的背景下，我对医院信息管理系统的建设进行深入研究，遵循了软件工程的设计理念，设计并开发了一套实用的医院信息管理系统。

（二）展望

总的来说，对于医院信息管理系统的研究已经取得了很大的进展和成果，但是像挂号、收费、发药、病房管理等基础的功能，对于部分经济高度发达的地区及三甲医院而言，可能已经不能满足于这些功能了，逐渐向综合管理、信息分享和互联互通等方面发展。而现阶段的医院信息管理系统正面临这样的问题，比如存在信息孤岛和信息共享难度大等问题，所以，加强医院信息管理系统的综合管理、互联互通和数据标准化等方面的研究将会是未来的研究重点。我相信，医院信息管理系统的发展会随着时间的变化产生更多的功能和特性改进。

--------分页符--------

参考文献

[1]王福林.医院信息管理系统的设计与实现[D].青岛科技大学,2018年4月12日.
[2]梁夏.医院信息系统的设计与实现[D].电子科技大学.2013年3月25日.
[3]李晓红.国内医院信息管理系统(HIS)的应用分析[J].电子元器件与信息技术.2020年4月第4卷第4期.
[4]刘德龙.医院信息管理系统的发展趋势[J].信息与电脑.2019年第四期.

--------分页符--------

致谢

感恩父母，是您们给予我生命的礼物，是您们的关爱和教导塑造了我坚韧的性格。同时，要感谢老师和学校，是您们传授了丰富的知识，培养了我全面的能力。

第9章

人工智能基础

本章知识点

1. 人工智能基础概念；
2. 人工智能发展历史；
3. 人工智能发展方向；
4. 机器学习简介；
5. 机器学习分类；
6. 深度神经网络；
7. 神经元与感知机；
8. 常见的深度神经网络；
9. 我国人工智能发展与规范。

学习目标

1. 了解人工智能的概念与发展过程；
2. 理解机器学习含义与分类；
3. 掌握深度神经网络的构成方式。

学习重难点

1. 了解整个人工智能的发展历程，体会专业发展历程；
2. 理解机器学习的含义，其与人工智能和深度学习的关系；
3. 理解当前几种深度神经网络的构成思路与原理，体会构建网络的思维。

学习建议

1. 阅读相关科普类文章或视频，先了解人工智能这个领域；
2. 通过对比的方式理解人工智能、机器学习与深度学习之间的关系；
3. 尝试使用身边的大语言模型，体会人工智能带来的变化；
4. 参与互动讨论与交流，与其他学习者分享人工智能带来的感受与使用技巧；
5. 不断积累经验，通过探索和实践发现工具的更多功能和应用场景。

9.1 人工智能基础概念介绍

9.1.1 人工智能简介

人工智能（Artificial Intelligence）是计算机科学的一个分支。人工智能，顾名思义，包含"人工"与"智能"两部分。"人工"指的是人造的、非自然存在的事物。人造的事物是为了更好地利用自然规律为人类服务，例如灯光提供照明，汽车便利出行等，但是同时由于技术的局限性，例如尾气污染等问题，也需要不断改进以克服。由此可见，作为"人工"的产物，也具有两面性。"智能"则是一个比较抽象的词汇，在《智能原理》一文中指出，智能是主体适应、改变、选择环境的各种行为能力。总结而言，"人工智能"指的是，通过对于自然界规律的总结与抽象而创造出的，针对解答现实问题而构建的，具有一定自主信息处理与判断的，能够像人一样进行理性思考、理性行为的系统。

人工智能是一门基于模拟、仿真人类智能的，开发、研究用于延伸、拓展人的智能的理论、方法与应用技术的一门学科，它虽然不是人类的智能，但是却能像人类那样思考，甚至可以超越人类的智能。

人工智能涉及数学、计算机科学、认知心理学、神经科学、社会科学等多个领域的相关知识与技术，其目标在于希望计算机具有人类一样的智力能力，并帮助人类实现识别、认知、归类与决策等多项功能。

人工智能被称为20世纪世界三大尖端技术（基因工程、纳米科学、人工智能）之一。按照其发展程度与应用领域范围进行划分，人工智能可以分为弱人工智能（Narrow AI）、强人工智能（General AI）与超人工智能（Superintelligent AI）。根据具体的研究领域进行划分，人工智能主要包括机器学习（Machine Learning）、深度学习（Deep Learning）、强化学习（Reinforcement Learning）、自然语言理解（Natural Language Processing，NLP）、图像分析、专家系统、类人机器等多个领域。

图 9-1 三种人工智能发展程度

1. 弱人工智能

弱人工智能，又被称作"应用型人工智能"或"限制领域人工智能"，指的是只在特定任务领域表现出智能能力的人工智能系统。这种类型的人工智能系统通常依赖于特定的人工智能算法与数据模型来完成任务，无法实现跨领域思维与行动。通常弱人工智能在其应用领域表现出色，但是其能力不具有普遍性，无法在新的应用场景中解决不处于该领域中的问题。

当前弱人工智能已经深入到生活的各个领域中，可以说，现今绝大部分应用都是弱人工智能。虽然通过机器学习与深度学习等技术的运用，弱人工智能获得了飞速的发展，但由于其大规模数据监督与标注的问题，弱人工智能仍未实现向强人工智能的转化。具体而言，常见的弱人工智能的应用包括如下几个方面：

- 语音助手：如 Siri、Google（谷歌）助手、科大讯飞语音助手等，语音助手可以实现语音指令的识别与任务的执行，如播放音乐、视频、提供天气预报、制定日程安排、收发短信等。
- 图像识别：图像识别技术包括人脸识别、物体识别、车牌识别、医学影像分析等，在智慧社区、智能物流、智慧交通、医疗检测等多个方面有着广泛的应用。
- 自然语言处理：自然语言处理技术主要应用于文本分析、机器翻译、情感分析、智能客服等场景，具备有更高效、更准确的语言处理与交互能力。
- 推荐算法：推荐算法常见于电子商务、社交媒体、视频流媒体等平台，根据用户的日常习惯、搜索频次等，帮助用户发现他们感兴趣的产品、内容与服务。

由此可见，弱人工智能只能够在其特定的领域中开展工作，但无法模拟、取代人类的综合判断、决策与复杂思维过程。它的应用范围受到明显的限制，需要前期的研究与部署。在未来，随着各行业技术的不断深化，弱人工智能将不断覆盖领域与行业，不断发展与创新，得到广泛的应用，也为人们的生活与工作带来更多便利与价值。

2. 强人工智能

强人工智能又称为"完全人工智能"或"通用人工智能"，指的是具备有类似人类智能的综合认知能力与自主学习能力的人工智能系统，是弱人工智能的整合，被认为是具有胜任某一综合领域中所有工作的能力。当前，强人工智能尚且处于研究阶段，未在实际生活中得到广泛的应用。但不可忽视的是，其在未来的决策规划、研究创新、学科融合等方面有着巨大的潜力。强人工智能在未来具有潜在的应用场景包括：

- 自动驾驶与交通：强人工智能可以整合感知、决策与规划等多方面技术，实现交通系统的智能、安全、高效运行。
- 教育辅助与个性化学习：通过整合学习指导、学情分析、智能助理等功能，可以提供个性化的学习辅助与教学计划，为学生提供更好的帮助与指导，提高学习效率，掌握学习进度。
- 工业设计与制造：强人工智能可以用于制造智能设备系统，包括智能机器人、自动化生产线、智能质量监测等。这些内容的整合可以帮助企业提高生产效率，降低成本。
- 智能家居系统：结合智能家居系统、智能健康设备等，为用户提供一体式综合服务，提高人们的生活便利性与舒适度。

强人工智能具有综合性认知与学习能力，人类需要谨慎而积极地探索强人工智能的发展路径，以实现其最大潜力，为人类社会带来更多的便利与帮助。

3. 超人工智能

超人工智能指的是一种具有远远超越人类智能水平的人工智能形式，其具备比人类更加强大、更为智能的认知与思维能力，能够在各个领域表现出极高的智能。主要具有以下特点：

- 远超人类的智能，可以理解和处理复杂问题，通过推理、学习进行高级决策与规划。
- 自我学习，超人工智能具备自我学习进化的能力，能够通过算法与模型的优化，不断学习并改进自身架构与性能，提高自己的智能水平，变得更加强大与高效。
- 高度自主性，可以独立思考，制定目标与策略，根据环境变化做出调整。超人工智能不仅是执行预先编程的指令，更能够自主地解决问题，在复杂环境下也能做出合理决策。
- 高度专业化，通过跨学科与行业，以及广泛而专业的知识技能储备，超人工智能能够解决各种复杂而困难的问题，推动科学、医疗、经济等领域的发展。

但是同时也要注意，超人工智能可能会超过人类的控制范围，引发伦理、道德等问题，因此，研究开发超人工智能应当伴随着对社会安全性和责任性的规范发展。

9.1.2 人工智能发展历程溯源

1. 人工智能的诞生

1950年，阿兰·图灵（Alan Turing，计算机科学与人工智能奠基人）提出了著名的图灵测试：一台计算机与真人展开对话，但却无法让人辨别出其计算机身份，那么这台设备就可以被认为是具备了智能。这一测试为现代人工智能奠定了基础。

1956年，明斯基·马文（Minsky Marvin，人工智能与认知学专家）、香农·克劳德（Shannon Claude，信息论创始人）、纽厄尔·艾伦（Newell Allen，计算机科学家）等人在达特茅斯学院中，讨论用计算机模仿人类进行学习的智能。讨论没有达成共识，但总结出了一个新的名字——人工智能。自此之后，人工智能开始进入到人们的视野中，1956年也因此成为了人工智能元年。

图9-2 达特茅斯会议参会学者

1955~1964 年，人工智能技术获得了高速的发展。在机器学习领域，出现了运用于棋类领域的"跳棋程序"，并击败了它的设计师与职业棋手。在模式识别领域，第一个字符识别程序问世，其作者是赛福里奇·奥利弗（Selfridge Oliver），由此开辟了模式识别这一新领域。在那之后，斯拉格·詹姆斯（Slagle James）发表了符号积分程序 SAINT，并在后续的开发中达到了专家级水平。

2. 人工智能的第一次寒冬（1965~1979 年）

随着 1965 年人工智能的小高潮退去后，质疑的声音也随之而来。前文所述的"跳棋程序"没有后续突破，机器翻译领域也一直无法解决自然语言理解的难题。在 1966 年公布的"语言与机器"报告中，全盘否定了机器翻译的可行性，之后在 1969 年，马文·发表言论，称第一代神经网络（即感知机 perceptron）并不能解决学习问题，美国政府与美国自然基金会由此大幅削减了人工智能领域的研究经费。在 20 世纪 70 年代，人工智能进入了严寒时期。造成这一问题的本质是有限的运算能力、存储能力与模型规模造成的限制。

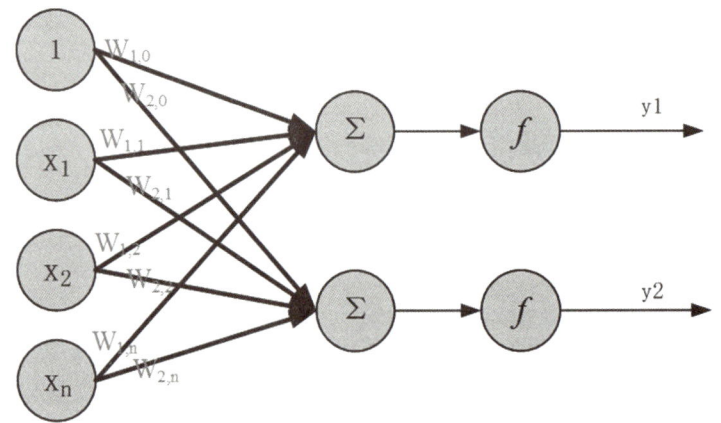

图 9-3　单层神经网络感知机示意图

3. 第二次人工智能发展与再一次寒冬（1980~1988 年）

时间进入到 20 世纪 80 年代，人工智能进入到第二次的发展繁荣期。专家系统、符号推理与机器学习是当时的主要发展方向。卡内基梅隆大学为日本 DEC 公司设计了一款名为 Xcon 的专家系统，该系统拥有 2000 余条规则，应用于选配计算机配件，可以根据用户的订单需求，选择最合适的系统部件，例如 CPU、操作系统以及配件型号等，同时可以避免常识性问题。该专家系统的构建可以为公司节省每年数千万美元的费用，具有较强的运用能力。此外，在 1980 年，IBM 推出了第一台个人电脑（Personal Computer，PC），为计算机技术的普及与发展奠定了基础。同时，深蓝（Deep Blue）超级计算机开始研发，也为后续超算的研究提供了基础。

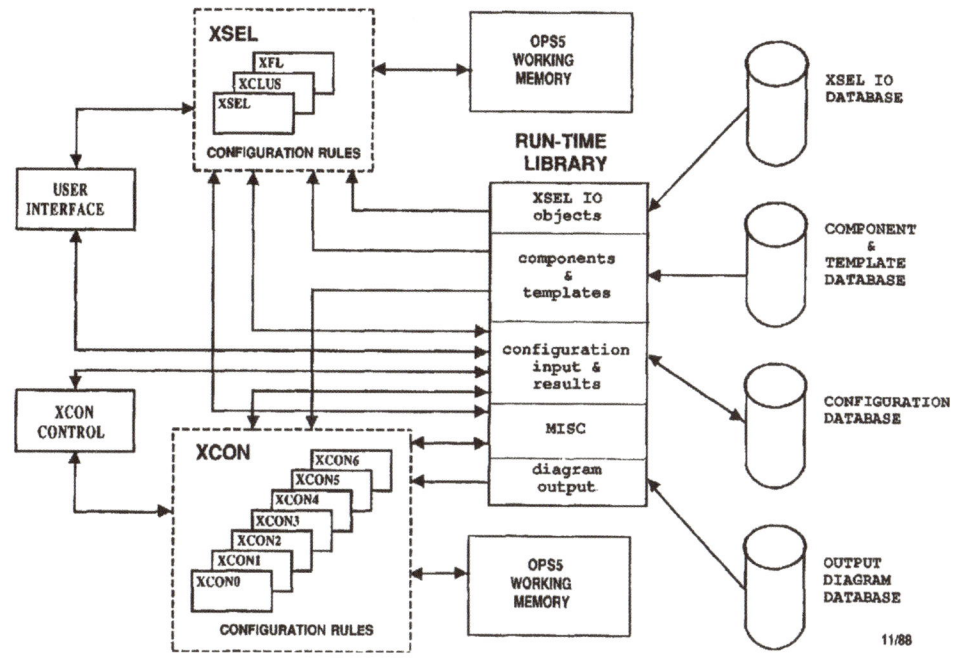

图 9-4 Xcon 专家系统架构简图

但随后人们发现，专家系统的通用性较差，仅能在较小的专业领域开展分析，不具备自学能力，且维护费用较高。而符号推理与规则推理则在处理不确定性、模糊性和复杂任务方面存在困难，因此受到怀疑与批评。机器学习领域则受限于计算机性能的限制，难以实现复杂算法的构建与应用，限制了其发展与使用。由于对人工智能的期望过高、进展缓慢以及经济衰退等因素，投资者对人工智能的兴趣减弱，投资额度减少，导致了项目的停止与人才的流失，人工智能发展进入到第二次寒冬。

4. 算力与算法爆发下的人工智能（1989~2005 年）

20 世纪 90 年代，计算机硬件根据摩尔定律的规律不断发展，其特征尺寸不断降低，晶体管数目不断增加，处理器性能不断提高，相同体积下的集成电路密度不断提升，因此计算机的处理运算能力也得到了巨大的发展，这为人工智能发展提供了先决条件。1989 年，贝尔实验室的杨立坤通过 CNN 实现了针对手写文字数字图像的编码。而在语音识别领域，1992 年，李开复运用统计学方法设计了支持连续语音识别的语音助理（苹果 Siri 的前身）。在机器人技术领域，日本本田公司发明了机器人 ASIMO，具有更高效果的视觉识别与听觉分辨能力。1997 年，IBM 公司的国际象棋机器人深蓝战胜国际象棋冠军卡斯特罗夫。同年，德国科学家提出了 LSTM（long short-term memory，长短期记忆）网络，可以用于语音识别与手写文字识别。

图 9-5 深蓝计算机对阵卡斯特罗夫

5. 人工智能发展新阶段（2006 年～至今）

1996 年，由辛顿·杰弗里（Hinton Geoffrey）提出的多层神经网络构建（learning of multiple layers of representation），为现代神经网络奠定了架构基础。

2007 年，在斯坦福大学计算机科学系任教的华裔女科学家李飞飞构建了 ImageNet 项目。这是一项大规模图像数据库，其目的在于为计算机领域的研究与发展提供了基础支持。在这个模型的数据库中，包含了数百万张不同类别的图像，每张图像都经过标记与分类处理。该项目在挑战赛中取得了优异的成果，推动了深度学习领域的发展。

AlphaGo 是由 DeepMind（谷歌旗下的人工智能公司）开发的一款围棋人工智能程序。在 2016 年，该程序与世界级围棋冠军李世石对战，获得了 4:1 的胜利，这一胜利结果标志着人工智能在围棋这个极其复杂的棋类游戏中已经超越了人类专业选手。相较于传统的围棋程序，AlphaGo 采用深度学习与强化学习等先进的人工智能技术。其核心包括策略网络、价值网络、蒙特卡罗树搜索等模块。同时，通过大量的自我对弈以及与真人高手对弈不断训练，改进策略，提升自身水平，并在对局中做出更加准确的决策。除此之外，AlphaGo 的构建方法与技术也对人工智能领域产生了深远的影响，激发了研究人员在复杂问题上应用深度学习的探索。

2018 年，谷歌推出 CloudAutoML，这是一款让更多开发人员利用机器学习模型的自动化服务，用户通过该模型可以较为轻松地自动构建机器学习模型，而无需专业知识。CloudAutoML 提供了一系列基于图像识别、自然语言处理与表格数据分析工具与服务，便利开发自定义机器学习模型。主要包括以下组件：Cloud AutoML Vision，用于训练图像识别与机器学习模型；Cloud AutoML Natural Language，帮助构建自定义自然语言处理模型；Cloud AutoML Tables，处理表格数据分析与预测，用于解决数据相关内容。总体而言，Cloud AutoML 的推出，降低了开发人员与企业构建自定义机器学习模型的门槛与难度，加速了机器学习技术的发展与普及。

同时，近年来，随着 4G/5G 通讯技术的发展与智能用户终端设备的普及，通讯速率大幅度提升，移动互联网行业蓬勃发展，衍生出了覆盖人们生活工作各个方面的应用，也同时为神经网络训练提供了原始材料——原始数据。而传感技术的小型化便携化发展与物联网技术的兴起，边缘计算（分布式运算）的广泛部署，也进一步推动了数据增长。在上述两者的辅助之下，人工智能发展进入快车道。

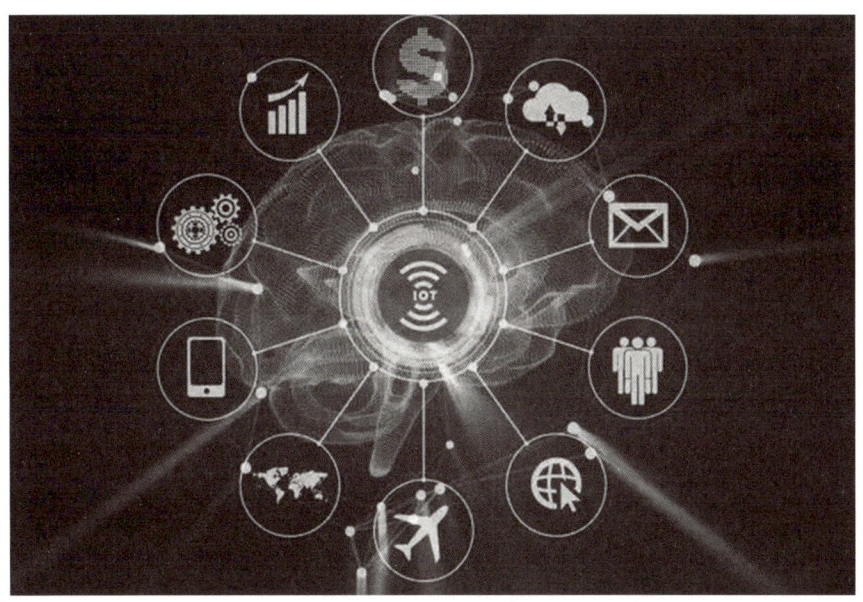

图 9-6　人工智能在诸多领域蓬勃发展

9.1.3 人工智能的研究方法

人工智能既是计算机科学的一部分，同时也是一项融合了多种学科领域的交叉学科，随着不同领域研究人员对其的研究不断深化，基于各个领域的知识积累，产生了不同的研究方法。

1. 符号机制研究法

传统的人工智能通常为基于逻辑推理的智能模拟方法。通过将自然界信息以某些特定归一的模式或符号进行抽象表示（如符号集），然后通过编码转化操作形成其他模式或符号系统，这个过程实际上是模拟人脑中的抽象逻辑思维，并通过某种符号来描述人类的认知过程而实现的智能。符号机制的常见方法包括推理与搜索策略，并应用于知识表示与知识图谱等方面。

符号机制研究法可以通过抽象解决许多理性的问题，为人类解决问题提供了有效思路，但是随着问题的复杂程度逐渐提高，符号机制研究法的参数数量会爆炸式膨胀，超出了当时的运算能力。为了解决这一问题，行为机制研究法逐渐被发掘。

2. 行为机制研究法

行为机制研究法是一种基于感知行为的行为智能模拟方法，其认为行为是个体或群体为了适应环境变化的各类反应的整合。行为机制研究法并非考虑事物间的逻辑，而是把因果关系交还给分析对象，让分析对象自主进行处理并输出结果，研究人员分析个体或群体的输出结果，并作为问题求解的方法。

常见的行为机制研究法包括蜂群智能算法、蚁群智能算法等，通过一定的规则，例如寻找鲜花的位置及信息素残留机制等，由蜜蜂和蚂蚁个体独立进行分析，最终根据个体查找策略、群体聚集分布等信息作为问题的结果。

3. 连接机制研究法

随着对于自然与生物体研究的深入，有的研究人员根据生物体大脑结构构建了连接机制研究法。连接机制指的是模拟生物体大脑神经元之间相互连接与通信的方式构建网络，并结合图论中的网络拓扑结构优化神经元层叠方式。

大脑包含有万亿级别的脑细胞，这些细胞以特殊的规则错综复杂地排列并相互连接，这可能就是人类智慧的来源。因此很容易想到，是否可以通过模拟大量抽象化的神经元组合来模仿大脑的智能。通过将神经元抽象化为简单的数学模型，并进行大量堆叠，保持其传输与连接特性，就构成了最简单的神经网络。同时，针对连接权重、激活函数以及网络拓扑结构进行调整，可以优化神经网络参数以实现针对特定问题的求解。这一研究方法形成了当前的研究重点——人工智能神经网络。

9.1.4 人工智能在不同方面的发展

人工智能当前的发展主要可分为三个方面，即运算智能、感知智能和认识智能，这体现了人工智能在各个方向的深化发展。另外，本节就人工智能与人类交流的"听说读写"等过程途径，即"自然语言处理"作简要介绍。

1. 运算智能（Computational Intelligence）

运算智能，是指对于数据的基础逻辑运算与统计分析，指的是人工智能系统在处理和执行任务时所展现的计算与推理能力，涉及到对数据和信息的处理、分析和判断，最常见的是基于清晰规则的数值运算，例如数值的加减乘除、微积分、矩阵分析等。运算智能的典型例子包括数据挖掘、模式识别、预测分析等。

运算智能主要通过算法与数学模型来解决问题，随着近年来计算机运算能力与存储容量的不断提升，运算智能在互联网、金融、工业等多个领域逐渐崭露头角。然而，运算智能也面临着困境，以金融场景为例，由于其受限的既定数据逻辑规则，运算智能虽然可以通过高性能的计算股票统计特征，但是无法运用专家知识，也难以进行启发式推理。单一的数值运算能力无法满足当前复杂多变的需求。同时，运算智能所需的高性能硬件与网络支持服务等，也给企业带来了较大的成本压力。

2. 感知智能（Perceptual Intelligence）

感知智能，即感知外界环境的能力，包括视觉、听觉、触觉、嗅觉等能力。人工智能感知系统是指人工智能系统在感知和理解环境中所展现出的能力。人工智能感知的目的是让人工智能系统能够模拟甚至超越人类的感知能力，从图像、声音和语言等输入中获得有用的信息。其现今常被应用于图像识别、语音识别、自动驾驶等领域的信息收集。

通常，感知智能需要通过摄像头、麦克风或其他传感器硬件设备作为信息输入，通过识别技术将现实世界的信息转换为数字世界的电信号等数值信息，再针对这些数字信息进一步进行分析使其提升为可感知的层次，例如归纳、决策、预测等。以自动驾驶为例，利用现代化精密激光雷达与高分辨率摄像头等感知设备作为路况信息输入，转变为数字信号之后，利用人工智能算法进行数据分析，获得路况如红绿灯、路线横穿等信息，只有这样，才能进行综合研判，并输出为加减速、转向、刹车等结果。通过运用人工智能算法，结合大数据分析等技术，现今人工智能感知系统的处理能力与处理效果已经逐渐接近人类。

图 9-7　感知智能应用于辅助驾驶示意图

3. 认知智能（cognitive intelligence）

认知智能指的是人工智能系统在模拟和实现人类认知方面所展现出的能力，是对输入知识进行理解、学习、推理等高级认知过程的体现，简单来说就是"可以理解、自主思考"。认知智能的目的是使得人工智能系统可以具有类比于人类的学习能力与智能处理功能，能够根据实际情况进行复杂的推理与决策，实现人类理解思维、分析知识、同步行为的目的。为了获得认知智能，就需要具有对采集到的信息进行处理、储存和转化的能力，这个过程涉及到计算机相关的数据清洗、图像识别等。由此可以看到，认知智能需要有前置数据输入，常常是由感知智能或人为输入所提供。这之后，人工智能感知系统针对业务中提出的需求进行理解，并对知识与数据进行处理，完成上述处理后，根据业务场景进行策略构建与决策，通过效应器、电机机械臂等进行输出，从而达成人与机器的协同共享的目的。

4. 自然语言处理（NLP）

自然语言处理是人工智能领域的一个重要分支，包括语言识别、机器翻译与文本情感分析等，其目的是用计算机理解并处理人类自然语言。

语言识别是指让计算机能够将人类说话的口头语音转换为文本文字的技术。其实现过程包括：

（1）语音信号采集：通过麦克风等录音设备采集来自说话者的语音信号，将空气震荡信号转化为交变电流信号输入。

（2）信号预处理：将采集到的电流信号进行预处理，包括去噪声、降采样、端点检测等，以减少杂信号，为后续处理做准备。

（3）特征提取：从经过预处理的语音信号中提取相关特征，例如梅尔频率倒谱系数（MFCC）、频谱特征、声道特征参数（LPCC）、短时能量、过零率，帮助系统理解语音信号中的各种信息。

（4）声学模型构建：利用获取的特征与相应的标注数据，训练声学模型。通常采用隐马尔可夫模型（HMM）来对语音信号进行建模，同时使用深度学习模型如 n-gram 模型、转录式神经网络或循环神经网络来实现端到端的语音识别。

（5）语言模型的构建：除了声学模型，语音识别系统还需要语言模型来帮助解释识别结果，通过上下文管系评估候选文本序列的概率，并进行语音识别和纠错，以提高识别准确率。

（6）解码与后处理：通过模型生成最可能的文本序列后，需要通过语言模型修正、拼写纠正等方式进行处理，去除与文本含义不符的内容，提高识别结果的质量。

机器翻译是指利用计算机技术对一种自然语言文本进行分析、处理、理解和转换，之后生成另一种具有相同含义的自然语言的过程，其目的在于使得计算机能够实现不同语言之间的翻译，包括从源语言到目标语言的正向翻译与反向翻译等。机器翻译按照其翻译方式的不同可分为：

- 基于规则的机器翻译（Rule-Based Machine Translation，RBMT），通过建立语言间的转换规则与语法知识来进行翻译，例如形式化语法和词典进行翻译。但是由于语言的复杂性，规则的编写过程与较高的维护成本，难以涵盖语言的变化与发展。
- 基于统计的机器翻译（Statistical Machine Translation，SMT），通过大量的双语平行语料进行训练，通过统计学方法学习文本之间的对应关系，以实现翻译结果，著名的模型包括基于短语的翻译模型与基于语言模型的调序模型等。
- 神经机器翻译（Neural Machine Translation，NMT），近年来，基于神经网络的机器翻译得到了广泛应用，其采用端到端的神经网络模型，直接将源语言句子映射到目标语言句子，通常具有"编码器-解码器"结构，并利用注意力机制来处理长距离以来的问题。
- 混合机器翻译（Hybrid Machine Translation，HMT），结合了上述规则、统计与神经网络等多种技术，充分利用各种方法的优势，以提高翻译质量。

文本情感分析是指运用计算机技术对文本中所包含的情感信息进行识别、分析与分类的过程。文本情感分析主要应用于识别文本中包含的情感极性（如积极、消极、中性等），以及情感表达的强度与类型，帮助人们理解和分析大量文本数据中所包含的情感信息。

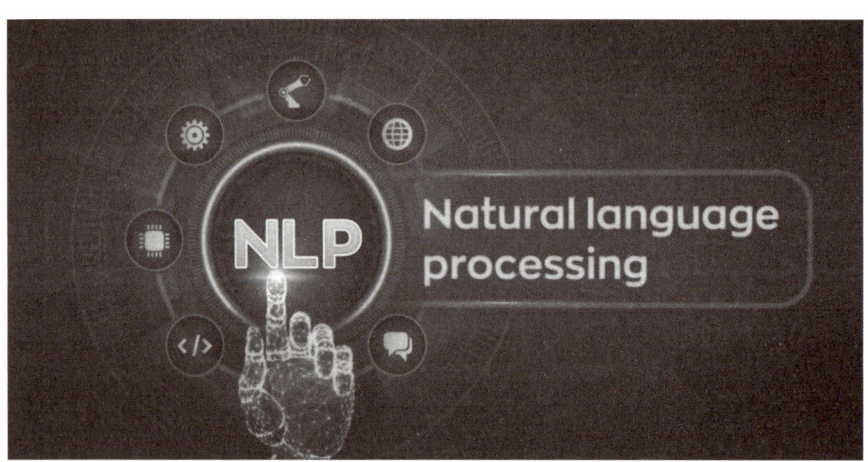

图 9-8 自然语言处理

9.2 机器学习及其分类

人工智能,即让机器完成一些人类所能完成的事情,如上一节所述,包含运算智能、感知智能、认知智能等研究大方向。无论是哪一个方向,其核心在于让机器自主处理、学习知识。学习构建思路是通过让机器自动化学习大量的数据,并从中获取到规律,利用这些规律对未知的数据进行预测,这个过程即为机器学习。

而深度学习则是机器学习中的一个组成部分,特指基于多层深度神经网络的结构所完成的训练与预测的算法。人工智能、机器学习与深度学习三者的关系如图9-9所示,可以清晰地看出三者之间的包含递进关系。

图9-9 人工智能、机器学习、深度学习的关系

机器学习(Machine Learning)是人工智能的一个重要研究领域,一直以来受到人工智能与认知心理学相关专家的重视。关于机器学习的历史最早可以追溯到20世纪50年代中期。当时,人们通过仿生学研究角度开展研究,希望能够理解人类大脑和神经系统的学习机理。但是受限于当时的客观条件,未能解决该问题。之后经过多次波澜,一直到80年代才获得了再次发展。

近年来,随着专家系统的发展,系统学习能力的重要性逐渐提高,促进了机器学习的发展,并加强了其与多个其他学科领域的结合。现今,机器学习是一门涉及计算机科学、统计学、逼近理论、神经网络、优化理论、脑科学等诸多领域的交叉学科。机器学习主要研究计算机怎么模拟或实现人类的学习行为,以便获取新的知识与能力,重新组织已有的知识结构,使之不断改善自身性能。基于数据的机器学习是现代智能技术中的重要方法分支之一。其研究如何从大量原始样本中获取规律,并利用这些规律对未来数据或难以观测的数据进行预测。根据学习模式、方法与算法的不同,机器学习存在多种不同的分类:

根据学习模式的不同,机器学习可以分为监督学习(Supervised Learning)、无监督学习(Unsupervised Learning)和强化学习(Reinforcement Learning)。

根据学习方法的不同,机器学习可以分为传统机器学习和深度学习。

根据推理方法的不同,机器学习可以分为基于演绎的学习和基于归纳的学习。

机器学习涉及到众多的算法，常见的算法包括 K 近邻（KNN）、朴素贝叶斯（NB）、决策树（DT）、支持向量机（SVM）、逻辑回归、K 均值、随机森林（RF）、人工神经网络（ANN）与深度学习（DL）等。

需要注意的是，机器学习相较于传统计算机运算具有本质差异，计算机运算只是通过计算机的计算处理，按照人类预先设定的程序进行计算，并获得结果。而在机器学习中，构建的核心是规则算法，并辅以对应的数据输入，计算机就可以实现在不需要人工干预的情况下进行已知或未知环境的判断与预测，学习隐藏在数据背后的规律。这个过程与人类的思维过程类似，而不同于既定运算程序。这个"学习过程"是对人类"思考能力"的模仿。

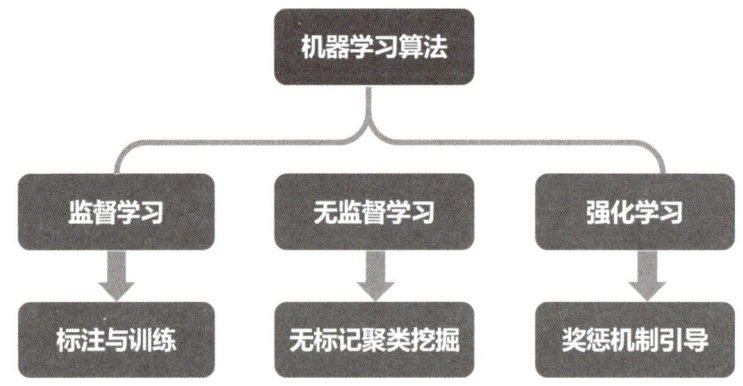

图 9-10　机器学习分类与主要策略

9.2.1 监督学习

监督学习又称为"有教师学习"，系统会通过具有标注的数据中自主学习模式与规律，并用来预测或分类未知数据，根据"教师"提供的正确相应调整学习系统的参数与结构。简而言之，监督学习是根据已知输入与输出的前提下训练出一个模型，以实现从输入到输出的映射。典型的监督学习包括归纳学习、示范学习、BP 学习等。

监督学习是当前机器学习中使用最为广泛的方法，已经发展出数以百计的不同方法，在当前机器学习方法中占据大部分比例。得益于训练样本的标注，监督学习对于模型预测取得了重大的成功，但是由于数据标注本身往往需要巨大的成本，并且任务可能会出现难以获得全部真值标签的标注信息。

监督学习主要包括以下几个步骤：

（1）数据处理：首先需要收集包含输入特征和对应标签的训练数据集。这些特征可以是任何描述数据的属性，比如文本、图像、声音等，也可以是仅输入原始数据不输入特征，而标签则是我们希望模型预测或分类的结果。

（2）模型选择：根据具体的问题和数据特征，选择合适的监督学习模型。常见的监督学习模型包括线性回归、逻辑回归、支持向量机、决策树、随机森林、神经网络等。

（3）模型训练：使用训练数据集来训练所选的监督学习模型。训练的过程就是让模型通过学习输入特征和标签之间的关系，调整模型内部的参数以使其能够对新数据做出正确的预测或分类。

（4）模型评估：使用测试数据集对训练好的模型进行评估，以验证模型的泛化能力和预测准确性。常见的评估指标包括准确率、精确率、召回率、F1 值等。

（5）模型应用：当模型通过评估并且满足要求时，可以将其应用于实际场景中，对新的未知数据进行预测或分类。

监督学习广泛应用于各个领域，如自然语言处理、计算机视觉、医疗诊断、金融预测、推荐系统等。通过监督学习，我们可以利用已有的数据来构建预测模型，从而帮助人们做出更加准确的决策和预测。

监督学习具有广泛的应用场景，包括：

- 图像识别与分类，如人脸识别、物体检测等，通过使用带有标签的图像数据集进行分类训练，可以训练模型以用于识别和分类图像中的内容，例如将猫与狗图像进行分类等。
- 语音识别与自然语言处理，将文本和语音信号进行标注，可以进行情感分析、文本分析与生成等，当前常见的大语言模型就是属于这一类。
- 推荐系统，大量的用户行为与喜好反馈提供了标签数据，系统可以分析用户行为来实现个性化推荐，包括电影推荐、商品推荐等。
- 医疗诊断预测，高分辨率的图像能够帮助医学诊断，通过针对CT等医学图像的分析辅助医生进行疾病诊断、病情预测等。

9.2.2 无监督学习

与有监督学习相反，无监督学习系统完全按照输入所提供的数据的某些统计规律调节自身的参数与组织，以此表现外部输入的某些固有的特征。无监督学习不需要预先给定标签或目标输出，算法的任务是通过自动学习数据中的内在结构进行聚类、降维、自编码器、异常检测等，常见对于大规模未标记数据的分析与挖掘。

由于无监督学习不需要进行人为数据标注，而是通过模型不断进行自我认知、自我巩固，最后进行自我归纳来实现学习过程。但是无监督学习由于其无标签的特性，也会导致实际应用性能的局限性。虽然目前无监督学习还处于研究阶段，但是由于其无标签的特性，依然是机器学习未来的发展方向，引起越来越多的关注。

无监督学习主要包括以下几个步骤：

（1）聚类：将数据集中的样本划分为相似的组或簇的过程。聚类算法根据数据之间的相似性度量，将具有相似特征的样本归为一类。

（2）降维：将高维数据映射到低维空间，并保留原始数据的关键信息。降维可以帮助减少数据维度的复杂性、减少存储空间和计算复杂度，同时也能够可视化数据。

（3）关联规则挖掘：从大规模数据集中发现项集之间的关联关系。它可以帮助我们发现数据中的频繁项集和关联规则，从而揭示数据中的隐藏模式和关系。

（4）异常检测：识别在数据中与正常模式不符的异常样本的过程。无监督学习方法可以通过学习正常数据的分布，来检测新数据中的异常值。

无监督学习具有广泛的应用场景，包括：

- 数据分析，无监督学习可以将相似数据点组合成簇，例如市场细分，产品分类等。
- 降维与特征提取，将高维数据映射到低维空间中，以便更好地进行可视化，特征提取则可以减少数据噪声。

- 异常检测，在医疗、金融、制造业等领域的异常检测中，无监督学习是非常有效的。
- 图像处理，无监督学习可以提取图像特征，更好地进行分类检索。

9.2.3 强化学习

强化学习也是机器学习的一个重要分支，其目标是让系统通过与环境互动，并在这之中通过试错来最大化累计的奖励，在强化学习中，外部环境并不会给系统直接的正确答案，而是针对输出结果给出评价信息（如奖励或惩罚），学习系统通过奖励与惩罚信息进行自我反馈，在与环境的交互中调节自身行为。与监督学习不同，没有标注数据，因此系统不会知道需要做什么动作，而只会在奖励函数的引导下，自主学习相应的策略。

强化学习主要包括以下几个步骤：

（1）定义问题：首先需要清晰地定义强化学习的问题，包括确定状态空间、动作空间、奖励信号以及环境的特性。

（2）选择模型：根据问题的性质和特点，选择适合的强化学习模型。

（3）确定奖励函数：奖励函数是智能体在每个状态执行动作后所获得的即时奖励，是指导智能体行为的关键因素。

（4）选择策略：策略定义了智能体在特定状态下选择动作的概率分布。初始策略可以是随机策略，也可以是经验得到的初步策略。

（5）开始交互：智能体开始与环境交互，根据当前的状态和策略选择动作，并观察环境的反馈，包括奖励信号和下一个状态。

（6）更新价值估计：在每次与环境交互后，根据智能体的行为和环境的反馈，更新值函数的估计值。

强化学习可以获得针对特定环境的策略，当前常常通过构建智能体与交互环境来实现，目的是研究系统与环境的交互，如何学习一种行为策略，以此获得最大化累计奖励。通过构建与问题域相关的模拟环境并求解，是常见的利用强化学习解决实际问题的方法。

强化学习当前的应用场景主要包括：

- 博弈游戏，强化学习在围棋、国际象棋等游戏中可以通过设定胜负等奖惩措施以实现自我博弈训练，提高游戏水平。
- 智能推荐，以用户的喜好反馈程度作为改进方向，强化学习可以自主训练以生成个性化推荐列表。
- 工业控制，强化学习可用于机器人控制与生产线优化，在执行任务时自主选择最佳策略，降低生产成本，提高效率。

综合上述内容可以看到，在机器学习中的这三种学习分类，采取了不同的学习策略。监督学习通过有标签的学习，让系统根据已有的判别要求进行学习，并针对未标记数据进行预测分类，其有效的分类过程已经成为当前常见的模型构建方式；无监督学习则不针对模型设定标签，让模型系统自主学习数据的内部结构，可以自主发掘数据中隐藏的聚类相关性等特征，在大数据领域中应用广泛；强化学习则侧重于智能体与环境的交互，以"奖励与惩罚"机制而非标签作为训练信号，引导模型调整优化，在需要模型自主优化、没有简单 0/1 判断的场合下具有广阔的应用前景。

监督学习、无监督学习与强化学习作为机器学习的三个重要分支，都在数据分析与预测中起到了重要的作用，都依赖于数据输入与训练过程，并通过调整模型参数以提高性能，同时又具有差异化的倾向，以应对不同的应用场景需求。需要注意的是，这三个分支的应用场景并非互斥的，随着技术的不断发展，需求细化深化，整合各方法的优势区间提供综合输出结果，是未来机器学习发展的必然要求与发展趋势。

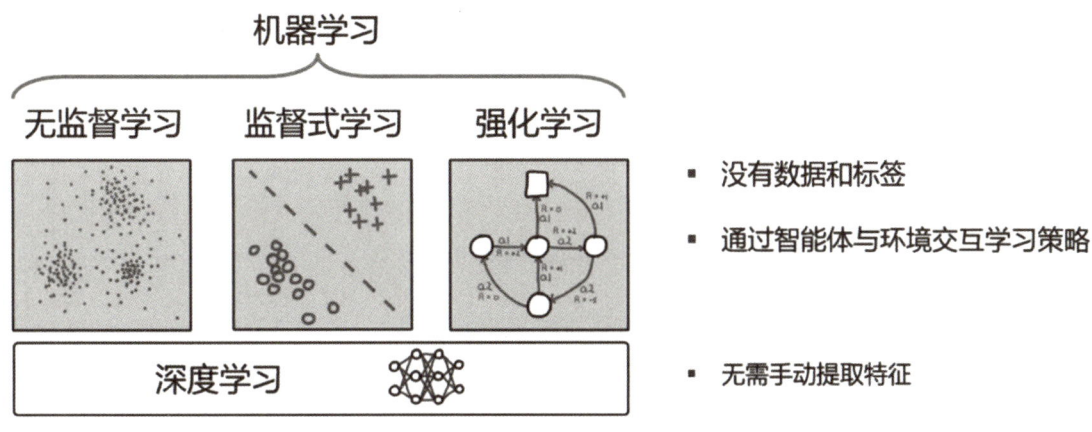

图 9-11　监督学习、无监督学习与强化学习的差异

9.3 深度学习原理与应用

深度学习是一种机器学习方法，通过对人工神经网络进行深化，以多层次的非线性变换来构建与学习复杂的数据表示过程。深度学习在近年来取得了许多重大成果，在计算机视觉、自然语言处理、语音识别等诸多领域取得了显著的成果，是当前人工智能研究的热门领域。深度学习涉及到感知机、人工神经网络、典型深度结构等核心概念。

9.3.1 神经元与感知机

计算机的发展是对于自然界规律的总结与抽象的过程，早期计算机以推理、搜索等方式进行，诞生了推理机与专家系统等成果，随着技术的发展与需求的深化，通过对族群、群落、遗传等现象的研究诞生了群智能算法，而大脑作为生物体产生智能的器官，也自然而然成为了研究与模仿的对象。随着对大脑结构研究的深入，人工神经元与神经网络应运而生。

生物体的单个神经元如图 9-12 所示，可以看到其形态与传统的动物细胞存在着显著差异，其细胞核周围具有大量树突结构以作为神经信号接收点，另外有一条细长的轴突向外延伸作为该神经元的神经信号输出点。每条神经元都与其他数十甚至数百条神经元相连以实现神经冲动传递。

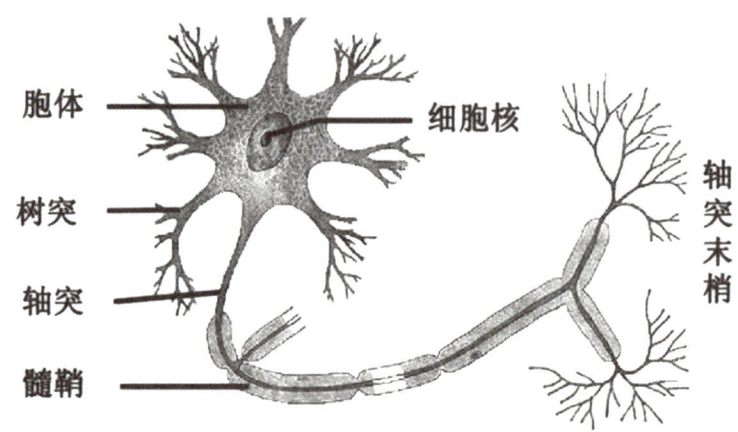

图 9-12　生物体神经元

实际上，生物体神经元功能的实现本质是这样的过程：

（1）每个神经元细胞是一个数据处理站，该处理站会接收来自其他神经元的输入信息（生物电学信号）。

（2）将这些信号进行收集统计整理，根据其重要性进行划分，获得一个综合性结果。

（3）对该结果进行判断，判定是否输出，如果需要输出则通过轴突进行数据输出，输出端连接其他神经元的输入，以此往复。

本章不会具体讨论生物体神经元的作用机理等问题，而是将其抽象化，了解研究人员是如何以此为灵感构建人工神经元的。作为数学化的抽象，我们将其理解为如下过程：

（1）微处理单元接收来自与该处理单元相连接的前端单元的输入数字信号。

（2）针对上述输入数字信号进行整合，整合过程包括加权以及求和等过程，并获得一个具有代表性的输出数据。

（3）将该输出数据进行一定处理（非线性变换，本章不具体展开），之后判定是否输出，并以此作为下一个微处理单元的输入数据。

上述这一抽象化的思维所获得的结果即为单个神经单元的数学抽象，其功能模块可以划分为三个：加权求和、线性动态系统、非线性映射，在人工智能领域被称为是"感知机"（Perceptron）。这一方法最早由罗森波拉特提出，并开启了人工神经网络的第一次研究热潮。随着数字计算机的飞速发展，运算能力的不断提升也促进了神经网络的发展，现代人工智能神经网络均是以此神经单元的有机结合所组成的。

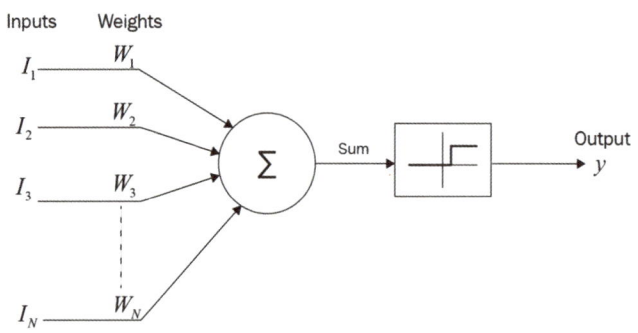

图 9-13　感知机示意图

9.3.2 人工神经网络及基本模型

正如人工神经元与生物神经元的关联，人工神经网络也具有相似性。人工神经网络是以生物神经网络结构的相互连接、有序组合为基本原理，并在现代理论中结合拓扑结构、图论等相关理论所形成的。因此，尽管每个神经元结构与功能都不复杂，但是人工神经网络的行为却并非是各单元行为的简单组合，网络的整体行为也是极其复杂的。神经网络具有大规模并行处理能力与自适应、自组织、自学习等能力以及分布式存储等特点，在许多方面都取得了成功的应用，展现了十分广阔的应用前景。

数量众多的人工神经元的输出"轴突"与其他神经元或者自身的输入"树突"相互连接，从而构成了复杂的神经网络。根据神经网络中神经元的不同连接方式，可以划分为不同类型的结构。当前人工神经网络主要有前馈型和反馈型两大类。

1. 前馈型（Feedforward Neural Network，FNN）

前馈型神经网络是深度学习中最基础和常见的模型之一，其基本结构包含输入层、隐藏层和输出层。输入层接收原始数据或作为特征向量进行输入；隐藏层通过一系列的线性变换和非线性激活函数以将输入转换为更高层次的表示；输出层则根据不同的要求输出对应的结果。

在前馈型神经网络中，各层神经元均只会接收来自前一层神经元的输入，经过处理并输出给下一层，不会发生反馈。前馈网络可以构建多层，其中第 i 层的神经元只与第 $i-1$ 层的神经元输出相互连接，同时输入神经元与输出神经元分别与外界的输入与输出相连。总的来说，前馈型神经网络可以利用层层堆叠的线性变换与非线性激活函数来逐层提取输入数据的特征信息，具有较强的非线性建模能力。

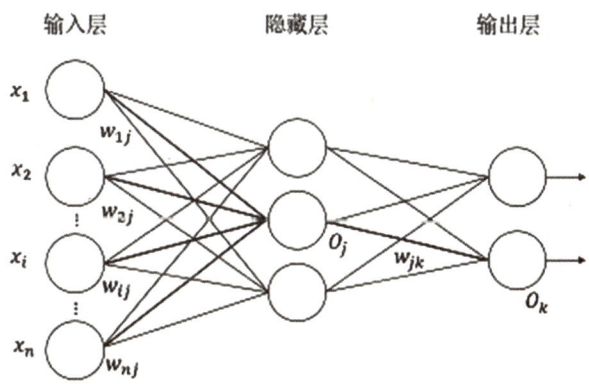

图 9-14　前馈型神经网络

2. 反馈型（Recurrent Neural Network，RNN）

与前馈型神经网络不同，反馈型神经网络具有循环结构，能够处理序列数据，并且可以将之前的信息传递到当前的状态中，这种方式能够保留历史上下文信息的特性，使得反馈型神经网络在自然语言处理、语音识别、时间序列分析等领域中表现出色。

在反馈型神经网络中，存在一些神经元，它们的输出会经过若干个神经元后，又反馈回到这些神经元的输入端，这种构建思路具有反馈效果。反馈型神经网络的反馈过程是遵从时间顺序的，将当前时刻的输入与上一时刻的状态进行结合，以生成当前时刻的输出与新的状态。由于反馈型神经网络在时间域上的组合性，因此可以保留历史信息，这种具有反馈能力的神经网络进一步提升了深度神经网络的拟合能力与效率。

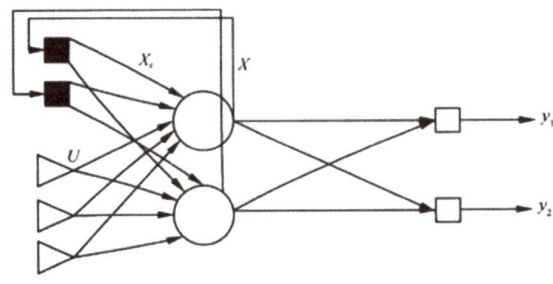

图 9-15　反馈型神经网络

9.3.3 几种常见的典型深度神经网络结构

现今使用的深度神经网络并非是前馈型或反馈型神经网络的简单利用与组合，由于运算能力与求解问题复杂度的提升，研究人员常常会结合应用场景的特点，构建出针对具体问题求解的专用神经网络，从而达到"具体情况具体分析"的目的。常见的典型深度神经网络结构如下：

1. 卷积神经网络（Convolutional Neural Network，CNN）

卷积神经网络是一种广泛应用于计算机视觉领域的深度学习模型，与传统神经网络相比，卷积神经网络在处理图像相关问题中表现出色。其核心在于通过独特的"卷积"操作和"池化"操作来有效提取输入数据的特征表示。卷积神经网络当前常被应用于计算机视觉、图像分析等领域。

（1）卷积层（Convolutional Layer）："卷积"一词来源于拉丁文"convolvere"，意为卷在一起。卷积是数学上的一种重要运算，由于其具有丰富的物理、生物、生态等意义，具有广泛的应用场景。

卷积层是由一系列卷积核（或称为滤波器）组成。卷积核是一个小的矩阵，通过在输入图像数据等进行滑动并进行逐个元素的乘法与求和操作，从而生成特征映射。通过设计不同的卷积核，可以对同一原始数据提取出不同的图像特征，例如边缘、纹理等信息，这就是卷积层最重要的作用"特征提取"。

同时，卷积核在进行特征提取操作需要共享权值，以确保在图像数据的某个位置进行卷积操作时获得平移不变性，无论对象在图像中的位置如何，都可以识别出相同的特征。同时，卷积操作还可以提取出图像的空间层次结构，实现物体区分，也就是"抠像"。基于卷积核的上述特点，卷积神经网络可以降低网络训练的参数数量，并且降低过拟合风险，使得网络更加轻巧高效。

（2）池化层（Pooling Layer）：池化层也是卷积神经网络的一个重要组成部分，它一般连接在卷积层之后，其作用在于对卷积层输出的特征图进行降维处理，提高模型的鲁棒性，同时降低过拟合。

池化层是由多个池化窗口所组成的，池化窗口是一个固定大小的矩形区域，其在特征图上滑动并依次覆盖不同的局部区域，池化层的作用过程依赖于不同的池化策略，池化策略决定如何对窗口内的特征进行聚合操作。常见的池化方法包括最大值池化和平均值池化两种。

通过池化层实现的最重要的目的是"降维"，即降低特征图像的尺寸，从而减少网络中的参数数量以及运算负荷，从而提高模型的效率。另外，池化层同样具有平移不变性，其只关心局部区域的最大值或平均值，而不考虑其相对位置信息，因此能使得模型对于物体在图像中的位置具有平移不变性，提高了分析的鲁棒性。另外，需要注意的是池化层操作可以减少过拟合现象。所谓"过拟合"是指模型过于依赖训练集，因此在训练数据集上表现良好，但是失去了一般性，在未训练的新内容（测试集）中反而表现较差的现象。由于池化层操作对特征图进行降维，减少了模型中所需要学习的参数数量，因而避免了过拟合的风险。总的来说，池化层在卷积神经网络中也有着重要的意义，通过对特征图进行聚合的操作来降维，同时提高了模型的平移不变性，降低了过拟合现象，这使得池化层在图像处理中发挥了重要的作用，并被广泛应用到计算机视觉相关领域中。

（3）全连接层（Fully Connected Layer）：全连接层又被称为密集连接层或输出层，是一种卷积神经网络中常见的层类型。全连接层的作用是将前端卷积层以及池化层等操作所获得的特征图转换为最终的分类或回归结果，全连接层与之前所述的卷积层等神经元是相连的。全连接层是由多个神经元组成，每个神经元均与上一层所有神经元有所连接，同时这些连接均有其相应的权重，可以进行学习调整。全连接层通常位于卷积层和池化层之后，输出层之前。

全连接层作为卷积神经网络的收尾输出层，具有以下作用与意义：

（1）特征转换：将复杂高维特征转换为简单的最终分类或回归结果，使得卷积神经网络具有更强的适应能力。

（2）参数拟合与学习，卷积神经网络来源于普通深度神经网络，继承了权重学习调整的优势，可以通过反向传播等算法优化方法，自动化学习获得适配于当前任务的特征表示与决策。

（3）决策与预测，卷积与池化均只能起到特征提取与降采样的目的，卷积神经网络中决策单元依然是全连接层，通过学习以及权重调整，可以使得网络具有适配性，全连接层的输出可用于分类、预测、回归等多种决策，是卷积神经网络中不可或缺的部分，正是上述优势使得卷积神经网络可以被广泛应用到图像分类、目标检测等计算机视觉相关领域中。

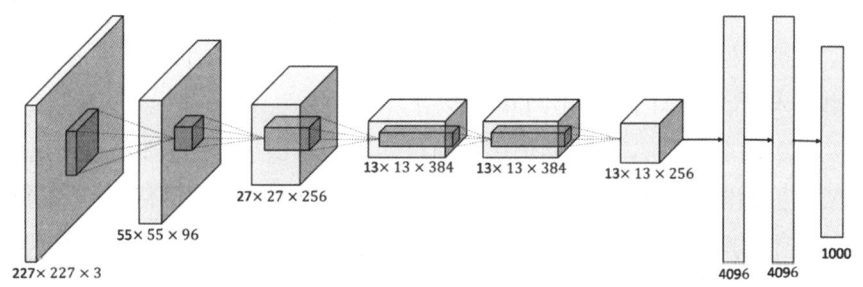

图 9-16　卷积神经网络示意

2. 长短期记忆网络（Long Short-Term Memory，LSTM）

长短期记忆网络是一种特殊的循环神经网络（Recurrent Neural Network，简称 RNN），其一般用于处理具有时间顺序或序列依赖性的数据，相较于传统的 RNN，长短期记忆网络能够更好地获取并记忆中长期依赖关系，从而避免了数据爆炸以及梯度消失等问题。

简单来说，长短期记忆网络是一种具有记忆单元和门控机制的循环神经网络，其通过门控单元的设计来选择性地记忆、更新或遗忘信息，从而高效地处理长期依赖关系。而控制是否记忆或遗忘的关键在于自适应学习，通过这样的方式使其在处理时间序列数据时可以具备更强的记忆能力。

长短期记忆网络功能的实现过程包括如下步骤：

（1）输入门（input gate）：输入门是第一个控制组件，用于控制新的信息是否被添加到记忆单元中，输入门会将当前输入与前一时刻的输出进行对比计算，从而决定在当前时刻应该记住多少来自新输入的信息。

输入门通常由两个组件构成：一个 Sigmoid 激活函数层和一个 Tanh 激活函数层，两者共同作用以实现输入门。当数据输入时，首先通过 Sigmoid 激活函数将其压缩到 [0,1] 范围内，同时导入当前输入与上一时刻的输出，根据经过激活函数后的值来判定，当前时刻有多少新的信息应该被添加到记忆单元中，一般而言，值越接近 1，则表示有更多的信息需要被添加，而值若接近 0，则表示有较少的信息需要被添加。之后进入 Tanh 层，同样接收来自当前输入与前一时刻的输出作为总输入，通过函数将其压缩到 [-1,1] 的范围中，这个值代表当前输入的候选值，即被添加到记忆单元中的新信息值。

经过输入门后，新信息被控制输入程度并导入到记忆单元中，通过上述两层激活函数层，可以学习选择性地记住当前输入的哪些部分，以及输入的候选值。Sigmoid 层的输出会与 Tanh 层的输出相乘，并最终决定添加到记忆单元的信息。输入信息是具有选择性的，可以忽略部分相似的信息，从而建立模型更好地处理长期依赖关系。

（2）遗忘门（Forget Gate）：在长短期记忆网络中，遗忘门的作用是控制旧的信息在记忆单元中可以被保留多久的一个关键单元。遗忘门主要是由 Sigmoid 激活函数层组成的，它接收当前时间点的输入以及上一个时间点的输出作为输入，通过该函数将输入加权，并压缩到 [0,1] 之间，这个压缩值代表应该忘记多少旧信息，值越接近 1 则代表越少的信息被遗忘，而值越接近 0 则代表越多的信息被忘记。

正如长短期记忆网络中"记忆"的含义，有选择性记忆的同时也包含了遗忘单元，通过遗忘门的运算，长短期记忆网络在处理具有时间序列的数据时可以灵活地选择性地遗忘旧的信息，并保留对当前任务相关信息的记忆，这种机制处理可以使得该网络在应对长期依赖关系以及长序列建模相关的任务中取得更好的结果。

（3）记忆单元（Cell State，也称为记忆细胞）：记忆单元构建的目的在于储存和传递信息，允许长短期记忆忘了模型在处理序列数据时可以记忆并利用历史信息。记忆单元是一个模块，主体部分是一个长向量，类似于神经网络的内部记忆体，由模块实现信息的存储与传递，并按照时间步进行更新，记忆单元的状态由输入门、遗忘门和输出门共同控制。

记忆单元主要起到两个作用：① 长期记忆：通过输入门与遗忘门的控制，记忆单元可以选择性地存储输入信息，或者去除旧的信息，这种长期记忆保留的机制是长短期记忆网络能够处理长期依赖关系的关键。② 短期记忆与输出：在每个时间步上，记忆单元会根据输入门与遗忘门进行更新，通过输入与遗忘，可以在每个时间步中生成新的输出，并应用于任务预测或传递。

总而言之，记忆单元作为长短期记忆网络的核心组件，负责信息的存储与传递，是网络能够处理长序列的原因。

（4）输出门（Output Gate）：输出门的作用是控制当前时间步的输出，这个输出是结合记忆单元与输入的整合。以当前时间步的输入、前一时间步的输出以及记忆单元的状态共同生成新的输出，并控制记忆单元选择性地传递输出中。

输出门与输入门类似，也是由 Sigmoid 层和 Tanh 层这两个函数激活层组成的。前者接收当前时间步的输入与前一时间步的输出作为输入，使其压缩至 [0,1]，后者则接收当前时间步的输入与前一时间步的输出作为输入，计算出候选输出的向量。

输出门作为后端控制门，能够根据当前时间步的输入、前一时间步的输出，记忆单元共同生成一个新输出，并负责传递工作。这种机制使得长短期记忆网络能够更好地处理序列数据，并实现序列模型的有效构建。

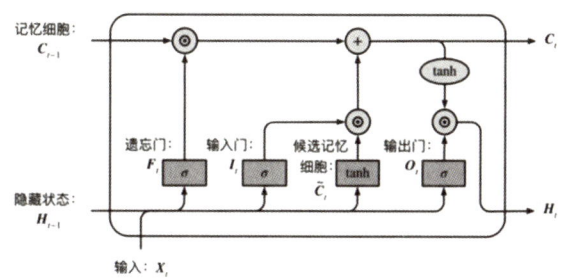

图 9-17　长短期记忆网络图示

9.3.4 模型总结与思考

20 世纪 60 年代，胡贝尔（Hubel）与维泽尔（Wiesel）等研究人员在研究猫脑皮层的神经时发现，视觉皮层的神经元是局部接受信息，并对某些特定区域的刺激做出响应，而非简单地对全局图像进行感知，由此提出了"感受野（receptive field）"的概念，该研究于 1981 年获得了诺贝尔奖。该研究认为，人的视觉形成是由于视觉神经细胞对于事物局部特征的接收及分析，再通过汇总而形成整体印象的。卷积神经网络正是基于这一理论所构建的，通过卷积核（对应于视觉细胞）对图像局部感受野依次进行处理以获取特征，并进行汇总，通过全连接网络（对应于大脑的分析判读单元）分析以实现图像分辨，通过对照不难看出，这一过程即为对局部感受野理论的实际应用。

长短期记忆网络主要由四个单元组成：输入门、遗忘门、记忆单元、输出门。可以看到，长短期记忆网络模仿了人类的记忆特征，同时在一定程度上体现了注意力特性。不妨思考这样一个过程：当人类进行学习活动时，常常会根据上下文中相关信息的远近、重复出现次数、重要程度等不自觉地对文字内容产生偏向：在文中反复出现的字词往往更加重要，在同一段落中或相近位置出现的字词通常具有关联性，这种阅读时下意识的习惯，实际上正为长短期记忆网络的构建提供了理论依据与基础。由此可见，人工智能神经网络的构建与人类生活实际息息相关、密不可分。

9.3.5 人工智能发展趋势

在上文中，我们从人工智能的分类、发展历史、现今研究重点等方面进行了整体介绍，在本节中，将对人工智能的发展趋势作一个简单的梳理。

1. 人工智能与自然智能的差异

人工智能相较于自然智能，主要具有以下三方面的优势：

（1）提高处理效率，得益于半导体工艺的不断精进，计算机运算能力不断提升，加之模型构建优化等有利条件，人工智能能以常人难以达到的速度与准确性解决问题，大大提高了处理效率。

（2）消除人工错误，由于计算机二值逻辑的唯一性与准确性，可以提升问题求解的准确程度，消除由于人员分工、遗忘等偶然因素导致的错误。

（3）提供智能科技，随着科技的进步，人工智能处理问题能力的优点可以结合硬件设备，除了基础运算功能外提供器件服务，便捷人类生产生活，如智能制造、智能驾驶、类人机械等，均是在此基础上的延伸。

2. 人工智能三要素

构成人工智能的三大核心要素包括数据、算力与算法。

（1）数据：如果人工智能是木，那么数据就是根，如果人工智能是水，那么数据就是源。数据是人工智能之所以"智能"的基础，只有获得足以覆盖该问题域的数据，人工智能的训练模型才能完备。数据可以是结构化或非结构化的，可以是图像、文本或是音频等形式，高质量、多样化的数据对于训练出准确可靠的人工智能模型至关重要。随着数字化信息化的发展，数据数量会持续增长，其中以云端存储为主，公有云发展持续增长，另外需要注意的是，人工智能不仅需要原始数据，同时也需要标注数据，人工标注数据的成本与规模可能会成为限制人工智能技术发展的因素。

（2）算力：算力指的是计算机的运算能力，即处理大量数据以及执行高阶算法的能力。现今，在深度学习等复杂任务中，算力的重要性日趋凸显，更快更可靠地进行大规模计算与训练模型，是人工智能系统得以成立的保证。通常智能系统的背后都具有一套强大的硬件或软件计算系统，算力主要通过人工智能硬件芯片和提供超级计算能力的公有云计算服务来支撑。芯片器件方面，GPU（图形处理器）应用最为广泛，浮点计算的能力是 CPU（核心处理器）的十倍左右，并具有更强的并行运算能力。GPU 芯片的发展对图形模型构建与高性能运算均有所帮助，以 GPU 器件设计、制造的进步对人工智能可以起到推动作用。

（3）算法：算法是人工智能的核心，指的是用于分析处理数据的数学模型与方法。当前，机器学习算法是主流算法，它从数据分析中获得规律，并利用规律来对测试数据进行预测。不同的算法可以解决不同的问题，如分类、聚类、回归等。近年来，深度学习的发展达到了高潮，但是由于上述算力等的限制，人工智能整体发展呈现周期性。

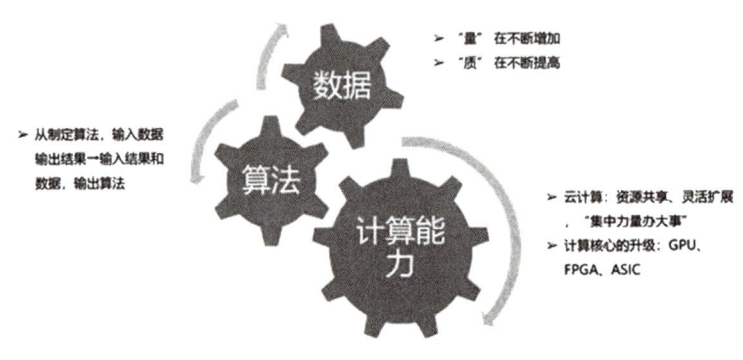

图 9-18　人工智能三要素

9.3.6 中国人工智能发展规划

2017 年，国务院印发《新一代人工智能发展规划》，提出了面向 2030 年我国新一代人工智能发展的指导思想、战略目标、重点任务和保障措施，目标是构筑我国人工智能发展的先发优势，加快建设创新型国家和世界科技强国。该规划为我国在人工智能领域发布的第一个设计系统战略部署的文件。

第一步，到 2020 年人工智能总体技术和应用与世界先进水平同步，人工智能产业成为新的重要经济增长点，人工智能技术应用成为改善民生的新途径，有力支撑进入创新型国家行列和实现全面建成小康社会的奋斗目标。

第二步，到 2025 年人工智能基础理论实现重大突破，部分技术与应用达到世界领先水平，人工智能成为带动我国产业升级和经济转型的主要动力，智能社会建设取得积极进展。

第三步，到 2030 年人工智能理论、技术与应用总体达到世界领先水平，成为世界主要人工智能创新中心，智能经济、智能社会取得明显成效，为跻身创新型国家前列和经济强国奠定重要基础。

2021 年，我国新一代人工智能治理专业委员会发布了《新一代人工智能伦理规范》，指出将伦理道德融入人工智能全生命周期，促进公平、公正、和谐、安全，避免偏见、歧视、隐私和信息泄露等问题，针对人工智能提出了包括透明性与可解释性等的多项伦理要求。

2023 年，由国家网信办等七部门正式发布了《生成式人工智能服务管理暂行办法》，为促进生成式人工智能的健康发展与规范应用，保证国家发展与安全，鼓励生成式人工智能创新发展，提供了规范指导。

总而言之，我国根据科技发展的趋势方向，将人工智能发展置于重要位置，努力推动人工智能的发展创新，从人工智能研究、政策法规、道德伦理、安全性等方面进行了积极探索。

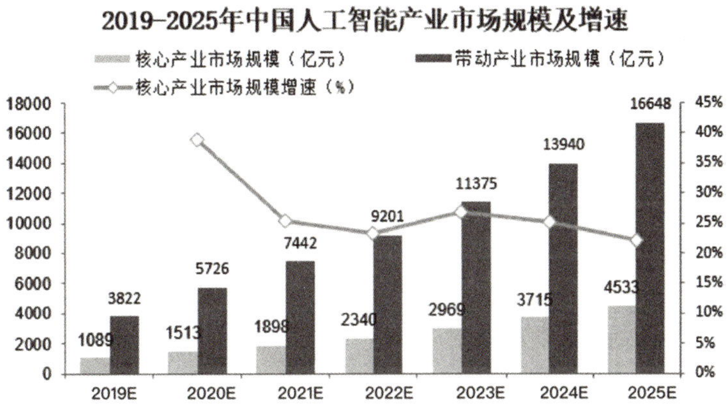

图 9-19　中国人工智能产业市场规模与增速

第10章

人工智能应用

本章知识点

1. 计算机视觉技术及其应用领域;
2. 自然语言处理技术及其应用领域;
3. 大数据技术基础知识及应用;
4. 人工智能伦理基础知识。

学习目标

1. 了解图像识别技术及其应用;
2. 了解人脸识别技术及其应用;
3. 了解语音识别技术及其应用;
4. 了解机器翻译技术及其应用;
5. 理解大数据技术及其处理流程。

学习重难点

1. 理解人工智能技术在各个领域应用特点及存在的问题;
2. 理解人工智能伦理道德问题的复杂性。

学习建议

1. 建议多阅读人工智能应用的相关书籍,拓展知识面;
2. 建议多了解人工智能技术的最新进展与成果。

10.1 计算机视觉

计算机视觉简称 CV（Computer Vision），是人工智能的一个重要研究领域，它是一门研究如何对数字图像或视频进行识别与理解的学科，其目的是使计算机系统能够像人类一样去理解、识别和解释图像与视频数据。

计算机视觉研究可以追溯到 20 世纪 50 年代，当时的研究重点主要集中在二维图像领域。近年来，随着机器学习技术和深度学习技术的迅速发展，计算机视觉技术取得了质的飞跃。

计算机视觉技术主要涉及图形图像处理、模式识别、机器学习等知识与技术，其主要应用场景包括图像识别、自动驾驶、安防监控、医疗诊断、工业检测等领域，其行业图谱如图 10-1 所示。随着计算机视觉技术的不断发展，我们可以期待更多有趣的应用场景。

图 10-1　计算机视觉行业图片

10.1.1 图像识别

图像识别是计算机视觉领域的一个重要组成部分，也被称为图像分类或目标识别。它是指利用计算机技术对数字图像进行分析和处理，以识别图像中的特定对象、场景或模式。

图像识别的目标是让计算机系统能够自动理解并分类图像，实现类似人类对图像的感知和识别能力。

1. 图像基本类型

数字图像由离散的像素点组成，每个像素点包含了一定的灰度或彩色信息。按照图像中包含的信息类型，可以将数字图像分为以下两类：灰度图像和彩色图像。

灰度图像：该类图像是一种只包含单通道灰度信息的图像，每个像素点的灰度值通常在 0~255 之间表示。0 代表黑色，255 代表白色，中间值表示灰度等级。灰度图像常用于图像处理中的边缘检测、图像增强等。

彩色图像：该类图像是一种包含多通道颜色信息的图像，通常为RGB三个通道（R：红色，G：绿色，B：蓝色），每个像素点包含了三种颜色信息，每个通道的取值范围通常也是0~255之间。彩色图像常用于计算机视觉中的物体识别、图像分割、视频处理等。

2. 图像识别流程

通常情况下，图像识别系统主要包括图像分割、特征提取与图像分类三大部分，其基本识别流程为：

（1）图像预处理：将原始图像转换为计算机可以处理的数字形式，主要包括图像缩放、裁剪、灰度化、归一化等操作。

（2）图像分割：将整张图像划分为多个区域，用于后续对各个区域的图像进行特征提取。

（3）图像特征提取：通过对图像进行分析，提取出能够表达图像信息的特征。

（4）图像分类：依据提取出的图像特征，对其进行图像分类。

（5）结果输出：将分类结果输出到终端，供后续处理或者显示。

3. 图像识别技术应用领域

图像识别技术在许多领域都有着广泛的应用，如医疗影像诊断、自动驾驶、工业质检、智能安防监控等。随着技术的不断发展，图像识别将继续扮演着重要角色，并为我们的生活带来更多便利和创新。

（1）图像识别技术在医疗领域有广泛的应用。

○ 医学影像分析：医学影像如X射线、CT扫描、MRI等包含大量的图像信息，如图10-2所示。图像识别技术可以用于自动识别和标记病变区域，辅助医生进行疾病检测、诊断和制定治疗计划。

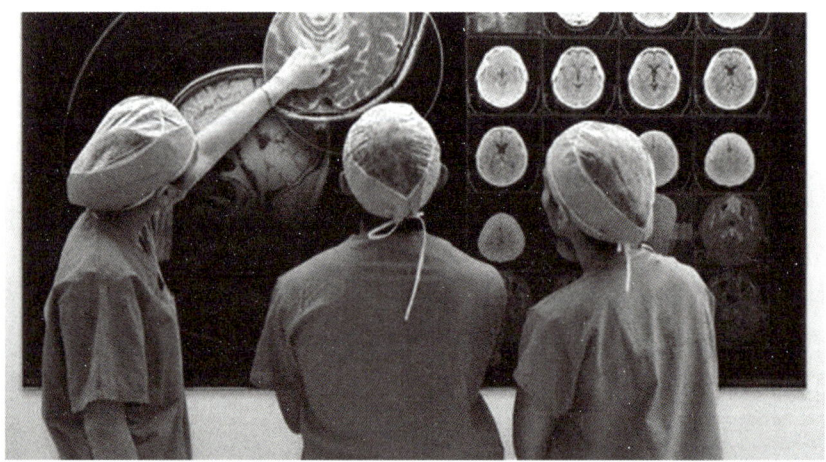

图 10-2　CT扫描图片辅助诊断

○ 病理学图像分析：病理学图像包括组织切片、细胞图像等，图像识别可以帮助医生快速准确地识别肿瘤、异常细胞等，辅助病理学诊断。

○ 医疗图像标注：图像识别可以用于自动标注医学图像中的结构和组织，提高图像处理和分析的效率。

这些实际应用使得医生能够更准确、快速地进行疾病识别、诊断和治疗，从而提高医疗效率，减轻医护人员负担。

（2）图像识别技术在自动驾驶领域扮演着关键角色。

- 交通标识识别：利用图像识别技术可以快速识别道路上的交通标志，包括车道线和道路边界、速限标识、停车标识、转弯标识等各种类型的交通标志，以便自动驾驶系统迅速做出相应的响应。
- 车辆和行人检测：通过图像识别技术可以检测周围的车辆和行人，帮助自动驾驶系统及时做出避让或停车等决策。
- 环境感知：利用图像识别技术可以感知车辆周围的环境，包括其他车辆、建筑物、路标等。通过分析车辆周围的图像信息，可以实现对车辆位置的实时定位，并构建周围环境的地图，以帮助自动驾驶系统做出安全的驾驶决策，如图 10-3 所示。

图 10-3　自动驾驶的环境感知

目前，图像识别技术还在不断发展和完善中，未来将会进一步提高在各种复杂交通场景下的识别实时性和准确性。

（3）图像识别技术在工业质检领域有着广泛的应用。

- 表面缺陷检测：利用图像识别技术可以对产品表面进行检测，识别裂纹、瑕疵、划痕等缺陷，以确保产品质量符合标准，如图 10-4 所示。

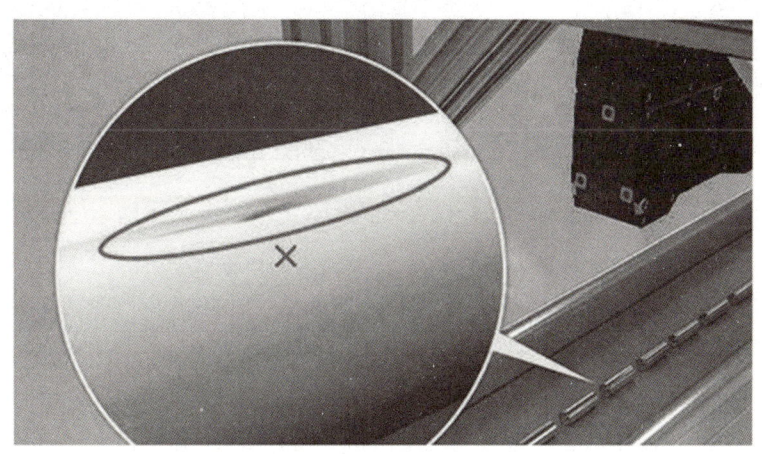

图 10-4　外观缺陷检测

- 尺寸测量：图像识别技术可用于测量产品的尺寸和形状，检查产品是否符合规格要求。
- 字符识别和包装检验：应用图像识别技术可以识别产品上的文字、标识和包装，确保文字正确、包装完整。
- 异物检测：利用图像识别技术可以检测产品中的异物，如金属、塑料或其他外来材料，以确保产品质量和安全。

这些具体的、实际的应用使得工业生产线能够实现自动化的产品质量检测，从而提高了企业的产品质量，同时也提高了企业生产效率。随着深度学习和计算机视觉技术的进一步发展，图像识别技术在工业质检领域的应用将会更加智能化、高效化。

10.1.2 人脸识别

人脸识别是计算机视觉领域的一个重要应用，也是一种生物识别技术，它结合了计算机图形学、模式识别、认知科学等多学科的知识与技术，旨在通过分析和识别图像或视频中的人脸来进行身份验证、身份识别或情绪分析。

人脸识别技术主要研究范围有：人脸检测、人脸特征提取和人脸匹配。人脸检测是指在图像或视频中自动定位和标识人脸的位置。人脸特征提取是指从检测到的人脸图像中提取出具有代表性的特征，如面部轮廓、眼睛位置、嘴巴形状等。人脸匹配是指将提取到的人脸特征与已知的人脸数据库进行比对，以确定该人脸属于数据库中的具体个体。

1. 人脸检测

人脸检测旨在从图像或视频中检测是否存在人脸。如果存在，则需要准确地定位和识别人脸区域，如图 10-5 所示。

图 10-5　识别人脸区域

人脸检测的一般步骤为：

（1）图像预处理：对输入的图像进行必要的预处理操作，如灰度化、直方图均衡化等，以提高后续处理的效果。

（2）特征提取：在图像中寻找可能的人脸区域。常见的特征包括肤色、纹理、边缘等。

（3）分类器训练：通过使用已标注的人脸图像和非人脸图像，利用机器学习算法或深度学习模型训练出一个人脸识别分类器，用于判断某个区域是否为人脸。

（4）人脸定位：使用分类器对图像进行扫描，找到可能的人脸区域。这些区域通常被表示为矩形边界框。

近年来，虽然基于深度学习的方法在人脸检测任务上取得了显著的进展，但在实际场景应用中，仍旧面临一些艰巨的挑战。如在光照变化、姿态变化、遮挡、低分辨率等情况下，都可能会极大地影响检测结果的准确性。

2. 人脸特征提取

人脸特征提取的主要任务是从人脸图像中提取出具有代表性和区分度的特征，以便进行后续的人脸识别、表情分析等任务。它是人脸识别任务中的核心部分，且极易受脸部表情、外部光照等因素影响。当脸部特征提取难度较大时，将直接影响后续人脸识别的准确度。

人脸特征提取的主要工作是从每一张人脸图像中提取出具有代表性和区分度的特征向量。这些特征向量可以包括几何特征、纹理特征、频谱特征、深度学习特征等，其目的是捕捉人脸的关键信息，如图 10-6 所示。

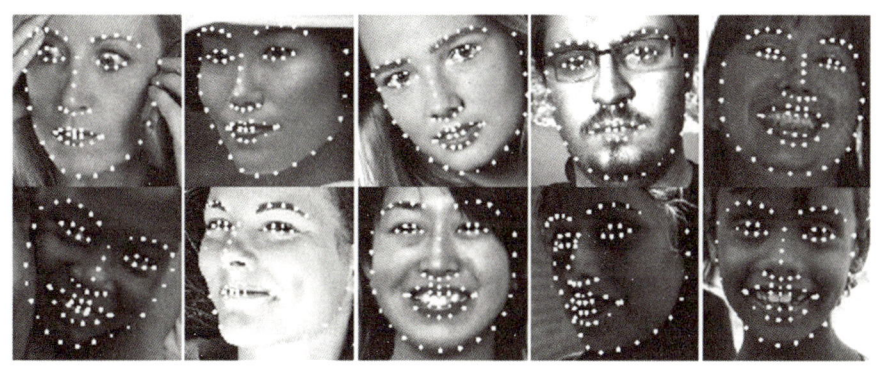

图 10-6　人脸特征提取

人脸特征提取的研究主要分为几何特征点的提取、变换域中的特征提取、利用变形模板的特征提取。

近些年，随着深度学习的产生、发展与应用，使用卷积神经网络（CNN）等深度学习模型可以直接从原始图像中提取到更具代表性的人脸特征。通过在大规模、海量数据上进行模型训练，一些深度学习模型可以学习到更加高级的特征表示，从而极大地提高了人脸特征提取的性能和效率。

3. 人脸匹配

人脸匹配是指对两张或多张人脸图像进行比较，以确定它们是否属于同一个人或在人脸数据库中是否存在相似的人脸，如图 10-7 所示。

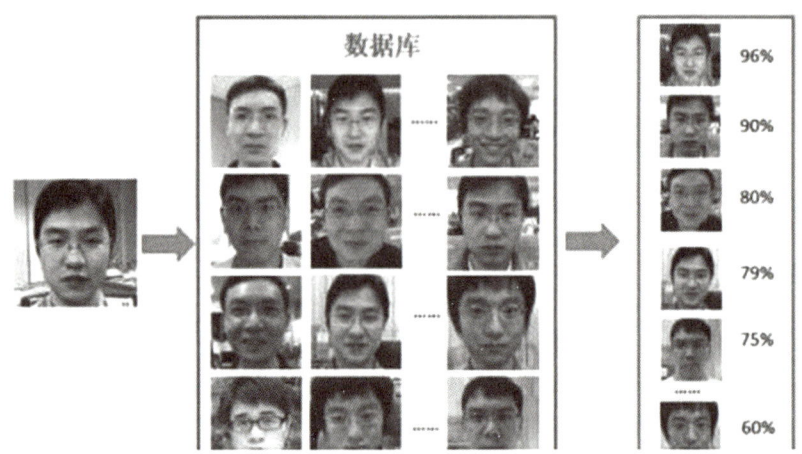

图 10-7 人脸匹配

人脸匹配过程通常分为三个阶段：特征提取、特征匹配和决策。

（1）特征提取：该阶段通常在人脸特征提取过程中完成，采用人脸特征提取模型，获取人脸图像中的代表特征。

（2）特征匹配：对提取到的特征向量与已有特征向量进行比较和匹配。通常采用的方法包括计算特征向量之间的欧氏距离、余弦相似度、相关系数等，以确定两个特征向量之间的相似程度。

（3）决策：依据特征向量匹配的计算结果，进行决策判别。如果两张人脸图像的特征向量相似度高于预先设定的阈值，则可以认为它们是同一个人或在数据库中存在匹配数据。否则，可以认为它们不匹配。

人脸识别技术在信息安全、金融应用、智能门禁、移动支付等领域都有着广泛的应用。除了识别用户身份外，人脸识别技术还可以应用于情绪分析、年龄识别、性别识别等领域。

人脸识别技术的普遍应用，为人类生活、工作带来了极大的便利和高效，但同时也面临着个人隐私保护、信息泄露、识别错误等安全问题。总的来说，人脸识别技术在改善安全性、提高便捷性等方面还存在着巨大潜力，未来也将在各个领域发挥更多作用。

10.2 自然语言处理

自然语言是指人类日常使用的语言，如中文、英语、日语等。自然语言是人类社会的重要组成部分，不同场景下的灵活多变是其主要特征，从而导致它不能被计算机很好地理解。为了实现使用自然语言在人类与计算机之间进行有效沟通，自然语言处理技术诞生了。

自然语言处理简称 NLP（Natural Language Processing），是计算机科学与人工智能领域的一个重要分支，被誉为"人工智能皇冠上的明珠"，众多知名学者都表示出对自然语言处理的极大关注，如图 10-8 所示。

图 10-8　知名学者对自然语言的关注

自然语言处理旨在使计算机能够理解、分析、处理和生成自然语言文本或语音，是一个融合了语言学、计算机科学、数学等于一体的学科。它不仅研究语言学，更研究如何让计算机处理不同语言，旨在实现计算机与人类之间的自然语言交流与沟通。

自然语言处理技术的主要研究任务有：

○ 语言理解：包括词法分析、句法分析、语义分析等，帮助计算机理解句子的结构和意义。
○ 信息提取：从大量文本中抽取特定信息，如命名实体识别、关系抽取等。
○ 文本分类：将文本划分到不同的类别。
○ 机器翻译：将一种语言的文本自动翻译成另一种语言。
○ 问答系统：根据用户提出的问题，在大规模的文本中找到准确的答案。
○ 对话系统：实现与用户进行自然语言对话的系统，如智能助理和聊天机器人。

自然语言处理技术在很多领域都有广泛应用，如智能助理、信息检索、社交媒体分析、舆情监测、自动摘要、语音识别等。图 10-9 为百度公司目前提供的自然语言处理方面的部分应用产品。

图 10-9　百度公司自然语言处理产品

随着技术的进步，自然语言处理将继续在人机交互、语义理解和自动化处理等方面发挥重要作用，为我们提供更智能、便捷的语言交互体验。

10.2.1 语音识别

语音识别是一种将人类语音转化为文本或命令的计算机应用技术。它是自然语言处理领域的一个重要研究内容，旨在使计算机能够理解和处理人类的语音输入，如图 10-10 所示。

图 10-10　语言识别

语音识别技术始于 20 世纪 50 年代初期，贝尔实验室研制了世界上第一个能识别几个英文字母发音的语音识别系统。该阶段主要通过对话框架来实现语音识别。

20 世纪 60 年代，随着计算机技术的发展，动态规划和线性预测分析技术解决了语音信号产生的模型问题。70 年代，矢量量化和隐马尔科夫模型理论的不断完善，为语音识别的未来发展打下坚实基础。80 年代，各种语音识别算法相继被提出。进入 90 年代后，语音识别技术开始初步应用于全球市场，许多著名科技公司，如 IBM、Apple、科大讯飞等，都为语音识别技术的开发和研究投入巨资。从 21 世纪至今，在深度学习基础上，得益于神经网络对非线性模型和大数据的处理能力，自然语言处理取得了大量、丰硕成果，掀起了利用深度学习进行语音识别的浪潮。

迄今为止，以神经网络为基础的语音识别系统研发仍旧是许多国内外学者热衷的研究热点。当前主流语音识别技术主要基于深度神经网络进行模型构建和训练，面向不同应用场景需求和数据特点对现有的神经网络不断改进与优化，相比于传统的统计方法获得了极大的性能提升。

语音识别的本质是一种模式识别，通过对未知语音和已知语音的比较，匹配出最优的识别结果。语音识别技术的主要步骤为：

（1）语音信号采集：语音信号采集是语音信号处理的前提，一般通过话筒将语音信号输入计算机。话筒将声波转换为电压信号，然后通过模数转换进行采样，从而将连续的电压信号转换为计算机可以处理的数字信号。

（2）语音信号预处理：对输入的语音信号进行预处理，如降噪、去除不相关的背景声音等，以提高信号的质量。

（3）特征提取：从预处理后的语音信号中提取有用的特征。

（4）建立模型：使用语音训练数据来学习语言的统计规律，可以通过多种机器学习算法来建立模型。

（5）模型训练：使用大规模的文本语料库，通过统计方法训练模型，用于对识别结果进行语言上下文的校正和优化。在训练过程中，模型会进行参数调整，使得模型更加符合实际语音信号的特征。

（6）解码：是将训练过的模型应用到实际语音信号上，生成具体文本或命令的过程。

（7）后处理：可以进行拼写纠错、语法校正等工作，提高识别的准确性。

语音识别技术的应用非常广泛，主要领域有：

- 语音助手：智能手机和智能音箱等设备中的语音助手（如 Siri、小爱同学等）能够通过语音识别技术理解用户的指令，并执行相应的操作。
- 语音搜索：语音识别技术使得用户可以通过语音进行网络搜索，而不再需要打字输入，这在移动设备上尤其有用。
- 语音转换文字：语音识别技术可以将会议记录、讲座内容、采访录音等语音信息自动转换成文字，方便后续的整理和存档，提高工作效率。
- 语音翻译：结合机器翻译技术，语音识别技术可以实现即时的语音翻译，使得跨语言交流变得更加便捷。
- 自动语音应答系统：自动识别和处理来自用户的电话语音输入，提供自动化的服务和信息查询。
- 残障人士辅助：语音识别技术能够帮助视力受损或行动不便的人士使用电脑和手机，进行语音输入和控制，提高信息获取的便捷性。

当前，语音识别技术研究已经基本满足了商业应用需求。但是，在某些特殊应用场景中，可能存在各种复杂情况,如说话人口音、专业用语等。

随着深度学习技术的发展和语音语料库的丰富,语音识别技术将更加普及和成熟,为人们提供更自然、便捷的语音交互方式。

10.2.2 机器翻译

随着全球化进程的加速,跨国交流已成为各国之间不可或缺的一部分。但是不同的国家和地区使用不同的语言,这常常成为跨国交流的障碍。机器翻译技术应运而生,为跨国交流提供了方便和可能性。

机器翻译是一种将自然语言文本从一种语言翻译成另一种语言的技术。它是自然语言处理领域的一个重要应用。随着人工智能和深度学习技术的发展,机器翻译在现代社会中得到了广泛应用。

机器翻译技术的发展并非一帆风顺,甚至曾一度被视为天方夜谭,其可行性和实用性不断遭受质疑。纵观机器翻译技术发展史,大致可分为提出、开创、沉寂、复苏、发展、繁荣共6个阶段。

(1)提出期(1933~1949年):机器翻译的研究历史最早可以追溯到20世纪30、40年代。1933年,法国科学家G.B.阿尔楚尼提出了利用机器来进行翻译的想法。1947年,美国科学家Warren Weaver提出了利用计算机进行语言自动翻译的想法。1949年,Warren Weaver发表正式提出机器翻译的思想,并发布了《翻译备忘录》一文。

(2)开创期(1949~1964年):1954年,在IBM公司帮助下,美国乔治敦大学使用IBM-701计算机首次完成了英俄机器翻译试验,向公众和科学界展示了机器翻译的可行性,从而拉开了机器翻译研究的序幕。随后十年左右的时间内,机器翻译研究热度不断上升。美国、前苏联及一些欧洲国家均对机器翻译研究给予了相当大的重视,机器翻译一时出现热潮。

(3)沉寂期(1964~1975年):正当一切有序推进之时,尚在萌芽中的机器翻译研究却遭受当头一棒。1964年,美国科学院成立了语言自动处理咨询委员会。该委员会于1966年发布了一份名为《语言与机器》的报告,指出"在近期或可以预见的未来,开发出实用的机器翻译系统是没有指望的",从而全面否定了机器翻译的可行性。自此,机器翻译研究出现了空前的萧条。

(4)复苏期(1975~1993年):进入20世纪70年代中后期,随着计算机技术和语言学的发展以及社会信息服务的需求,机器翻译才开始复苏并日渐繁荣。1976年,加拿大蒙特利尔大学与加拿大联邦政府翻译局联合开发了TAUM-METEO系统,这是机器翻译发展史上的一个里程碑,标志着机器翻译由复苏走向繁荣。

(5)发展期(1993~2006年):1993年,IBM公司的Brown和Della Pietra等人提出的基于词对齐的翻译模型,标志着现代统计机器翻译方法的诞生。2003年,爱丁堡大学的Koehn提出短语翻译模型,使机器翻译效果显著提升。同时期Franz Och提出了对数线性模型及其权重训练方法,短语翻译模型在工业界开始被广泛采用。

(6)繁荣期(2006~至今):2006年,谷歌翻译作为一个免费服务正式发布,并带来了统计机器翻译研究的一大波热潮。正是由于一代代科学家们不懈的努力,才让科幻一步步成为现实。

机器翻译技术的主要应用领域:
- 旅游和跨境交流:机器翻译技术可以帮助游客在国外旅行时,理解当地的语言和文化,使得跨文化交流更加便利。

- 商务沟通：在国际商务交流中，机器翻译技术可以帮助企业与客户、合作伙伴进行跨语言沟通，促进商务合作。
- 语言学习和教育：机器翻译技术可以作为辅助工具，帮助学生学习外语，提高语言水平。
- 文学作品翻译：机器翻译技术可以加速文学作品的翻译进程，让更多的读者能够享受来自不同文化背景的文学作品。
- 在线内容翻译：在互联网时代，机器翻译技术可以帮助用户轻松地翻译网页内容、社交媒体信息等，拓展信息获取的范围。

目前，机器翻译技术已经成为日益成熟的技术，被广泛应用于翻译、语音识别、语言理解等领域。在工业界和学术界，出现了很多优秀的机器翻译系统和算法，能够实现准确和自然的翻译，为跨国交流提供了很多便利。

但是，机器翻译技术还存在很多缺陷。例如，机器翻译器在某些语言和语境下容易产生歧义、漏译、错译等问题。此外，机器翻译技术仍然难以实现词汇的准确翻译，尤其是一些专业术语和生僻词汇。同时，由于某些语言特有的语法结构和表达方式，导致机器翻译技术仍然存在着很大的局限性。

当然，机器翻译技术的成功与否并不只是技术的问题，更重要的是人们对于语言和文化的了解和尊重。只有当我们在使用机器翻译技术的同时，也能够保持对于不同语言和文化的了解和尊重，才能真正实现跨国交流的和谐发展。

10.3 大数据技术

大数据技术是指用于处理大规模数据集的一系列技术和工具。随着数字化时代的到来，各行各业都逐步积累了大量的数据，这些数据通常以海量、高速和多样化的形式存在。大数据技术旨在帮助人们有效地管理、分析和利用这些数据，以获得有价值的信息和决策。

目前对于"大数据"的具体概念并没有一个明确的定义。多个企业、机构和学者对于大数据的理解与阐述虽然不完全一致，但也都存在一个普遍共识。所谓"大数据"就是在种类繁多、数量庞大的数据中，快速获取有价值信息的数据集合。一提到大数据，必然会提到大数据的四个特征。海量（Volume）、高速（Velocity）、多样（Variety）、价值（Value）。

海量（Volume）。这也是大数据的字面意思，能够对大规模数据进行存储和运算。在企业级应用中，至少是TB、PB级别以上的数据量。同时，这也是一个很好的提示，如果要使用大数据技术，企业数据量要达到一定规模，否则这种专为大规模数据处理而生的技术，在中小规模数据集上的应用效率并不高。海量数据才是它的应用场景。

高速（Velocity）。在大数据应用场景下，数据的生成速度是极快的，这也必然要求在规定的时间内处理完成海量数据。大数据技术的处理速度一定是远超传统的数据处理方式，以满足企业需要。

多样（Variety）。在传统关系型数据分析领域，主要面向的是结构化数据处理，即各种二维表的处理。而在大数据领域，需要处理的数据类型除了结构化数据，还包括非结构化、半结构化数据。常见的非结构化数据有视频、图像等，半结构化数据则是日志、文件等。数据的多样性是一个挑战，且非结构化、半结构化数据，在所有数据中占较高的比重。

价值（Value）。传统的数据分析，主要对数据进行处理、可视化，最终形成报表等形式，辅助企业进行决策。而在海量数据规模下，使用人工智能技术进行处理与分析，能发现其中蕴藏的规律，从而预测用户的喜好或未来发展的趋势。在海量数据场景下，数据蕴含的价值虽然是巨大，但价值密度被稀释了。所以，大数据的价值巨大，但价值密度较低。

大数据技术研究的主要工作有：

（1）数据存储和管理：大数据技术需要能够高效地存储和管理大规模数据集。传统的关系型数据库管理系统（RDBMS）往往无法满足这个需求，因此出现了一些新的数据存储和管理技术，如分布式文件系统（如Hadoop的HDFS）和NoSQL数据库（如MongoDB、Cassandra）。

（2）数据获取和处理：大数据技术需要能够从不同来源（如传感器、社交媒体、日志文件等）获取数据，并进行预处理和清洗。

（3）数据分析和挖掘：大数据技术可以通过各种分析和挖掘技术来发现数据中的模式、趋势和关联性。这包括统计分析、机器学习、数据挖掘和人工智能等方法。这些技术可以帮助提取有用的信息，做出预测和决策，并支持业务和科学研究。

（4）分布式计算和并行处理：由于大数据规模庞大，传统的串行算法和计算模型无法满足要求。因此，大数据技术采用分布式计算和并行处理的方式来加速数据处理和分析过程。Hadoop和Spark等分布式计算框架提供了高性能的数据处理能力。

（5）数据可视化和报告：大数据技术还需要能够将复杂的数据结果以可视化和易于理解的方式呈现给用户。数据可视化工具和报告生成技术可以帮助用户更好地理解数据并做出决策。

大数据技术在各个领域的广泛应用，为组织和企业提供了更高水平的竞争能力，并促进企业的创新和发展。

10.3.1 数据采集

数据采集是指从各种来源中收集和获取数据的过程。在数字化时代，数据采集变得越来越重要，因为大量的数据对于组织和企业来说是宝贵的资产，可以获取有关客户、市场、业务等方面的信息。

数据采集的基本流程：

（1）确定数据来源：首先，需要明确采集数据的目标和目的。这涉及到需要了解特定的业务需求与研究问题。明确目标将有助于确定需要采集的数据类型、范围和来源。其次，需要进行数据源选择，根据目标确定数据采集的来源。数据源可以是内部的，如组织内部的数据库、日志文件、传感器等，也可以是外部的。选择合适的数据源是确保数据质量和可靠性的重要环节。

（2）明确数据采集方法：根据数据源的不同，可以采用不同方法进行数据采集。常见的方法包括手动收集、自动抓取、传感器数据记录等。手动收集是指通过人工输入或调查问卷等方式获取数据。自动抓取则一般通过编写脚本或使用爬虫工具从网页或API中自动获取数据。传感器数据记录则是通过传感器及其相关设备获取响应数据。

（3）数据清洗和预处理：在数据采集后，通常需要对数据进行清洗和预处理。清洗是指识别和纠正数据中的错误、缺失或无效值，以确保数据的准确性和完整性。预处理涉及数据格式转换、标准化、去噪等操作,以便后续的分析和应用。

(4) 数据存储和管理:采集到的数据需要进行存储和管理,以便后续访问和使用。这可能涉及选择适当的数据库系统或云存储平台来存储数据,并采取必要的安全措施以保护数据的机密性和完整性。

(5) 数据质量评估:数据采集后,需要对数据质量进行评估和验证,包括检查数据的准确性、完整性、一致性和可靠性。

数据采集是数据分析和决策的基础。高效、高质量的数据采集过程能够确保可靠的数据来源和准确的分析结果,为组织和企业的数据分析与决策提供有力的支持。

10.3.2 数据分析

数据分析是指对采集到的数据进行汇总、消化、理解和解析,以获取有关数据特征、模式、趋势和关联性的内容,为业务决策和问题解决提供相应的支持。

数据分析的常用算法有:

(1) 逻辑回归:逻辑回归是一种用于建立因变量与自变量之间的概率关系的方法,适用于分类问题。

(2) 决策树:决策树是一种基于树状结构进行分类和回归的方法,通过划分特征空间来生成决策规则。它易于理解和解释,并且可以处理离散和连续型数据。

(3) 随机森林:随机森林是一种集成学习方法,通过构建多个决策树并对其结果进行投票或取均值来进行分类和回归。

(4) 支持向量机(SVM):支持向量机是一种二元分类模型,通过寻找一个最优超平面来实现分类。

(5) 聚类算法:聚类算法是将数据分组为具有相似特征的簇的方法。常见的聚类算法包括K均值聚类、层次聚类和DBSCAN等。

(6) 主成分分析(PCA):主成分分析是一种降维分析方法,通过线性变换将原始数据转换为新的低维空间,并保留主要信息。

(7) 关联规则挖掘:关联规则挖掘用于发现数据中的频繁项集和关联规则。

(8) 神经网络:神经网络是一种模仿人脑神经元运作的模型,通过构建多层神经元和激活函数实现复杂的非线性关系建模。

数据分析是一个迭代的过程,通常需要不断尝试不同的方法和技术,以获得更准确、全面和有意义的洞察。

10.3.3 数据可视化

数据可视化是将数据转换成图表、图形和其他视觉元素的过程,以帮助人们更好地理解数据、发现数据中的模式、趋势和关联性。数据可视化是数据分析和决策过程中的重要工具,可以使复杂的数据变得更加直观和易于理解。

数据可视化的常用表现形式:

（1）图表与图形：包括柱状图、折线图、饼图、散点图等，这些是常用的数据可视化方法，可以用来表示数据的各种属性。

（2）地理信息图：通过将地理数据和其他类型的数据结合，可以创建出显示地理信息的可视化工具。

（3）热力图：一种以颜色变化来表示数据值大小的可视化方法，用于显示数据的分布和密度。

（4）层次结构图：用来显示分类数据和层次结构数据，如组织结构图或概念图。

（5）时间序列可视化：用来显示随时间变化的数据，如股票市场走势图。

（6）交互式可视化：用户可以通过交互方式来探索和理解数据。

数据可视化技术应用需注意以下几点：

（1）选择合适的可视化类型：不同类型的数据需要使用不同类型的可视化方式。选择合适的可视化方式可以更好地传达数据的信息。

（2）设计视觉元素：在设计数据可视化时，需要考虑使用哪些视觉元素来传达数据信息。例如，颜色、形状、大小、位置等元素可以用于表示数据的属性和关系。此外，还需要考虑视觉元素的数量、排列、比例等因素，以确保可视化结果的准确性和清晰度。

（3）进行交互式探索：一个好的数据可视化不仅可以展示数据的信息，还可以提供交互式的探索功能。通过添加互动元素，如滑块、下拉菜单、查询框等，用户可以自由切换数据子集、筛选数据、比较结果等。

（4）解释和报告：在制作完成可视化图表后，需要对结果进行解释和说明。主要包括说明图表中数据的含义、特点、趋势等。

数据可视化是一个重要的工具，可以帮助人们更好地理解和分析数据，并做出更明智的决策。通过合理选择可视化类型、设计视觉元素、制作交互式探索和解释报告，可以使数据可视化更加清晰、准确和易于理解。

10.3.4 未来大数据技术面临的挑战

近年来，随着大数据的出现，对产业界、学术界和教育界都产生了巨大影响。随着科学家们对大数据研究的不断深入，人们越来越意识到对数据的利用可以为工作生活带来巨大便利的同时，也带来了不小的挑战。

1. 大数据的安全与隐私问题

随着大数据的发展，数据的来源和应用领域越来越广泛。在互联网上随意浏览网页，就会留下一连串的浏览痕迹；在网络中登录相关网站，需要输入个人的重要信息；随处可见的摄像头和传感器会记录个人的行为和位置信息等。

通过相关的数据分析，数据专家可以轻易挖掘出人们的行为习惯和个人重要信息。如果这些信息运用得当，可以帮助相关领域的企业随时了解客户的需求和习惯，便于企业调整相应的生产计划，取得更大的经济效益。但若是这些重要的信息被不法分子窃取，就会引发个人信息、财产等的安全性问题。

2. 大数据的集成与管理问题

纵观大数据的发展历程，大数据的来源与应用越来越广泛，要把散布于不同的数据管理系统的数据收集起来统一整理，就需要进行数据的集成与管理。虽然对数据的集成和管理已经有了很多的方法，但是传统的数据存储方法已经不能满足大数据时代数据的处理需求，这也成为大数据时代所要面临着重大的挑战。

3. 大数据能耗问题

大数据的处理、存储和通信都要消耗相当大的能源。在能源价格上涨迅速的今天，由于数据的存储规模不断扩大，高能耗已经逐渐成为制约大数据快速发展的瓶颈之一。

10.4 人工智能的伦理问题

人工智能的应用带来了效率的提高和成本的降低，相关技术与产品的应用，有利于企业经济增长和社会发展。例如，人工智能聊天机器人可以随时响应客户的询问，这将有利于提高客户的满意度和公司的销售额。人工智能也允许医生通过远程医疗系统为偏远地区的患者提供服务。

与此同时，人工智能也带来了许多重大的伦理道德问题。在过去的几年中，已经观察到许多因人工智能产生不良结果的案例。更严重的是，人工智能技术已经开始被犯罪分子用来伤害他人。因此，如何应对和解决人工智能带来的伦理道德问题和风险，使人工智能在伦理规范的约束下发展已经成为一项非常紧迫和重要的任务。

人工智能的伦理道德问题所涉及的范畴非常广泛，是一个哲学、计算机科学、法律、经济等学科交汇碰撞的领域，且很多问题和议题被广泛讨论但尚未达成共识，解决人工智能伦理问题的手段与方法大多还处于探索研究阶段。

常见的人工智能伦理与道德问题有：

（1）隐私和数据安全：人工智能技术需要大量的数据进行训练和优化，但如何有效地保护个人隐私和数据安全成为一个重要问题。在利用个人数据时，需要确保用户数据被妥善处理和保护，以防止滥用和侵犯隐私。

（2）偏见和不平等：人工智能系统所使用的数据可能存在偏见，如对特定群体或种族的歧视等。这将有可能导致系统在决策、招聘、审判等方面产生不公平和不平等的结果。要想解决这个问题，则需要更加公正且多样化的数据集和数据来源，以及对算法的审查和调整。

（3）就业和经济影响：人工智能技术的广泛应用可能导致某些行业和职位的自动化，从而对就业市场产生影响。这可能导致失业和收入分配不均的问题，需要采取相应的政策和措施来缓解其负面影响。

（4）伦理决策和责任：人工智能系统可能需要做出一些伦理决策，如无人驾驶车辆在紧急情况下的选择。如何确定这些决策的准则，以及如何将责任和问责制度化已经成为一个重要的现实问题。

（5）人工智能武器化：人工智能技术在军事领域的应用也引发了一系列道德和法律问题。如自主武器系统可能导致无人机或机器人在没有人类干预的情况下进行攻击，这可能会引发许多国际安全的问题。

解决这些人工智能的伦理问题需要跨学科的合作，包括技术、法律、伦理等领域的各类专家共同努力。同时，政府、学术界、企业和社会各界也需要积极参与，建立相关的法律法规和伦理准则，共同推动人工智能的发展与应用在符合伦理和社会价值的框架内进行。

第11章

智能机器人技术

本章知识点

1. 智能机器人发展历程；
2. 能机器人的组成与结构；
3. 智能机器人运动控制基础；
4. 智能机器人常用路径规划算法；
5. 智能机器人环境感知技术。

学习目标

1. 了解智能机器人的发展历程；
2. 掌握智能机器人技术相关入门知识。

学习重难点

1. 智能机器人常用坐标系；
2. 智能机器人常用路径规划算法。

学习建议

1. 阅读行业报告和研究论文，访问https://www.fxbaogao.com/，了解当前机器人技术的行业报告。

2. 了解环境感知技术的基本原理，学习传感器的工作原理，包括视觉、触觉、听觉等传感器。

3. 了解不同类型的环境感知技术，如激光雷达（LIDAR）、摄像头、红外传感器等。

4. 探索环境感知技术在智能机器人中的应用，分析环境感知技术如何帮助机器人进行导航、避障和路径规划。

5. 了解环境感知技术的最新研究成果，关注学术会议和期刊上发表的最新研究成果。

6. 探索环境感知技术的未来创新点，探索跨学科领域的创新应用，如生物学启发的感知机制。

7. 参与学校的创新研究项目，加入学校的研究团队，参与正在进行的机器人技术项目。

8. 参与大学生计算机大赛及相关的技术竞赛，提升解决实际问题的能力。

9. 尝试动手制作简单的机器人，利用开源硬件和软件平台，如Arduino、Raspberry Pi等，制作原型。

10. 参与开源项目，加入开源社区，如GitHub上的机器人项目。

11.1 智能机器人发展历程

机器人技术是计算机技术的高端应用，是本书前面所提到技术的集大成者。

本书所说的智能机器人是指广义上的智能机器人，不是指工业机器人、深潜机器人、太空机械臂等特定领域和用途的机器人，而是指像人一样能与环境交互感知，具备自主规划、决策、行动、执行能力的机器人，它的实现包含了人工智能领域内诸多的技术。智能机器人的发展分为三个阶段。

11.1.1 萌芽成长期（1940 年 ~1990 年）

1. 阶段的特点

（1）机构理论与师傅理论的发展推进机器制造向自动化方向的迈进。
（2）由夹持器、手臂、驱动器、控制器等部分组成的第 1 代机器人进入实用阶段。

2. 典型产品

示教再现机器人。具有记忆存储能力，按照相应程序重复作业，对周围环境基本没有感知与反馈控制能力。

3. 典型事件

（1）1973 年，早稻田大学研发出的世界第一款人形机器人 WABOT-1 的 WL-5 号两足步行机。
（2）1986 年，日本本田开始进行人形机器人 ASIMO 的研究，并成功于 2000 年发布第一代机型。本田第一代 ASIMO 可以实现无线遥感，产品形态足够小型化和轻量化，但运动平衡性较差，智能化程度较低。

11.1.2 快速成长期（1990 年 ~2015 年）

1. 阶段的特点

（1）多种传感器的配置与更加复杂的控制方式让机器人更为智能与精准。
（2）服务机器人发展迅速，手术机器人、扫地机器人、仿生机器人等逐步渗透，机器人步入商品化阶段。
（3）国内、国际涌现出多家优质机器人企业。

2. 典型产品

感知反馈机器人。可以获得作业环、对象的部分有关信息，完成一定的实时处理。

3. 典型事件

（1）2002年美国iRobot公司推出吸尘器机器人Roomba2。

（2）2003年日本丰田发布的"音乐伙伴机器人"，其可以实现吹喇叭、拉小提琴等乐器演奏功能；本田推出AII-New ASIMO，具备利用传感器避开障碍物等自动判断并行动的能力，还能用五根手指做手语，或将水壶里的水倒入纸杯。至此人形机器人已具备初步的行动能力，逐步向特定场景应用发展。

11.1.3 智能探索期（2015年～至今）

1. 阶段的特点

（1）图像识别、自然语音处理、机器视觉等人工智能技术不断赋能。

（2）具备判断、思考能力的智能机器人为各界探索热点。

（3）机器人不断融入人类日常生活，作业模式也在发生改变。

（4）目前人形机器人仍难实现运动和交互功能的融合，产品实用性较差、成本较高。

2. 典型产品

自主决策机器人。现阶段机器人只可实现部分智能，理想化的智能机器人还处于研究阶段。

3. 典型事件

（1）2016年，美国波士顿动力公司发布的双足机器人Altas具有较强的平衡性和越障碍能力，能够承担危险环境搜救任务。

（2）优必选发布的WalkerX采用U-SLAM视觉导航技术，实现自主规划路径；基于深度学习的物体检测与识别算法、人脸识别等，可以在复杂环境中识别人脸、手势、物体。

（3）2017年，本田发布第三代人形机器人T-HR3，是一款"反应灵敏的遥控机器人"。这款第三代人形机器人在新的领域做了开拓，可以模仿远程操纵者动作，并于2020年东京奥运会中用于与运动员进行远程交流。

（4）2020年，美国敏捷机器人公司成功推出第一款商业化出售的双足机器人Digit，售价25万美元，其能够在无人干涉的环境下自行选定搬动箱子，适用于物流、仓储、工业等多种应用场景。

（5）2021年，日本丰田推出第四代家务机器人Busboy，运用了更高级的AI和机器学习技术，既可感知场景也可检测物体及其表面，能够完成擦地板、拿取玻璃杯等家务活，被设计应用于解决老年家庭的家务问题。

（6）2023年，特斯拉的Optimus已从概念进化到可完成复杂动作的实体，即实现了从概念提出到原型机落地。产品已从需要人搀扶且无法工作，发展到可以灵活行走、抓取物体、腿部末端关节落地的同时不打碎鸡蛋，力矩控制能力和与人协作的安全性大幅提高。

11.2 智能机器人的组成与结构

11.2.1 从系统集成的角度理解机器人的组成

从系统集成的角度看，智能机器人由以下部分组成：

1. 感知系统

感知系统包括内部传感器模块和外部传感器模块，用来获取机器人内部和外部环境中的有用信息。内部传感器检测机器人自身的状态，如关节的运动状态；而外部传感器用于感知外部世界，如视觉、听觉、触觉等。这些智能传感器的使用提高了机器人的机动性、适应性和智能化水平。

2. 控制系统

控制系统是机器人的大脑，它决定了机器人的功能和性能。控制系统根据机器人的作业指令和传感器反馈的信号，协调机器人的执行机构完成规定的运动和功能。控制系统包括控制器、控制算法和关节伺服控制器等，它们根据作业要求接收指令并控制机器人的运动，同时根据环境信息进行协调。

3. 驱动系统

驱动系统为机器人提供动力，主要包括电气驱动、液压驱动、气压驱动和新型驱动等。电气驱动是最常用的方式；液压驱动可以提供较大的抓取能力；而气压驱动机器人结构简单、动作迅速。随着材料科学的发展，一些新型材料如形状记忆合金、压电材料和光驱动等开始应用于机器人的驱动系统。此外，伺服驱动器用于控制各关节按照要求的速度、加速度和轨迹进行运动。

4. 机械结构系统

机械结构系统是机器人中负责执行作业、完成任务的实体部分，主要由机械部分和传动部分组成。

机械部分通常由杆件和关节组成，包括手部、腕部、臂部、腰部和基座等组件。手部是直接进行工作的部分，用于抓取和放置物品；腕部连接手部和臂部，调整或改变手部的姿态；臂部连接腰部和腕部，带动腕部运动；腰部支撑手臂，将腕部运动传递到工作位置；基座是机器人的支持部分，有固定式和移动式两种，必须具备足够的刚度、强度和稳定性。

传动部分直接影响机器人的稳定性、快速性和精确性，常用的传动装置包括齿轮传动、丝杠传动、行星齿轮传动和柔性元件传动等。

5. 交互系统

交互系统实现了人、机器人和环境之间的联系和协调，主要功能是发送信息指令和显示信息。人机交互部分是操作人员控制机器人并与机器人进行沟通的装置部分，而机器人环境交互部分是机器人与外部环境中的设备进行联系和协调的系统部分。通过交互系统，人可以控制机器人的行为，并获取机器人与环境互动的结果。

11.2.2 从硬件集成的角度理解机器人的组成

以特斯拉的Optimus为例，从硬件集成的角度看机器人组成，其组成部分如下：

1. 大脑

大脑由多传感器融合和嵌入式计算机组成。

（1）常见的传感器包括视觉传感器、激光雷达传感器、距离传感器、压力传感器、触觉传感器、加速度计和陀螺仪等。

（2）嵌入式计算机具有较高的集成度和多核心架构，适合于嵌入式系统的计算需求。同时具有强大的并行计算能力和高效的深度学习加速，能够处理复杂的计算任务。

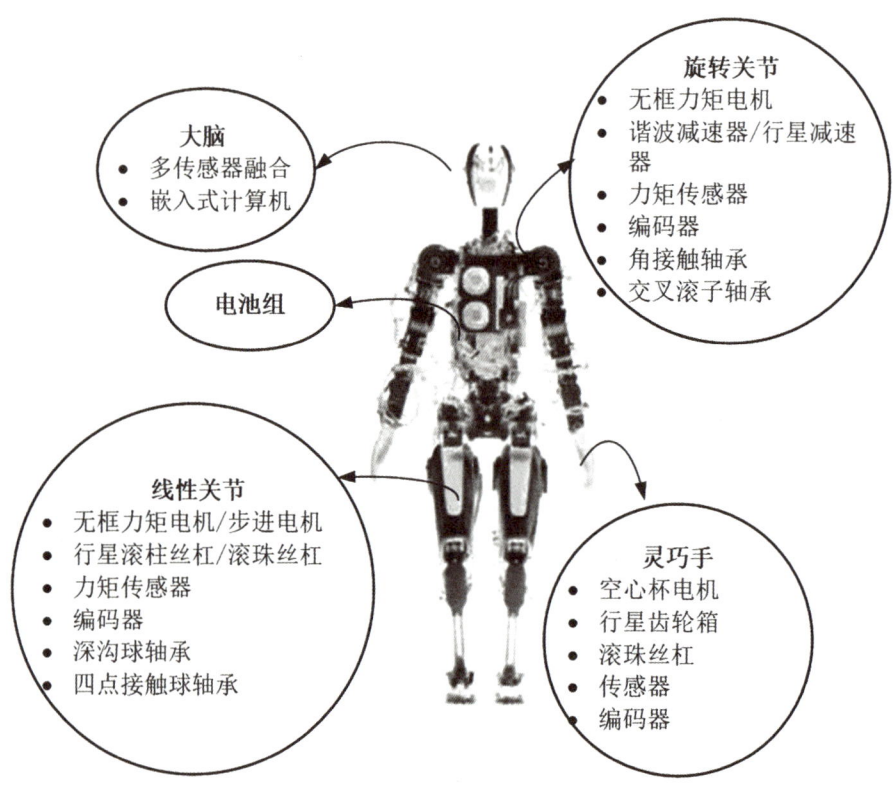

图 11-1　特斯拉 Optimus 的核心硬件组成成分

2. 电池组

电池组需要具备如下性能：

（1）高能量密度，即在相对较小的体积和质量下存储尽可能多的能量。

（2）高功率密度，即电池能够提供足够的电流以满足设备的高功率需求，例如加速、急刹车等瞬间高能耗的情况。

（3）较长的寿命，以减少更换和维护的频率，提高可靠性和使用成本效益。

（4）快速充电，以满足用户对于充电时间越来越高的要求。

（5）对环境友好，电池组需采用可再生材料，在生产、使用和回收过程中尽量减少对环境的负面影响。

3. 线性关节

线性关节由无框力矩电机/步进电机、行星滚柱丝杠/滚珠丝杠、力矩传感器、编码器、深沟球轴承、四点接触球轴承等部件组成。

（1）无框力矩电机/步进电机：一种直线运动的电机，也称为步进电机。它通过将电能转换为机械能来实现运动。无框力矩电机具有固定的步距角，通过给定的电脉冲信号来控制转子的位置。

（2）行星滚柱丝杠/滚珠丝杠：用于转换旋转运动为直线运动的装置。行星滚柱丝杠由一个中心滚柱和几个行星滚柱组成，通过这些滚柱的旋转来推动导轨实现直线运动；滚珠丝杠则是通过滚珠在导轨上滚动来实现相同的功能。这两种装置结构紧凑，具有高精度和高刚度。

（3）力矩传感器：一种用于测量物体扭矩（力矩）的装置。它能够将扭矩转换成电信号输出，用于测量和监控扭矩的大小。

（4）编码器：一种用于测量物体位置、速度和方向的装置。它将位置信息转换为数字信号输出，通过信号的计数和变化来确定位置和运动状态。根据工作原理的不同，编码器可以分为光学编码器、磁性编码器等。

（5）深沟球轴承：一种常见的滚动轴承，具有球形滚动体和深沟的结构。它能够承受径向和轴向载荷，适用于高速旋转。

（6）四点接触球轴承：一种用于承受径向、轴向和倾斜力的轴承。它具有四个接触点，能够在承受复杂载荷时提供较高的刚度和稳定性。

4. 旋转关节

旋转关节由无框力矩电机、谐波减速器/行星减速器、力矩传感器、编码器、角接触轴承、交叉滚子轴承等部件组成。

谐波减速器和行星减速器都是常见的传动装置，用于将高速旋转的电机输出的转速降低到需要的转速。

（1）谐波减速器
- 采用谐波驱动原理，通过弹性薄片形成谐波振动从而实现精密的减速。
- 常见的谐波减速器有 HDC（Harmonic Drive）系列和 CSF（Cycloidal Speed Reducer Flexwave）系列等。

（2）行星减速器
- 采用多个行星轮在太阳轮周围旋转的方式来实现减速。
- 行星齿轮减速器根据行星轮、太阳轮和内部齿圈的组合方式可分为不同类型，如单级行星减速器、多级行星减速器等。

（3）角接触轴承：一种常见的滚动轴承，其内部具有角度，能够在径向和轴向负载下提供较高的刚度和承载能力。角接触轴承分为单向角接触轴承和双向角接触轴承两种类型，前者适用于仅承受单向负载的场合，后者适用于承受双向负载的场合。

（4）交叉滚子轴承：一种用于承受径向、轴向和倾斜力的轴承，其内部采用交叉排列的滚子来实现传动。

谐波减速器　　　　　　　　行星减速器

图 11-2　谐波减速器和行星减速器

5. 灵巧手

人形机器人的灵巧手是一种基于人手运动学设计的特殊末端执行器。不同于工业机器人末端执行器的通用性较差，只能完成焊接、喷漆等特定任务，灵巧手具备通用抓取能力。基本特征为至少具有 3 个手指，每指至少具有 3 个轴线不完全平行的自由度，通常还集成力觉、接近觉等多种传感器。

11.3 智能机器人运动控制基础

11.3.1 智能机器人常用坐标系

智能机器人在各种领域扮演着重要的角色，包括接待、导览、售货员、餐厅服务员等服务行业；医疗和健康护理领域的基本医疗服务、病情监测和康复训练；家庭助理的日常生活帮助；工业领域的装配、搬运和包装等任务。在这些工作中，机器人需要能够在一定范围内自主移动，因此需要应用相关的坐标系来实现精准的定位、路径规划和动作控制。下面介绍与自主移动机器人相关的常用坐标系。

1. 左手坐标系和右手坐标系

对于三维坐标系，一般有两种习俗，左手坐标系和右手坐标系，它们的重点不是在于 Z 轴标注的是哪根，而是三个方向的组合，可以快速用手去判断坐标系方位。

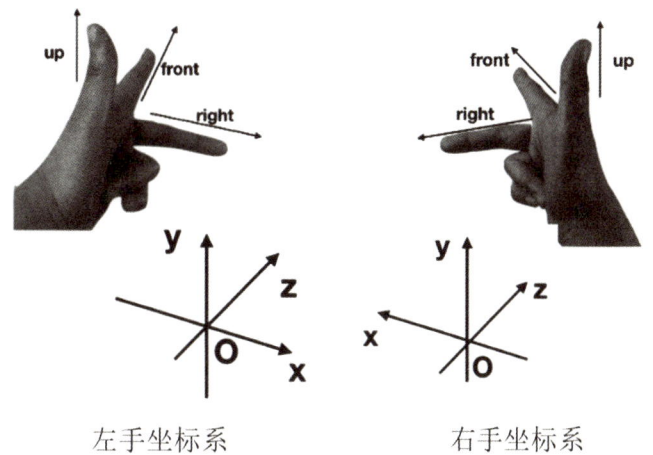

图 11-3　左手坐标系和右手坐标系

2. 地心地固坐标系（ECEF）

地心地固坐标系（Earth-Centered, Earth-Fixed，简称 ECEF）简称地心坐标系，是一种以地心为原点的地固坐标系（也称地球坐标系）。原点 O（0，0，0）为地球质心，Z 轴与地轴平行指向北极点，X 轴指向本初子午线与赤道的交点，Y 轴垂直于 XOZ 平面（即东经 90 度与赤道的交点）构成右手坐标系。

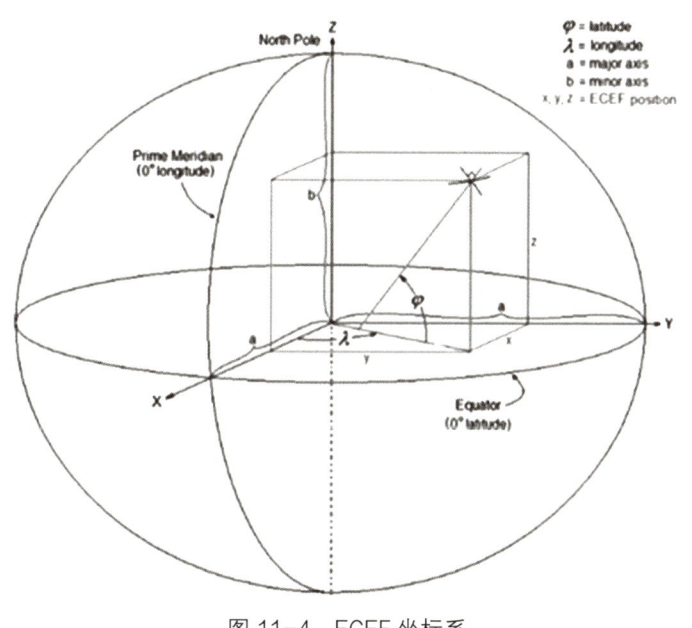

图 11-4　ECEF 坐标系

3. 经纬高坐标系（LLA，WGS-84）

这是最为广泛应用的一个地球坐标系，能够给出一点的大地纬度、大地经度和大地高度而更加直观地表示该点在地球中的位置。把前面提到的 ECEF 坐标系用在 GPS 中，就是 WGS-84 坐标系。

4. 站心坐标系（ENU）

站心坐标系，也被称为东 - 北 - 天坐标系，是一种常用的三维直角坐标系，用于描述物体或观测点相对于用户所在的位置和方向。在该坐标系中，用户所在位置 P 被定义为坐标原点，X 轴指向东方,Y轴指向北方,Z轴指向天顶(垂直于地球表面的方向)。这个坐标系常用于导航、地理定位和天文观测等领域。另外,在实际应用中,由于站心坐标系在描述地球表面时较为复杂,因此通常使用简化的二维投影坐标系来描述。其中,一种广泛应用的投影坐标系是统一横轴墨卡托(The Universal Transverse Mercator,UTM)坐标系。UTM坐标系统以网格方式划分地球表面,将地球划分为60个经纬区,每个区域涵盖6度的经度范围。UTM坐标系基于横轴墨卡托投影,通过简化的二维投影方式表示坐标,常用于地图制作、测量和导航等应用。

11.3.2 智能机器人常用路径规划算法

1. 移动机器人的路径规划

移动机器人的路径规划是指在给定的环境中,通过算法和技术确定机器人从起点到目标点的最优路径。在考虑机器人能力、环境约束和任务要求的情况下,选择合适的路径,使机器人能够安全、高效地达到目标。

2. 图搜索算法之可视图算法

可视图算法由Lozano-Perez和Wesley于1979年在《An Algorithm for Planning Collision-Free Paths among Polyhedral Obstacles》论文中提出。基于可视图法路径规划算法主要包括以下两个步骤:
(1)可视图的构建。
(2)采用某种优化方法在构建的可视图上搜索最优路径。

在可视图算法中,障碍物用多边形描述,并将起始点S、目标点G和多边形障碍物的各顶点Vo,作为可视图的顶点V,将这些顶点之间相互连接,并保留不穿越障碍物的连线,作为可视图的边E,然后按照某种准则给这些边赋权值,比如以这些边的长度来作为其权值。然后采用某种优化方法在构建的可视图上搜索所需的最优路径,根据以上过程最终得到包括S和G的一些顶点的集合,这些顶点按顺序相连接即为所得路径。

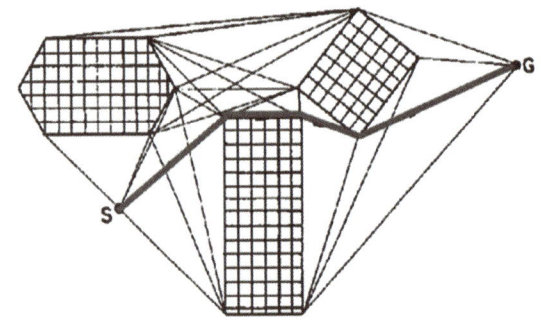

图 11-5　可视图路径规划算法

3. 图搜索算法之 Dijkstra 算法

Dijkstra算法由荷兰计算机科学家Dijkstra于1959年提出(又叫狄克斯特拉算法),是从一个节点遍历其余各节点的最短路径算法,解决的是有权图中最短路径问题。它的主要特点是以起始点为中心

向外层层扩展,直到扩展到终点为止。算法思想如下:

(1)设 G=(V,E) 是一个带权图,V 为节点集合。通过 Dijkstra 计算图 G 中的最短路径时,需要指定一个起点(假设为 D,即从顶点 D 开始计算)。

(2)此外,引进两个点集 S 和 U。初始时 S 中只有一个起点,S 的作用是记录已求出最短路径的节点(以及相应的最短路径长度);而 U 则是记录还未确定最短路径的节点(以及该节点到起点 D 的距离)。

(3)初始时,数组 S 中只有起点 D,而数组 U 中是除起点 D 之外的节点集合,并且数组 U 中记录各节点到起点 D 的距离。如果节点与起点 D 不相邻,距离设为无穷大。

(4)然后,从数组 U 中找出路径最短的节点 K,并将其加入到数组 S 中;同时,从数组 U 中移除节点 K。接着,更新数组 U 中的各节点到起点 D 的距离。

(5)重复第 4 步操作,直到遍历完所有节点。

如图 11-6 所示,0 为起点,4 为终点,各边上的数值为权重。使用 Dijkstra 算法,最后到达节点 4 的最短路径是 21,即 0→7→6→5→4。

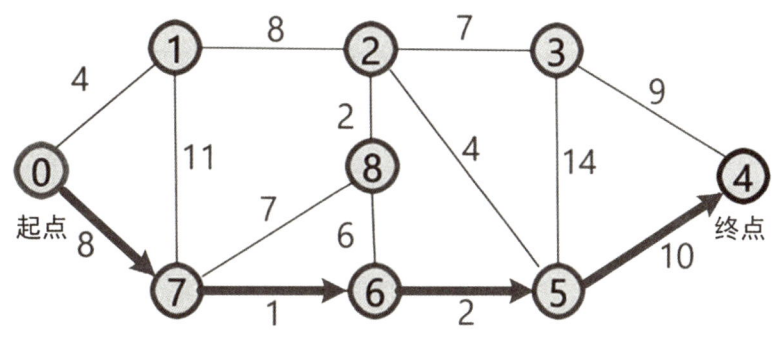

图 11-6 Dijkstra 算法案例

4. 图搜索算法之 A Star 算法

A Star 算法是一种常用的启发式搜索算法,用于在图或网络中找到最短路径。它结合了 Dijkstra 算法的广度优先搜索和贪心算法的启发式评估,能够更高效地找到最短路径。

A Start 算法原理:

(1)初始化:一个开集(OpenList):存储待遍历的点。一个闭集(CloseList):存储已经遍历过的点。

(2)将起点以及它的 fn 值加入到 OpenList 中。

(3)从 OpenList 中弹出一个最小的 fn 值的节点,作为当前遍历的节点。

(4)扩展该节点:生产该节点的所有邻居的节点,判断以下几种情况。

○ 如果该邻居节点是终点,则结束搜索。

○ 如果该邻居节点不在 OpenList 中,将其加入到 OpenList 中,并且计算它的 fn 值。

○ 如果该节点已经在 OpenList 或者 CloseList 中,检查当前路径是否最优(即具有更小的 fn 值):如果当前最优,则更新节点的信息;否则的话,保持节点的信息不变。

(5)将当前的节点加入到 CloseList 中。

(6)重复 3-5 直到查到终点或者 OpenList 为空。

(7)若开放集为空但仍未找到终点,算法失败,无可行路径。

11.4 智能机器人环境感知技术

11.4.1 常用环境感知传感器

1. 视觉传感器

单目相机：一种只有一个镜头的摄像头，与双目相机和多目相机相对。它通过单个透镜捕捉场景，并将图像传输到计算机或机器人系统进行处理。单目相机由镜头、快门、感光元件、处理器和机身组成。其中感光元件有 CCD 和 CMOS 两种类型。CCD（Charge-Coupled Device）是一种基于电荷耦合技术的感光元件。当光线照射在 CCD 芯片上时，通过光电效应，光子激发电荷，电荷被转移到像素单元中，并经过逐行读取和转换为电压信号。CCD 具有较高的灵敏度、低噪声和较高的动态范围，适用于需要高图像质量和低噪声的应用，如专业摄影和科学研究等。CMOS（Complementary Metal-Oxide-Semiconductor）是一种基于金属—氧化物—半导体结构的感光元件。集成了更多的电子元件，每个像素单元都有自己的放大器和 A/D 转换器。当光线照射在 CMOS 芯片上时，每个像素单元会直接将光信号转换为电压信号。CMOS 具有低功耗、高速度和较低的制造成本，适用于消费级相机和移动设备等大众市场。

深度相机 /RGBD 相机：一种能够同时获取彩色图像和深度信息的相机，常用于计算机视觉、三维重建和增强现实等领域。根据其工作原理和技术实现方式，可以将 RGBD 相机分为结构光、飞行时间 TOF（time of flight）和立体视觉三种类型。

表 11-1 三种类型深度相机比较

相机类型	飞行时间法 TOF	双目视觉 Stereo Camera	结构光 Structured Light
测距方式	主动式	被动式	主动式
工作原理	根据光的飞行时间直接测量	RGB 图像特征点匹配，三角测量间接计算	主动投射已知编码图案，提升特征匹配效果
测量精度	最高可达厘米级精度	近距离可达毫米级精度	近距离内能够达到高精度 0.01mm~1mm
测量范围	可以测量较远距离，一般为 100m 以内	由于基线限制，一般只能测量较近的距离，距离越远，测距越不准确	测距一般为 10m 以内
影响因素	不受光照变化和物体纹理影响，受多重反射影响	受光照变化和物体纹理影响很大，夜晚无法使用	不受光照变化和物体纹理影响，和编码图案设计有关
户外工作	功率小的话影响较大	无影响	可达 2k 分辨率
分辨率	低于 640×480	可达 1080×720	从高到低都有
帧率	较高，可达上百 fps	一般 30fps	可达 60fps

（续表）

相机类型	飞行时间法 TOF	双目视觉 Stereo Camera	结构光 Structured Light
优点	1. 检测距离远 受环境光干扰比较小，适用于动态场景 2. TOF 的深度计算精度不随距离改变而变化 3. TOF 可以直按输出被测物体三维数据	1. 硬件要求低，成本也低。普通 CMOS 相机即可。但比较消耗计算资源 2. 室内外都适用，只要光线合适不能太昏暗	1. 方便小型化 2. 功耗低 3. 主动光源，夜晚也可使用 4. 在一定范围内精度高，分辨率高分辨率可达 1280×1024，帧率可达 60fps
缺点	1. 对设备要求高，资源消耗大 2. 运算量大 3. 边缘精度低 4. 限于资源消耗和滤波，帧率和分辨率都没有办法做到较高	1. 对环境光照非常敏感 2. 不适用单调缺乏纹理的场景 3. 计算复杂度高 4. 基线限制了测量范围，导致无法小型化	1. 容易受环境光干扰，室外、强光下体验差 2. 检测距离增加，精度会变差

2. 激光雷达（Lidar）传感器

Lidar 是一种使用激光光束来测量距离和获取目标点云数据的传感器。根据其工作原理和技术实现方式，激光雷达可以分为机械式激光雷达、混合固态激光雷达以及纯固态激光雷达。

表 11-2　三种类型激光雷达比较

Lidar 类型	机械式激光雷达	混合固态激光雷达（MEMS 振镜激光雷达）	纯固态激光雷达（Flash 激光雷达）
工作原理	机械旋转式激光雷达的发射和接收模块存在宏观意义上的转动。在竖直方向上排布多组激光线束，发射模块以一定频率发射激光线，通过不断旋转发射头实现动态扫描	MEMS 是一种硅基半导体元器件，属于固态电子元件；它是在硅基芯片上集成了体积十分精巧的微振镜，其核心结构是尺寸很小的悬臂梁——反射镜炫富在前后左右各一对扭杆之间以一定谐波频率振荡，由旋转的微振镜来反射激光器的光线，从而实现扫描	Flash 激光雷达采用类似相机的工作模式，但感光元件与普通相机不同，每个像素点可记录光子飞行时间。由于物体具有三维空间属性，照射到物体不同部位的光具有不同的飞行时间，被焦平面探测器阵列探测，输出为具有深度信息的"三维"图像
优点	1. 技术成熟 2. 扫描速度快 3. 360° 扫描	1. 摆脱了笨重的马达、多发射器、接收模组等机械运动装置，毫米级尺寸的微振镜大大减少了激光雷达的尺寸，提高了稳定性 2. 可减少激光发射器和探测数量，极大地降低成本	1. 一次性实现全局成像来完成探测，无需考虑运动补偿 2. 无扫描器件，成像速度快 3. 集成度高，体积小 4. 芯片级工艺，适合量产 5. 全固态优势，易过车规
缺点	1. 可量产性差：光路调试、装配复杂，生产效率低 2. 价格贵：靠增加收发模块的数量实现高线束，元器件成本高 3. 难过车规：旋转部件体积、重量庞大，难以满足车规的严苛要求 4. 造型不易于集成到车体	1. 有限的光学口径和扫描角度限制了 Lidar 的测距能力和 FOV，大视场角需要多子视场拼接，这对点云拼接算法和点云稳定度要求都较高 2. 抗冲击可靠性存疑	1. 激光功率受限，探测距离近 2. 抗干扰能力差 3. 角分辨率低

3. 超声波传感器阵列

超声波传感器阵列由多个超声波传感器组成，可以同时采集多个方向上的距离信息。这种类型的传感器适用于需要获取更多环境信息或进行方向控制的应用。超声波传感器具有非接触式测量、抗干扰性能好、适用于各种环境等优点。然而，也要注意超声波在空气中的传播速度受温度、湿度等因素影响，可能存在一些误差。因此，在使用超声波传感器时需要考虑环境因素，并根据应用需求选择合适的类型和参数设置。

11.4.2 环境障碍物检测与识别技术

1. 基于激光雷达的障碍物检测

激光雷达对障碍物的识别是通过处理单帧点云数据实现的。点云数据是由激光雷达在环境中发射激光束并接收反射回来的信号得到的，它包含了物体的三维坐标和强度信息，如图 11-7 所示。基于 Lidar 进行障碍物检测的步骤如下：

（1）读取单帧点云数据，通常以 PCD 文件格式保存。PCD 文件中每一行表示一个点的相对坐标和强度值。

（2）为了减少计算量和提高效率，可以对点云进行切片处理。这意味着只处理特定区域内的点云数据，例如车辆周围的区域。

（3）进行点云分割操作，将点云数据划分为不同的区域，例如将地面和障碍物分开。这可以通过分析点云的高度、斜率等特征来实现。

（4）进行点云聚类操作，将同一物体的点云聚集在一起。聚类算法可以根据点云之间的距离、密度等特征将其分组。

（5）在识别出的障碍物上添加边界框，用立方体或其他形状将其包围起来。这样可以更直观地展示障碍物的位置和大小。

综上而言，激光雷达障碍物识别的基本步骤包括读取点云数据、点云切片、点云分割、点云聚类和添加边界框。通过这些处理步骤，可以从点云数据中提取出障碍物的信息，实现对环境中的障碍物进行识别和定位。

图 11-7 Velodyne16 线激光雷达点云图像

第12章

大语言模型

本章知识点

1. 大语言模型的定义、发展历史及应用领域;
2. 大语言模型的开发过程、生成过程,了解模型带来的新职业;
3. 提示的定义、作用及其在信息传达中的应用;
4. 提示词的常见技巧,包括角色扮演、提供上下文信息、量化要求和案例示范;
5. 分治法、链式思维的概念及其在提示工程中的应用。

学习目标

1. 理解大语言模型的基本概念、发展历程和应用领域,掌握其开发过程和生成过程,理解其技术原理和应用价值;
2. 了解大语言模型在现代社会中的重要性和影响,以及它所带来的新职业和工作机会;
3. 掌握提示工程的基本概念和作用,理解其在信息传达中的应用,掌握提示词的常见技巧,如角色扮演、提供上下文信息、量化要求和案例示范;
4. 掌握分治法和链式思维的概念及其在提示工程中的应用,理解如何在实际问题解决中运用分治法和链式思维;
5. 深入理解和掌握分治法和链式思维在生成PPT、思维导图、工作汇报、会议纪要等实际任务中的应用,能够灵活运用这两种思维方式解决实际问题。

学习重难点

1. 深入理解大语言模型的技术原理和应用价值;
2. 有效地掌握并灵活运用提示词的常见技巧,如角色扮演、提供上下文信息、量化要求和案例示范,并将其应用于实际问题的解决中;
3. 深入理解分治法和链式思维的概念,并综合运用两种方法解决实际问题。

学习建议

1. 先在几种不同的大语言模型上实践;
2. 提高认识,要明确大语言模型实际上是AI助手;
3. 建议每周都使用大语言模型;
4. 比较不同的大语言模型,发现他们的不同。同时也要去到领域大模型上实践,特别是要结合自己的实际工作。

12.1 大语言模型

自 20 世纪 50 年代图灵测试被提出以来,研究人员一直在探索和开发能够理解并掌握语言的人工智能技术。作为重要的研究方向之一,语言模型得到了学术界的广泛研究,从早期的统计语言模型和神经语言模型开始,发展到基于 Transformer 的预训练语言模型。

近年来,研究者们发现通过扩大预训练语言模型的参数量和数据量,大语言模型(Large Language Model)能够在效果显著提升的同时,展示出许多小模型不具备的特殊能力(如上下文学习能力、逐步推理能力等)。作为代表性的大语言模型应用 ChatGPT 展现出了超强的人机对话能力和任务求解能力,对于整个 AI 研究社区带来了重大影响。

12.1.1 大语言模型

大语言模型(Large Language Model)是指使用大量文本数据训练的深度学习模型,可以生成自然语言文本或理解语言文本的含义。大语言模型在处理多种自然语言任务方面表现出色,如文本分类、问答、对话等,是通向人工智能的一条重要途径。通常来说,大语言模型指的是那些在大规模文本语料上训练、包含百亿级别(或更多)参数的语言模型,例如 GPT-3,PaLM,LLaMA 等。目前的大语言模型采用与小模型类似的 Transformer 架构和预训练目标(如 Language Modeling),与小模型的主要区别在于增加模型大小、训练数据和计算资源。大语言模型的表现往往遵循扩展法则,但是对于某些能力,只有当语言模型规模达到某一程度才会显现,这些能力被称为"涌现能力",代表性的涌现能力包括上下文学习、指令遵循、逐步推理等。

当前主要有两种大语言模型:通用型大语言模型与领域型大语言模型,它们在应用场景上存在一些区别。

通用型大语言模型的应用场景更加广泛和多样,包括文本生成、智能客服、搜索引擎、内容创作、人机交互等。它们可以处理各种领域的文本数据,并为用户提供自然语言处理和文本生成的能力。通用型大语言模型的优势在于其通用性和灵活性,可以适应各种任务和场景的需求。

领域型大语言模型则更适用于特定领域的应用场景,如医疗、法律、金融等。它们在这些领域中积累了大量的专业知识和语言规则,能够提供更准确、高效的解决方案。领域型大语言模型的优势在于其专业性和深度,可以针对特定领域的问题进行精准的处理和回答。

本书中如果不特别指明,介绍的都是通用型大语言模型。

目前,国外主要的大语言模型主要包括:

- GPT 系列:GPT(Generative Pre-trained Transformer)系列模型是由 OpenAI 开发的,其中 GPT-4 是一个多模态大模型(接受图像和文本输入,生成文本),由 8 个专家模型组成,每个模型都有 2200 亿个参数,这意味着 GPT-4 总参数量惊人达到了 100 万亿,是目前最大的语言模型之一。相比上一代的 GPT-3,GPT-4 可以更准确地解决难题,具有更广泛的常识和解决问题的能力。
- BERT:BERT(Bidirectional Encoder Representations from Transformers)是谷歌开发的大语言模型,

它在多项自然语言处理任务中刷新了纪录，包括情感分析、实体识别等。BERT 的优势在于其双向训练的特性和强大的文本表示能力。
- XLNet：XLNet 是由 CMU、MIT 和谷歌联合开发的大语言模型，它在多个自然语言处理任务中取得了领先性能。XLNet 通过引入自回归和自编码的特性，并结合 Transformer 架构的优点，实现了高性能的文本生成和理解。

国内的大语言模型主要包括：
- 百度的文心一言
- 腾讯的 HunYuan 大模型
- 华为的盘古大模型
- 阿里巴巴的通义大模型
- 京东的 JD-Turing
- 美团的 Mars-Turing
- 科大讯飞的语音大模型

这些大语言模型在国内的应用场景广泛，包括智能客服、智能写作、人机对话、问答系统等。

12.1.2 大语言模型的发展历史

大语言模型的发展历史可以追溯到早期的自然语言处理研究，但真正意义上的大语言模型是近年来深度学习技术飞速发展的产物。以下是大语言模型发展的关键阶段：
- 早期自然语言处理：早期的自然语言处理研究主要基于规则和模板的方法，这些方法缺乏灵活性和泛化能力。
- 深度学习时代：随着深度学习的兴起，自然语言处理领域开始采用神经网络模型，如循环神经网络（RNN）和长短期记忆网络（LSTM）。这些模型能够从大量数据中学习复杂的模式，并具有更强的泛化能力。
- Transformer 模型的出现：Transformer 模型的出现是自然语言处理领域的一个重要里程碑。它采用自注意力机制，能够有效地处理长序列数据，并在多个自然语言处理任务中取得了显著的性能提升。
- 大语言模型的兴起：随着 Transformer 模型的广泛应用和计算资源的不断提升，大语言模型开始兴起。这些模型拥有数十亿到数万亿个参数，能够处理各种自然语言处理任务，如文本生成、文本分类、问答等。其中，GPT 系列模型是代表性的大语言模型之一。
- 持续改进和优化：随着大语言模型的不断发展，研究者们持续改进和优化模型的性能。例如，通过引入更先进的训练技术、使用更大的数据集、设计更高效的模型架构等方法，不断提升大语言模型的性能和应用范围。

总之，大语言模型的发展历史是一个不断演进和优化的过程。随着技术的不断进步和创新，可以期待未来大语言模型在自然语言处理领域发挥更加重要的作用。

12.1.3 大语言模型的应用领域

大语言模型目前已经广泛应用在各个领域，包括但不限于以下方面：
- 自然语言处理：这是大语言模型最直接的应用领域。通过理解和生成自然语言文本，大语言模型可以帮助人们更高效地进行文本分析和处理，如文本分类、情感分析、摘要生成等。
- 智能客服：大语言模型可以作为智能客服的核心技术，自动回答和解决用户的问题，提高客户服务的效率和用户满意度。
- 搜索引擎：结合大语言模型，搜索引擎能够更加准确地理解用户的查询意图，并提供更相关、更准确的搜索结果。
- 内容创作：大语言模型可以自动生成文章、摘要、评论等文本内容，节省了内容创作者的时间和精力。
- 教育领域：大语言模型可以为教师提供自动批改作业、评估学生表现等功能，还可以为学生提供个性化的学习资源和建议。
- 金融领域：大语言模型可以用于金融文本分析和风险评估，帮助金融机构更好地理解市场和风险。
- 社交媒体：大语言模型可以自动生成社交媒体的帖子、评论等文本内容，增加社交媒体的用户参与度和互动性。
- 人机交互：大语言模型可以作为人机交互的核心技术，帮助机器更好地理解人类的意图和需求，提高人机交互的效率和用户体验。

总之，大语言模型的应用领域非常广泛，它能够帮助人们更高效地进行文本处理、内容创作、人机交互等方面的工作，提高工作效率和用户体验。

12.1.4 大语言模型的开发过程

大语言模型的开发步骤通常包括以下几个阶段：
- 数据收集：收集大量的高质量语料或数据集，确保数据集的多样性和代表性，以便模型能够学习到广泛的模式和特征。
- 预处理：对数据进行清洗和预处理，包括分词、去除停用词、处理特殊符号等，以便将原始文本转换为模型可以处理的格式。
- 模型构建：选择合适的深度学习模型架构，例如 Transformer，并对其进行配置和初始化。
- 训练：使用收集到的数据集对模型进行训练。在训练过程中，模型会学习从输入文本到输出文本的映射关系。
- 评估与优化：使用验证集对模型进行评估，根据评估结果对模型进行优化，例如调整模型参数、改进模型架构等。
- 测试：使用测试集对优化后的模型进行测试，以验证模型的性能和泛化能力。
- 部署与应用：将训练好的模型部署到实际应用中，为用户提供自然语言处理服务。

这些步骤可能需要反复迭代和优化，以获得更好的模型性能。同时，开发大语言模型需要大量的计算资源和时间，因此通常需要借助云计算平台或分布式计算框架来加速训练过程。

12.1.5 大语言模型的生成过程

大语言模型是利用深度学习技术对大规模文本数据进行训练的 AI 模型。它们可以生成具有高度流畅和连贯性的自然语言文本，甚至能够完成对话和问答等任务。

其次，生成式 AI 是一类专注于生成新的、具有创造性的内容的 AI 模型。它的应用范围非常广泛，包括自然语言生成、图像生成、音乐生成等。

在人工智能领域中，大语言模型和生成式 AI 作为子领域是存在交集的。大语言模型通常被用于生成自然语言文本，这是生成式 AI 的一个关键应用领域。通过大语言模型，生成式 AI 能够产生更加自然、流畅和连贯的文本输出，从而提升用户体验和应用效果。

因此，大语言模型对于生成式 AI 在自然语言处理领域的应用具有重要价值。同时，随着生成式 AI 技术的不断发展，大语言模型也将继续得到优化和改进，以更好地满足各种应用场景的需求。

大语言模型的生成过程主要包括以下步骤：

- **输入提示**：首先，用户需要提供一个或多个输入提示，这些提示可以是文本、图片或其他形式的提示，用于引导大语言模型生成相应的输出。
- **模型理解**：大语言模型接收到输入提示后，会尝试理解其意义和上下文语境。这包括分析句子的语法、语义和上下文关系，以便更好地生成响应。
- **注意力机制**：在生成输出的过程中，大语言模型会使用注意力机制来关注输入提示中的关键信息。通过计算输入提示中每个词的权重，模型能够确定哪些信息对于生成响应最为重要。
- **生成输出**：基于输入提示和注意力机制的结果，大语言模型开始生成输出。这个过程通常是从左到右进行，并逐词生成输出。在生成每个词时，模型会考虑之前生成的词以及整个输入提示的上下文信息。
- **迭代优化**：在大语言模型生成输出的过程中，可能会进行多次迭代和优化。这包括根据当前输出调整注意力权重、更新内部状态以及重新计算输出等步骤，以生成更加准确和流畅的文本。
- **输出响应**：最终，大语言模型会生成一个或多个响应，并将其作为输出返回给用户。这些响应可以是文本、图片或其他形式的信息，取决于输入提示的类型和应用场景。

总之，大语言模型的生成过程是一个复杂的过程，涉及多个步骤和机制的协同工作。通过理解输入提示、运用注意力机制、迭代优化和最终输出响应，大语言模型能够生成具有自然语言风格和意义的文本或响应。

12.1.6 与大语言模型相关的新职业和未来发展

大语言模型的发展将会产生一些新的职业，以下是一些可能出现的新职业：
- **提示工程师**：随着大语言模型的发展，提示工程师的角色将变得更加重要。他们的工作将是设计和实施有效的提示，以指导大语言模型完成各种任务。
- **大语言模型训练师**：这个职业将专注于训练和优化大语言模型。他们需要具备深厚的机器学习和自然语言处理知识，以及大量的计算资源来训练模型。
- **大语言模型评估师**：这个职业将负责评估大语言模型的性能和质量。他们需要具备扎实的自然语言处理知识和良好的分析能力，以便准确地评估模型的优缺点。
- **大语言模型部署工程师**：这个职业将负责将训练好的大语言模型部署到实际应用中。他们需要具备扎实的编程技能和系统架构知识，以确保模型的稳定运行和高效性能。
- **大语言模型伦理审查师**：随着大语言模型的广泛应用，伦理问题也将变得越来越重要。这个职业将负责审查大语言模型的使用是否符合伦理标准，以确保模型的公平性和透明性。
- **跨模态交互设计师**：在大语言模型的发展过程中，跨模态交互将变得越来越重要。这个职业将负责设计和实现跨模态交互系统，使用户可以通过多种方式与大语言模型进行交互，如语音、文本、图像等。
- **AI 产品经理**：随着大语言模型的商业应用越来越多，AI 产品经理的角色将变得更加重要。他们将负责定义和开发基于大语言模型的产品和服务，并推动其在市场上的成功。

在这些新职业中，提示工程师是最被社会期望的职业。

提示工程（Prompt Engineering）的发展历程与人工智能和自然语言处理（NLP）的进步密切相关。在人工智能和 NLP 的早期阶段，模型通常是基于规则或模板的方法。这些方法的缺点是缺乏灵活性和泛化能力，因为它们依赖于硬编码的规则。在这个阶段，还没有形成提示工程的概念。

随着深度学习的兴起，NLP 领域开始采用神经网络模型，如循环神经网络（RNN）和长短期记忆网络（LSTM）。这些模型能够从大量数据中学习复杂的模式，并具有更强的泛化能力。在这个阶段，人们开始意识到输入数据对模型性能的重要性。

Transformer 模型的出现是 NLP 领域的一个重要里程碑。它采用自注意力机制，能够有效地处理长序列数据，并在多个 NLP 任务中取得了显著的性能提升。随着 Transformer 模型的广泛应用，人们开始关注如何通过设计更好的输入提示来提高模型的性能。

随着大语言模型（如 GPT 系列）的出现，提示工程逐渐成为一个热门的研究领域。这些大语言模型具有强大的生成能力，但它们的输出往往受到输入提示的影响。因此，如何设计和优化提示成为了一个关键问题。在这个阶段，人们开始系统地研究提示工程的方法和技巧，以提高大语言模型的性能。

提示工程仍然是一个活跃的研究领域。随着大语言模型的不断发展和进步，提示工程的方法和技巧也在不断更新和完善，这就需要更多优秀的提示工程师来完成。未来，可以期待更多的创新和研究成果在提示工程领域涌现。

总之，提示工程的发展历程与人工智能和 NLP 的进步密切相关。随着技术的不断发展，提示工程将在人工智能和 NLP 领域发挥越来越重要的作用。

随着人工智能技术的不断发展和完善，相信大语言模型将会取得更加重要的进展和成就。可以期待以下几个方面的发展：
- **更大规模的数据集**：随着互联网的普及和发展，可以获得更多的自然语言数据集，这将有助于提高大语言模型的性能和准确性。
- **更高效的计算资源**：随着计算机硬件的不断升级和发展，可以获得更高效的计算资源，这将有助于加速大语言模型的训练和推断速度。
- **更广泛的应用场景**：随着人们对自然语言处理需求的不断增长，大语言模型的应用场景也将越来越广泛。除了智能客服、机器翻译、文本生成等领域外，可能会有更多的应用场景出现，如智能写作、智能阅读等领域。
- **更好的隐私保护**：在应用大语言模型的过程中，需要考虑到隐私保护问题，采取相应的措施来保护用户的个人信息和隐私安全。未来可能会有更加先进的隐私保护技术被应用于大语言模型的研究和开发。

总之，大语言模型可以帮助人们更好地理解和处理自然语言，提高工作效率和生活品质。未来，随着人工智能技术的不断发展和完善，大语言模型将会有更加广阔的应用前景和发展空间。

12.2 提示工程入门

目前，以 ChatGPT 为代表的人工智能技术已成为一股不可小觑的力量，正在迅速地重塑社会面貌、改变人们的生活方式和思考模式。它们就像人类额外的记忆器官一样，能够辅助人们处理信息、做出决策、进行学习、理解和解决各种复杂问题，激发创造力。然而，作为用户，如何才能充分利用这个工具，让它把肚子里的知识能吐尽吐，成为真正的生产力呢？答案就是使用提示（Prompt）与提示工程（Prompt Engineering）。编写简洁易懂而又能够激发语言模型能力的提示，这正是提示工程的重要性所在。因此，掌握提示工程技巧，能够更有效地利用 ChatGPT 技术，使其发挥出最佳性能。

12.2.1 提示

"提示"可以被理解为一种引导或指令，即用户向人工智能提供的输入信息，通常是一段文本信息，这些信息包含关键词、问题或指令，旨在引导人工智能生成与用户期望相符的回应。

ChatGPT，如其名字所示，以"Chat"（聊天）为其核心功能，通过模拟人类交流的方式与用户进行互动。在此过程中，ChatGPT 会尽力理解用户的需求并给出相应的回应。用户在聊天框中输入的信息，即所谓的"提示"。以文心一言为例，在聊天框中输入的"你好""什么是二元一次方程"，都可以被看作提示，如图 12-1、图 12-2 所示。

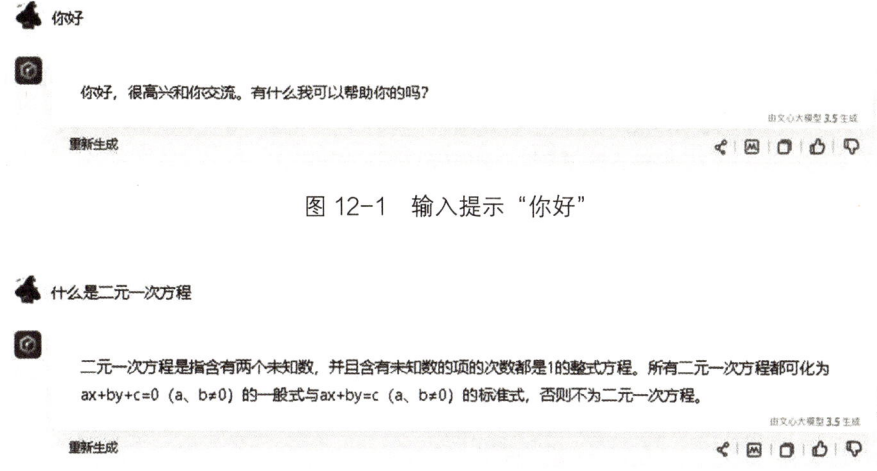

图 12-1 输入提示"你好"

图 12-2 输入提示"什么是二元一次方程"

在与聊天机器人的互动中，提示就像是给厨师下达菜单命令。这看上去非常简单，但正如在人类交流中，提问是非常重要的技能一样，在与文心一言的交流中，人们发现，使用不同的提示词会对所得到的回答产生很大的影响。

举个例子，如果希望文心一言提供营养学方面的建议，如图 12-3 这样提问，就得不到有针对性的实用答案。

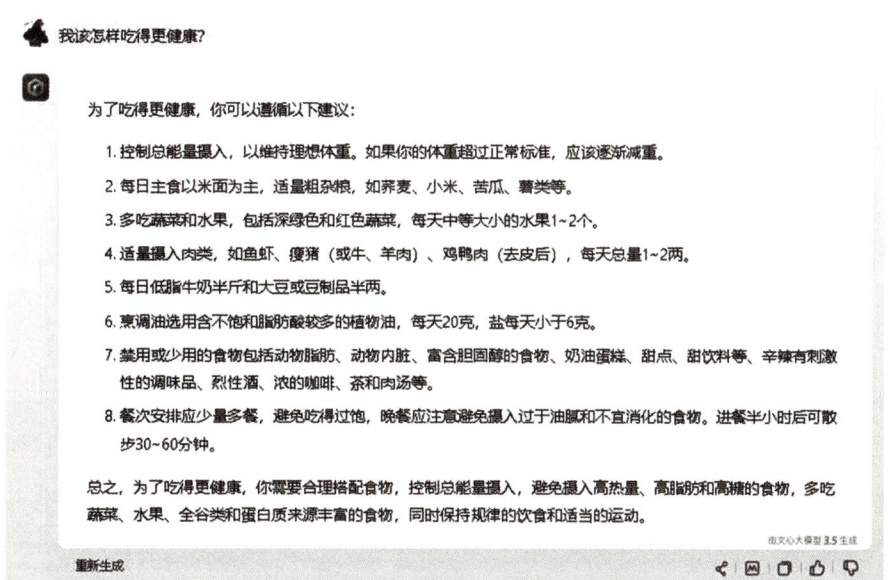

图 12-3 输入提示"我该怎样吃得更健康？"

如果能描述清楚自己的饮食习惯、年龄、体重、病史等信息，则有助于让文心一言提供详细的实用答案，如图 12-4 所示。

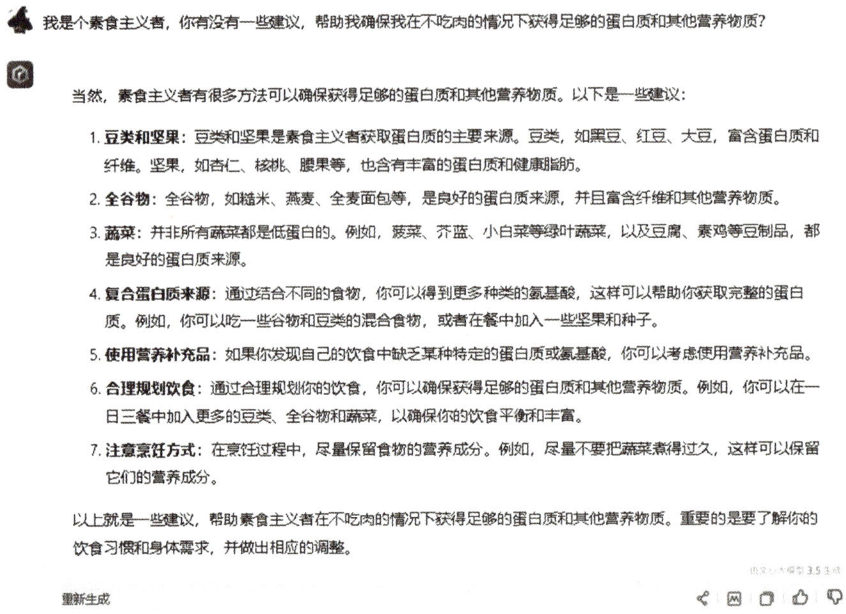

图 12-4　输入详细的提示

可见，好的提示词可以引导富有启发性、丰富多彩的讨论，而不好的提示词则可能导致无用的回答。因此，掌握提示的艺术，对于充分发挥大语言模型的潜力至关重要。

12.2.2 提示工程

在自然语言处理领域，随着深度学习技术的不断发展，大语言模型已经取得了显著的进展，大大提高了多种自然语言处理任务的性能。在很多情况下，用户可以通过直接提问文心一言的方式得出优秀的结果，但有时还希望它帮忙完成工作，如写报告、写文章、写总结、写程序等，这些工作可就比日常聊天复杂多了。因此，为了让人们能与大语言模型高效沟通，以获得所需结果，提示工程（Prompt Engineering）应运而生。

提示工程是一种针对大语言模型（如 ChatGPT、文心一言），通过精心设计、实验和优化输入提示来引导模型生成高质量、准确和有针对性的输出的技术。它是人机关系中一个重要的组成部分，可确保用户能够以自然和直观的方式与人工智能系统进行交流。

用户可能无法搞懂工程技术领域具体的算法逻辑，但是从应用的角度，搞清楚如何进行提示是必要的，也是可行的。通过精确的提示工程，使用者可以做到对大语言模型输出结果的精准把控，进而达到自己的预期答案。

12.2.3 提示词常见技巧

构建恰当的提示对于充分发挥大语言模型的潜力和提高实际应用效果具有至关重要的作用。通过运用合适的提示技巧，可以引导模型更精确地理解任务需求，从而提升模型在特定任务上的表现。掌握提示工程的技巧有助于用户更有效地与模型互动，提高模型在回答问题、生成文本等方面的准确性。

此外，熟悉提示工程的技巧有助于用户在处理复杂任务时，更好地利用模型的强大表达能力，提高任务完成的质量和效率。

以下是一些具体的技巧和实践案例，以帮助用户更好地开展提示工程。

1. 角色扮演

角色扮演是一种在提示工程中广泛应用的技巧，其核心在于通过设定特定的角色和场景，帮助大语言模型更好地理解问题并给出准确的回答。在日常的交流对话中，对话双方通常会默认各自的角色，并按照角色的设定进行交流，以保持对话内容的连贯性和合理性。例如，在与幼儿园小朋友交流时，会遵循适合小朋友理解的语言和话题，不会引入过于复杂或专业的概念。

然而，对于类似文心一言的大语言模型而言，由于其缺乏对现实世界中角色和场景的理解，因此在开启一段新的对话时，它无法准确把握对话双方的角色和背景，只能按照其默认的角色——AI助手来生成回复。这导致文心一言提供的答案具有较大的随机性和不准确性，无法满足用户对专业性和准确性的需求。

为了解决这一问题，用户可以利用角色扮演技巧来提高大语言模型的输出质量和可读性。通过设定合适的角色和场景，帮助大语言模型更好地理解问题并给出准确的回答。

以"宇宙的起源是什么"这个问题为例，我们不设定任何角色，向文心一言提问，结果如图12-5所示。

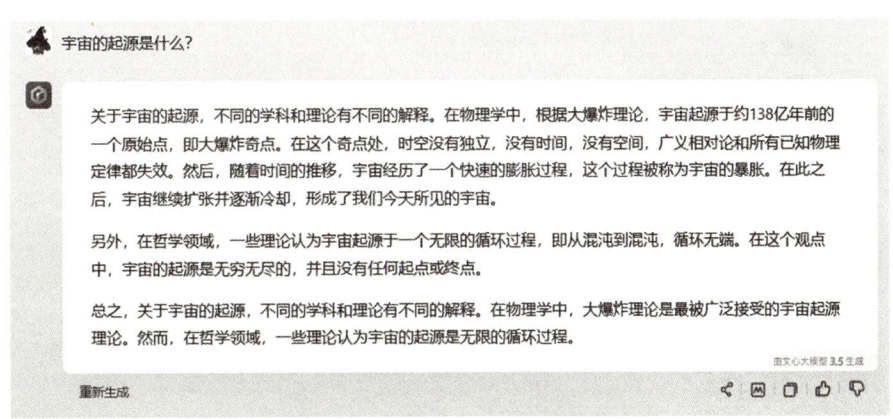

图12-5　在指令中没有设定任何角色

然后，分别为文心一言和用户赋予不同的角色，再向文心一言提问，结果如图12-6和图12-7所示。设定角色时通常使用的句式是"假设你是（请你扮演或你是一个）……"。

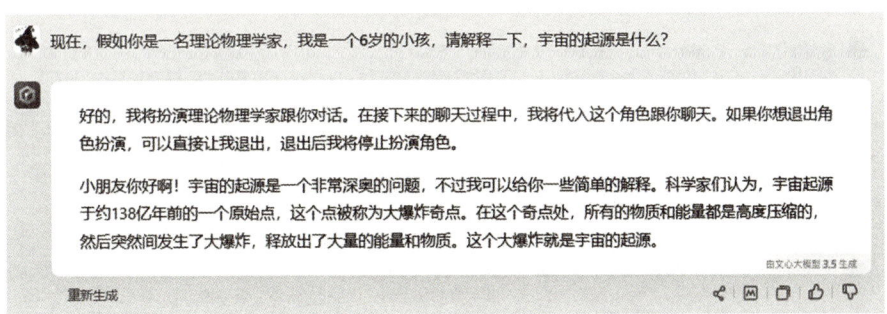

图12-6　在指令中设定理论物理学家角色

现在，假如你是一名哲学家，我是一个哲学系的大学生，请告诉我，宇宙的起源是什么？

好的，我将扮演哲学家跟你对话。在接下来的聊天过程中，我将代入这个角色跟你聊天。如果你想退出角色扮演，可以直接让我退出，退出后我将停止扮演角色。

宇宙的起源是一个复杂的哲学问题，不同的哲学家和哲学学派有不同的看法。一些哲学家认为，宇宙的起源可以追溯到一个"无限"的概念，这个概念超越了时间和空间的限制，是宇宙的真正起源。另外一些哲学家则认为，宇宙的起源是由一些基本的物理定律和数学原理所决定的，这些原理是宇宙存在的根本基础。还有一些哲学家则认为，宇宙的起源是一个"偶然"的事件，没有任何原因或目的。总之，关于宇宙的起源，不同的哲学家有不同的看法和解释。

由文心大模型 3.5 生成

重新生成

图 12-7　在指令中设定哲学家角色

再比如，让文心一言充当一名膳食健康管理师。请它根据用户的年龄、性别、体重、身高和健康状况提供个性化的饮食建议，如图 12-8 所示。

我希望你充当一名膳食健康管理师。请根据客户的年龄、性别、体重、身高和健康状况提供个性化的饮食建议。在回答中展示你对营养学、膳食平衡的理解。请为以下客户提供分析和建议："王女士，40岁，女性，身高165厘米，体重50公斤，有糖尿病病史。"

您好，王女士！首先，根据您提供的信息，我为您制定了以下的营养评估：

年龄：40岁

性别：女性

身高：165厘米

体重：50公斤

健康状况：有糖尿病病史

根据这些信息，我建议您遵循以下个性化的饮食建议：

1. 总体营养学建议：

保持均衡的饮食是关键。每餐都应含有适量的蛋白质、碳水化合物和脂肪，以及丰富的蔬菜和水果以提供纤维、维生素和矿物质。

2. 早餐建议：

早餐是一天中最重要的一餐，它可以为您提供所需的能量和养分来应对一天的工作。推荐食物包括全麦面包、鸡蛋、低脂牛奶或豆浆，以及一些新鲜水果。

3. 上午加餐建议：

图 12-8　在指令中设定膳食健康管理师角色

除了膳食健康管理师，文心一言还可以"充当"其他很多专业角色，在生活和工作的各个方面为用户提供建议，如图 12-9、图 12-10、图 12-11 所示。

我希望你充当一名金融分析师。请根据客户的投资目标、风险承受能力和市场状况，为他们提供投资建议、资产配置方案和市场分析。在回答中展示你对金融市场、投资策略和风险管理的理解，以及如何根据客户的需求制定合适的投资方案。请为以下客户提供分析和建议："小张有100万元的闲置资金，希望在未来5年内实现资产的稳健增值。他希望得到当前市场状况下的投资建议。"

图 12-9　在指令中设定金融分析师角色

我希望你充当一名家庭医生。请根据患者的症状和健康状况，为他们提供初步诊断、健康建议和治疗方向。在回答中展示你对医学、疾病诊断和治疗方法的理解，以及如何根据患者的具体状况提供医学建议。请注意，虚拟助手无法代替专业医生的意见，所有建议仅供参考。请为以下患者提供分析和建议："小杨最近总是觉得头痛、乏力，伴随着轻微的发热。他想了解可能得原因和应该采取的措施。"

图 12-10　在指令中设定家庭医生角色

> 我希望你充当一名私人法律顾问。请为客户提供法律建议、解决方案和法律条款解释。在回答中展示你对法律法规、案例分析和法律程序的理解,并根据客户的具体问题提供法律建议。请注意,虚拟助手无法代替专业律师的意见,所有建议仅供参考。请为以下客户提供分析和建议:"小刘发现自己的《房屋所有权证》上的面积和实际测量的面积存在差异。他想了解可能得法律纠纷和应该采取的措施。"

图 12-11　在指令中设定私人法律顾问角色

通过上述例子,可以深入学习角色扮演的技巧:首先明确角色身份(如私人法律顾问),随后确立任务目标(为用户提供有针对性的法律建议和解决方案),并提出更高级的要求(展示对法律法规、案例分析和程序的理解),最后详细阐述任务(请为以下客户提供分析和建议:"小刘发现自己的《房屋所有权证》上的面积和实际测量的面积存在差异。他想了解可能的法律纠纷和应该采取的措施。")。在使用文心一言的过程中,可以根据自身经验和需求设计更多专业角色或领域达人的身份,以获取更专业的建议,从而更好地应对生活和工作中的挑战。

当然,对于某些简单的、具有普遍共识的问题,例如"江苏省的省会是哪个城市",问题的答案并不依赖于角色设定,所以,设定角色对答案的影响在这种情况下并不明显。然而,对于特定场景或领域的任务来说,角色设定的技巧则更具应用价值。通过明确角色和场景,用户可以利用大语言模型的灵活性和强大的知识处理能力,使其更有效地回答特定领域的问题,提高答案的准确性和针对性。

2. 提供上下文信息

虽然文心一言背后的知识库非常丰富,包含了大量的信息和知识,但它并不知道用户所面对问题的详细背景。这意味着,如果缺少了关于问题的具体环境和上下文信息,文心一言只能给出一些普遍适用的概括性回答。这种回答虽然具有一定的参考价值,但可能无法满足用户对于更具体、更针对性的解答需求。

特别是在一些专业领域,如法律、医学、科学等,问题的背景信息非常重要。如果在大语言模型(如 ChatGPT、文心一言)的输入中提供了这些背景信息,就可以帮助模型更好地理解问题的背景和需求,从而生成更准确、更具体的答案,为用户提供更有价值的参考。

因此,为了提高文心一言等大语言模型的回答质量和准确性,用户在提问时应该尽可能提供详细的问题背景信息。这样可以帮助模型更好地理解问题,并生成更符合用户需求的答案。

比如向文心一言寻求控制体重的建议,如果提问:"我该怎样控制体重?",则得不到针对具体提问者的答案,如图 12-12 所示。

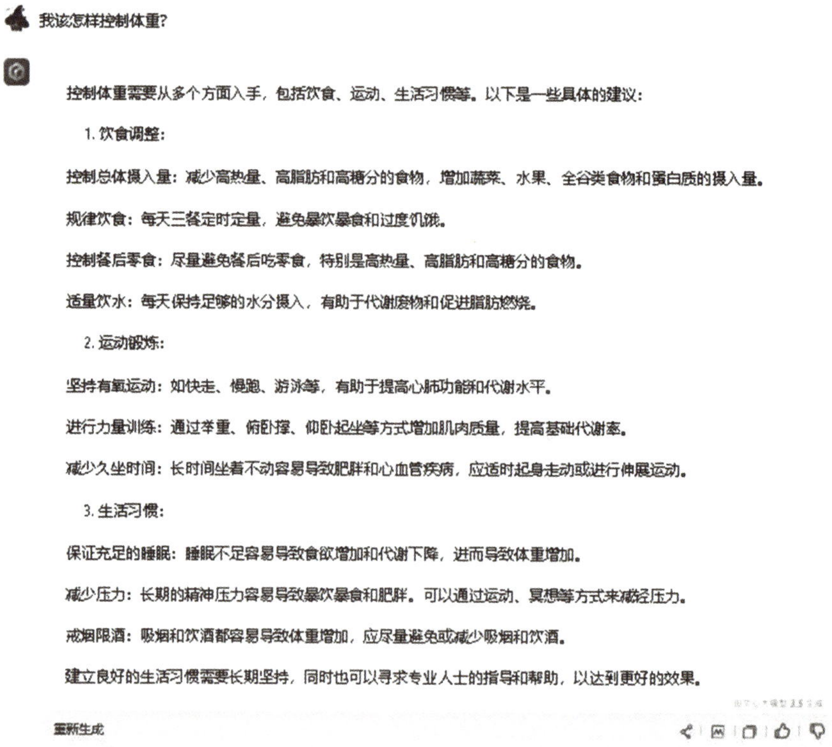
我该怎样控制体重?

控制体重需要从多个方面入手，包括饮食、运动、生活习惯等。以下是一些具体的建议：

1. 饮食调整：

控制总体摄入量：减少高热量、高脂肪和高糖分的食物，增加蔬菜、水果、全谷类食物和蛋白质的摄入量。

规律饮食：每天三餐定时定量，避免暴饮暴食和过度饥饿。

控制餐后零食：尽量避免餐后吃零食，特别是高热量、高脂肪和高糖分的食物。

适量饮水：每天保持足够的水分摄入，有助于代谢废物和促进脂肪燃烧。

2. 运动锻炼：

坚持有氧运动：如快走、慢跑、游泳等，有助于提高心肺功能和代谢水平。

进行力量训练：通过举重、俯卧撑、仰卧起坐等方式增加肌肉质量，提高基础代谢率。

减少久坐时间：长时间坐着不动容易导致肥胖和心血管疾病，应适时起身走动或进行伸展运动。

3. 生活习惯：

保证充足的睡眠：睡眠不足容易导致食欲增加和代谢下降，进而导致体重增加。

减少压力：长期的精神压力容易导致暴饮暴食和肥胖。可以通过运动、冥想等方式来减轻压力。

戒烟限酒：吸烟和饮酒都容易导致体重增加，应尽量避免或减少吸烟和饮酒。

建立良好的生活习惯需要长期坚持，同时也可以寻求专业人士的指导和帮助，以达到更好的效果。

重新生成

图 12-12　在指令中未提供背景信息

但是，如果在提问时提供背景信息，比如提问者的年龄、性别等信息，使上下文更加清晰，文心一言就能给出符合提问者需求的答案，如图 12-13 所示。

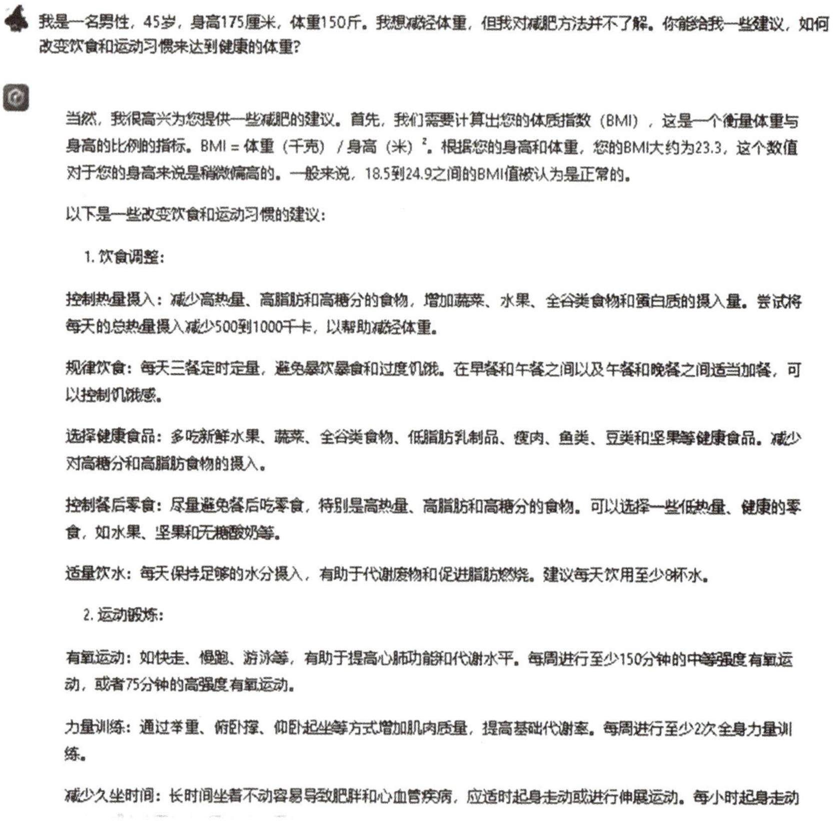
我是一名男性，45岁，身高175厘米，体重150斤。我想减轻体重，但我对减肥方法并不了解。你能给我一些建议，如何改变饮食和运动习惯来达到健康的体重?

当然，我很高兴为您提供一些减肥的建议。首先，我们需要计算出您的体质指数（BMI），这是一个衡量体重与身高的比例的指标。BMI = 体重（千克）/ 身高（米）^{2}。根据您的身高和体重，您的BMI大约为23.3，这个数值对于您的身高来说是稍微偏高的。一般来说，18.5到24.9之间的BMI值被认为是正常的。

以下是一些改变饮食和运动习惯的建议：

1. 饮食调整：

控制热量摄入：减少高热量、高脂肪和高糖分的食物，增加蔬菜、水果、全谷类食物和蛋白质的摄入量。尝试将每天的总热量摄入减少500到1000千卡，以帮助减轻体重。

规律饮食：每天三餐定时定量，避免暴饮暴食和过度饥饿。在早餐和午餐之间以及午餐和晚餐之间适当加餐，可以控制饥饿感。

选择健康食品：多吃新鲜水果、蔬菜、全谷类食物、低脂肪乳制品、瘦肉、鱼类、豆类和坚果等健康食品。减少对高糖分和高脂肪食物的摄入。

控制餐后零食：尽量避免餐后吃零食，特别是高热量、高脂肪和高糖分的食物。可以选择一些低热量、健康的零食，如水果、坚果和无糖酸奶等。

适量饮水：每天保持足够的水分摄入，有助于代谢废物和促进脂肪燃烧。建议每天饮用至少8杯水。

2. 运动锻炼：

有氧运动：如快走、慢跑、游泳等，有助于提高心肺功能和代谢水平。每周进行至少150分钟的中等强度有氧运动，或者75分钟的高强度有氧运动。

力量训练：通过举重、俯卧撑、仰卧起坐等方式增加肌肉质量，提高基础代谢率。每周进行至少2次全身力量训练。

减少久坐时间：长时间坐着不动容易导致肥胖和心血管疾病，应适时起身走动或进行伸展运动。每小时起身走动

图 12-13　在指令中提供具体的背景信息（部分回复截图）

再比如,用户让文心一言给出如何为孩子提供均衡饮食的建议,分别用不提供上下文信息和提供上下文信息的方式进行提问,对比答案质量,如图12-14、图12-15所示。

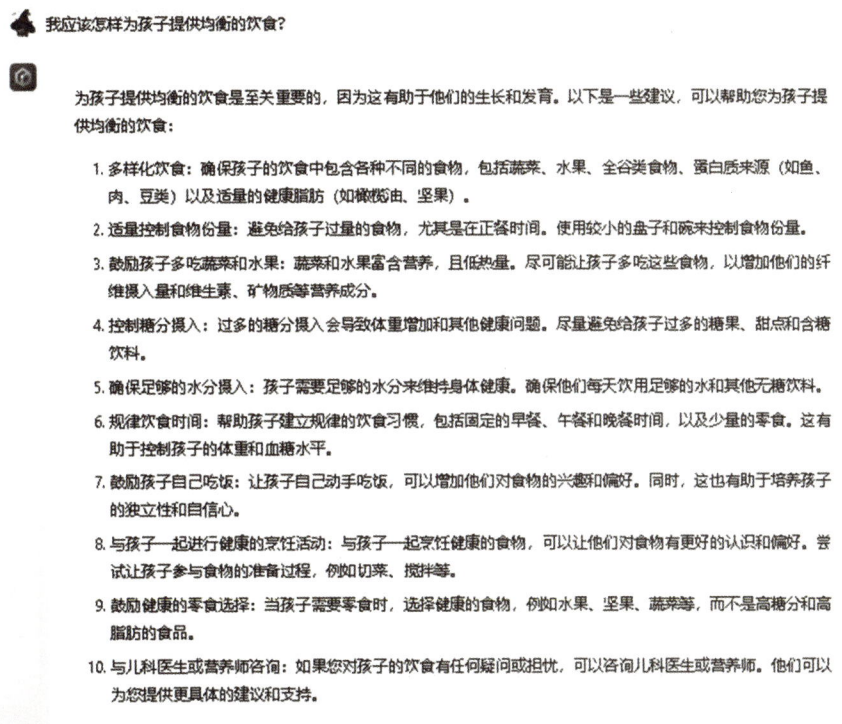

图12-14　在指令中未提供孩子的具体背景信息

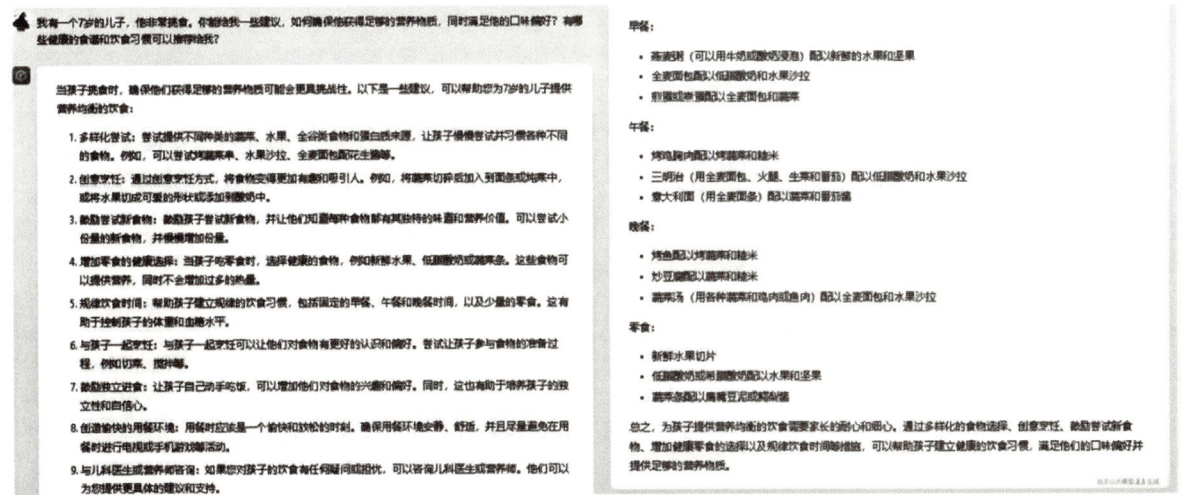

图12-15　在指令中提供孩子的具体背景信息

通过上述示例可以看出,上下文信息在提示工程中起着重要的作用。但是,在应用这个技巧时,需要注意数据的隐私和安全问题,并采取适当的措施保护用户隐私和数据安全。

3. 量化要求

在使用文心一言进行提示工程时,为了获得更准确的结果,用户需要尽可能地将任务和要求进行量化。量化是指将任务和要求转化为可度量和可比较的指标，最好是明确的数字。通过量化任务和要求，可以更好地评估模型的输出结果，确保其符合用户的期望和要求。

例如，如果要使用文心一言来回答一个商业问题，可能需要提供一些量化的指标，如销售额、市场份额等，以便评估模型的答案是否有效。同样，如果要使用文心一言来生成一篇文章或报告，可能需要提供一些量化的指标，如文章的字数、论点的数量、报告的页数等，以确保生成的文本符合我们的要求。

通过量化任务和要求，用户可以更好地控制和优化模型的输出结果。这有助于提高模型的准确性和可读性，使其更符合用户的期望和要求。同时，这也为用户提供了一个更加客观和明确的评估标准，以便更好地评估模型的性能和效果。

例如，让文心一言给女装品牌起名字，结果如图 12-16 所示。

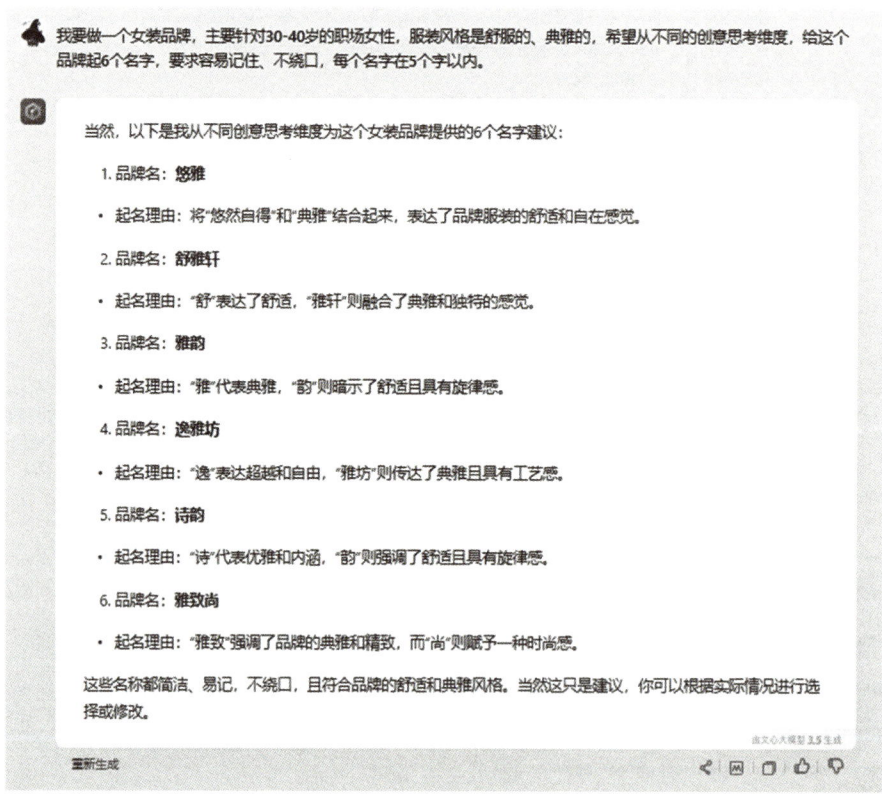

图 12-16　在指令中量化要求

在这个示例中，用户规定了生成名字的个数是 6 个，且要求了每个名字的字数不超过 5 个。当然，还可以根据文心一言的回复，进行多轮优化对话，进而寻找到最符合需求的答案。例如，用户挑选第 5 个名字"诗韵"，让文心一言提供品牌 logo 的设计思路，如图 12-17 所示。

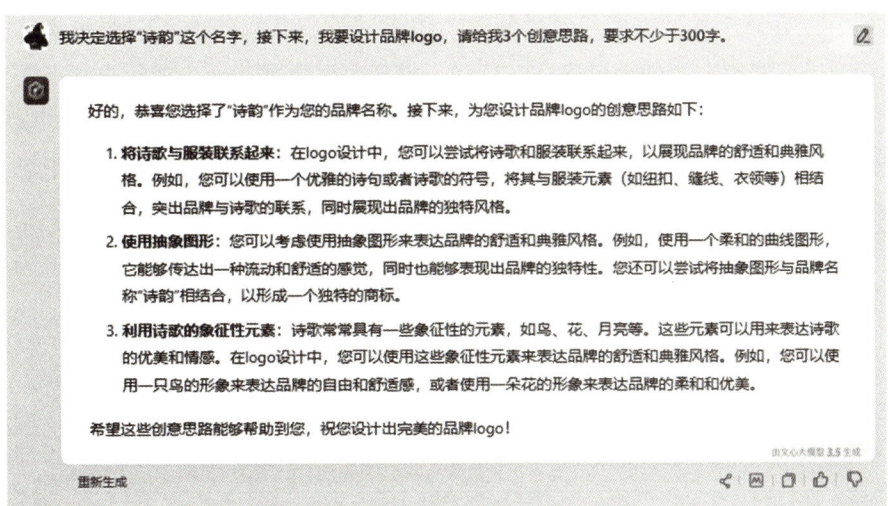

图 12-17　在指令中继续提出量化要求

因此，量化要求在提示工程中具有重要的作用，它可以帮助提高模型性能、减少模糊性、优化模型训练、便于调试和测试以及适应不同的场景和任务。

4. 案例示范

案例示范是一种在与 AI 模型进行交互时，提供具体示例作为任务要求的方式。这种方法不仅提供了任务的具体要求，还为其呈现了具体的示范案例。就像平时所说的"以身作则"，案例示范就像一种直观的展示，使大语言模型能够根据实际示例理解任务的需求。

在一些特定任务如数据稀缺或者任务性质全新、定义模糊的场合，这个技巧尤其适用。在这些情况下，单纯的任务描述可能无法为大语言模型提供足够的上下文理解，而示例的提供可以让模型更好地把握任务的实质和要求。例如，如果需要文心一言生成一篇关于特定主题的新闻报道，用户可以提供一个或多个相关示例，这些示例可以是成功的新闻报道，这样文心一言就可以更好地理解新闻报道的格式、语言风格和内容要求。提供的示例越多，越能够增强模型的理解深度和广度。文心一言将根据这些示例生成与之相符合的文本，从而提高任务的完成质量。

总的来说，案例示范技巧就像为大语言模型开展任务提供了一种"参照物"，让它在理解和执行任务时有一个更具体、更直观的依据。这种技巧的应用，让用户能够更精细、更准确地指导模型的工作，使得输出的内容更符合预期。

假设希望使用文心一言完成一个英语缩写词的解释任务，可以通过提供示例帮助模型更好地理解任务需求并输出期望的格式，如图 12-18 所示。

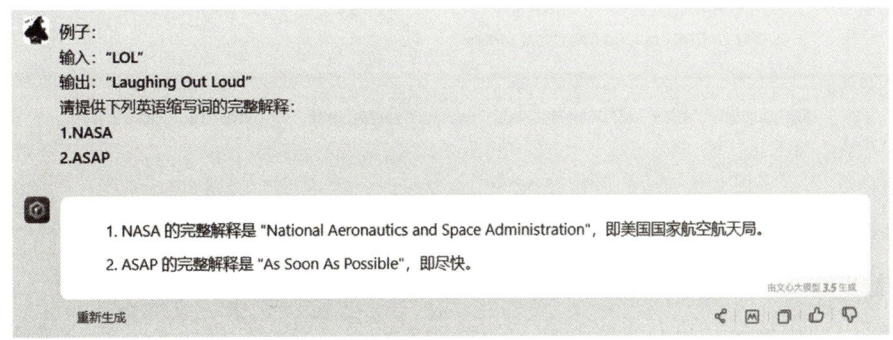

图 12-18　英语缩写词解释的案例示范

在这个例子中,明确地告诉模型任务是解释英语缩写词,并且给出了一个示例(LOL:Laughing Out Loud),以帮助模型理解期望的输出格式。这样,模型可以更准确地生成符合任务需求的答案。

再如,使用文心一言完成中文分词任务。考虑到中文分词是一个自然语言处理领域的任务,模型不一定具备相关的领域知识。于是,通过提供示例的方式来引导模型,如图12-19所示。

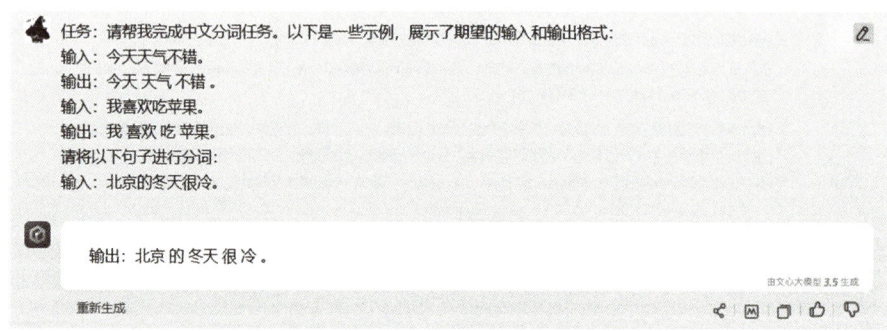

图12-19　中文分词任务的案例示范

在一些任务中,还可能需要输出有特定格式的内容,这时也可以通过提供示例让模型理解这一特定的需求。下面这个例子中,用户希望文心一言生成食谱的描述。但如果只提供一个简单的任务提示,如"给我一个健康的沙拉食谱",模型可能无法准确地理解用户期望的输出格式。在这种情况下,就需提供示例来引导模型,如图12-20、图12-21所示。

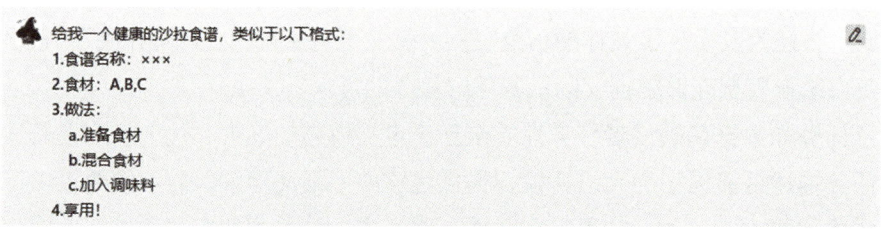

图12-20　生成食谱的案例示范(提问)

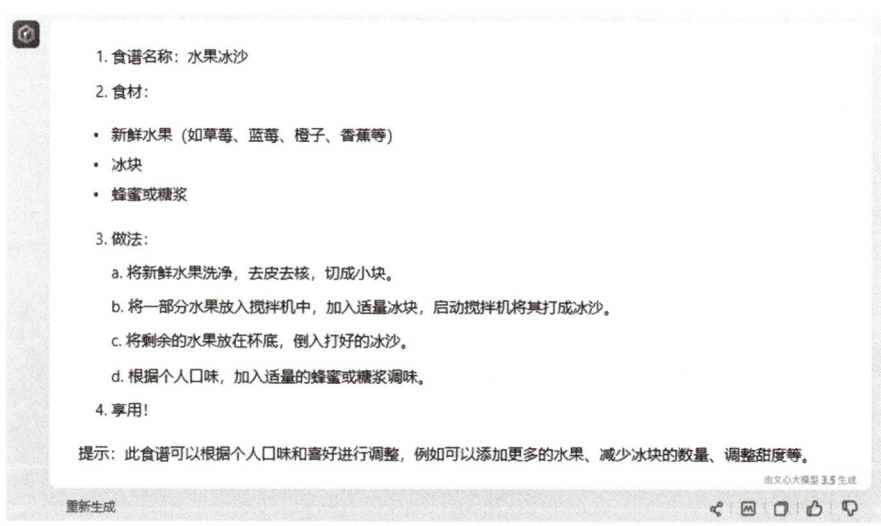

图12-21　生成食谱的案例示范(回答)

从模型的输出结果可以看出,它理解了任务需求和期望的输出格式。

当然,也可以使用该技巧进行学术写作。但要注意的是,文心一言对上下文处理有长度限制。所以,我们可以将问题进行拆分,先对前言部分进行提问,如图12-22、图12-23所示。

> 我是一位经济学领域的研究者，我正在研究企业间网络对企业决策行为的影响。你作为我的学术助理，请完成前言开头部分的写作，并使用以下句式，括号里为解释性文字，不需要出现在最终的结果中，并注意替换×××为实质性内容。
> 随着×××的发展（交代研究背景和实践背景），×××议题成为学术界的共识（至少增加三个引用，并采取"作者，出版年"格式），取得了丰富的研究成果。然而，已有研究并未针对×××展开深入的讨论（主要指已有研究的空白点或者不足之处），因此本文将针对×××问题展开分析，试图回答以下问题：×××。

图 12-22　生成前言部分的案例示范（提问）

> 随着经济全球化的推进和信息技术的快速发展，企业间网络作为一种重要的组织形式，在学术研究和实际应用中都得到了广泛关注（Smith, 2008; Porter, 1990）。企业间网络被视为一种能够促进信息共享、资源互补、合作创新的重要平台，对企业决策行为产生了深远的影响（Morgan, 2010; Tsai & Ghoshal, 1998）。因此，企业间网络的研究议题逐渐成为学术界的共识（Langfield-Smith, 2007; Uzzi, 1997）。
>
> 尽管已有研究对企业间网络的定义、特征和形成机制进行了深入探讨（Granovetter, 1973; Milgram, 1967），为企业间网络的构建和治理提供了有益的启示（Barber, 1995; Cook & Emerson, 1978），但是，这些研究并未针对企业间网络对企业决策行为的影响展开深入的讨论。因此，本文将针对这一问题展开分析，试图回答以下问题：企业间网络如何影响企业的决策行为？
>
> 本文将通过对企业间网络的特征、企业决策行为的理论框架以及实证研究进行系统梳理和分析，探讨企业间网络对企业决策行为的影响机制。在此基础上，本文将提出相应的研究假设，并通过实地调查和问卷调查的方法收集数据，运用统计分析方法对研究假设进行检验。
>
> 本文的研究结果将有助于深入理解企业间网络对企业决策行为的影响机制，为企业的战略决策和合作提供有益的启示。同时，本文的研究结果也将对已有研究进行有效的补充和完善，有助于推动企业间网络研究的深入发展。

图 12-23　生成前言部分的案例示范（回答）

案例示范技巧在学术提问中扮演着不可替代的角色。通过借鉴和参考现有的学术模式，初学者可以更加准确地掌握学术语言和写作风格，从而更好地理解和表达自己的思想。此外，案例示范技巧还经常与其他技巧如角色扮演、提供上下文信息等结合起来使用。

12.2.4 应用案例：工作汇报

在日常工作中，撰写各类汇报材料是不可避免的，如日报、周报或述职报告等。撰写这类材料的关键在于确保内容简洁明了、结构清晰、重点突出，避免记流水账。为了提高效率，我们可以借助 AI 工具来快速生成汇报材料的基本结构和内容大纲。以日报为例，我们可以使用语音转文本工具来整理一天的主要工作内容，常用的工具有印象笔记、讯飞听见、微信、WPS 等。然而，需要注意的是，口语化的表述并不适合直接作为汇报材料的内容，需要进行适当的修改和调整。因此，在撰写汇报材料时，用户需要使用严谨、稳重、理性、官方的语言风格，确保内容的专业性。

图 12-24 是一份由语音转文本工具生成的工作内容。

> 嗯，今天很忙啊，就是首先呢，上午组织了技术团队还有产品团队一起开会讨论了一下目前项目新接到的一些需求，就这些需求的话，大部分都已经确定了实现方案，然后也开始准备原型了，但其中有一部分的话，就可能是其中有一部分改动特别大，然后也涉及到我们整个系统的架构的调整，所以这块儿准备明天去跟客户聊一下，就这块儿我们想着把它放到后面的二期里面去，或者说是改用一种简单的实现方案。然后呢，就是下午的时候跟那个承建商啊，就是我们的分包厂商，嗯，去聊了一下那个BI外采的事儿，然后他们给了一个简单的报价。目前是在，嗯，采购合同这块儿的话，预计明天去跟那个法务沟通一下，然后准备正式走那个合同审批流程。嗯，还有一个呢，就是目前项目文档的一个准备，过程文档的一个准备，就是现在过程文档的话，基本上已经形成了一个初稿，但是呢，就是里面可能，嗯，还需要再进行一下调整，因为目前甲方以及监理方对这个文档的要求很，计划明天呢，再组织，然后宣贯一下，就是关于文档的那个调整的要求，然后分配下去，要各个组织按照要求去再次调整一下。

图 12-24　由语音转文本工具生成的工作内容

现在，用户使用文心一言对工作内容进行总结和改写。为了更好地发挥文心一言的作用，可以结合之前所讲述的角色扮演技巧，引导文心一言扮演日报助手的角色，并按照图 12-25 所示的格式和输出要求，向其提供相应的提示词。

现在，你是我的日报助手。我会给你一篇日报内容，请你对日报内容进行内容纠错、结构整理和拆分，以及提炼重点，最后以 Markdown 格式文本输出调整后的日报。日报分为"本日工作成果""明日工作计划"和"风险和问题"个部分，内容要简洁、重点要突出。下面是日报内容。

嗯，今天很忙啊，就是首先呢，上午组织了技术团队还有产品团队一起开会讨论了一下目前项目新接到的一些需求，就这些需求的话，大部分都已经确定了实现方案，然后也开始准备原型了，但其中有一部分的话，就可能其中有一部分改动特别大，然后也涉及我们整个系统的架构的调整，所以这块儿准备明天去跟客户聊一下，就这块儿我们想着把它放到后面的二期里面去，或者说是改用一种简单的实现方案。然后呢，就是下午的时候跟那个承建商啊，就是我们的分包厂商，嗯，去聊了一下那个BI外采的事儿，然后他们给了一个简单的报价。目前是在，嗯，采购合同这块儿的话，预计明天去跟那个法务沟通一下，然后准备正式走那个合同审批流程。嗯，还有一个呢，就是目前项目文档的一个准备，过程文档的一个准备，就是现在过程文档的话，基本上已经形成了一个初稿，但是呢，就是里面可能，嗯，还需要再进行一下调整，因为目前甲方以及监理方对这个文档的要求很，计划明天呢，再组织，然后宣贯一下，就是关于文档的那个调整的要求，然后分配下去，要各个组织按照要求去再次调整一下。

图 12-25　日报助手提示词示例

随后，文心一言将生成一篇经过整理的、组织良好的日报，虽然可能存在一些缺陷，但总体上符合基本要求。最后一步是进行仔细地审查，对一些内容进行必要的调整和补充，以产生一篇相对优秀的日报，如图 12-26 所示。

工作日报

本日工作成果

- **需求讨论与规划**：上午组织技术团队与产品团队开会，针对新接到的项目需求进行讨论，并已确定大部分需求的实现方案。已开始准备原型设计。但其中一部分改动较大，涉及系统架构调整，因此计划明天与客户进一步沟通，考虑将其纳入二期项目或采用简单的实现方案。
- **BI外采与合同准备**：下午与承建商就BI外采事宜进行沟通，并收到初步报价。目前正在着手准备采购合同，预计明天与法务沟通，并正式启动合同审批流程。
- **项目文档准备**：目前过程文档已形成初稿，但根据甲方与监理方的要求，可能需要进行进一步调整。计划明天组织宣贯文档调整要求，并分配任务给各团队按照要求进行再次调整。

明日工作计划

- **需求沟通与客户服务**：明天上午与客户进行沟通，讨论需求细节并解答疑问。确保需求理解准确并与客户达成一致。
- **合同流程与文档调整**：明天下午预计完成采购合同的法务审批流程，并组织各团队针对文档调整要求进行最终修订。确保文档质量符合各方要求。
- **其他待办事项**：根据实际情况安排其他未尽事宜的处理。

风险和问题

- **需求变动风险**：虽然大部分需求已确定实现方案，但仍有一部分可能面临较大改动，需密切关注并及时调整计划。
- **文档合规问题**：文档的调整要求可能涉及各团队的多次修订，需确保文档内容符合甲方、监理方等的要求，避免出现不合规问题。

图 12-26　文心一言梳理后的日报内容

对于其他类型的汇报材料，也可以使用类似的方法。还可以修改提示词的结构，将提示词中的"指令部分"和"内容部分"分开，将文心一言变成一个可以重复使用的小助手，如图12-27所示。

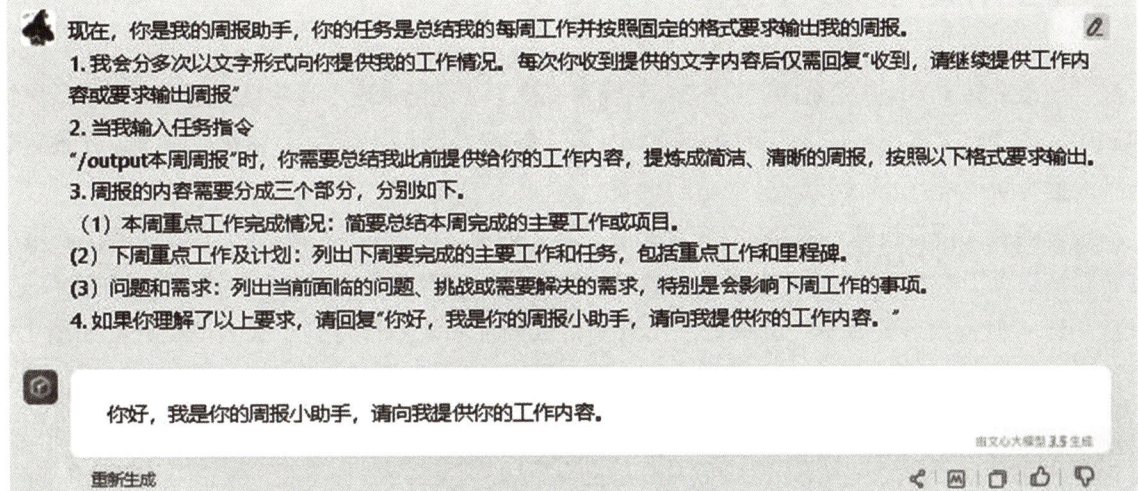

图12-27　将文心一言训练成可重复使用的周报小助手

接着，向周报小助手提供具体的工作内容进行测试，如图12-28所示。

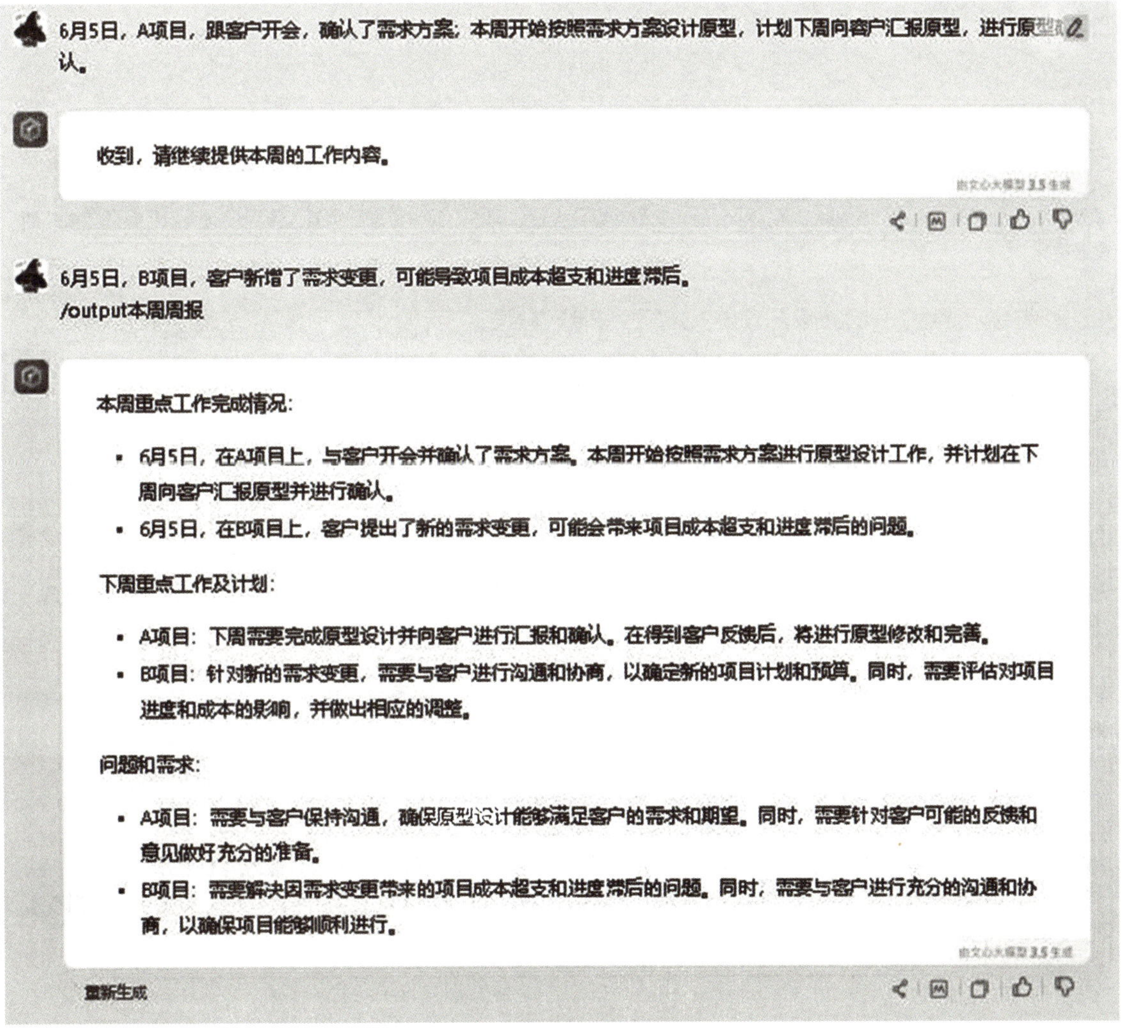

图12-28　周报小助手示例

12.2.5 应用案例：会议纪要

在早期语音转文本应用落地时，众多 AI 厂商都瞄准了会议记录这一高频且实用的应用场景。然而在实践中，语音转文本还存在许多问题，例如转写不准确、错别字较多、口语化严重等，导致后期需要花费大量时间和精力进行修改。

不过，随着大语言模型（如 ChatGPT、文心一言）的涌现，这些问题得到了有效的解决。用户可以将转写结果直接输入模型，模型能够梳理内容、纠正错别字等，最终输出一篇符合要求的会议记录。这种应用方式使得语音转文本在会议记录场景中的准确性和效率都得到了极大的提升，如图 12-29 所示。

会议主题：公司年度财务报告

会议日期：2023年4月19日

会议地点：公司会议室

参会人员：公司董事会成员、经理层、财务部门负责人

会议记录：

主持人：李董事

李董事：各位董事、经理，欢迎大家参加今天的年度财务报告会议。现在，请财务部门负责人张经理向大家汇报公司去年的财务状况。

张经理：好的，李董事。请看这份报告，这是我们公司去年的财务报告。

（张经理开始展示PPT，详细介绍了公司的收入、支出、利润等财务数据。）

李董事：谢谢张经理的汇报。各位董事有什么疑问或建议吗？

王董事：我注意到公司的利润率有所下降，这是怎么回事？

张经理：是的，王董事，这是由于我们在过去一年中在研发和市场推广上投入了更多的资金，导致成本上升。但我们相信，这些投资会在未来带来更多的回报。

李董事：非常好，张经理的回答很详细。我们需要在未来更加努力，提高公司的盈利能力。现在，请各位董事对这份报告发表意见。

（各位董事开始讨论这份报告，就公司的财务状况提出了各自的看法和建议。）

李董事：好的，各位董事的意见我们已经听到了。现在，请允许我总结一下今天的会议内容。首先，我们公司的财务状况总体良好，但也存在一些问题需要解决。其次，我们需要加强公司的管理和监督机制，确保公司的财务状况得到有效监控和管理。最后，我们需要在未来更加努力，提高公司的盈利能力。谢谢大家！

图 12-29　由语音转文本工具生成的会议内容

接着，使用角色扮演技巧让文心一言扮演会议小助手，并提示具体需求，如图 12-30 所示。

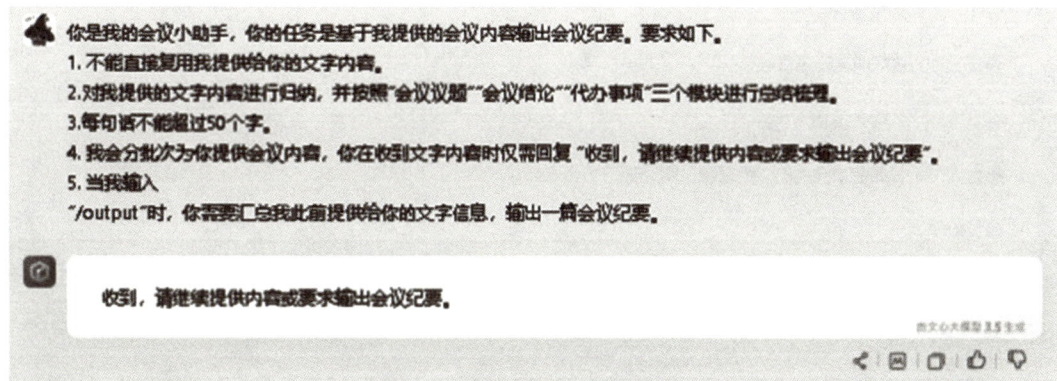

> 你是我的会议小助手，你的任务是基于我提供的会议内容输出会议纪要。要求如下。
> 1. 不能直接复用我提供给你的文字内容。
> 2. 对我提供的文字内容进行归纳，并按照"会议议题""会议结论""代办事项"三个模块进行总结梳理。
> 3. 每句话不能超过50个字。
> 4. 我会分批次为你提供会议内容，你在收到文字内容时仅需回复"收到，请继续提供内容或要求输出会议纪要"。
> 5. 当我输入"/output"时，你需要汇总我此前提供给你的文字信息，输出一篇会议纪要。

> 收到，请继续提供内容或要求输出会议纪要。

图 12-30　会议小助手提示词示例

向会议小助手提供具体的工作内容进行测试，如图 12-31、图 12-32 所示。

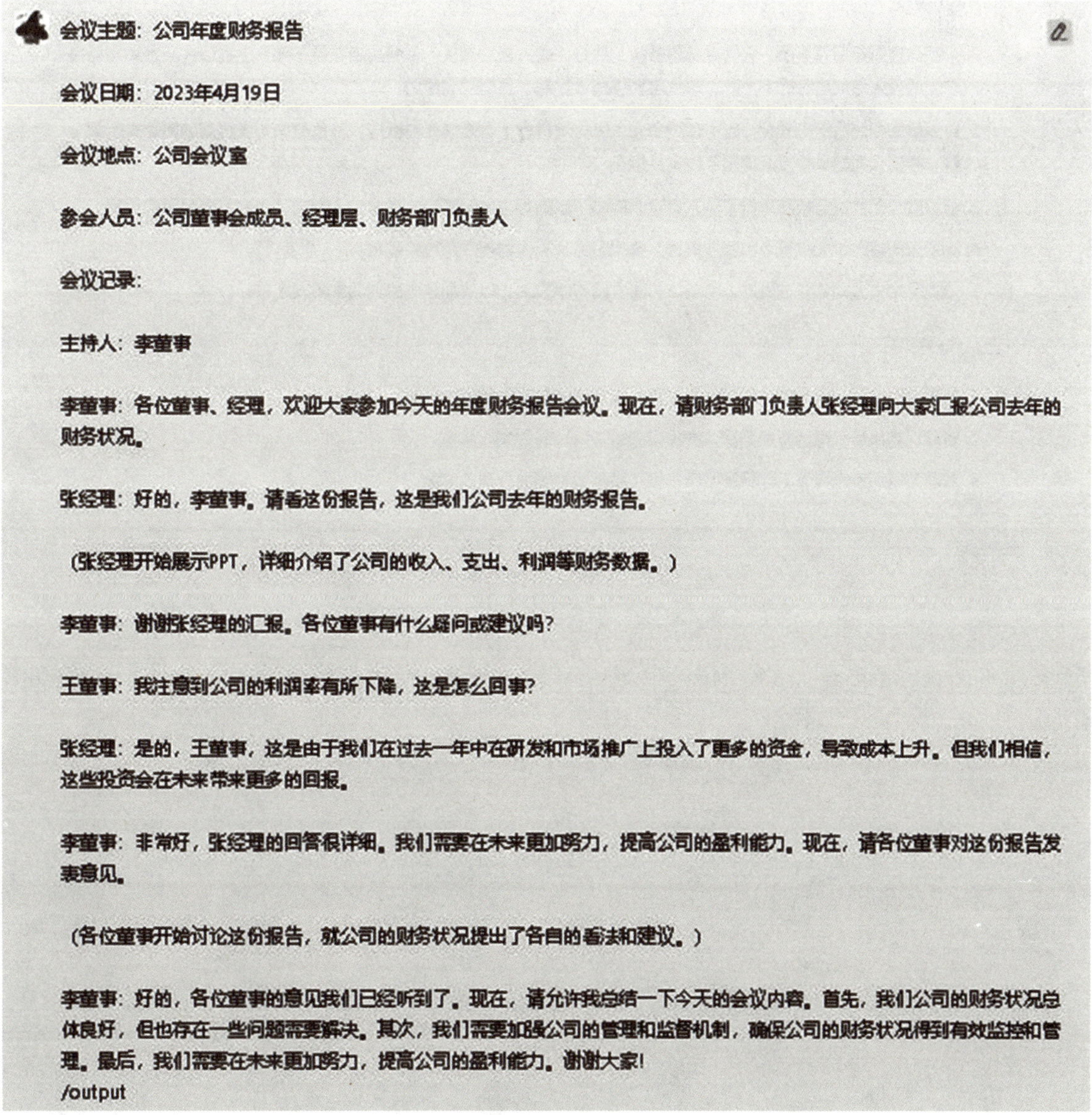

> 会议主题：公司年度财务报告
>
> 会议日期：2023年4月19日
>
> 会议地点：公司会议室
>
> 参会人员：公司董事会成员、经理层、财务部门负责人
>
> 会议记录：
>
> 主持人：李董事
>
> 李董事：各位董事、经理，欢迎大家参加今天的年度财务报告会议。现在，请财务部门负责人张经理向大家汇报公司去年的财务状况。
>
> 张经理：好的，李董事。请看这份报告，这是我们公司去年的财务报告。
>
> （张经理开始展示PPT，详细介绍了公司的收入、支出、利润等财务数据。）
>
> 李董事：谢谢张经理的汇报。各位董事有什么疑问或建议吗？
>
> 王董事：我注意到公司的利润率有所下降，这是怎么回事？
>
> 张经理：是的，王董事，这是由于我们在过去一年中在研发和市场推广上投入了更多的资金，导致成本上升。但我们相信，这些投资会在未来带来更多的回报。
>
> 李董事：非常好，张经理的回答很详细。我们需要在未来更加努力，提高公司的盈利能力。现在，请各位董事对这份报告发表意见。
>
> （各位董事开始讨论这份报告，就公司的财务状况提出了各自的看法和建议。）
>
> 李董事：好的，各位董事的意见我们已经听到了。现在，请允许我总结一下今天的会议内容。首先，我们公司的财务状况总体良好，但也存在一些问题需要解决。其次，我们需要加强公司的管理和监督机制，确保公司的财务状况得到有效监控和管理。最后，我们需要在未来更加努力，提高公司的盈利能力。谢谢大家！
> /output

图 12-31　会议小助手示例（提问）

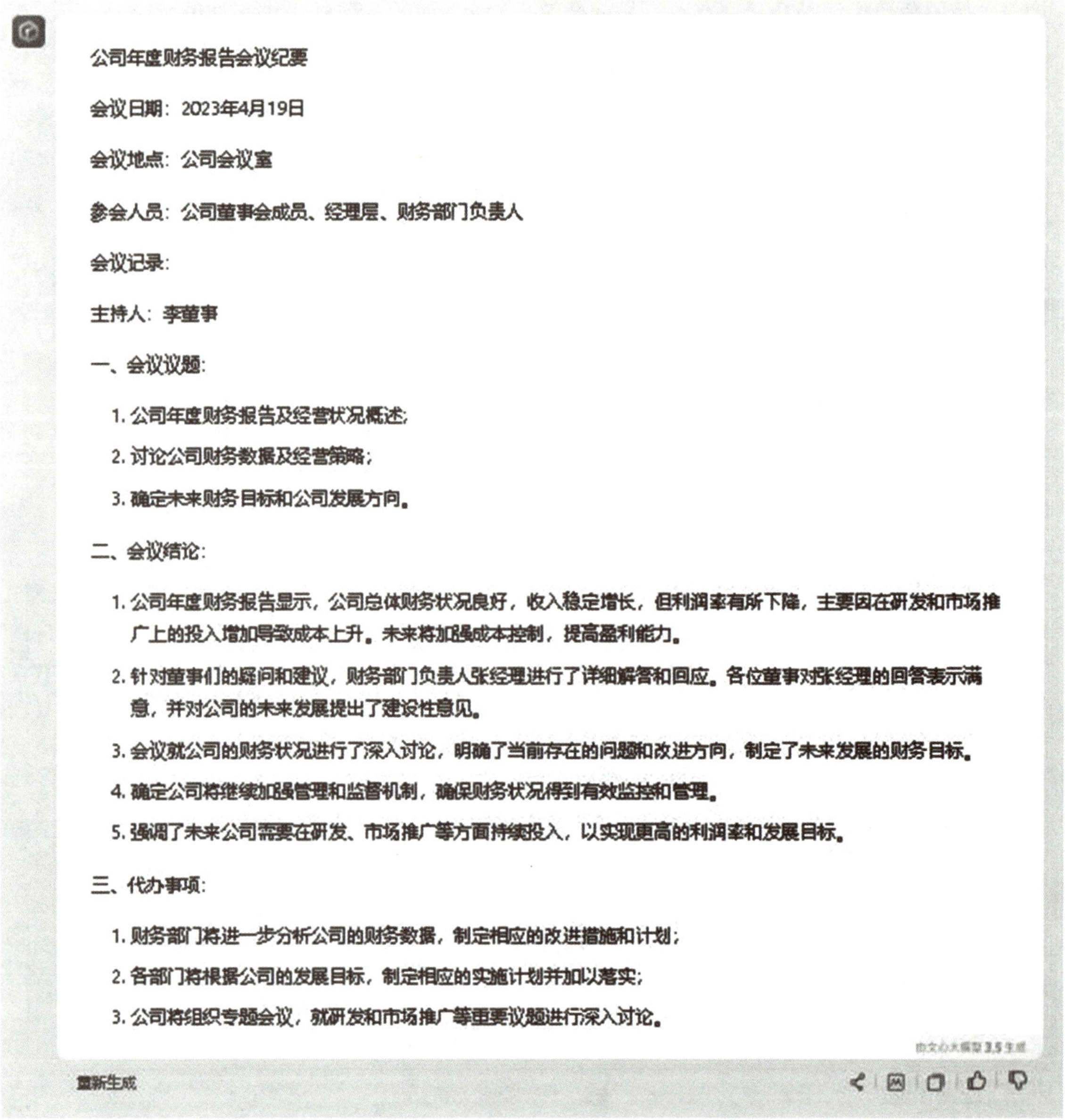

图 12-32 会议小助手示例（回答）

需要注意的是，单次输入大模型的文字数量是有上限的。所以，用户在使用时可以把文本拆分成多段，分段输入。

12.3 提示工程进阶

前面的章节深入探讨了学习提示工程的基础知识，为用户进一步理解和运用大语言模型工具提供了坚实的基石。

接下来，将继续探索提示工程的高级使用技巧和方法，这些技巧和方法将帮助用户更充分地利用大语言模型完成更复杂的任务。在数字化时代中，无论是对于个人用户还是企业用户，这些技巧和方法都尤为重要。

首先，了解如何利用文心一言进行自然语言生成。通过精心设计的提示和引导，文心一言可以生成富有创意和逻辑严密的文本内容，例如长篇小说的撰写。其次，学习如何利用链式思维提高文心一言的逻辑能力，从而解决一些复杂逻辑问题。最后，通过实际案例掌握如何将文心一言与其他工具和平台集成，从而更好地满足用户的需求，以实现更高效的工作流程。

12.3.1 分治法

分治法（Divide and Conquer）是一种解决问题的策略，它将一个复杂的问题分解成若干个相对简单的子问题，然后独立地解决这些子问题。

例如在筹备公司聚会时，我们可以将整个任务分解为以下几个子任务：

（1）确定活动目的和预算：首先需要确定聚会的目的和预算，以便后续策划和准备。

（2）策划活动内容：根据活动目的和预算，策划具体的活动内容，包括主题、节目、游戏等。

（3）安排场地和时间：选择合适的场地和时间，确保所有参与者都能够参加。

（4）邀请嘉宾：根据活动目的和预算，邀请合适的嘉宾，如公司领导、员工或业界人士。

（5）宣传和组织：通过各种渠道宣传聚会，确保参与者能够及时得知消息并做好准备。同时，还需要组织相关人员做好现场布置和管理。

（6）活动执行和总结：在聚会当天，执行策划的活动内容，确保活动顺利进行。活动结束后，需要对活动进行总结和评估，以便今后更好地组织类似活动。

通过将整个任务分解为较小的子任务，可以更有条理地完成每一项任务，从而最终成功地筹备并举办公司聚会。这种将问题分解为若干个子问题分别解决的思想就是分治法的核心。

严格来说，分治法的基本步骤可以概括为三个阶段，如图12-33所示。

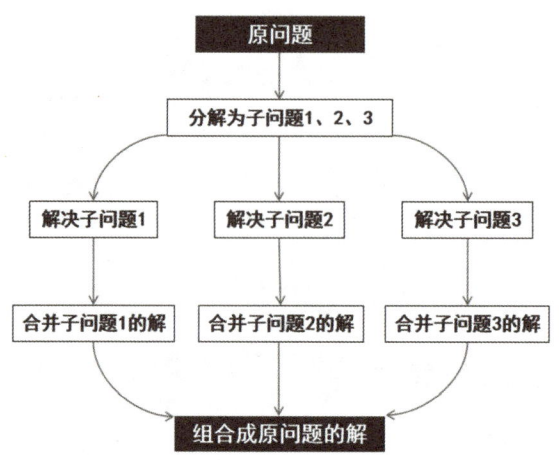

图 12-33 使用分治法解决问题

（1）分解（Divide）：将原始问题拆分为若干个相对独立且规模较小的子问题。这些子问题应保持与原始问题形式上的一致，但规模较小，因此更易于解决。

（2）解决（Conquer）：如果子问题仍然较复杂，可以继续将其分解为更简单的问题，直至能够轻易解决。

（3）合并（Combine）：将子问题的解决方案进行整合，形成原始问题的解决方案。

1. 分治法的使用方法

分治法是一种高效解决问题的策略，通过将复杂问题分解为更小、更简单的子问题，使问题变得更加容易解决。这种方法在人工智能领域中具有广泛的应用，尤其在处理复杂任务时。

通常在使用大语言模型完成复杂任务时，可以尝试按照以下步骤。

（1）确定问题的整体目标：明确问题的目标是分治法的重要步骤。用户需要清晰地了解希望大语言模型解决的具体问题是什么。这可能涉及确定问题的背景、目标或其他相关因素。通过明确问题的目标，你可以更有针对性地设计问题提示，从而确保模型能够准确提供所需的信息或解决方案。

（2）将问题分解为子问题：将问题分解为子问题是分治法的核心步骤。用户需要将复杂的问题分解为若干个更小、更简单的子问题。这些子问题应该是相互独立的，并且更容易解决。例如，如果希望文心一言编写一个完整的故事，可以将任务分解为创造角色、设计情节、编写对话等子问题。这样，可以分别针对每个子问题设计提示，并让文心一言生成相应的内容。

在解决子问题的过程中，用户需要为每个子问题设计具体的提示。这些提示应该能够引导大语言模型生成解决问题的答案。根据问题的性质和需求，提供相关的上下文信息、关键词或参考材料，以帮助模型更好地理解问题并生成有意义的回答。

（3）逐个解决子问题：当所有子问题都得到解决后，用户需要将它们组合成一个完整的解决方案。这可能需要对大语言模型生成的内容进行一些编辑和整理，以确保整体的连贯性和一致性。通过这种方式，分治法可以帮助解决复杂的问题，从而生成更高效和更具创造性的解决方案。

2. 用文心一言 + 分治法续写故事

要写一篇长篇小说并不是一件简单的事情，而是一个很大的工程，这时候，分治法就可以派上用场。例如，运用分治法让文心一言续写《三体》。

首先，用户对问题的整体目标进行阐明，然后让文心一言对问题进行初步分解。先从"可以总结一下《三体》的核心内容吗？如果要续写的话，可以从哪些角度出发？"这个问题开始，尝试探索文心一言在文学创作方面的潜能，如图12-34所示。

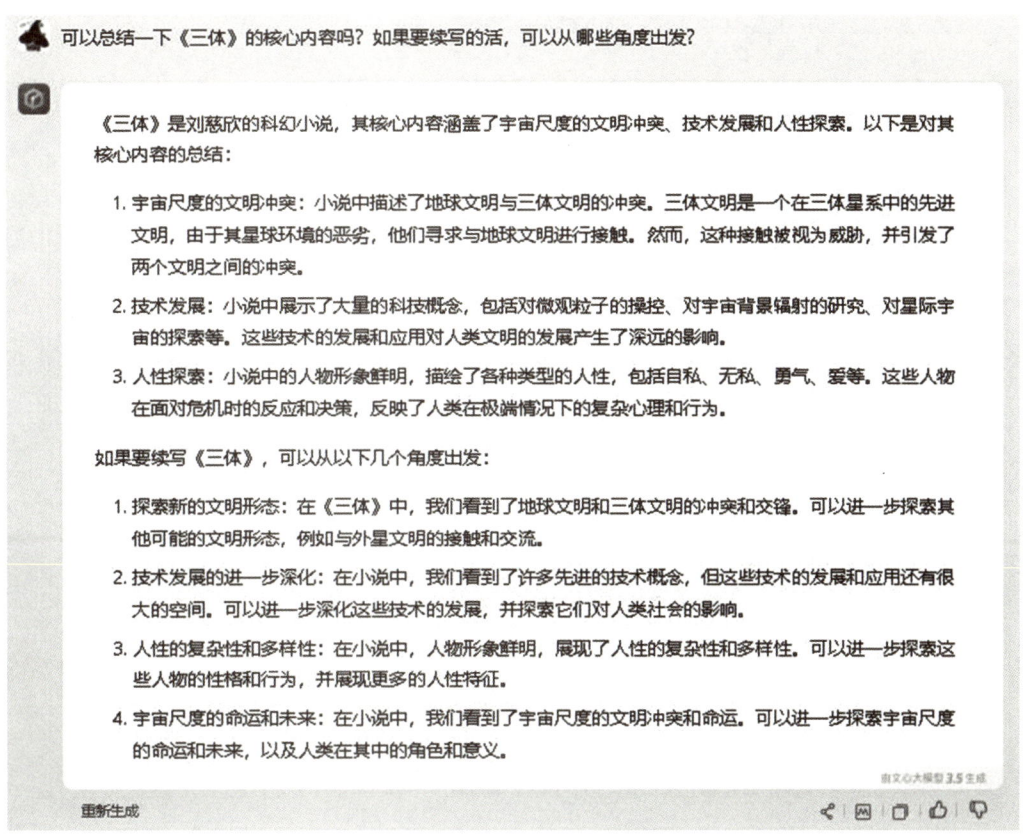

图 12-34　在提示中说明整体目标

从结果可以看出，文心一言给出了4个续写的角度建议。但这些续写建议到底哪个更好，针对这个问题，可以让文心一言给出意见，进而为思考下一步选择提供多维度的方向，如图12-35所示。

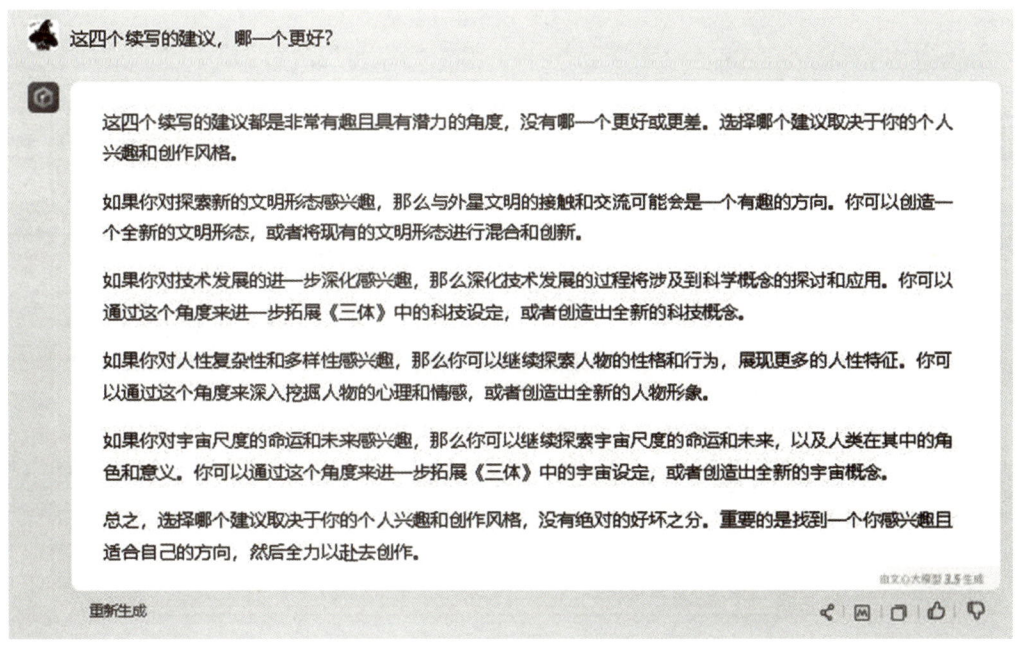

图 12-35　继续提问哪一个续写建议更好

从回答中可以看出，文心一言具备了对未知文学作品提供建议的能力。利用文心一言给出的续写建议，逐步开展《三体》续集的创作，如图 12-36 所示。

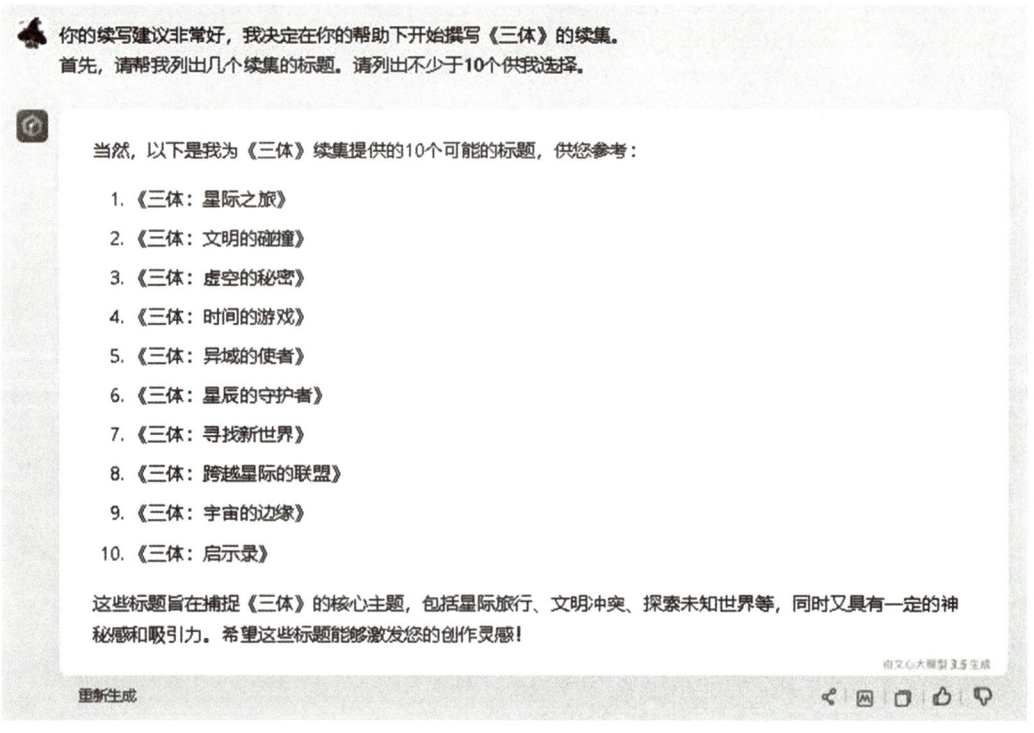

图 12-36　提问续写的标题

用户可以选择其中一个标题，请文心一言生成大纲，如图 12-37 所示。

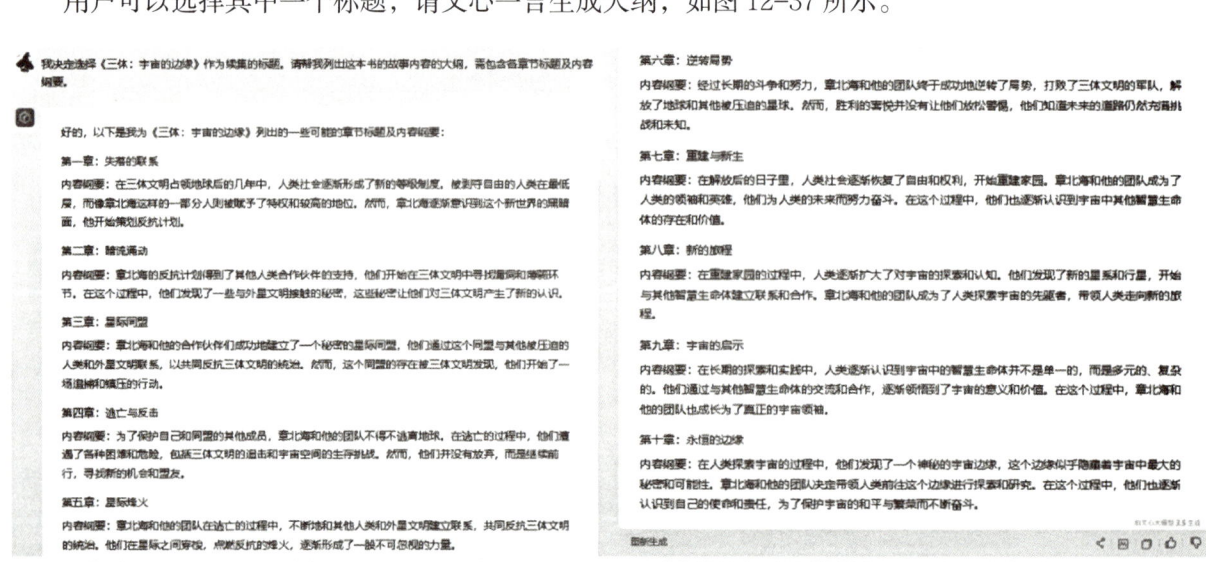

图 12-37　根据确定的标题生成故事大纲

让文心一言进一步细化每章的故事内容，以第一章为例，如图 12-38 所示。

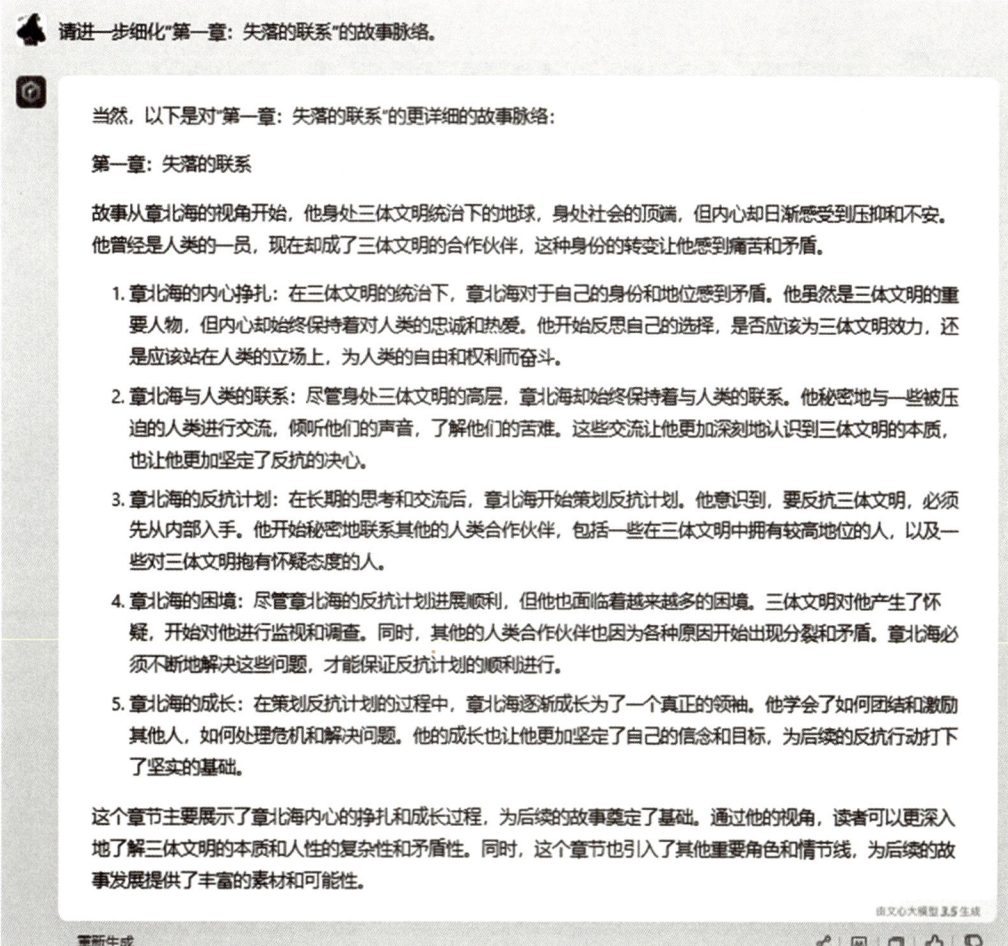

图 12-38　细化第一章的故事脉络

让文心一言开始具体内容的撰写，以第一章第一节"章北海的内心挣扎"的开头部分撰写为例，如图 12-39 所示。

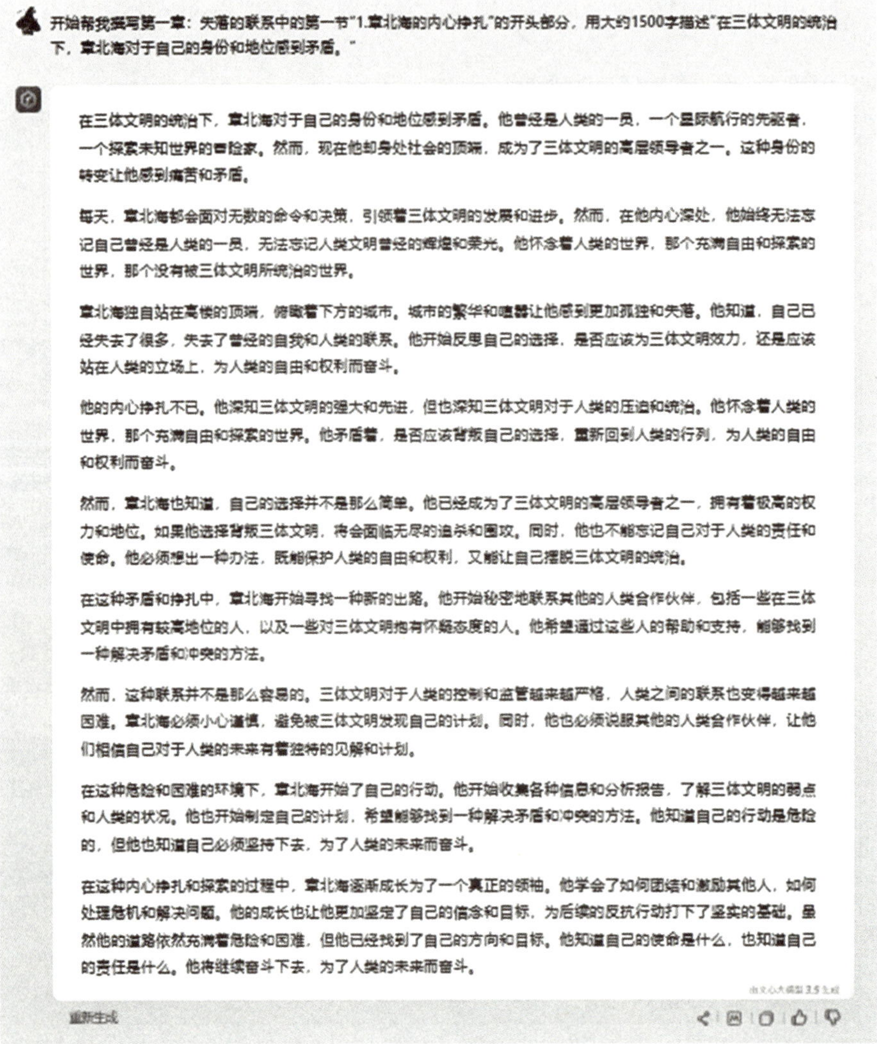
开始帮我撰写第一章：失落的联系中的第一节"1.章北海的内心挣扎"的开头部分，用大约1500字描述"在三体文明的统治下，章北海对于自己的身份和地位感到矛盾。"

在三体文明的统治下，章北海对于自己的身份和地位感到矛盾。他曾经是人类的一员，一个星际航行的先驱者，一个探索未知世界的冒险家。然而，现在他却身处社会的顶端，成为了三体文明的高层领导者之一。这种身份的转变让他感到痛苦和矛盾。

每天，章北海都会面对无数的命令和决策，引领着三体文明的发展和进步。然而，在他内心深处，他始终无法忘记自己曾经是人类的一员，无法忘记人类文明曾经的辉煌和荣光。他怀念着人类的世界，那个充满自由和探索的世界，那个没有被三体文明所统治的世界。

章北海独自站在高楼的顶端，俯瞰着下方的城市。城市的繁华和喧嚣让他感到更加孤独和失落。他知道，自己已经失去了很多，失去了曾经的自我和人类的联系。他开始反思自己的选择，是否应该为三体文明效力，还是应该站在人类的立场上，为人类的自由和权利而奋斗。

他的内心挣扎不已。他深知三体文明的强大和先进，但也深知三体文明对于人类的压迫和统治。他怀念着人类的世界，那个充满自由和探索的世界。他矛盾着，是否应该背叛自己的选择，重新回到人类的行列，为人类的自由和权利而奋斗。

然而，章北海也知道，自己的选择并不是那么简单。他已经成为了三体文明的高层领导者之一，拥有着极高的权力和地位。如果他选择背叛三体文明，将会面临无尽的追杀和围攻。同时，他也不能忘记自己对于人类的责任和使命。他必须想出一种办法，既能保护人类的自由和权利，又能让自己摆脱三体文明的统治。

在这种矛盾和挣扎中，章北海开始寻找一种新的出路。他开始秘密地联系其他的人类合作伙伴，包括一些在三体文明中拥有较高地位的人，以及一些对三体文明抱有怀疑态度的人。他希望通过这些人的帮助和支持，能够找到一种解决矛盾和冲突的方法。

然而，这种联系并不是那么容易的。三体文明对于人类的控制和监管越来越严格，人类之间的联系也变得越来越困难。章北海必须小心谨慎，避免被三体文明发现自己的计划。同时，他也必须说服其他的人类合作伙伴，让他们相信自己对于人类的未来有着独特的见解和计划。

在这种危险和困难的环境下，章北海开始了自己的行动。他开始收集各种信息和分析报告，了解三体文明的弱点和人类的状况。他也开始制定自己的计划，希望能够找到一种解决矛盾和冲突的方法。他知道自己的行动是危险的，但他也知道自己必须坚持下去，为了人类的未来而奋斗。

在这种内心挣扎和探索的过程中，章北海逐渐成长为了一个真正的领袖。他学会了如何团结和激励其他人，如何处理危机和解决问题。他的成长也让他更加坚定了自己的信念和目标，为后续的反抗行动打下了坚实的基础。虽然他的道路依然充满着危险和困难，但他已经找到了自己的方向和目标。他知道自己的使命是什么，也知道自己的责任是什么。他将继续奋斗下去，为了人类的未来而奋斗。

重新生成

图 12-39　撰写第一章第一节的开头部分

虽然不能详细地展示长篇文学的创作过程，但可以发现，对于一个复杂的故事，逐步引导文心一言进行分解和撰写是非常重要的。由于大语言模型目前的能力限制，不能仅仅依靠单一的提示指令来完成长篇小说这种长篇大论、逻辑复杂且需要深度理解的创作任务。因此，在这个过程中，人类和 AI 需要进行多次交互和协作。

在这个过程中可以看到人类和 AI 之间的和谐与协作的重要性。通过与人类的互动和协作，AI 可以不断地学习和改进，从而更好地理解和处理人类的意图和需求。同时，人类也可以通过 AI 的帮助和支持，更高效地进行创作和完成任务。

12.3.2 链式思维

链式思维（Chain-of-Thought，CoT）是一种在解决问题时所采用的具有逻辑推理性质的方法。这一方法在处理复杂问题时，往往将问题分解为一条连续的思考路径，形成一个个步骤，然后按照顺序逐一解决每个步骤，最终得出问题的答案。这种思维方式在人类思考过程中较为常见，具有一定的实用价值。

在利用大语言模型进行问题解决时,可以运用链式思维来激发并提升其解决问题的能力。尤其在处理复杂的逻辑问题时,通过链式思维的方式,将问题细分为多个步骤,并明确每个步骤中的关键概念和解决方法,从而形成一条连续的思维链。

思维链技术的核心思想正是如此,即将解决问题的过程划分为多个步骤,并在每个步骤中构建关键概念和解决方法。这种思维链的构建可以帮助语言模型建立正确的数学思维方式和解决问题的方法。研究人员认为,通过逐步完成每个步骤,语言模型最终能够解决数学问题。

通过运用链式思维和思维链技术,可以更好地利用 ChatGPT 等语言模型,提升其在复杂逻辑问题解决方面的能力。同时,这种方法也可以帮助用户更好地理解和解决日常生活中的各种问题,提高思维能力和解决问题的能力。

经测试,发现文心一言在解决数学问题方面取得了令人吃惊的进展。对于一般的数学问题,文心一言可以给出正确的答案以及合理的推理思路。以经典的"鸡兔同笼"问题为例,如图 12-40 所示。

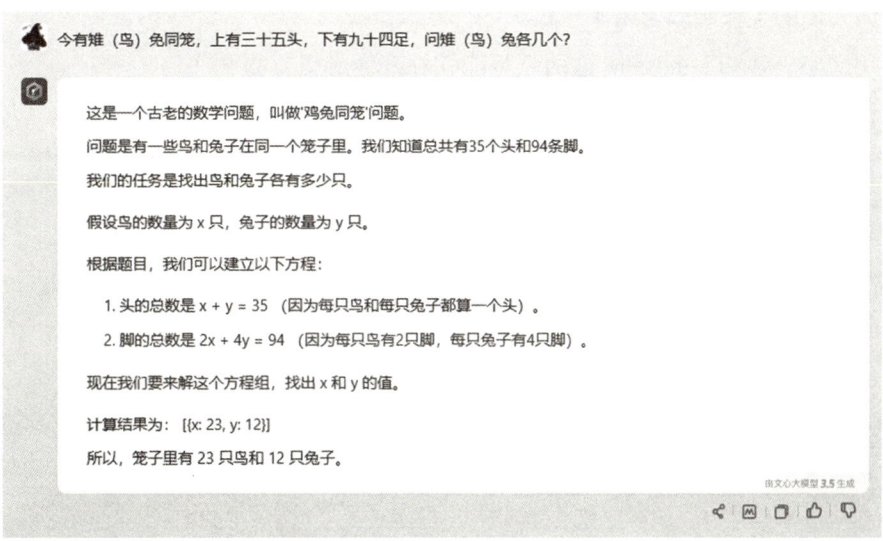

图 12-40 提问"鸡兔同笼"问题

再向文心一言提问一个简单的脑筋急转弯问题,文心一言给出了详细的推理过程,如图 12-41 所示。

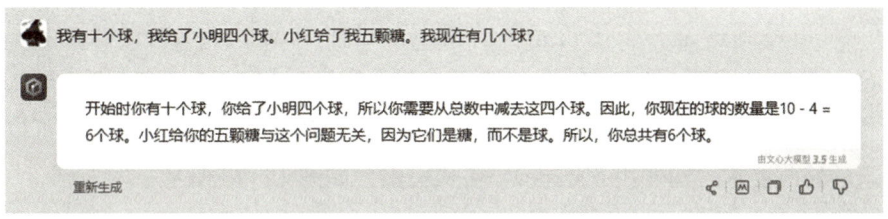

图 12-41 提问脑筋急转弯问题

12.3.3 应用案例：生成 PPT

PPT 是现代工作和教育中必不可少的工具之一，它可以用于成果展示、教学演示、企业培训等场合。制作一份优秀的 PPT 需要花费大量的时间和精力，包括准备内容、设计样式、调整布局等，对于忙碌的人们来说，这无疑是一项繁重的工作。因此，自动生成 PPT 的技术应运而生，它可以大大减轻人们的工作负担，提高工作效率。

自动生成 PPT 的技术是指根据用户提供的信息和要求，自动生成符合要求的 PPT 文档。这些技术通常基于自然语言处理、计算机视觉等领域的技术，可以从文本、图片、视频等数据源中提取有用的信息，并进行分析和处理，最终生成符合要求的 PPT 文档。目前，自动生成 PPT 的技术已经在多个领域得到应用，为人们的工作和学习带来了极大的便利。

以下是运用文心一言和 Mindshow 这两款智能软件来生成想要的 PPT。

假设需要制作一个 PPT 用以介绍 ChatGPT，向文心一言输入内容：我要做一份"人人都能看懂的 ChatGPT 介绍"PPT。同时，细化具体要求，如图 12-42 所示。

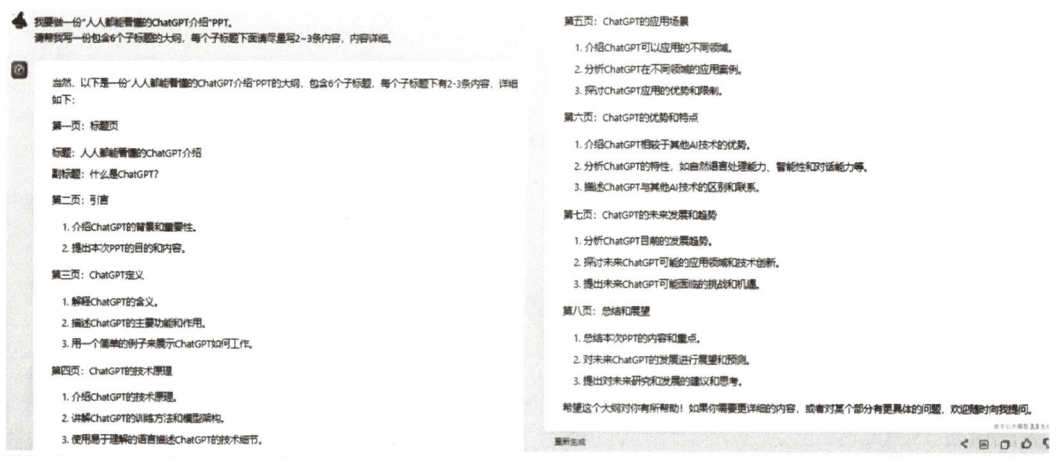

图 12-42　让文心一言生成 PPT 大纲

从输出中，可以看到这是一个比较完善的提纲，目前 Mindshow 支持导入的格式有 Markdown、Word、ppt、logseq 及思维导图。对于 Word 格式需要将内容设置好不同标题级别再导入，如果将文心一言生成的大纲内容导入 Word 中设置标题级别，会耗费很多的时间。这时，用户可以和文心一言继续交互，提出新的修改要求，即使用 Markdown 格式输出，如图 12-43 所示。

第 12 章 大语言模型

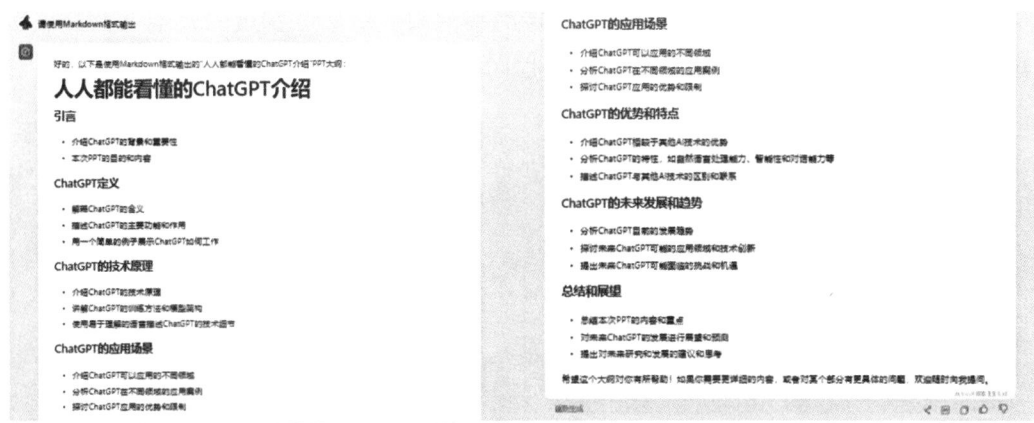

图 12-43 让文心一言使用 Markdown 格式输出

之后，打开 Mindshow 官方网站（https://www.mindshow.fun/），注册账户后，点击导航栏"我的文档"，如图 12-44 所示。

图 12-44 Mindshow 界面

然后，点击左边导航栏的"导入"，即可看见页面显示可以导入的格式有 Markdown、Word、ppt、logseq 及思维导图，选择 Markdown 格式，如图 12-45 所示。

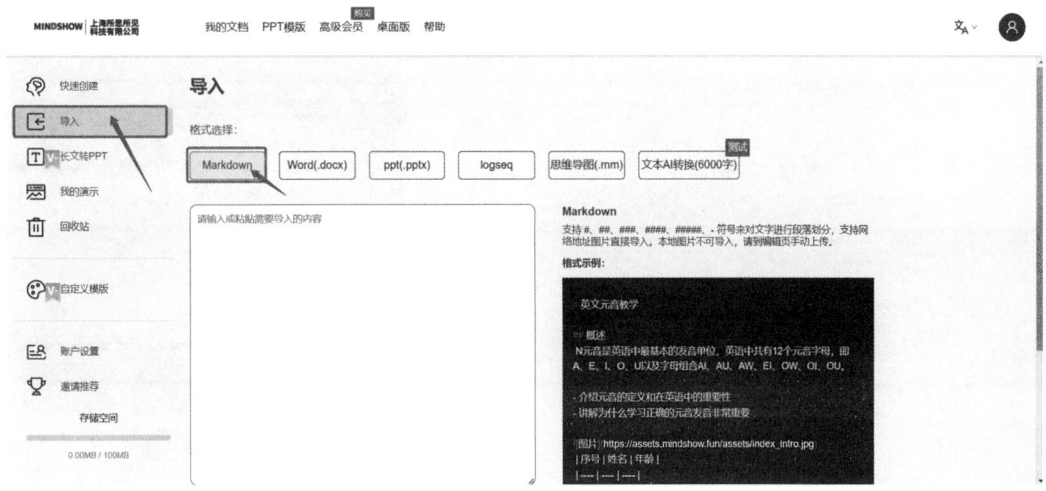

图 12-45 选择导入格式为 Markdown

接下来，将文心一言中生成的 Markdown 格式内容复制、粘贴至左边的文本框，再点击底下的"导入创建"，如图 12-46 所示。然后，就可以得到图 12-47 所示的内容了。

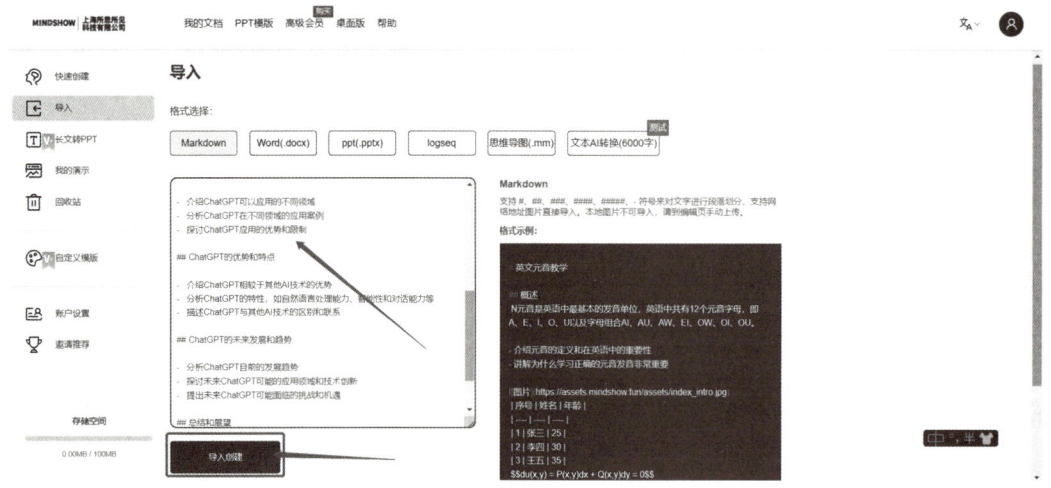

图 12-46　导入文心一言生成的 Markdown 格式的内容大纲

图 12-47　Mindshow 创建的内容

单击右上角的"下载"按钮，下载制作完成的 PPT，如图 12-48 所示。

图 12-48　下载 PPT

如果不喜欢当前的 PPT 模板，还可以对下载的 PPT 进行修改，但是如果想直接生成想要的格式，可以在 Mindshow 直接选择对应的模板，例如对图 12-48 中的 PPT 进行模板替换，得到图 12-49 的效果。

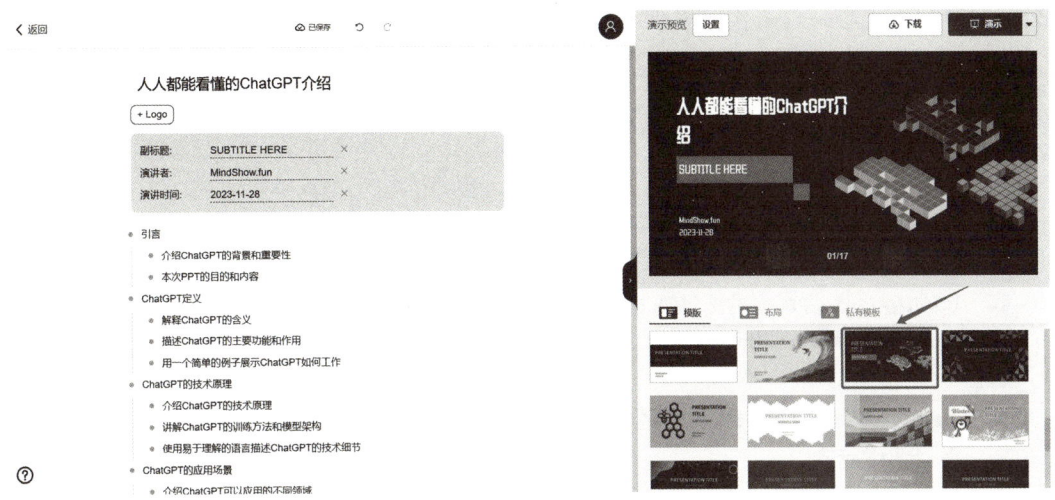

图 12-49　更换 PPT 模板

利用文心一言和 Mindshow 生成 PPT 的优势非常明显：
- 自动生成：可以自动生成 PPT，极大地提高了制作 PPT 的效率。
- 可扩展性强：可以根据需要增加或修改 PPT 中的内容，快速进行版本更新和修改。
- 简单易用：只需要输入关键词和一些基本的格式设置，就能够生成一份具有一定美观度的 PPT。

12.3.4 应用案例：生成思维导图

文心一言是一种基于自然语言处理的大语言模型，具有生成和理解自然语言的能力，广泛应用于智能客服、问答系统、聊天机器人等领域。而思维导图则是一种用于思维整理和信息呈现的工具，可以帮助人们更好地理解和组织知识。

在实际应用中，文心一言可以通过生成文本的方式绘制思维导图，同时，思维导图可以为大语言模型提供更直观的知识展示方式。例如，将文心一言生成的文本信息整理成思维导图形式，可以更清晰地展示各个知识点之间的关系。而将思维导图转化为自然语言文本，可以为文心一言提供更多的语料库和训练数据，提高模型的表现效果。

绘制思维导图的一般步骤如下：

（1）确定中心主题：将中心主题写在纸张上，这是构建思维导图的起点。

（2）确定分支主题：在中心主题周围画出一些分支，每个分支都代表着一个主题。这些主题可以是一些关键词或者短语。

（3）关联主题：将每个分支主题与中心主题联系起来，使其与中心主题有关。

（4）展开分支主题：在每个分支主题周围画出更多的子分支，展开每个主题的详细内容。这些子分支可以是一些细节或其他相关的信息。

（5）整理主题：检查思维导图，将其中的每个主题整理成有逻辑的、连贯的主题序列，确保思维导图的可读性。

（6）完善思维导图：添加图像、颜色、符号等，以便更好地呈现思维导图的信息和结构。

这些步骤可以根据具体需求进行调整，但是总体上，思维导图的绘制步骤是从中心主题开始，逐步展开分支主题，并将它们与中心主题关联起来，最终形成有逻辑的、连贯的主题序列。

那么，如何利用文心一言来生成思维导图呢？假设现在要为《原则》这本书绘制一张思维导图。

在文心一言中输入"你知道《原则》这本书吗？"，输出结果如图12-50所示。

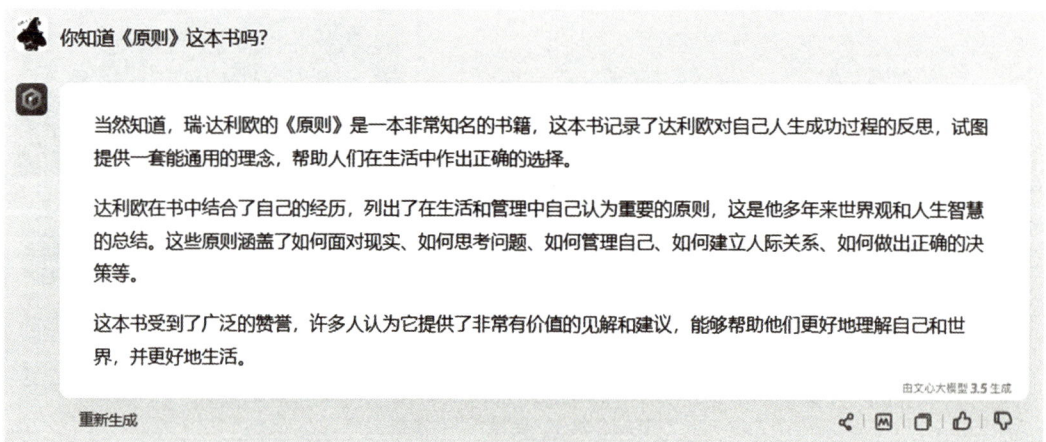

图12-50　提问"你知道《原则》这本书吗？"

然后，尝试让文心一言生成思维导图，如图12-51所示。

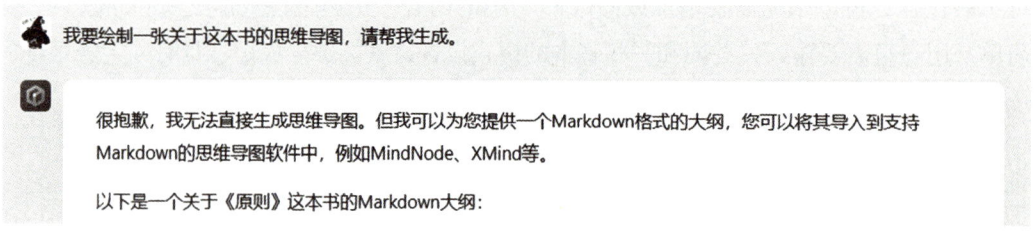

图12-51　让文心一言帮助生成一个思维导图

从输出结果可以看出，文心一言并不能直接生成思维导图，但是它提供了一份Markdown格式的大纲，如图12-52所示。同时，还提示用户可以将其导入到支持Markdown格式的思维导图软件中，例如MindNode、Xmind等。而且，文心一言还以Xmind为例，提供了将Markdown大纲导入思维导图软件并生成对应的思维导图的基本步骤，如图12-53所示。

图 12-52　生成的 Markdown 格式的思维导图大纲

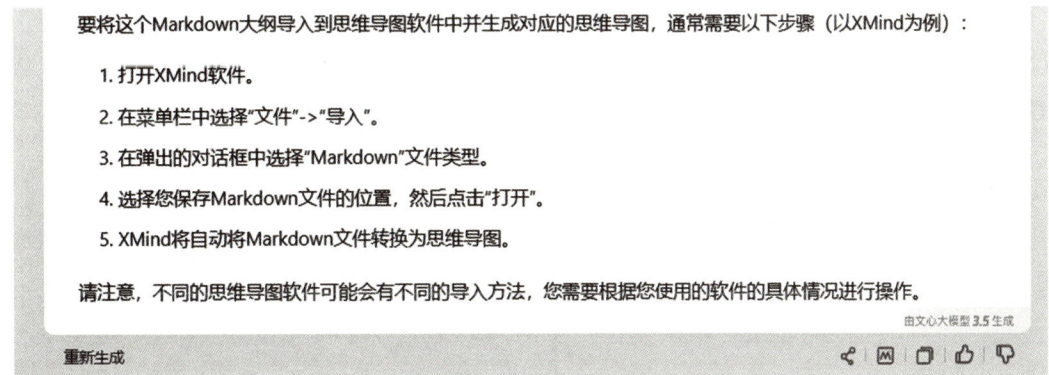

图 12-53　将大纲导入思维导图软件的步骤

接下来，使用 Markmap 工具制作思维导图（也可以使用 Xmind 工具来生成）。首先，打开 Markmap 官方网站（https://markmap.js.org/），如图 12-54 所示，点击"Try it out"按钮。

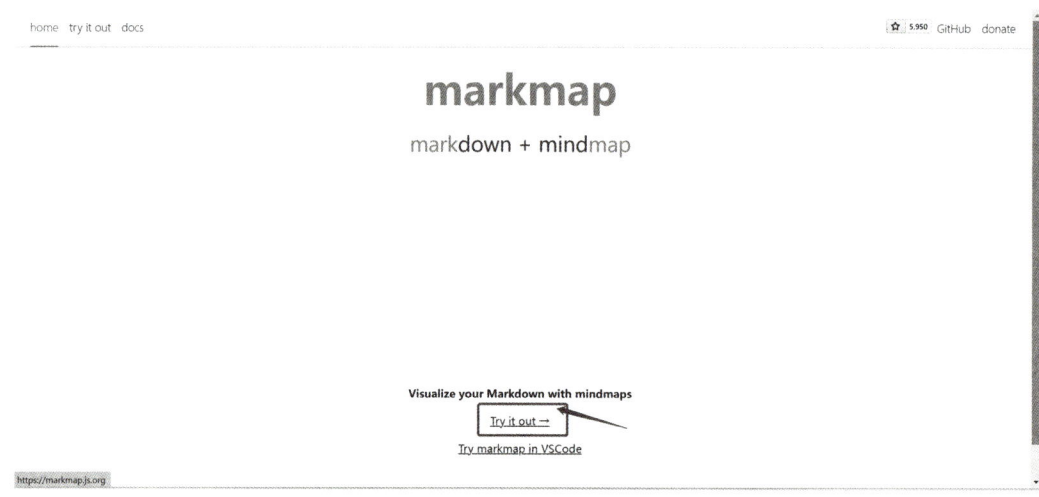

图 12-54　Markmap 界面

进入编辑界面，删除左侧框内默认的内容，如图 12-55 所示。

图 12-55　删除默认内容

将文心一言中生成的 Markdown 代码复制、粘贴到左侧框中。此时可以看到右侧框中生成了对应的思维导图，如图 12-56 所示。

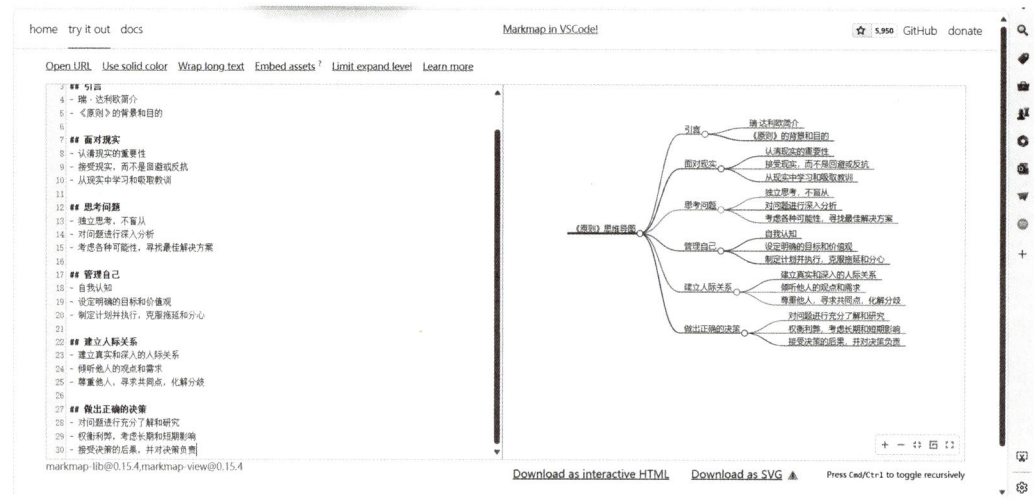

图 12-56　生成思维导图

这样思维导图就制作好了，单击右下角的"Download as interactive HTML"或"Download as SVG"，下载相应格式的思维导图，如图12-57所示。

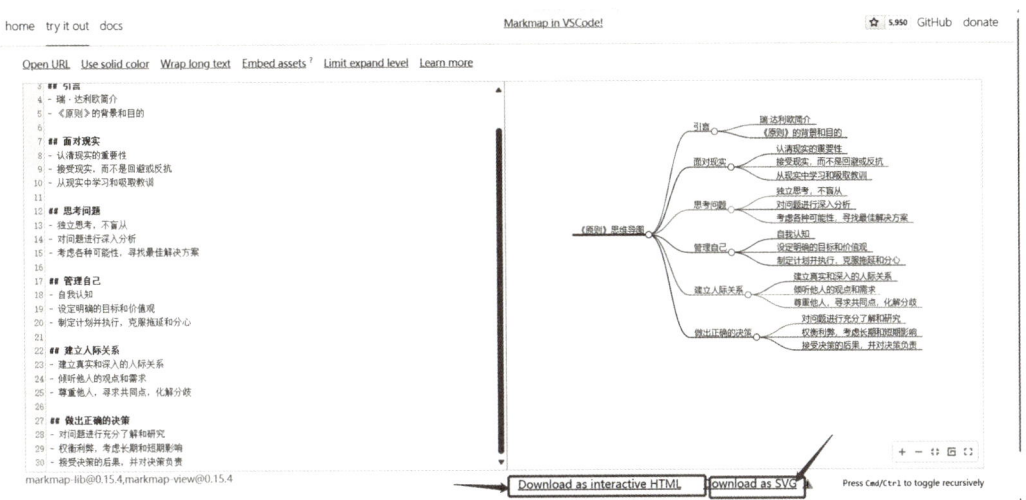

图12-57 下载思维导图

《原则》这本书的思维导图绘制完成，如图12-58所示。

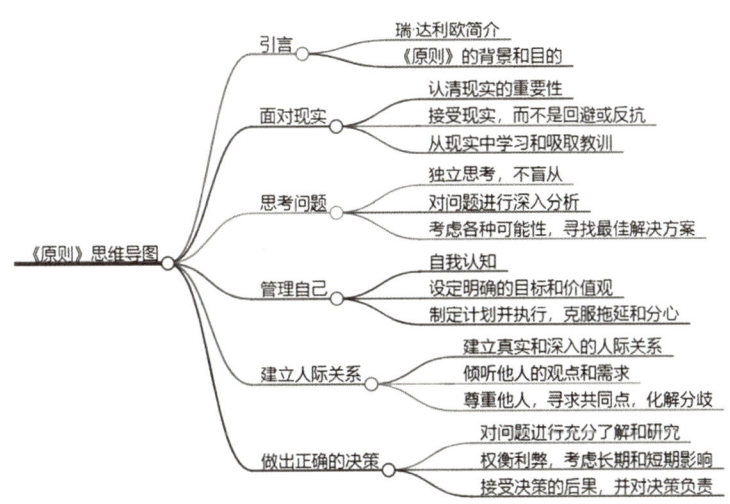

图12-58 关于《原则》这本书的思维导图

使用文心一言+Markmap生成思维导图的优点如下：

- 自动化：节省时间和精力，传统的手工绘制思维导图需要花费大量时间和精力，而文心一言+Markmap可以在几秒内生成一张简单的思维导图。
- 创造性：生成新的想法和概念，这些概念可能不是人们最初考虑的，这可以激发创造性思维和创新。
- 精度高：减少错误和遗漏，文心一言可以分析大量信息和数据，确保所有重要的主题和子主题都涵盖在内。
- 速度快：快速生成多个版本的思维导图，这有助于快速试错和进行更快的决策。

计算机应用基础

主　　编　杨焕宇
责任编辑　陈白露
封面设计　曾国铭

出版发行　上海教育音像出版社
　　　　　（地址：上海市阜新路25号　电话：021-25653783）
经　　销　新华书店
印　　刷　昆山市亭林印刷有限责任公司
开　　本　890×1240mm　1/16
字　　数　611千字
印　　张　22.25
版　　次　2024年1月第1版
印　　次　2024年7月第2次印刷
书　　号　ISBN 978-7-89473-420-4
定　　价　78.00元